工业锅炉系列丛书

锅炉受压元件强度分析与设计

刘文铁　何玉荣　编著

哈尔滨工业大学出版社

内容提要

本书全面系统地阐述了锅炉受压元件强度的基本理论及计算方法。主要内容包括：锅炉受压元件受力及强度计算特点；锅炉受压元件应力分析及强度计算；与锅炉受压元件强度分析密切有关的问题，如锅炉受压元件试验、断裂力学基础、有限单元法基本原理等。

本书可作为高等工科院校热能工程（锅炉）专业的专用教材，也可供锅炉设计与制造企业的工程技术人员参考。

图书在版编目(CIP)数据

锅炉受压元件强度分析与设计/刘文铁，何玉荣编著. —哈尔滨：
哈尔滨工业大学出版社，2015.8
ISBN 978-7-5603-5198-8

Ⅰ. ①锅… Ⅱ. ①刘… Ⅲ. ①锅炉-受压元件-材料
强度-分析-高等学校-教材 ②锅炉-受压元件-材料强度-
设计-高等学校-教材 Ⅳ. ①TK22

中国版本图书馆 CIP 数据核字(2015)第 176694 号

策划编辑 王桂芝 任莹莹
责任编辑 范业婷 高婉秋
封面设计 刘长友
出版发行 哈尔滨工业大学出版社
社 址 哈尔滨市南岗区复华四道街 10 号 邮编 150006
传 真 0451-86414749
网 址 http://hitpress.hit.edu.cn
印 刷 哈尔滨市工大节能印刷厂
开 本 787mm×1092mm 1/16 印张 22.75 字数 521 千字
版 次 2015 年 8 月第 1 版 2015 年 8 月第 1 次印刷
书 号 ISBN 978-7-5603-5198-8
定 价 48.00 元

前　言

"锅炉受压元件强度分析与设计"是热能工程专业的一门主要专业课。锅炉受压元件强度问题是一个很复杂的问题,涉及很多学科领域。本课程应在掌握相关材料力学知识并具备一定的锅炉本体结构知识和热工学知识基础上进行学习。

在锅炉设计、制造、改造、安装、检修和运行等过程中,会大量涉及锅炉受压元件的强度问题。由于锅炉受压元件的强度问题可能引发锅炉汽水爆炸,并导致人身伤亡、设备毁坏、热能及电能中断等重大事故,所以锅炉受压元件强度问题直接关系到锅炉设备的安全性和经济性。因此,受到世界各国技术安全监察机构的高度重视,并且都制订了具有强制性的受压元件强度计算标准,在设计、制造、安装、检验及运行时必须遵照执行。

本书具有以下特点:

(1)以水管式锅炉和锅壳式锅炉为主;

(2)锅炉受压元件强度计算方法主要介绍我国制订的《水管锅炉受压元件强度计算》标准和《锅壳锅炉受压元件强度计算》标准;

(3)主要介绍水管式锅炉和锅壳式锅炉中的主要受压元件应力分析及强度计算公式推导。

本书共 10 章,主要包括 5 方面内容:第一,锅炉受压元件强度概论;第二,锅炉受压元件受力及强度特点;第三,锅炉受压元件应力分析及强度计算;第四,锅炉受压元件强度分析的主要相关问题,如锅炉受压元件试验、断裂力学基础、有限单元法基本原理等;第五,附录中主要介绍锅炉主要受压元件强度计算例题及计算例题所需的相关内容。

本书可作为高等工科院校热能工程专业学生锅炉强度课程学习的教材,也适用于从事锅炉设计、制造、安装、运行、特种设备安全监察的技术人员。

由于作者的水平有限,书中难免存在一些不足及疏漏之处,恳请读者给予指正。

作　者

2015 年 5 月

目　　录

第1章　锅炉受压元件强度概论…………………………………………… 1

1.1　锅炉结构与受压元件名称 …………………………………………… 1

1.2　锅炉受压元件强度的特点 ………………………………………… 11

1.3　锅炉钢材的强度特性与塑性特性 ………………………………… 14

1.4　锅炉钢材的高温长期强度特性与持久塑性 ……………………… 18

1.5　锅炉受压元件的低周疲劳 ………………………………………… 22

1.6　锅炉受压元件的热应力 …………………………………………… 25

1.7　锅炉受压元件的残余应力 ………………………………………… 30

1.8　锅炉受压元件的应力松弛 ………………………………………… 35

1.9　锅炉受压元件的应力分类与控制原则 …………………………… 37

1.10　锅炉受压元件强度问题的解决方法 ……………………………… 43

1.11　锅炉受压元件损坏原因的判别 …………………………………… 48

第2章　锅炉受压元件强度计算规定 ………………………………… 56

2.1　锅炉受压元件强度计算标准的特点 ……………………………… 56

2.2　锅炉受压元件的安全系数与许用应力 …………………………… 58

2.3　锅炉受压元件的计算壁温 ………………………………………… 72

2.4　国内外锅炉受压元件强度计算标准 ……………………………… 80

第3章　锅炉中承受内压力圆筒形元件的强度 …………………… 84

3.1　厚壁圆筒的应力分析 ……………………………………………… 85

3.2　未减弱的圆筒形元件的强度计算 ………………………………… 91

3.3　圆筒形元件上孔桥及焊缝的减弱 ………………………………… 96

3.4　圆筒形元件的强度计算方法 ……………………………………… 105

3.5　大孔补强与孔桥补强 ……………………………………………… 108

3.6　弯头和环形集箱的强度 …………………………………………… 126

3.7　附加外载引起的弯曲应力的校核计算 …………………………… 131

3.8　最大水压试验压力 ………………………………………………… 135

3.9　对圆筒形受压元件的结构要求 …………………………………… 136

3.10　承受内压三通的强度 ……………………………………………… 142

第4章　承受外压圆筒形元件的强度及稳定性 …………………… 148

4.1　承受外压圆筒形元件的强度及稳定性计算 ……………………… 148

4.2　承受外压圆筒形元件的强度与稳定性计算方法 ………………… 151

4.3　加强圈与膨胀环的稳定性 ………………………………………… 161

4.4　对炉胆的结构要求 ………………………………………………… 163

第 5 章 回转薄壳的强度 ……………………………………………… 165

5.1 回转薄壳的应力分析 ……………………………………… 166

5.2 回转薄壳上孔与焊缝的减弱 ……………………………… 172

5.3 回转薄壳的强度计算方法 ………………………………… 174

5.4 凸形管板的强度 …………………………………………… 176

5.5 回转薄壳上孔的补强 ……………………………………… 178

5.6 对回转薄壳的结构要求 …………………………………… 179

第 6 章 平板的强度 ……………………………………………… 183

6.1 平板的应力分析 …………………………………………… 183

6.2 平端盖及盖板的强度计算 ………………………………… 192

6.3 有拉撑件的平板的强度计算方法及结构要求 …………… 195

6.4 拉撑件的强度 ……………………………………………… 201

6.5 平板上孔的补强 …………………………………………… 206

第 7 章 薄壁圆筒的边界效应 ………………………………… 210

7.1 薄壁圆筒端部作用弯矩及剪力时的边界效应 …………… 210

7.2 圆筒体与凸形封头连接处的应力分析 …………………… 214

7.3 圆筒体与平端盖连接处的应力分析 ……………………… 219

第 8 章 锅炉受压元件最高允许工作压力的验证法 ……… 221

8.1 应力验证法 ………………………………………………… 221

8.2 屈服验证法 ………………………………………………… 224

8.3 爆破验证法 ………………………………………………… 225

8.4 应力分析验证法 …………………………………………… 225

第 9 章 断裂力学基础 ………………………………………… 227

9.1 用线弹性断裂力学校验元件强度的方法 ………………… 227

9.2 用弹塑性断裂力学校验元件强度的方法 ………………… 231

9.3 有裂纹容器寿命的估计 …………………………………… 233

第 10 章 有限元法基本原理 ………………………………… 236

10.1 有限元法基本概念 ……………………………………… 236

10.2 单元分析 ………………………………………………… 241

10.3 整体分析 ………………………………………………… 248

附录 1 锅炉受压元件强度计算例题(仅供参考) ………… 259

附录 2 锅炉安全阀排放量(泄放能力)确定 ……………… 326

参考文献 ………………………………………………………… 355

第1章 锅炉受压元件强度概论

本章介绍与锅炉受压元件强度分析与设计直接有关的一些基础问题,了解这些问题会加深对锅炉受压元件强度分析与设计的全面理解,在后续章节的学习中,会经常涉及本章所述内容。

1.1 锅炉结构与受压元件名称

本书所述内容涉及大量锅炉专业术语与名称,本节做概括介绍。

自 18 世纪产业革命以来,锅炉的发展已有两百多年历史。锅炉结构由简单到复杂,蒸发量或供热量由小容量到大容量,由低参数到高参数,发展至今已形成很多种类。

根据用途的不同,可将锅炉分为以下四类:

电站锅炉——热力发电机组中的一项主要设备,一般为高参数($\geqslant 3.8$ MPa)、大容量($\geqslant 75$ t/h)蒸汽锅炉;

工业锅炉——为工业生产与建筑物采暖提供蒸汽或热水的锅炉,一般为低参数(< 3.8 MPa)、中小容量(< 75 t/h)蒸汽锅炉或压力为 $0.4 \sim 1.6$ MPa,出水温度为 $95 \sim 150$ ℃的不同容量热水锅炉;

生活锅炉——压力与温度都很低、容量也很小的蒸煮、饮水、取暖用的锅炉。

以上三类锅炉都属于"固定式锅炉"。

船舶、机车锅炉——军舰、民船、机车用的锅炉。这种锅炉属于"移动式锅炉"。

我国电站锅炉总容量接近上述全部锅炉总容量的 1/3,而工业锅炉接近 2/3。这两种锅炉总容量之和占全部锅炉总容量的 95% 以上。生活锅炉、舰船锅炉的总容量相对很少,至于机车锅炉已渐近消失。

根据结构的不同,锅炉分为以下两大类:

锅壳锅炉——将主要受热面(传热面)置于锅壳内的锅炉,一般为低参数($\leqslant 2.5$ MPa)、小容量($\leqslant 80$ t/h)蒸汽锅炉或压力为 $0.4 \sim 1.6$ MPa,出水温度为 $95 \sim 150$ ℃的小容量($\leqslant 116$ MW)热水锅炉;

水管锅炉——将所有受热面(传热面)都置于炉膛及烟道内的锅炉,这种结构锅炉的参数与容量都不受限制,有各种参数与容量的水管锅炉。

前述电站锅炉、船舰主锅炉一般都是水管锅炉。工业锅炉总容量中约 60% 为锅壳锅炉,约 40% 为水管锅炉;由于锅壳锅炉单台平均容量较小——不足 6 t/h 或 4.2 MW,而水管锅炉单台平均容量明显大于此值,所以工业锅炉总台数的 70% 以上为锅壳锅炉。生活锅炉、舰船锅炉和机车锅炉一般为锅壳锅炉。

1.1.1　锅壳锅炉

凡将主要受热面(传热面)置于锅壳内的锅炉,统称为"锅壳锅炉"。

锅壳锅炉的炉型很多,下面介绍几种有代表性的炉型,它们能将所有种类受压元件包括在内。

1. 卧式内燃锅壳锅炉

锅炉"受压元件"指承受介质压力作用并产生应力与变形(宏观不明显)的元件。"介质"指锅炉内部被加热的水、蒸汽等物质。

图 1.1 所示卧式内燃锅壳锅炉的受压元件主要由圆筒形锅壳 1、平板形封头 2、圆筒形炉胆 3 组成。炉胆沿轴线方向每隔一定距离设置膨胀环 4,用以吸收炉胆受热产生的轴向膨胀量。炉胆除膨胀环以外的大部分为平直的,故这种炉胆称为"平直炉胆"。为防止平板形封头在介质压力作用下产生较大变形与应力,用拉撑件(角撑板)5 将封头与锅壳连接起来。膨胀环与拉撑件也是受压元件。

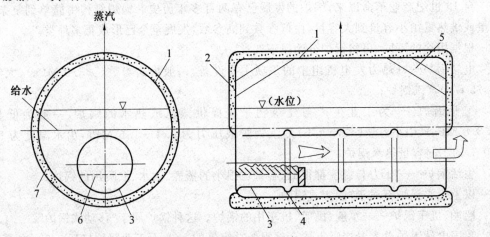

图 1.1　卧式内燃锅壳锅炉

1—锅壳;2—封头;3—炉胆;4—膨胀环;5—角撑板;6—炉箅;7—保温层

燃料在炉箅(固定炉排)6 上燃烧,所产生的火焰或炽热烟气将锅炉内部的水加热并产生蒸汽,故这种锅炉属于"蒸汽锅炉";如仅将水加热并引出,则为"热水锅炉",如图 1.2 所示。

锅壳外部设置保温层 7,用以防止散热、减少热损失、降低锅壳内外壁温差以减小热应力(温度应力)、降低表面温度有利于改进工作条件。

由于这种锅炉的燃烧在锅壳内部的炉胆中进行,故称为"内燃锅炉",如图 1.3 所示;而燃烧是在锅壳之外专门设置的炉膛里进行,则称为"外燃锅炉",如图 1.4 所示。

这种仅有一个炉胆的卧式内燃锅壳锅炉,也称为"康尼许锅炉"(Conish boiler)。

图 1.2 所示卧式内燃锅壳锅炉内有两个炉胆,也称为"兰开夏锅炉"(Lancashire boiler)。如果封头为凸形的,则称为"凸形封头",如图 1.2 中 2 所示。凸形封头受力较好,故不需设置拉撑件。如果炉胆中的一部分做成波纹形状,如图 1.2 中 4 所示,由于能有效吸收炉胆轴向热膨胀量,故炉胆平直部分 3 不需再设膨胀环。波纹形状的炉胆称为"波形炉

胆"。图 1.2 所示炉胆为"平直与波形组合炉胆"。

如果燃烧液体或气体燃料,则在炉胆前设有燃烧器,如图 1.2 中 5 所示。

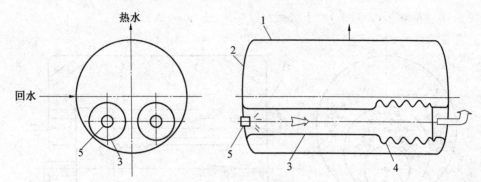

图 1.2　卧式内燃锅壳锅炉

1—锅壳;2—封头;3—平直炉胆;4—波形炉胆;5—燃烧器

图 1.1 与图 1.2 所示锅炉,由于"受热面"(传热面)较小,故锅炉容量(蒸发量或供热量)不大、热效率不高(排烟温度较高,热损失较大)。

如果除主要进行辐射换热的炉胆受热面(称"辐射受热面")之外,再增加大量可进行对流换热的烟管(火管)受热面(称"对流受热面"),则可明显增大锅炉容量及提高锅炉效率(降低排烟温度),于是逐渐演变成图 1.3 所示的卧式内燃多回程火管锅壳锅炉。

图 1.3(a)为湿背式三回程火管锅炉,图 1.3(b)为干背式三回程火管锅炉。炉胆为一个回程,烟管为两个回程,故称为"三回程"。图 1.3(a)的回燃室后部有水冷却,故称为"湿背式",而图 1.3(b)的回燃室后部为耐火与隔热材料制成的密封板,无水冷却,故称为"干背式"。这种锅炉一般都用液体或气体燃料,图中 1 为燃烧器。燃烧产生的炽热烟气由炉胆 2 进入回燃室 3,至此,烟气转弯向前进入第一回程烟管 4,烟气由第一回程烟管流出后,转向进入第二回程烟管 5,最后排出锅炉。回燃室由筒壳 6、管板 7 与拉撑平板 8 组成。此拉撑平板与锅壳后管板 9 用拉撑件(拉杆)相连(图中未标示),以免这两个平板形元件在介质压力作用下产生较大变形及应力。图中 10 为锅壳,11 为前管板,12 为检测孔圈,13 为角撑板。通过检测孔圈可检查与观测内部,另外它对相连的两个平板形元件起拉撑作用。以上编号为 2～13 的元件都是受压元件。

2. 卧式外燃水火管锅壳锅炉

为适应燃烧中低等级固体燃料,将内燃"炉胆"改为外燃"炉膛",可大幅增加燃烧空间;将炉墙内壁面敷设由大量水冷管构成的"水冷壁",以进一步增加受热面,也可保护炉墙,于是在我国出现图 1.4 所示的卧式外燃水火管锅壳锅炉。

燃料由煤斗进入炉排 2(图示为移动式链条炉排)燃烧,所产生的炽热烟气进入第一与第二回程烟管受热面 3、4,最后排出锅炉。

水冷壁由水冷管(上升管)5、集箱 6 和下降管 7 组成,它们都是受压元件。

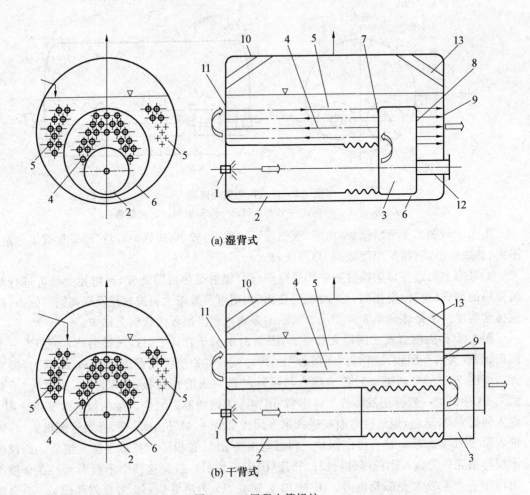

(a) 湿背式

(b) 干背式

图 1.3　三回程火管锅炉

1—燃烧器;2—炉胆;3—回燃室;4—第一回程烟管;5—第二回程烟管;6—回燃室筒壳;7—回燃室管板;8—拉撑平板;9—后管板;10—锅壳;11—前管板;12—检测孔圈;13—角撑板

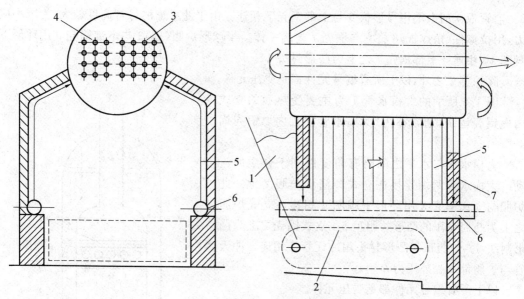

图 1.4　外燃水火管锅壳锅炉

1—煤斗；2—炉排；3—第一回程烟管；4—第二回程烟管；5—上升管；6—集箱；7—下降管

3. 立式内燃锅壳锅炉

为减少占地面积,出现了"立式内燃锅壳锅炉"。

图 1.5 所示为以烟管 1 为主要受热面的立式内燃锅壳锅炉,通常称为"考克兰锅炉"(Cochran boiler)。

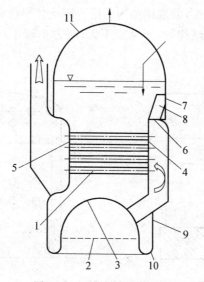

图 1.5　立式内燃锅壳锅炉

1—烟管；2—炉箅；3—炉胆顶；4—前管板；5—后管板；
6—弓形板；7、9—锅壳；8—角撑板；10—下脚圈；11—封头

炉箅 2 之上为半球形炉胆顶 3,它的凸面承受介质压力作用并直接接触火焰,工作条件与前述卧式圆筒形炉胆相仿,都在苛刻的条件下工作。烟管 1 的两端为前管板 4 与后管板

5。前管板 4 的上端用弓形板 6 与上部锅壳 7 相连。由于此弓形的弓背高度较大，为减小应力，用拉撑件(角撑板)8 将它与锅壳 7 连为一体。半球形炉胆(顶)3 与下部锅壳 9 用环形下脚圈 10 相连。上部锅壳 7 之上为凸形封头 11。

除炉算 2 之外，以上所有编号元件都是受压元件。

图 1.6 所示的大横水管 1 为主要受热面的立式内燃锅壳锅炉，通常称为"大横水管立式内燃锅壳锅炉"。

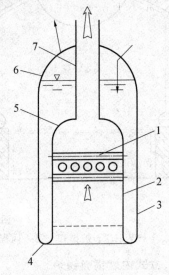

大横水管与水平之间略有角度以利于介质的流动。大横水管两端连接在立式圆筒形炉胆 2 上。此炉胆与立式锅壳 3 用环形下脚圈 4 相连。立式炉胆之上为凸面受压的凸形炉胆顶 5。立式锅壳之上为凸形封头 6。炉胆顶与凸形封头用冲天管 7 相连。冲天管与炉胆都承受外压力作用。

以上所有编号元件都是受压元件。

4. 方箱式内燃锅壳锅炉

图 1.7 所示为容量与压力都较小的"方箱式内燃锅壳锅炉"。

由于外壳与受火的内壳大都为平板结构，故用大量拉杆 1 与烟管 2、3 将它们撑住，以防变形与应力过大。炉膛顶板 4 由于其上部设有大量烟管，难以用拉

图 1.6　大横水管立式内燃锅壳锅炉
1—大横水管；2—炉胆；3—锅壳；4—下脚圈；5—炉胆顶；6—封头；7—冲天管

杆与外壳顶部的曲面板 5 相连，故常用加固横梁 6 防止变形与应力过大，外壳与火室内壳下部相连底板 7 一般也是平板结构，由于宽度不大，压力也较小，故不设拉撑件。8 为添加燃料的炉门圈。

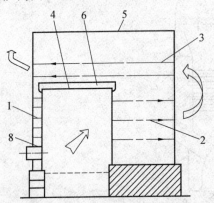
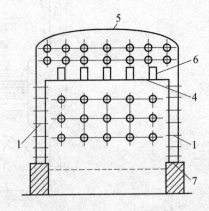

图 1.7　方箱式内燃锅壳锅炉
1—拉杆；2、3—烟管；4—顶板；5—曲面板；6—加固横梁；7—底板；8—炉门圈

以上所有编号元件都为受压元件。

5. 铸铁片式锅炉

图 1.8 所示为"铸铁片式锅炉"。这种锅炉由大量铸铁锅片 1 平行并列装配而成。燃料

在炉算 2 上燃烧，在火室中火焰向锅片的辐射受热面进行换热，然后炽热的烟气进入对流受热面（烟气通道）3 进一步换热，最后排出锅炉。为降低排烟温度，对流受热面一般为两个回程（图示为单回程）。图中 4 为基础。

铸铁锅片 1 为受压元件。

图 1.9 所示为燃油、燃气铸铁锅炉的两种新型铸铁锅片。同样，这种锅炉也由大量铸铁锅片平行并列装配而成。锅片表面铸出大量小圆柱，各相邻锅片之间形成烟换气通道，锅片表面铸出的小圆柱错排布置，对烟气起扰动作用，使烟气对流换热十分强烈，形成

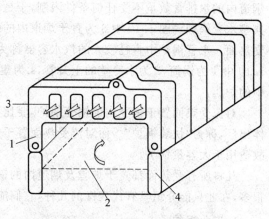

图 1.8　铸铁片式锅炉

1—铸铁锅片；2—炉算；3—烟气通道；4—基础

炽热烟气进入各锅片之间的烟气通道进行强烈对流换热，使排烟温度较低。

上述铸铁式锅炉也并入锅壳锅炉一类。

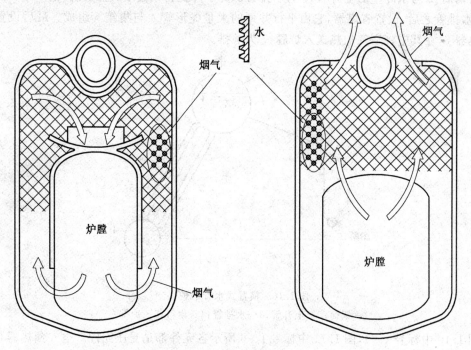

图 1.9　新型铸铁锅片

1.1.2　水管锅炉

锅壳锅炉由仅设置炉胆受热面（图 1.1、图 1.2）改为除炉胆受热面外再增加大量烟管受热面（图 1.3），这样可使锅炉容量有所增加，但也会使锅壳直径同时增大。而锅壳壁厚与直径成正比关系，由于壁厚不宜过大，就限制了锅壳锅炉容量的进一步增加。

如果将烟管对流受热面改为置于烟道内的"水排管"，则锅炉容量可以明显增加，因为在

烟道内的水排管数量不受任何条件限制,于是出现了"水管锅炉"。图1.10、图1.11为两种典型水管锅炉。图1.10中3为置于烟道内的水排管,它相当于图1.3中的烟管,均为对流受热面。水管锅炉中直径较大的汽水容器称为"锅筒",而在锅壳锅炉中,则称为"锅壳"。图1.10中1为锅筒,2为水冷壁的上升管,4为集箱,5为炉排;炉排之上为炉膛,可代替图1.3中的炉胆。

对流受热面置于锅壳内的锅壳锅炉,要比置于烟道内的水管锅炉结构紧凑,因而便于整体出厂,称为"快装锅炉"。而对流受热面置于烟道内的水管锅炉,由于锅炉容量不受限制,故适用于大容量锅炉。

凡将所有受热面都置于炉膛及烟道内的锅炉,统称为"水管锅炉"。水管锅炉的炉型也很多,在此只能介绍具有代表性的几种,它们能将所有种类受压元件包括在内。

1. 工业锅炉

图1.10所示水管锅炉的锅筒相对炉前(供燃料一侧)是横向布置的,通常称为"横置式水管锅炉"。

图1.11所示水管锅炉的锅筒相对炉前是纵向布置的,通常称为"纵置式水管锅炉"。图中1为锅筒,2为水冷壁的上升管,3为水排管。为了降低排烟温度,达到提高锅炉效率的目的,在水排管之后,设置省煤器,它由平行并列的大量蛇形管4与集箱5组成。最后设置空气预热器6,在其中将空气加热送入炉膛,7为炉排。

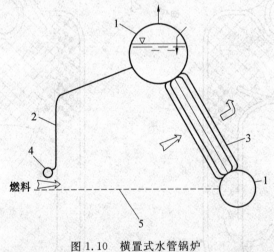

图1.10 横置式水管锅炉
1—锅筒;2—上升管;3—水排管;4—集箱;5—炉排

图1.10中标号1～4,图1.11中标号1～5所示各元件都是受压元件。空气预热器6由于空气压力不高,故不属于受压元件。

图1.12、图1.13所示为"角管锅炉"与"管架锅炉"。它们也都是水管锅炉。

在图1.12所示角管锅炉中,用较粗的管子2形成框架从而起到下降管、汽水粗分离管、支架等作用,其中1为锅筒,3为水冷壁,4为省煤器。

图1.13所示管架锅炉取消直径较大的锅筒,锅炉全由管子与集箱构成。图中1为水冷壁,2为水排管。这种锅炉无法进行汽水分离,故只能作为热水锅炉;另外,由于水在锅炉中多次上下流动,水中含氧难以随水排出,导致壁面氧腐蚀,故对补充水的除氧有严格要求。

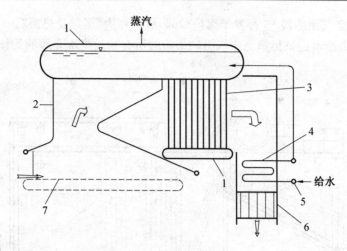

图 1.11　纵置式水管锅炉

1—锅筒；2—上升管；3—水排管；4—省煤器蛇形管；5—省煤器集箱；6—空气预热器；7—炉排

图 1.12、图 1.13 中标号所示元件，都是受压元件。

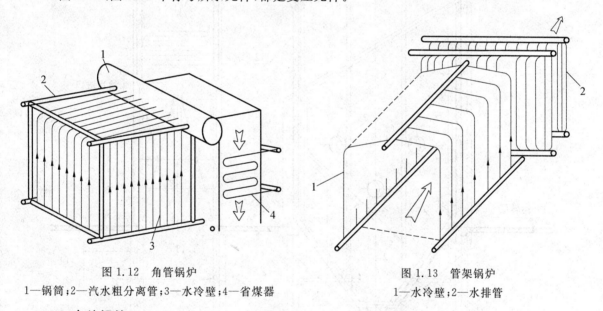

图 1.12　角管锅炉　　　　　　　　　　图 1.13　管架锅炉

1—锅筒；2—汽水粗分离管；3—水冷壁；4—省煤器　　　1—水冷壁；2—水排管

2. 电站锅炉

电站锅炉由于容量大、压力高，一般只能采用水管锅炉。

电站锅炉的种类很多，下面仅介绍一种典型结构，如图 1.14 所示，它能将各种受压元件包括在内。

煤粉或液体、气体燃料由燃烧器 3 喷入炉膛 5 进行燃烧。烟气经凝渣管束 6，进入蒸汽过热器 10，再经省煤器 11、空气预热器 13 排出。

凝渣管束 6 是水冷壁 4 的延续，在此能使烟气中可能变软的灰粒冷却，以防在密集的过热器蛇形管上结渣。

由锅筒出来的饱和蒸汽经引出管 8 进入蒸汽过热器 10，在此将饱和蒸汽加热为过热蒸汽进入汽轮发电机组发电。

省煤器 11、空气预热器 13 都置于锅炉后部,故统称为"尾部受热面"。

图 1.14 中由给水进口集箱至蒸汽出口集箱的所有通过汽水介质的元件都是受压元件。

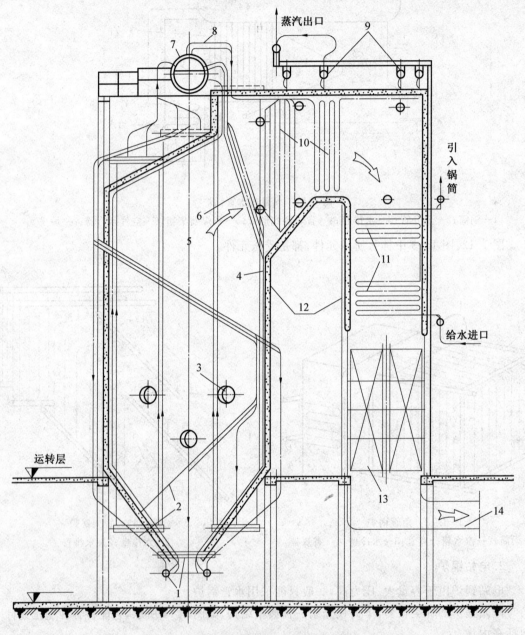

图 1.14　高参数大容量电站锅炉

1—水冷壁集箱;2—下降管;3—燃烧器;4—水冷壁;5—炉膛;6—凝渣管束;7—锅筒;8—饱和蒸汽引出管;9—过热器中间集箱;10—蒸汽过热器;11—省煤器;12—炉墙;13—空气预热器;14—烟气出口

1.2　锅炉受压元件强度的特点

锅炉受压元件强度，是指该元件在载荷作用下，于设计期限内不失效的能力。锅炉受压元件所承受的载荷、设计期限、失效形式以及破坏后果都与一般机械零件有一定区别。本节对这些问题做详细叙述。

1.2.1　锅炉受压元件承受的载荷

锅炉受压元件承受的载荷有以下几种：

(1)介质压力，包括正常运行条件下的稳定压力、启停过程中的压力升降以及安全阀启动时、水压试验时的较高压力。

(2)附加载荷，包括元件自身、内部介质等重量构成的均匀载荷与由支承、悬吊引起的局部集中载荷。

(3)热应力(温度应力)，包括在正常运行条件下因元件同一部位内外壁温差或元件不同部位壁温差产生的"稳定热应力"、在变工况条件下因元件壁的变动温差引起的"变动热应力"以及元件个别部位因壁温波动产生的频率较大的"交变热应力"。

(4)残余应力，包括焊接残余应力、胀接残余应力等。

一般情况下，以上载荷与高温及腐蚀介质同时作用于元件上。因此，锅炉受压元件的受载情况要比一般机械元件较为复杂。

以上各种载荷在锅炉受压元件强度计算时，仅正常运行条件下的稳定压力明显反映在基本强度计算公式中，而其他载荷一般用许用应力安全系数考虑并以结构尺寸的限定(如转角圆弧半径不可过小、呼吸空位——温度不同相邻元件的最小距离不可过小、热负荷较高部位的壁厚不可过大等)使其值不至于超出安全系数的允许范围。只有在特殊情况下，才对其他载荷进行补充校核计算，如附加外载校核计算、最高允许水压试验压力校核计算。至于残余应力，在强度计算时不做考虑，只是要求工艺条件将它们的值控制在不产生有害后果范围之内。

1.2.2　锅炉受压元件的设计期限

对于不产生高温蠕变破坏(持久强度破坏)的元件，锅炉受压元件的"设计期限"一般按锅炉起停过程中的应力大幅度升降所导致的低周疲劳破坏来估算。

低周疲劳破坏发生在锅炉受压元件的高应力集中部位，如锅筒(锅壳)的大孔边缘、炉胆两端扳边圆弧等处。当锅炉启停次数超过一定值时，这些应力集中部位有可能产生疲劳裂纹。锅炉受压元件设计所考虑的允许起停次数，对于工业锅炉为 1 万次，对于电站锅炉为2 千次。

工业锅炉的启停较频繁，如以平均每日启停一次计算，则 1 万次约相当于 30 年，即锅炉受压元件的设计寿命约为 30 年。锅炉钢材低周疲劳的一个重要特点是应力幅度(锅炉元件运行时应力集中最大值的一半)少许下降会使允许起停次数明显增加，锅炉元件的安全系数中去掉各种不利因素后的实际安全裕度约在 1.2 以上，即锅炉元件运行时的实际应力值比低周疲劳允许值约下降 25% 以上，这样，允许的启停次数可大为增加，达一倍多，即锅炉受压元件的实际低周疲劳寿命可达设计寿命 30 年的两倍以上。如果锅炉水质严格满足标准要求,使锅炉受热壁面不会因结垢而使温度明显上升,亦不会因腐蚀而使厚度下降,则工业锅炉寿命确实较长,有些已达 50～60 年。

电站锅炉的启停次数对于非调峰机组即使 50～60 年也少于 2 千次;而对于调峰机组,也按前述的低周疲劳方法估算,实际寿命都很长。

对于产生蠕变破坏(持久强度破坏)的锅炉高温元件,我国强度计算标准采用 10 万小时寿命的持久强度特性。锅炉钢材持久强度的一个重要特点,与上述低周疲劳特点相似,也是应力少许下降会使持久强度寿命明显增加。锅炉高温元件的实际安全裕度也是约为 1.2,相应的实际持久强度寿命约为 20 万小时。如锅炉利用系数取 0.85,则相当于 26 年。锅炉高温元件一般都由较昂贵的合金钢制造,希望尽量延长使用寿命。显然,设计应力取值低一些会收到明显效果,另外,一种称为"恢复热处理"的措施也可使锅炉高温元件,如高温管道、蒸汽过热器等的使用寿命明显延长。

1.2.3　锅炉受压元件的失效形式

锅炉受压元件可能遇到的"失效"形式有以下几种:

(1) 因超压引起的塑性破坏,如锅筒(锅壳)、管板破裂等,或脆性破坏,如铸铁锅片破裂,发生于安全阀与燃烧自控设备同时失灵情况下。

(2) 因超温(壁温过高)引起的塑性破坏(时间较短)或蠕变破坏(时间较长),如水冷壁爆管、过热器爆管等,发生于严重结垢、水动力不正常等情况下。

(3) 因超压或超温(壁温过高)引起的承受外压元件失稳破坏,如炉胆塌陷等,发生于严重结垢或安全阀与燃烧自控设备同时失灵情况下。

(4) 因机械应力、热应力周期大幅度变动引起的低周疲劳破坏,如大孔周边开裂、角焊缝根部开裂、过渡圆弧开裂等,发生于应力集中过大、元件刚性过大、内外壁温差过大等情况下。

(5) 因交变热应力引起的高周疲劳破坏,如受热壁面汽水分界处开裂、锅筒给水管孔处开裂等,发生于元件结构不合理等情况下。

(6) 因材料缺陷或性能变坏(石墨化、苛性脆化等)引起的破坏,因严重腐蚀引起的破坏等。

锅炉受压元件强度计算标准涉及防止钢质元件产生塑性破坏、失稳破坏、蠕变破坏、低周疲劳破坏;而高周疲劳破坏,应靠合理的锅炉结构来防止;至于因材料缺陷或性能变坏引起的破坏,应靠严格选材、改善材料性能来实现。

上述任何一种形式失效都会造成较大经济损失,并危及人身安全。如果导致爆管或爆炸,则除设备毁坏外,还会因停电、停止供热或停产而造成重大经济损失,同时人员的死伤也难以避免。

1.2.4　锅炉受压元件的汽水爆炸

锅炉是一种受火的压力容器,其中存有会因压力突降而剧烈膨胀的介质。锅炉、锅壳等容积较大的受压元件,如因破裂引起汽水瞬时剧烈膨胀——汽水爆炸或简称爆炸,其后果异常严重。这是锅炉的一大突出特点。历史上这种汽水爆炸事故屡见不鲜,尽管目前已明显减少,但尚不能杜绝。据报道,从 1870 年至 1910 年的 40 年间,美国、加拿大、墨西哥区域,有记录的锅炉爆炸事故共约 1 万起。1905 年美国某鞋厂一台火管锅炉爆炸造成 58 人死亡和 117 人受伤的重大事故。历史上还发生过船舶锅炉爆炸使船上千余人丧生的惨重事件。1955 年我国某纺织厂一台 2.2 MPa 的 10 t/h 蒸汽锅炉的下锅筒因苛性脆化而爆炸,使锅炉由基础上腾空而起,飞至 75 m 以外的另一厂房内,死亡数十人,是建国后我国最大的一次锅炉爆炸事故。1975 年我国某小型火力发电站一台 1.03 MPa 的 7 t/h 蒸汽锅炉,因提高出力在超额定压力的 1.37 MPa 条件下运行,由于铆缝抗滑强度不足,使锅水进入铆缝,逐渐导致苛性脆化而爆炸,锅筒飞走 40 m,厂房遭到严重破坏。

　　对不同压力下饱和水及饱和汽,按工程热力学绝热膨胀过程算得的最大爆炸能量如图 1.15 所示。由图可见,爆炸能量随压力升高而增大。单位容积饱和水的爆炸能量比饱和汽的大;随压力升高,二者差值先增大而后减小。

　　锅炉的实际爆炸能量(能够形成空气冲击波的能量)比上述假设为绝热过程的理论(最大)爆炸能量要小。国内两次锅炉热态爆炸实验表明:实际爆炸能量与理论(最大)爆炸能量的比值 η——称为“爆炸能量系数”,与爆炸时能量的释放速度有关,能量释放速度越快,能够形成空气冲击波的实际爆炸能量越大,则 η 值越高。单面角焊连接结构的撕裂速度比对接连接结构的大,则 η 值也大;器壁较厚,起爆压力较大,材料塑性变低,则 η 值偏大;铸铁容器的塑性明显低于钢质容器,则撕裂较快,η 值亦较

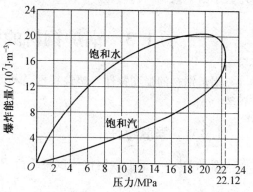

图 1.15　不同压力下,1 m³ 饱和水与汽的爆炸能量

大;铝质容器的塑性明显高于钢质容器,则撕裂较慢,η 值必然较小。

　　有文献给出起爆压力为 16 MPa 的钢质椭球形封头对接焊筒形容器的 η 值为 0.348,如锅筒汽水容积各为 10 m³,由图 1.15 可知理论爆炸能量为 2.6×10^9 J,则能够形成空气冲击波的实际爆炸能量约为 1.0×10^9 J。每千克 TNT 炸药(三硝基甲苯 $CH_3C_6H_2(NO_2)_3$)的爆炸能量约为 9×10^5 J,则上述 1.0×10^9 J 相当于 1.1 t TNT 炸药。可见锅筒的爆炸能量相当大。

　　为防范前述各种失效形式所导致发生的爆管、汽水爆炸事故,应从多方面着手,如选材、设计、工艺、运行等。锅炉受压元件强度计算标准能达到在正常运行及合理工艺条件下,确保元件不发生塑性破裂或脆性破坏(指铸铁受压元件)、低周疲劳破坏、高温蠕变破坏,而且留有一定裕度,另外在水压试验时避免元件受到损伤。可见,严格执行锅炉受压元件强度计算标准是防止元件失效,确保锅炉安全的一项重要措施。为全面保证锅炉安全,还必须严格执行锅炉安全技术监察规程、锅炉建造规范、锅炉运行规程等。在确实保证了上述要求后,就可有把握地使锅炉运行安全可靠。各国大量高参数大容量电站锅炉的锅筒在运行中无一例爆炸过,而参数较低的较小容量工业锅炉、采暖锅炉却屡次发生过爆炸。这充分说明:严格执行各项标准、规程、法规(材料、设计、制造、安装、检验、运行等方面)就可能做到确保安全;反之,如不执行或不严格执行,就有可能出现因受压元件失效而引起的严重事故。我国十年“文化大革命”期间,由于不可能严格执行标准、规程、法规,平均每年发生锅炉爆炸 300

起以上；"文化大革命"后，1977～1980 年期间锅炉爆炸事故统计见表 1.1。

表 1.1 1977～1980 年间锅炉爆炸事故统计

项目 时间	爆炸/起	死亡/人	受伤/人
1977 年	108	92	392
1978 年	104	53	182
1979 年	136	58	218
1980 年	115	44	165

至"六五"期间(1981～1986 年)，平均每年发生锅炉爆炸事故不到 70 起，而 1993 年统计数字为不到 40 起。

1.3 锅炉钢材的强度特性与塑性特性

锅炉钢材的强度特性与塑性特性是与元件强度直接相关的基本特性，在本节里做概括介绍。

1.3.1 强度特性

图 1.16 为一般低碳钢拉伸试验载荷 P 与试件伸长值 λ 的关系曲线。

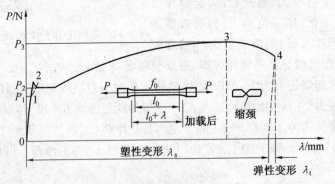

图 1.16 低碳钢的拉伸曲线

图 1.16 中，0～1 段为一直线，即载荷 P 与伸长值 λ 呈直线关系。由 0～1 段上各点卸载，变形 λ 完全消失，0～1 段上各点所对应的变形为弹性变形(卸载即行消失的变形)。点 1 以后，则为一条曲线。先上升，后下降，由点 2 开始有一水平段，即不增加载荷而自行伸长一段，然后上升至最高点 3。这之前，试件各处均匀变形；点 3 以后，变形集中于试件的一小部分，这部分很快变细并于最细处断裂。变细的这部分称"缩颈"。图中点 4 为断裂点，所对应的变形值，除弹性变形 λ_t 外，还包含相当大的塑性变形 λ_s(卸载后不能消失的永久变形)。点 1 以后的变形中，除弹性变形外，还包含一部分塑性变形。

如将图 1.16 中纵坐标 P 除以试件原始截面积 f_0，横坐标伸长值 λ 除以试件原始长度 l_0，则得图 1.17 所示应力 σ 与应变 ε 关系曲线。

图 1.16、图 1.17 中,由点 1 至点 2 之间的升高并不稳定,其大小受许多因素影响,例如试件安装不准确,使试件出现很小弯曲应力,上述升高现象即行消失,则曲线 1～2 段变为点线所示形状。

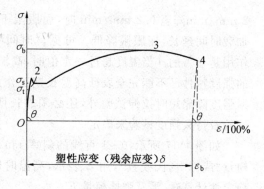

图 1.17　低碳钢的应力－应变曲线

对应图 1.16 中 1,2,3 点的载荷 P_1,P_2,P_3 除以试件原始截面积 f_0,得以下三个强度特性,如图 1.17 所示。图中,$\dfrac{P_1}{f_0}=\sigma_t$ 称为"比例限"或"弹性限";$\dfrac{P_2}{f_0}=\sigma_s$ 称为"屈服限"或"屈服点";$\dfrac{P_3}{f_0}=\sigma_b$ 称为"抗拉强度"。

应力小于弹性限 σ_t 时,应力与应变呈直线关系,即符合"胡克定律"关系。弹性限 σ_t 所对应的应变值很小,约为 0.1%。这样小的应变值对于锅炉受压元件,不会带来任何不利影响,因此,这一强度特性并无实际意义,故不作为锅炉元件的强度计算指标。

应力达到屈服限 σ_s 时,开始产生较大的塑性变形——"塑性流动"。由于塑性变形对材料某些性能,如抗腐蚀能力、抗蠕变破坏能力等有不利的影响,因此屈服限成为材料的重要强度特性,并引入强度计算中。强度计算时,要求元件壁厚的平均应力距屈服限留有一定裕度;重要受压元件如锅筒,其壁面最大应力不能达到屈服限。

应力达到抗拉强度 σ_b 时,开始发生大的塑性变形,并很快断裂。因此,抗拉强度也是重要强度特性,强度计算时要求元件壁厚的平均应力距抗拉强度留有更大裕度。

随着温度的提高,上述应力－应变曲线的形状有较大变化,如图 1.18 所示。在较高温度下,曲线前部分的水平段——"屈服阶"已经消失。此时,规定相应于产生 0.2% 塑性变形的应力为屈服限,一般用 $\sigma_{0.2}$ 表示,如图 1.19 所示。$\sigma_{0.2}$ 也称为"条件屈服限",$\sigma_{0.2}$ 有时也用 σ_s 来表示。有的国家规定产生 0.1% 塑性变形的应力为条件屈服限。

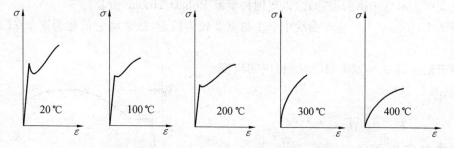

图 1.18　温度对低碳钢应力－应变曲线(前部分)的影响

高温下的屈服限与抗拉强度用 σ_s^t,$\sigma_{0.2}^t$ 与 σ_b^t 来表示。

温度对锅炉常用的 20 号碳钢及 12Cr1MoVR 低合金钢条件屈服限及抗拉强度的影响如图 1.20 所示。

高温下拉伸试验的结果取决于加载速度的大小。加载速度对屈服限的影响尤为显著。在温度为 400～500 ℃ 条件下,碳钢试件(10 mm 直径的 5 倍长度试件)的加载速度由

2 mm/min 降至 0.2 mm/min 时，屈服限下降 15～20 MPa，即加载时间延长，屈服限降低。可见，"时间"因素对高温强度的作用是显著的。当温度超过一定值时，高温短时拉伸试验所得的强度特性已不能完全表征高温长期工作元件的强度特点，高温强度除靠短时拉伸试验外，还必须靠长期拉伸试验——蠕变试验及持久强度试验来确定。

如图 1.17 所示，0～1 直线的斜率 $\tan\theta$ 称为材料的"弹性模量"或称"杨氏模数"，用 E 表示，高温时用 E^{t} 表示。在炉胆稳定性计算时，涉及弹性模量 E^{t}。

对于锅炉低碳钢、低合金钢和高合金钢，常温下的 E 值大

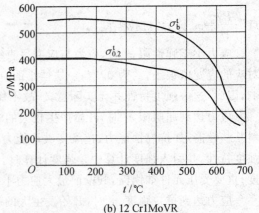

图 1.19　屈服限 $\sigma_{0.2}$ 的确定

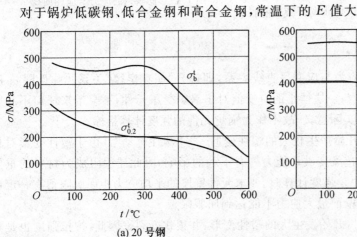

(a) 20 号钢　　　　　　　(b) 12 Cr1MoVR

图 1.20　温度对屈服限、抗拉强度的影响

致相同，约为 2×10^{5} MPa。随着温度升高，E^{t} 值略有下降，至 400 ℃时约下降 10%。

弹性模量 E 是将应力与应变联系起来的一个特性，即

$$\sigma = E\varepsilon$$

此式即为胡克定律的表达式（以英国科学家 Robert Hooke 命名）。

图 1.17 所示应力－应变曲线中点 1 与点 2 较为接近，故常将它简化为图 1.21 所示曲线。

对于低碳钢，$\sigma_{s}\approx250$ MPa，则相应的应变值 ε_{s} 为（图 1.21）

$$\varepsilon_{s}=\frac{\sigma}{E}\approx\frac{250}{2\times10^{5}}\approx0.125\%$$

如低合金钢的 $\sigma_{s}\approx500$ MPa，则 $\varepsilon_{s}\approx0.25\%$。

试件拉伸时，除轴向变形外，还产生横向变形，如图 1.22 所示。

轴向应变为

$$\varepsilon=\frac{\Delta l}{l_{0}}$$

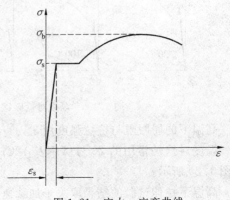

图 1.21　应力－应变曲线

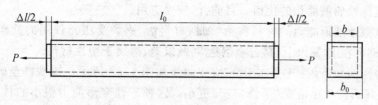

图 1.22　横向变形示意图

横向应变为

$$\varepsilon_1 = \frac{b_0 - b}{b_0} = \frac{\Delta b}{b_0}$$

在弹性范围内,横向应变 ε_1 与轴向应变 ε 的比值为一常数,此常数称为"泊松比"(以法国数学家 S. D. Poisson 命名),用 μ 表示:

$$\mu = \frac{\varepsilon_1}{\varepsilon}$$

钢的泊松比约为 0.3,即横向变形明显小于轴向变形。

铸铁试件拉伸所得应力—应变曲线如图 1.23 所示。

由图可见,铸铁的应力—应变曲线几乎为一斜的直线,强度特性只有抗拉强度 σ_b,而屈服限 σ_s 已不再存在。

1.3.2　塑性特性

材料的塑性大小不仅与工艺有关,而且也关系到元件的强度。例如,由塑性较差的材料制成的元件,当工艺应力(焊接热应力、残余应力)过大时就容易产生微裂纹,必然影响疲劳强度;另外,塑性好的材料对应力集中、热应力的

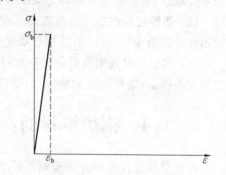

图 1.23　铸铁的应力—应变曲线

敏感性也小一些。因此,锅炉受压元件强度计算标准对所用材料的塑性特性有明确要求。《锅炉安全技术监察规程》明确规定锅炉受压元件用钢板的室温断后伸长率应当不小于 18%。

图 1.16 中的塑性变形值 λ_s 除以试件原长度 l_0 的值可用 δ 表示:

$$\delta = \frac{\lambda_s}{l_0} \times 100\%$$

式中　δ——材料的塑性特性,称为"伸长率"或"延伸率"。δ 值越大,材料的塑性越大。

如果试件长度与直径的比值为 10,用 δ_{10} 表示;如果此比值为 5,用 δ_5 表示。对于产生缩颈的材料,当试件短时缩颈变形所占比重较大,则 δ 值较大,因此 $\delta_5 > \delta_{10}$。我国锅炉受压元件强度标准中,用 δ_5 表示塑性特性。

塑性特性 δ 值不仅表示材料塑性的大小,而且也可用其判断材料的质量,因为材料有缺陷(非金属夹杂物、偏析、组织不均等)时,δ 值有所下降。因此,在钢材标准中均规定不同钢号的最低 δ 值。

表示材料塑性大小的另一特性为"面缩率",用 ψ 表示。ψ 表示试件拉断后,断裂处横截

面积的减小值与原始截面积的比值。目前,已较少应用。

具有明显塑性变形能力的材料称为"塑性材料"。锅炉受压元件用的低碳钢的 δ_5 约为 25%,低合金钢也在 20% 以上,高合金钢达 30% 以上,都属于塑性材料。

低参数铸铁锅炉所用铸铁的应力-应变曲线如图 1.23 所示。铸铁件至破坏时的应变值 ε_b 很小,破坏后的残余应变(塑性应变)更小。这种塑性变形能力很小的材料称为"脆性材料"。

以上两种材料在性能上的区别如下:

(1) 塑性材料可以在热或冷状态下,靠外力永久性地改变形状,如弯管、卷板等;脆性材料则不然,只能靠铸造方法获得不同形状的工件。

(2) 塑性材料破坏时,伴随很大塑性变形,可以预知破坏的即将来临;脆性材料则不然,破坏时不伴随明显塑性变形并且来得突然。

(3) 塑性材料拉伸图中曲线下面的面积较大,需支出较大的功才能使材料破断,因而在冲击载荷下能接受较多能量,即不易冲坏;脆性材料则怕冲击。

(4) 两种材料的显著区别还表现在应力集中和热应力上。塑性材料对应力集中和热应力不大敏感;而脆性材料在应力集中和热应力作用下,易于毁坏。

(5) 塑性材料抗拉与抗压能力几乎一样,而脆性材料抗拉能力远低于抗压能力。故铸铁不宜于制造承拉元件,但适用于承受压缩载荷。

(6) 脆性材料或塑性低的材料在接近抗拉强度时,仍能保持不大的变形,即它们在不大变形的条件下,能承受较大的应力,这对于变形要求严格的工件才有意义。

1.4　锅炉钢材的高温长期强度特性与持久塑性

锅炉受压元件中的过热器蛇形管与集箱、过热蒸汽连接管与管道等,它们的壁温很高,又在压力作用下工作,因而这些元件会随着工作时间的延长而缓慢胀大;尽管这些元件都由塑性很好的材料制成,而且又在高温下工作,但长期工作后至破坏所累积的塑性变形值却反而比短时破坏明显下降。本节介绍材料在高温下的强度特性与塑性特点。

1.4.1　高温强度特性

材料高温强度特性有蠕变限与持久强度。

1. 蠕变限

材料在高温及恒定的应力作用下,随着时间的延长,塑性变形不断增加的现象称为"蠕变"。图 1.24 给出试件在某温度下对应三个应力的应变-时间曲线,这些曲线称为"蠕变曲线"。

应力 σ_3 较大,致使试件在试验期限(数千至万余小时)以内破断;应力 $\sigma_2 < \sigma_3$,在试验期限以内,试件未破断,但产生一定蠕变变形,恒定蠕变速度区(直线区段)的蠕变速度为 v_c (直线的斜率);应力 $\sigma_1 < \sigma_2$,在试验期限以内,试件不但未破断,而且 $v_c = 0$。

若取高温元件中的应力为 σ_1,则工作中蠕变现象经短时即行消失。但在高温下不引起蠕变现象的应力 σ_1 很小,如采用这样的应力进行设计,不但浪费钢材,而且由于壁厚大会产生较大热应力,有时并不安全。

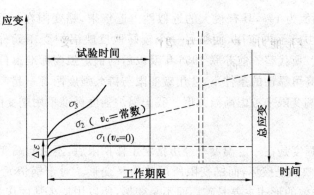

图 1.24　蠕变曲线 $\sigma_3 > \sigma_2 > \sigma_1$

高温元件在整个工作期限内,积累一定的蠕变变形是可以的。确定锅炉元件高温强度特性时,许多国家都规定允许总应变$[\varepsilon]=1\%$。

基于以上情况,将某温度下在指定工作期限内引起允许总应变的应力称为"蠕变限",用 σ_c^t 表示,并以它为基础对高温元件进行强度计算。

锅炉高温元件的工作期限,目前不少国家都取为 10 万小时。试验期间一般取工作期限的 1/10,将直线段延伸至 10 万小时所得总应变一般认为是可行的。

当忽略初始应变 $\Delta\varepsilon$ 时(图 1.24),对应于蠕变限的蠕变速度为

$$v_c = \frac{[\varepsilon]}{\tau}$$

式中　$[\varepsilon]$——允许总应变;

　　　τ——指定工作期限。

对于锅炉元件,此蠕变速度值为

$$v_c = \frac{1\%}{10^5\,\mathrm{h}} = 10^{-5}\,\%/\mathrm{h}$$

因此,也将某温度下引起蠕变速度为 $10^{-5}\,\%/\mathrm{h}$ 的应力称为"蠕变限",故有时也用 $\sigma_{10^{-5}}^t$ 来表示。由于允许总应变$[\varepsilon]$已考虑了足够裕度,故考虑蠕变的许用应力$[\sigma]$可不再考虑安全系数,即

$$[\sigma] = \frac{\sigma_c^t}{1.0}$$

根据大量试验结果,可认为在一定温度下应力与恒定蠕变速度之间存在如下关系,即

$$v_c = a\sigma^b$$

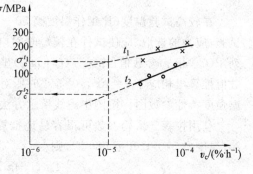

图 1.25　$\lg\sigma - \lg v_c$ 关系

式中　a,b——与钢种及温度有关的常数。

如以 $\lg\sigma - \lg v_c$ 为坐标,则得直线关系,如图 1.25 所示。这样,根据一些应力较大的试验数据,靠延伸法即可求出较小蠕变速度 $v_c = 10^{-5}\,\%/\mathrm{h}$ 所对应的蠕变限。应注意,有时在此关系线上会出现拐点,使折线向下方转折,因此,若试验时间太短,或过于延长直线,可能得到偏于不安全的推测结果。

不同钢材在不同温度条件下,至蠕变破坏所累积的塑性应变值相差很大,笼统地规定一

个允许总应变$[\varepsilon]$值为1%,具有很大的近似性。近年来,蠕变限在一些国家的锅炉受压元件强度计算标准中已不再应用,而被另一个较好地反映锅炉受压元件失效特点的强度特性——"持久强度"所代替。前苏联1956年及以后的锅炉强度标准不再应用蠕变限;原西德标准仅在保证更高可靠性的条件下,才用蠕变限与持久强度两者一起考虑高温强度;但美国规范至今仍沿用蠕变限来考虑高温强度。我国锅炉强度标准不用蠕变限,而用持久强度。

2. 持久强度

钢材的持久强度是在一定温度下经历指定工作期限后,不引起蠕变破坏的最大应力,用σ_D^t表示。它所反映的是破坏,而蠕变限所反映的是变形。对于锅炉元件,并不需要精密的几何配合,元件失效的形式主要是破坏而不是变形,所以用持久强度作为高温元件的强度特性较为合理。

在高温蠕变条件下,应力越大,蠕变进行得越快,破坏得越早。试验表明,在一定温度条件下,应力与蠕变破坏时间存在如下关系:

$$\tau = A\sigma^{-B} \tag{1.1}$$

式中　　A、B——与钢种及温度有关的常数。

如以$\lg\sigma - \lg\tau$为坐标,则得直线关系,如图1.26所示。试验时,各试件应力取得较大,可在较短时间破断,再将直线延伸,即可求得指定工作期限的蠕变破坏应力——持久强度。一般锅炉受压元件的设计寿命为10万小时,故有时也用$\sigma_{10^5}^t$表示持久强度。

1952年,拉森(F. R. Larson)及米勒(J. Miller)提出一种确定高温强度特性的参数法,受到各国广泛重视,一直应用至今。根据大量试验数据及分析,可知对某应力而言,绝对温度T与蠕变破坏时间τ存在如下关系:

$$T(C + \lg\tau) = 常数$$

式中　　C——与钢种有关的常数。不同珠光体钢的C值在$18\sim22$之间,一般取$C=20$。

$T(C+\lg\tau)$称为"拉森-米勒参数",可按下述方法得出便于应用的高温强度特性参数图:

在较高试验温度(比工作温度高$50\sim100\ ℃$)条件下,选取一系列应力值进行持久强度试验,应力的选取,应使试件在较短时间内就能破断。由试验温度T及破坏时间τ得一系列$T(C+\lg\tau)$参数值。$\sigma - T(C+\lg\tau)$坐标内的试验曲线如图1.27下部所示。按不同参数值推算出相应于$\tau = 10^5, 10^4$等小时所对应的温度t,并绘在图1.27上部。这样,就得到高温强度特性参数图。按图中虚线所示方法,可得到不同温度下的持久强度特性。

利用拉森-米勒参数可很容易地推算出超温后高温元件寿命的降低程度。如取$C=20$,温度由$510\ ℃$升至$520\ ℃$,则

$$T_1(C + \lg\tau_1) = T_2(C + \lg\tau_2)$$
$$783(20 + \lg\tau_1) = 793(20 + \lg\tau_2)$$

得

$$\tau_2 = \frac{\tau_1}{1.8}$$

即温度升高$10\ ℃$,工作寿命几乎下降一半。这表明,应严格控制高温元件的超温。

锅炉高温元件强度计算时,许用应力为持久强度σ_D^t除以安全系数n_D。n_D的值应比短时破坏——抗拉强度σ_b^t的安全系数n_b为小,因为持久强度特性σ_D^t已包含了允许的工作寿

命期限。

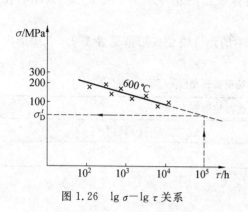

图 1.26　$\lg \sigma - \lg \tau$ 关系

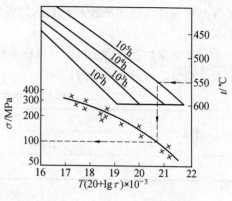

图 1.27　高温强度特性参数图

1.4.2　持久塑性

钢材在常温或高温下，短时断裂时所累积的塑性变形，是晶粒拉长的结果；而钢材在高温下，长时蠕变断裂时所累积的塑性变形是晶粒之间移动的结果。短时断裂属于晶粒本身裂开性质，而长时蠕变断裂属于晶间裂开性质。前者由于晶粒能拉得较长，故伸长率 δ 相对要小一些。

蠕变破坏所积累的塑性变形，称"持久塑性"。图 1.28 所示为 0.5Mo 钢的持久塑性与工作温度、破坏时间的关系。碳钢及其他珠光体耐热钢的情况也大致相同。

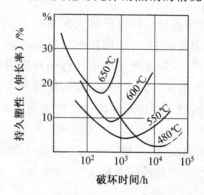

图 1.28　0.5Mo 钢的持久塑性与工作温度、破坏时间的关系

由图 1.28 可见，持久塑性的变化规律为：

(1)在任何温度下，持久塑性先随破坏时间增加而下降，以后开始上升。

(2)在较低温度条件下，最小持久塑性出现在较长时间，而且其值比高温时小。

0.5Mo 钢在 480 ℃条件下，最小持久塑性约出现在 10^4 h，其值约为 2%；在 550 ℃条件下，最小持久塑性约出现在 10^3 h，其值约为 4%。

15CrMo 类型耐热钢（正火处理后）在 550 ℃条件下，最小持久塑性约出现在 10^5 h，其值约为 8%。

碳钢在 538 ℃条件下，最小持久塑性约出现在 10^4 h，其值约为 12%。

根据上述规律及给出的数据来看,不同钢材在各自允许工作的温度条件下,10 万小时工作期限的持久塑性都远大于 1%,因而确定蠕变限所给的允许总变形值[ε]为 1%是有较大裕度的。

前苏联锅炉及管道金属监察规程中规定运行中的允许蠕变变形值见表 1.2。表中给出的允许值也是有较大裕度的。

表 1.2 运行中的允许蠕变变形值[ε]

管道	过热器蛇形管	
	合金钢	碳钢
1	2.5	3.5

1.5　锅炉受压元件的低周疲劳

低周疲劳是锅炉受压元件的一种常见破坏形式。锅炉强度分析及强度标准制定与事故分析时,会经常涉及此问题。

1.5.1　低周疲劳

锅炉在其工作寿命期限内,必定要有多次的启动、停炉过程。其受压元件的工作应力要相应地随之重复起伏。因此,锅炉受压元件不但应能承受前述静载作用,而且还应能抵抗交变载荷(多次循环载荷)的作用。

锅炉受压元件应力集中最剧烈处一般都已进入塑性状态,其应力明显超出屈服限。在静载作用下,这种范围很小的应力集中,对于用塑性材料制成的元件整体强度而言,并无明显害处。但是,在交变载荷作用下,即使对于用塑性好的材料制成的元件,应力集中最剧烈处也可能产生疲劳裂纹,及随之而来的裂纹扩展,终致酿成元件泄漏,甚至破裂。虽然应力集中之处只占元件的极小部分,但却可能影响整个元件的强度。

锅炉受压元件在整个工作寿命期限内,应力循环(变化)次数不是很多,最多几万周(次),故上述疲劳破坏属于"低周疲劳"范畴。一般规定应力波动次数大于 10^5 次引起的疲劳称为"高周疲劳",而小于 10^5 次引起的疲劳称为"低周疲劳"。

1.5.2　低周疲劳的计算

较简易的防范因局部集中应力过大引起低周疲劳的计算方法是利用低周疲劳曲线的计算法。由试验所得的钢材低周疲劳曲线(图 1.29)是美国机械工程师协会(ASME)于 1963 年首次提出的,至今已被许多国家采用。

图 1.29 中纵坐标表示按最大剪应力强度理论所得当量应力的允许应力幅度[σ_a],横坐标为应力循环周数(次数)N。

以承受内压力圆筒为例,应力集中最剧烈处为图 1.30 中所示的 A 点(圆筒轴向截面内壁处大孔与圆筒的连接点)。该点的应力值为 $k\sigma_d$,而应力幅度为 $k\sigma_d/2$,它不应大于按图 1.29 根据应力循环周数 N 所得出的允许应力幅度[σ_a]。考虑弹性模量修正后,应满足以下强度条件：

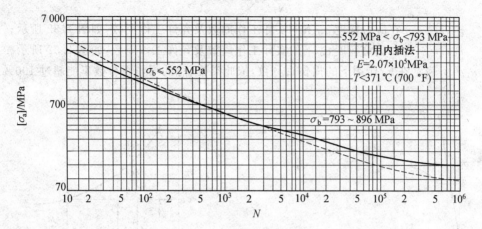

图 1.29　低周疲劳设计曲线

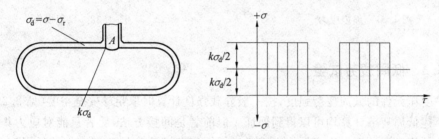

图 1.30　筒形容器应力最大点的应力变化

$$\frac{k\sigma_d}{2}\frac{2.07\times10^5}{E^t}\leqslant[\sigma_a] \tag{1.2}$$

式中　k——应力集中系数，图 1.30 中 A 点一般为 3.0，精心设计加工后，可降至 2.5；

σ_d——应力集中区域附近部位按最大剪应力理论所得的当量应力，MPa；

E^t——壁温为 t ℃时的弹性模量，MPa；

$[\sigma_a]$——允许应力幅度，MPa，如图 1.29 所示。

　　图 1.30 所示低周疲劳设计曲线是根据试件应变值，其中包括弹性应变与塑性应变，人为地按胡克定律关系换算出的应力——"虚拟应力"得出的，如图 1.31 所示，即

$$\sigma_{xu}=E\varepsilon$$

式中　σ_{xu}——虚拟应力，MPa；

E——弹性模量，MPa；

ε——应变，%，其中也包括塑性应变。

　　该曲线已计入了足够的安全裕度：应力幅度 σ_a 为 2；周数 N 为 20，其中考虑实验数据分散取 2.0，尺寸效应取 2.5，表面粗糙度、环境影响等取 4.0（即 2.0×2.5×4.0＝20）。

　　由图 1.29 所示低周疲劳曲线可见，低周疲劳强度与钢种关系不大。对于抗拉强度 σ_b 较高的钢种，从一般静载强度考虑，工作应力取得较高，低周疲劳寿命必然较短，对此点应有明确的了解。

　　有时会遇到在整个工作期限内，应力幅度有大变化的情况，此时，可按累积损伤原则考虑低周疲劳强度，即应满足

$$\frac{n_1}{N_1} + \frac{n_2}{N_2} + \cdots \leqslant 1$$

式中　n_1, N_1——在应力幅度 σ_{a1} 下的实际工作周数及允许工作周数,如图 1.32 所示;

　　　　n_2, N_2——在应力幅度 σ_{a2} 下的实际工作周数及允许工作周数,如图 1.32 所示。

n_1 / N_1 表示在 σ_{a1} 作用下的损伤百分数,依此类推,总的损伤百分数不能超过 100%。

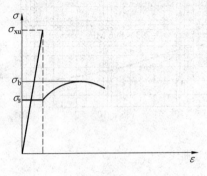

图 1.31　虚拟应力

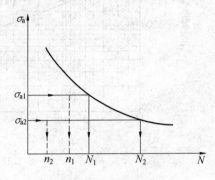

图 1.32　累积损伤

1.5.3　低周疲劳试验

锅炉受压元件的低周疲劳强度,按一般静载强度计算时取足够安全裕度(见 2.2 节),或按本节所述低周疲劳计算均可以得到保证。但前者是间接方法,后者只能对应力集中有确切了解的结构进行计算。许多结构尚需通过低周疲劳试验直接确定它们的低周疲劳强度。例如,锅壳锅炉的不同结构拉撑件、角焊连接的 H 型下脚圈、角焊连接的集箱端盖、翻边管接头等元件都是在专门的低周疲劳试验台上通过低周疲劳试验来确定它们的疲劳强度。

图 1.33 所示为一种低周疲劳实验台的液压系统图。试验介质为油或水(添加防腐剂)。

试验时,电动机 2 带动变量油泵 3 旋转,液压油被吸入油泵加压。有一定压力的油通过单向阀 4,再经过三位四通电液阀 5 进入试验件 8 使试件内油压升高。通过压力继电器 7 调节选择试验压力,当系统达到试验压力时,压力继电器微动开关接通,使三位四通电液阀换位,试验件中的部分液压油开始通过电液阀 5 反向流动并通过回路高压过滤器 9 返回油箱 13,因此,试验件内油压迅速降低。

通过电路系统的可调时间继电器、中间继电器等的控制,隔一定时间后,试验件中压力降至某值(约为工作压力的 10%)时,三位四通电液阀换向,又向试验件内部充油加压。待压力达到压力继电器的调定值时,再一次泄荷降压。如此反复,试验件内压力周期变化,从而达到进行低周疲劳试验的目的。

为防止压力意外增高造成事故,系统中装有溢流阀 11。溢流阀的动作压力应调得比试验压力略高一些,因此,正常疲劳试验时,溢流阀处于关闭状态。当试验系统发生故障使压力迅速增高时,液压油即可通过溢流阀返回油箱。

如欲暂停试验,可使三位四通电液阀处于中间空位,工件油路不通。此时,经油泵送入管路的液压油通过溢流阀返回油箱。

在管路系统中设有供连接二次测试仪表 10 的管接头,一般是通过压力传感器接函数记录仪等仪表。

每加压、泄压一次,压力继电器的电信号传给电磁计数器或电子计数器,用以准确记录疲劳周期。

压力表 6 用以指示实验压力。为防止压力表疲劳损坏,不观测时,应随时截断压力表通路。

油箱 13 应有一定容积,以免温度很快上升。为检查油温,油箱设有指示温度计 12。

在上述系统中,如增设增压器,使增压后的油路通入试验件,可进行试验压力远大于油泵最高压力的低周疲劳试验。

低周疲劳试验一般以 20 倍寿命周数不泄漏为准,试验压力取元件最高允许计算压力。低周疲劳试验是一种时间延续较长的试验。例如,每分钟压力变动 10 次,约需 14 个昼夜才能达到 20 万周。

低周疲劳试验一般危险性不大,但为防止液压油外泄时与明火接触以及非正常撕裂等带来的危害,试验件应置放在隔离间内。

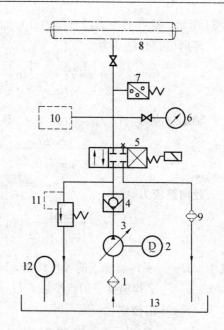

图 1.33　低周疲劳实验台的液压系统图
1—低压过滤器;2—电动机;3—变量油泵;
4—单向阀;5—三位四通电液阀;6—压力表;
7—压力继电器;8—试件;9—高压过滤器;
10—二次仪表;11—溢流阀;12—温度计;
13—油箱

1.6　锅炉受压元件的热应力

热应力(温度应力)普遍存在于锅炉受压元件中,它对锅炉受压元件的强度有明显影响,应对它有较深入的了解。

1.6.1　热 应 力

对于圆筒形元件,例如受热面管,当热流自外向内传递时(图 1.34),外壁与内壁的温差为

$$\Delta t = t_{\mathrm{w}} - t_{\mathrm{n}} = \frac{q r_{\mathrm{w}} \ln \dfrac{r_{\mathrm{w}}}{r_{\mathrm{n}}}}{\lambda} \tag{1.3}$$

式中　q——热负荷,W/m^2;

　　　r_{n},r_{w}——内、外半径,m;

　　　λ——平均温度下的导热系数,$W/(m \cdot ℃)$。

由于沿壁厚存在温度梯度,沿壁厚各微小单元在圆筒切线方向、轴线方向及径向的热变形皆各不相等,而圆筒是一个整体,受热后只能做统一变形(胀大),则各微小单元在不同方向由于不能得到充分膨胀或收缩,于是在壁上产生环向、轴向及径向热应力 $\sigma_{\theta t}$,σ_{zt},σ_{rt},如图

1.34 所示。这些热应力沿壁厚的分布如下列公式所示：

环向（切向）热应力

$$\sigma_{\theta t} = \frac{E\alpha\Delta t}{2(1-\mu)\ln\frac{r_w}{r_n}}\left[\ln\frac{r_w}{r} + \frac{r_n^2}{r_w^2-r_n^2}\left(1+\frac{r_w^2}{r^2}\right)\ln\frac{r_w}{r_n} - 1\right] \quad \text{MPa} \tag{1.4}$$

轴向热应力

$$\sigma_{zt} = \frac{E\alpha\Delta t}{2(1-\mu)\ln\frac{r_w}{r_n}}\left[2\ln\frac{r_w}{r} + \frac{2r_w^2}{r_w^2-r_n^2}\ln\frac{r_w}{r_n} - 1\right] \quad \text{MPa} \tag{1.5}$$

径向热应力

$$\sigma_{rt} = \frac{E\alpha\Delta t}{2(1-\mu)\ln\frac{r_w}{r_n}}\left[\ln\frac{r_w}{r} + \frac{r_n^2}{r_w^2-r_n^2}\left(1-\frac{r_w^2}{r^2}\right)\ln\frac{r_w}{r_n}\right] \quad \text{MPa} \tag{1.6}$$

式中　E——平均温度下的弹性模量，MPa；

　　　α——平均温度下的线膨胀系数，mm/(mm·℃)；

　　　μ——泊松比；

　　　r_n, r_w——内、外半径，mm；

　　　r——对应所求应力点的半径，mm；

　　　Δt——外壁与内壁的温差，℃[由式(1.3)求得]。

按式(1.4)～(1.6)所得应力值沿壁厚的分布如图 1.35 所示。由图可见，在外部加热情况下，内壁的热应力是拉伸性质的（环向与轴向），与内压力产生的工作应力（环向与轴向）同号，互相叠加，有时可能达到不允许的程度——产生低周疲劳现象。

当热流方向自内向外时，外壁与内壁的温差为

$$\Delta t = t_w - t_n = -\frac{qr_w\ln\frac{r_w}{r_n}}{\lambda}$$

此式代入式(1.4)～(1.6)所得各向热应力与热流自外向内的应力比较，仅符号相反。

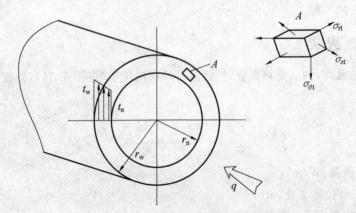

图 1.34　传热引起的温度分布不均及热应力

对于锅炉钢材，$t=200\sim500$ ℃，$\beta = r_w/r_n = 1.0\sim2.0$，由式(1.4)～(1.6)可得如下近似计算公式：

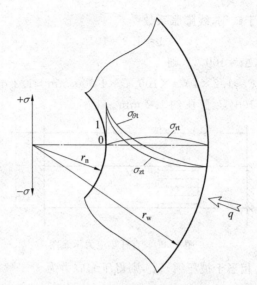

图 1.35　外部加热时热应力分布(此图仅表示值的大小,不表示应力方向,应力方向见图 1.34)

$$内壁　\quad \sigma_{\theta t_n} = \sigma_{z t_n} = 2\Delta t \ \text{MPa}$$
$$外壁　\quad \sigma_{\theta t_w} = \sigma_{z t_w} = -2\Delta t \ \text{MPa}$$

$$(1.7)$$

式中　Δt——外壁与内壁的温差,℃。

可见,如内外壁温差为 50 ℃时,内外壁的热应力达 100 MPa。

实际锅炉元件沿圆周及沿长度的热流是不均匀的,这也必然要引起相应的温度梯度及由此产生的热应力。因此,准确计算锅炉元件的热应力是十分困难的。

由式(1.4)~(1.6)以及式(1.3)可以看出,当材料的线膨胀系数 α 大、导热系数 λ 小、热负荷 q 大、外径与内径的比值 $\beta = r_w/r_n$ 大(当管径相同时,即壁厚大)时,热应力也大。在受热及几何尺寸相同情况下,奥氏体钢的热应力要比珠光体钢大得多,因奥氏体钢的线膨胀系数 α 较大,导热系数 λ 又较小,见表 1.3。另外,水冷壁管以及对流管束最前排管的热应力比纯对流受热面管大,有时可能大 5~10 倍,因为这些管子的热负荷大。

表 1.3　珠光体钢与奥氏体钢物理性能对比

钢种	$\alpha \times 10^6 / ℃$		λ W/(m² · ℃)		E、μ
	20~100 ℃	20~600 ℃	100 ℃	600 ℃	
20 号碳钢	11.2	14.4	50.7	35.6	两钢种基本一致
18−8 奥氏体钢	16.6	18.2	16.3	24.7	

1.6.2　热变形与热应力近似计算

图 1.36 所示为两端固定牢的直杆,原长度为 l_0,温升为 Δt。假设能够自由膨胀,则热伸长

$$\lambda_t = \alpha \Delta t l_0$$

由表 1.3 可知,对于碳钢,线膨胀系数

$$\alpha \approx 1.2 \times 10^{-5}$$

设 $l_0 = 1\ 000$ mm,$\Delta t = 100$ ℃,则

$$\lambda_t \approx 1.2 \times 10^{-5} \times 100\ ℃ \times 1\ 000\ \text{mm} \approx 1.2\ \text{mm}$$

即,碳钢,长 1 m,温差 100 ℃,膨胀约 1.2 mm。

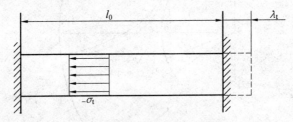

图 1.36　直杆热应力示意图

如不能自由膨胀,相当于被压缩 $-\lambda_t$,则得压缩应力为

$$\sigma_t = E\varepsilon = E\ \frac{-\lambda_t}{l_0} = -E\alpha\Delta t \approx -2 \times 10^5 \times 1.2 \times 10^{-5}\Delta t$$

即
$$\sigma_t \approx -2.4\Delta t \tag{1.8}$$

可见,此式与式(1.7)无大差别。

将 $\Delta t = 100$ ℃代入,得

$$\sigma_t \approx -2.4 \times 100\ ℃ = -240\ \text{MPa}$$

工业锅炉中,水冷炉排管曾得到较多应用,如图 1.37 所示。

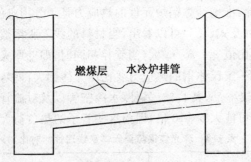

图 1.37　水冷炉排管示意图

一般情况下,两端不可能完全固定牢,总会少许膨胀,则上述应力值也会相应减小。

水冷炉排管的热负荷 $q \approx 65 \times 10^3$ W/m;小型锅炉的水质较差,水冷炉排管内如有 2~3 mm厚的水垢,其管壁温度可达 200~300 ℃。如锅炉安装时温度取为 0 ℃,壁温取 250 ℃,则温升 $\Delta t = 250 - 0 = 250$ ℃。

由式(1.8),得

$$\sigma_t \approx -2.4\Delta t = -2.4 \times 250\ ℃ = -600\ \text{MPa}$$

考虑到水冷炉排两端的热变形不会完全受阻,则上述热应力值会有一定程度的减小,即使减小 1/3 也超过 2 倍屈服限($2\sigma_s^t$),则两端焊缝经数次起停后出现疲劳裂纹,此例颇多。

如果炉排管的直径较小,受热后会因失稳而弯曲,弯曲应力会明显小于上述值。但会由于应力松弛而产生积累残余弯曲变形。

1.6.3　热应力对元件强度的影响

稳定的热应力对由塑性材料(钢材等)制成的元件强度的影响较小,一般不会使元件失效——丧失工作能力。

下面以承受内压力作用的管子为例加以说明。为便于分析,假设由内压力产生的工作应力与由温差产生的热应力仅是环向的。

如管子外径与内径的比值不大,则工作应力沿壁厚各点可认为相同,如图 1.38 中 0-1-2-3 所示。若同时受自外向内的热流 q 作用,管壁中热应力与工作应力相叠加,合成压力如图 1.38 中 0-1-4-5-3 所示。在内壁区域的合成应力已超过屈服限。如管子由塑性材料制成,则合成应力沿壁厚的实际分布并非如此,因内壁区域合成应力一旦达到屈服限,即不再明显增加。塑性好的材料应力-应变曲线如图 1.39(a)所示,屈服限 ab 所对应的应变量要比比例限所对应的应变量大 $10\sim15$ 倍之多。管子内层由于外部约束,变形很小,不可能超出屈服限,因为内壁区域的合成应力不会超过屈服限,实际合成应力如图 1.38 中 0-6-7-8-3 所示。对于无明显屈服限的塑性材料,如图 1.39(b)所示,内壁区域合成应力超过屈服限后,也只略有升高,总的情形与上述情况无大区别。

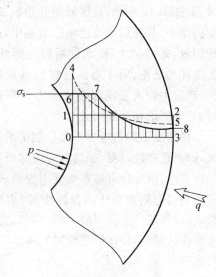

图 1.38　塑性材料管件中工作应力与热应力合成示意图

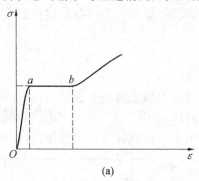 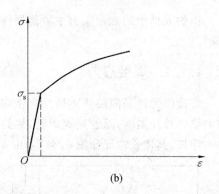

图 1.39　塑性材料变形性能

从承载能力考虑,只有沿壁厚各层的应力都达到屈服限后,管子才失去工作能力。由于热应力总是正负同时存在,而且二者互相平衡,所以热应力不可能使管子失去工作能力:内壁区域由于工作应力与热应力同号,叠加后可能屈服,但外壁区域由于异号,合成应力反而下降。

工作应力与热应力实际上都是三向的,按一定强度理论从工作应力与热应力的当量应力角度分析,也会得到同样结果。因此,可以得出这样的结论:对于由塑性材料制成的承压元件、稳定的热应力(非周期波动的)不会使元件失效。但这并不意味着可以忽视热应力,因

为合成应力使元件出现塑性变形时,在介质长
期作用下,易于产生腐蚀损坏。特别是,对于重
要承压元件,如锅筒,必须采取措施控制热应
力,使其不要过大。

　　热应力对脆性材料制成的元件的影响则是
另一种情况。当合成应力达到材料抗拉强度
时,如图 1.40 所示,此区域即开始破裂,使承载
截面变小,并在裂口处产生应力集中,故一旦出
现裂纹,即刻扩大,使元件断裂。因此,可以得
出这样的结论:对于由脆性材料制成的承压元
件,热应力较大使局部合成应力达到抗拉强度
时,元件即沿整个断面破裂。

　　周期变动的热应力对元件强度的影响则较

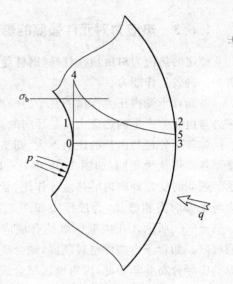

图 1.40　脆性材料管件中工作应力热应力合成示意图

大,即使是塑性材料,如热应力引起周期变化的
塑性变形,则元件可能产生低周疲劳破坏;如热
应力只引起周期变化的弹性变形,当变化频率

很大时,可能产生高周疲劳破坏,称之为"热疲劳",例如,受热面汽水波动区域、高压锅筒给
水管孔区域(未装保护套管时)、喷水减温器中喷水雾化区段等部位所产生的疲劳裂纹皆属
热疲劳。

1.7　锅炉受压元件的残余应力

　　锅炉元件中的残余应力主要是焊接残余应力(简称"焊接应力")与胀接残余应力(简称
"胀接应力")。

1.7.1　焊接应力

　　焊接时元件局部加热不均是产生焊接应力的根本原因。两块平板对接焊时,焊缝区域
被加热到很高温度,随着远离焊缝,加热温度渐次降低,如图 1.41 所示。如各区域金属可以
自由伸长,其伸长情况如图 1.41(a)中 abcde 曲线所示。但钢板是一个整体,只能较均匀地

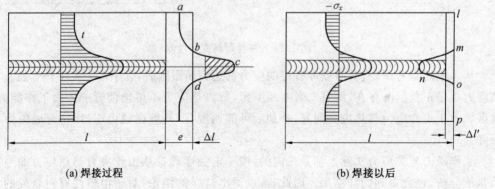

(a) 焊接过程　　　　　　　　　　　　　　　(b) 焊接以后

图 1.41　对接焊时的焊接应力产生示意图

伸长(Δl),于是焊缝区域被压缩,而焊缝以外区域被拉伸。焊缝区域中部因超过屈服限而产生塑性压缩变形,如图中 c 区斜线部分所示。

冷却以后,已产生塑性变形的部分应该比其他部分短一些,如图 1.41(b)中 $lmnop$ 曲线所示,但钢板是一个整体,只能较均匀地收缩($\Delta l'$),于是焊缝区域中部因拉长而产生拉伸应力,两侧因缩短而产生压缩应力。这些应力是焊接后残留于焊件中的,故属于残余应力。

在两块钢板对接焊时,除产生上述纵向焊接应力外,还产生横向焊接应力,如图 1.42 所示,这是由于焊缝两端头散热条件较好,因而温度较低造成的。如果钢板很厚,还会产生垂直于壁面方向的焊接应力。

基于同样原因,在填补板及管接头焊缝区域(图 1.43、图 1.44)也产生焊接应力,σ_θ 为环向应力,σ_r 为径向应力,在焊缝处都是拉应力。焊件刚度越大,焊接应力越大。

与热应力一样,焊接残余应力不会使塑性材料制成的元件立即破坏,但焊接应力过大时,

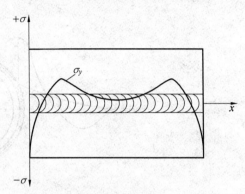

图 1.42　横向焊接应力

与工作应力叠加后,会使低周疲劳寿命明显下降。特别是焊缝有缺陷时,过大的拉伸性质的焊接应力十分有害,由此引起的低周疲劳破坏事故时有所闻。因此,对于焊接应力较大的元件,必须采取措施予以降低。焊前预热工件,可使焊缝区域与周围部分的温差减小,从而降低焊接应力。焊后进行回火,由于焊接应力松弛,可使焊接应力减小。靠机械拉伸办法,如压力容器的超水压办法,也可有效地降低焊接应力。对图 1.41 所示对接焊钢板,如焊后进行较大拉伸使焊缝区域产生拉伸塑性变形,则焊后所残留下的塑性压缩变形减小,从而使焊接应力下降。

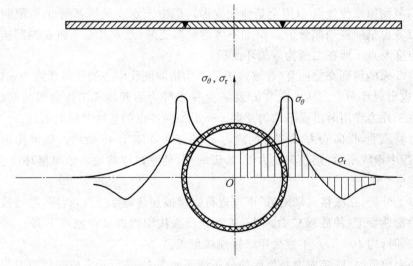

图 1.43　焊接填补板的焊接应力

由于焊接应力可以设法控制在安全程度以内,而且难以准确计算,故强度计算时不考虑。

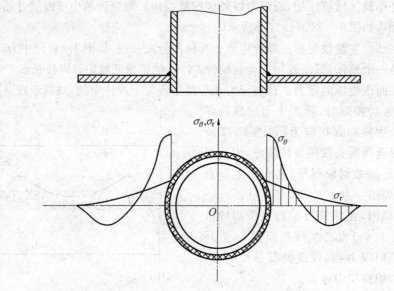

图 1.44　焊接管接头的焊接应力

1.7.2　胀接应力

　　胀接是利用"不均匀变形"方法产生残余应力使管子与管板紧密连接在一起的一种连接形式。因此,这种残余应力是有益而不是有害的。设有一块带孔的平板,孔表面受很大径向力 P 的作用,如图 1.45 所示。此时,孔边缘的点 1 变形到点 2,由于变形较大,产生两部分变形,即弹性变形 2—3 及塑性变形 3—1,而距离孔边缘较远的点 4 变形到点 5。由于点 4、5 的间距小于 1、2 的间距(如不考虑轴向变形,这两个间距反比于 R 及 r),故可能只出现弹性变形。除去外力后,点 2 只能回复到点 3 的位置(点 3 至点 1 塑性变形部分不能回复);点 5 本应完全回复到原来位置点 4(因全是弹性变形),但由于点 2 只回复到点 3,限制了点 5 的回复。使点 5 也只回复一部分至点 6(如不考虑轴向变形,点 6 及点 4 所在二圆构成的环面积应等于点 3 及点 1 所在二圆构成的环面积)。

　　由于点 5 未能得到充分回复(收缩),于是产生指向圆孔中心的径向压缩力 σ_r(图1.45),与此同时,也出现环向应力 σ_θ。应力 σ_r 及 σ_θ 是除去外力后残留于工件内部的残余应力,其产生原因在于外力作用时出现不均匀变形——沿径向各点的塑性变形值不同。

　　理论计算表明,径向应力 σ_r 及环向应力 σ_θ 的分布如图 1.46 所示。如果孔边缘为插入的圆环,如图中虚线所示,则径向应力 σ_r^0 紧压圆环,使它难以拔脱。如果圆环改为管头,就是胀管。

　　基于以上分析,在胀接区域附近,不应进行焊接或加热温度过高,否则,胀接残余弹性变形会转变为塑性变形,使胀接应力减小,从而导致胀接牢固性及严密性下降。基于同样原因,壁温较高时(约 400 ℃),不宜采用胀接连接形式。

　　管孔相距较近时,胀接应力叠加后的分布情形如图 1.47 所示。当胀接应力与工作应力叠加后,孔边缘处的合成应力有所下降,如图 1.48 所示。

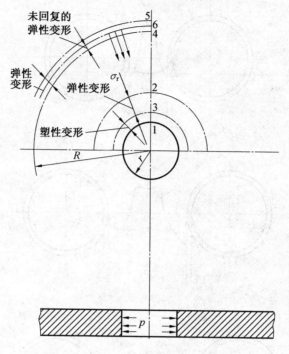

图 1.45　孔板中残余应力产生示意图

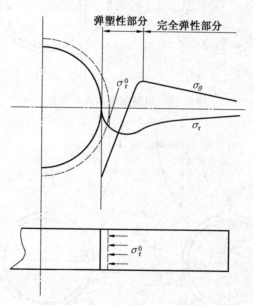

图 1.46　孔板中残余应力

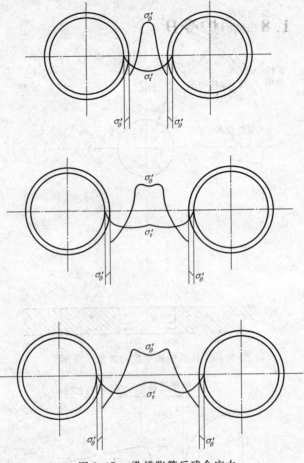

图 1.47　孔排胀管后残余应力

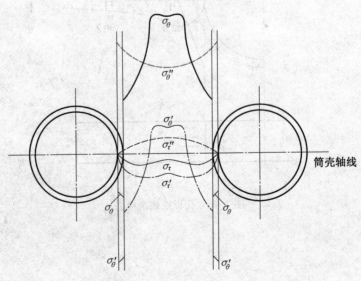

图 1.48　胀接孔排应力

σ'_θ,σ'_r—残余应力；$\sigma''_\theta,\sigma''_r$—工作应力；$\sigma_\theta,\sigma_r$—合成应力

1.8　锅炉受压元件的应力松弛

应力松弛现象普遍存在于锅炉受压元件中,对锅炉强度事故分析时,经常会遇到此问题。

1.8.1　应力松弛

为了用螺栓压紧两个工件,例如压紧管道上的两个法兰盘,需转动螺母使螺杆弹性拉长——出现拉应力,从而产生压紧力。在高温下会发现螺杆产生的拉应力随着时间 τ 的延长而自行减小,从而使压紧力减弱,如不及时重新旋紧螺帽,会使管道内部工质外泄,拉应力的自行减小是螺杆中弹性变形不断转变为塑性变形的结果,如图 1.49 所示。最初,即 $\tau=0$ 时,螺杆中的变形 Δl_0 全为弹性变形,此时,螺杆中的应力为

$$\sigma_0 = E \frac{\Delta L_0}{L_0}$$

式中　E——弹性模量;

　　　Δl_0——初变形;

　　　l_0——原长度。

随着时间的增长,弹性变形逐渐转变为塑性变形;弹性变形不断减小,螺杆中的应力也相应地不断下降,则

$$\sigma = E \frac{\Delta L_t}{l_0}$$

式中　Δl_t——螺杆中剩余的弹性变形,$\Delta l_t < \Delta l_0$。

在上述的弹性变形不断转变为塑性变形的过程中,$\Delta l_0 = \Delta l_t + \Delta l_s$ 是固定不变的(Δl_s 为塑性变形值)。这种在具有固定初变形的工件中,应力的自行减小现象称为"应力松弛"。

应力松弛现象,对于钢材来说,即使在室温条件下也能发生,当然,进行得极慢。随着温度升高,应力松弛现象越来越明显。碳钢在 200 ℃条件下,应力松弛现象已较明显,参见表 1.4。温度波动会使应力松弛加快。

在松弛过程中,应力随时间的变化可用松弛曲线表示,如图 1.50 所示。某钢材在某温度下的松弛特性 σ_{s0}^t 是在初应力为某 σ_0 时,经指定工作期限后,所残留下来的应力值。

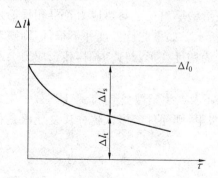

图 1.49　弹性变形转变为塑性变形的示意图

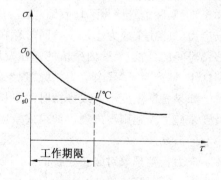

图 1.50　应力松弛曲线

20 号碳钢的松弛特性 σ_{s0}^{t} 见表 1.4,其他材料可参见有关材料手册。

表 1.4　20 号碳钢的松弛特性

热处理状态	试验温度 /℃	初应力 σ_0/MPa	对应下列时间(h)的 σ_{s0}^{t}/MPa				
			100	500	1 000	3 000	10 000
	200	147	108	107	107	103	(95)
950 ℃退火	300	147	104	101	101	99	(94)
	400	118	83	79	78	75	(67)

上述应力松弛现象也产生于压配合零件和弹簧上。

上述应力松弛现象也广泛存在于锅炉受压元件中。熟悉这种应力松弛现象对全面了解元件应力状态与元件变形颇有裨益。

1.8.2　应力松弛对热应力与残余应力的影响

下面以锅炉受热面管子的轴向热应力及轴向残余应力为例加以说明。

热流 q 自外向内,沿壁厚的温度分布如图 1.51 所示。此时管壁沿轴向的变形,在无约束时,应如 abc 曲线所示(放大表示),但管壁是个整体,只能产生一个平均伸长,如 ebd 线。这样,管壁内部被拉长(面积 eab),而管壁外部被压缩(面积 cdb),于是产生轴向热应力,此轴向热应力正、负同时存在,如图 1.51 所示。之后,在高温作用下,弹性变形(面积 eab 及 cdb)逐渐转变成塑性变形,热应力值随之变小,即产生了"热应力松弛现象"。假如弹性变形全部都转变为塑性变形(实际上只转变一部分),则热应力全部消失。当管子冷却后,由于管壁内外部已

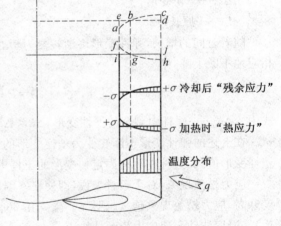

图 1.51　管壁热应力及残余应力产生示意图

产生了相当于面积 eab 及 cdb 的拉伸及压缩塑性变形,则管壁形状应变成 fgh 曲线所示的样子,但实际上管壁做平均收缩,如 igj 线所示,于是沿壁厚出现了与热应力符号相反的残余应力。此残余应力也是正负同时存在,如图 1.51 所示。如果此后温度并不很低,则随着停留时间的延长,管壁内残留的弹性变形会逐渐转变为塑性变形,与此同时,残余应力会不断减小,即产生了"残余应力松弛"现象。

如果管壁温度不高或停留时间不长,就不能或来不及产生塑性变形,于是上述残余应力及残余应力松弛则不出现。如果残余应力值达到屈服限,则元件经多次这样反复屈服是很不利的。

应力松弛现象对胀接连接的不利影响见本章第 1.7 节。

1.8.3　应力松弛对锅炉受压元件变形的影响

应力松弛使锅炉受压元件产生永久变形（残余变形）的实例并不罕见。

如锅炉水冷壁上端固定，而下端未留有足够膨胀间隙，细而长的水冷壁管工作时由于无法自由膨胀，必然导致弯曲。由于水冷壁管受火侧的壁温较高，故一般向受火侧弯曲。但上述弯曲也受水冷壁管初始弯曲方向影响。因此，少数管也可能向背火侧或左右两侧弯曲。

上述弯曲一般为弹性弯曲，冷却后，弯曲变形即行消失。但如壁温较高（内部介质温度较高或内壁结垢）使弯曲应力松弛时，一部分弯曲弹性变形会逐渐转变为塑性变形，冷却后，水冷壁管出现了残余弯曲变形。锅炉再次启动后，在此残余变形基础上，再次出现弹性弯曲变形，随着时间延长，又有一部分弹性变形转变为塑性变形，停炉冷却后，使前一次残余变形加大。这样，膨胀受阻而壁温较高的水冷壁管经多次启停后，会发现明显弯曲。即使内部介质温度不高，例如仅 70～80 ℃，当水垢厚度约 1 mm 时，壁温可以使其产生应力松弛现象（见表 1.4 与表 2.8），由此引起水冷壁管弯曲是有先例的。因此，必须保证水冷壁管能够自由膨胀。

工业锅炉双层燃烧方式采用的水冷炉排管，当两端固定住又为细长直管时，曾普遍产生过水冷炉排管永久性弯曲变形，其原因与上述水冷壁管情形一样。

1.9　锅炉受压元件的应力分类与控制原则

锅炉受压元件在工作时，一般要同时承受介质压力和一定的热应力与外载荷的作用。由于这些载荷性质彼此不同，分布也都不是均匀的，以及元件几何形状也有变化等原因，使元件的不同部位产生性质和数值不同的各类应力。这些不同种类的应力对锅炉元件强度的影响并不一样，有的相差甚至很大。

长期以来，由于上述不同种类的应力对元件强度的影响缺乏精确的了解，加之，计算也较困难，因而在锅炉受压元件强度设计中，仅根据介质压力引起的大面积平均应力进行计算，而其他应力用安全系数以及结构与运行上的一些限制来控制在安全范围以内。

目前，在受压容器、原子能容器领域里，已开始应用按应力分类的计算方法。在锅炉范围内，虽未将这种方法纳入正式标准以内，但标准中的许多规定与限制却是根据应力分类原则制定的。另外，分析锅炉受压元件结构的合理性及分析锅炉受压元件强度事故时，也必须按应力分类原则，对不同种类应力加以区别对待，以得出合理的结论来。有限元计算方法，在锅炉元件强度分析中已广为应用，所计算出的应力值，必须用应力分类的控制原则来衡量。应力实测方法，也经常被采用，测量出的应力值，同样也必须用应力分类的控制原则来确定它们是否在允许值以内。

1.9.1　锅炉受压元件的应力分类

锅炉受压元件中产生的应力（参见图 1.52）可分为以下三类：一次应力、二次应力和峰值应力；此外，还存在一定的残余应力。

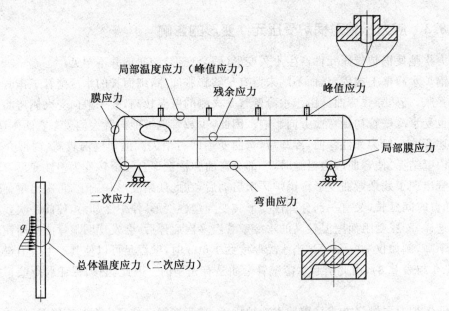

图 1.52　锅炉受压元件应力种类示意图

1. 一次应力

一次应力是介质压力或外载荷作用下,在元件中直接产生的应力。

一次应力又分为以下三种:膜应力、弯曲应力和局部膜应力。

(1)膜应力。

锅筒、凸形封头等薄壁元件,由于介质压力直接产生的沿厚度的应力平均值称为"膜应力"。

膜应力的特点是:

①发生在大面积范围内;

②随着介质压力升高,这种压力不断增加,先是元件屈服,最后发生破裂;

③这种应力与外力(介质压力)相平衡。

膜应力对元件总体的影响最大,故长期以来,锅筒、凸形封头等元件的强度计算公式,是根据这种膜应力按一定强度理论推导出来的。

(2)弯曲应力。

集箱平端盖、拉撑平板等元件在介质压力作用下产生的弯曲应力,锅筒、集箱等元件在自重及相连元件重量等外载荷作用下产生的附加弯曲应力,都属于这种应力。

弯曲应力的特点是:

①沿厚度分布不均;

②随着载荷升高,先是壁面达到屈服限,以后,逐渐沿元件整个厚度进入屈服,这时,才认为元件已丧失工作能力;

③这种应力与外力相平衡。

由于弯曲应力沿厚度分布不均,当壁面应力达到屈服限时,其他部位仍处于弹性状态,故弯曲应力对元件强度的影响比膜应力小。

(3)局部膜应力。

　　锅筒、凸形封头、集箱等元件与支座、接管相连接部位，由于局部外载荷所引起的应力沿厚度的平均值，再加上由于介质内压力引起的膜应力之和，称为"局部膜应力"。

　　局部膜应力的特点是：

　　①发生在局部区域里；

　　②这种应力与外力相平衡。

　　局部区域的定义是：应力强度 S（即当量应力 σ_d）超过 1.1 倍许用应力的宽度沿轴线（筒壳）或经线（回转壳）方向不大于 $0.5\sqrt{R_p S}$，并且此区域与相邻超过许用应力区域的间距沿轴线或经线方向不小于 $2.5\sqrt{R_p S}$，此处，R_p 与 S 分别表示平均半径及厚度。若超过 1.1 倍许用应力的高应力区域太宽，就不属于"局部"了；若此区域与另一超过许用应力的高应力区太近，由于彼此影响，也不属于"局部"了。

　　局部膜应力发生在局部，周围的相对较低应力区域对它起加强作用，故局部膜应力对元件强度的影响也比膜应力小。

2. 二次应力

　　二次应力是在介质压力作用下，在元件几何特性不相同部位的衔接处，为满足变形连续条件而间接引起的应力。

　　回转壳与筒壳的连接区，筒壳不等厚度的连接区，在介质压力作用下将产生不同的变形，变形差值为 δ，如图 1.53 所示。但由于回转壳与筒壳是一个整体，两者变形必须一致，为满足这种变形连续（变形协调）条件所产生的应力就是二次应力，它主要是弯曲应力，而且只产生在局部，故有时也称为"局部弯曲应力"。

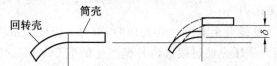

(a) 回转壳与筒壳相连

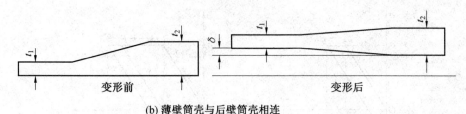

(b) 薄壁筒壳与后壁筒壳相连

图 1.53　受力变形示意图

　　二次应力的特点是：

　　①发生在局部区域里；

　　②沿厚度分布不均；

　　③这种应力即使很大，沿厚度均已进入屈服——产生了"塑性铰"，但不会失去工作能力，因塑性铰只能变形到 δ 而中止（两侧结构限制塑性铰，使它不能无限变形下去），故这种应力具有"自限性"，而前述的一次应力却没有这种自限性，属于"非自限性"的；

　　④这种应力不是外力直接引起的，故不与外力相平衡，而是自身平衡的，即

$$\int_F \sigma_e Z \mathrm{d}F = 0 \qquad \int_F \sigma_e \mathrm{d}F = 0$$

式中　σ_e——二次应力；

　　　F——截面积；

　　　Z——由重心算起的距离。

　　锅筒、管子等元件沿轴向温度分布不均,因径向变形不同所产生的热应力,具有与上述相同的性质,故也并入此类应力。这种热应力也称为"总体热应力"。

　　二次应力具有自限性,不会使元件失去工作能力,但要防止出现下述的"不安定状态":

　　对于塑性较好的材料,其应力－应变关系可设想为如图 1.54 所示的情况(理想弹塑性体)。

　　当图 1.53 所示过渡区的变形差值 δ 使筒内外壁出现的应变 $\varepsilon_s < \varepsilon_1 < 2\varepsilon_s$ 时(ε_s 为相应于屈服限 σ_s 的弹性应变),其应力－应变关系如图 1.55(a)中 OAB 线所示。此时,壁面除产生弹性应变 ε_s 外,还产生塑性应变 $\varepsilon_1 - \varepsilon_s$。当卸去筒内介质压力时,筒体变形完全恢复,则过渡区内外壁的应变 ε_1 也随之回复至零。相应的应力－应变关系为 BC 线。此时,除拉伸性质的弹性应变 mn 全部回复外,还产生压缩性质的弹性应变 nC(其值等于 $\varepsilon_1 - \varepsilon_s$)及相应的压缩应力 OC。在此作用相同的介质压力时,过渡区内

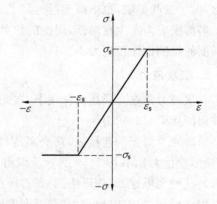

图 1.54　理想弹塑性体的应力－应变关系

外壁的应力－应变关系为 CB 线,即沿着 CB 线升至 B 点。再卸压时,应力－应变关系仍为 BC 线,即沿着 BC 线回至 C 点。因此,当介质压力使过渡区内外壁产生的应变 $\varepsilon_s < \varepsilon_1 < 2\varepsilon_s$ 时,除第一次加压时产生塑性应变 $\varepsilon_1 - \varepsilon_s$ 外,在以后的加压、卸压过程中,只出现反复的弹性应变,不再产生塑性应变。这种状态称为"安定状态"。

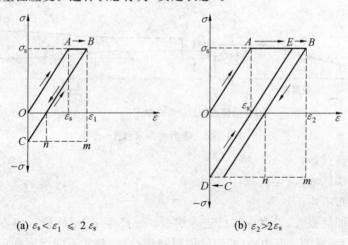

(a) $\varepsilon_s < \varepsilon_1 \leqslant 2\varepsilon_s$　　　　　　　　(b) $\varepsilon_2 > 2\varepsilon_s$

图 1.55　应力－应变关系

　　如果过渡区内外壁的应变 $\varepsilon_2 < 2\varepsilon_s$,加压时的应力－应变关系如图 1.55(b)中 OAB 线所示。卸压时,ε_2 回复至零,相应的应力－应变关系为 BCD 线,即除拉伸性质的弹性应变

mn 全部回复外,还将产生压缩性质的弹性应变 nC 及塑性应变 CD。再次加压时,应力—应变关系为 DEB,即产生塑性应变 EB。再卸压时,应力—应变关系又为 BCD 线。因此,当内压力使过渡区内外壁产生的应变 $\varepsilon_2 < 2\varepsilon_s$ 时,在加压、卸压过程中,将重复出现压缩及拉伸性质的塑性变形。这种状态称为"不安定状态"。压缩及拉伸塑性变形反复一定次数后,将引起塑性疲劳破坏。

为防止出现上述不安定状态,要求过渡区内外壁应变不大于两倍屈服应变($2\varepsilon_s$),或虚拟应力不大于两倍屈服限,即

$$\sigma \leqslant E \cdot 2\varepsilon_s = 2\sigma_s$$

由图 1.55 可见,当应变超过 ε_s 以后,应力已不随应变增加而升高。如假设应变超过 ε_s 以后,应力仍按胡克定律关系即沿图 1.55 中 OA 斜线的斜率关系继续升高,则称为"虚拟应力"。

按屈服限确定的许用应力为

$$[\sigma] = \frac{\sigma_s}{1.5}$$

如将此式代入前式,则得虚拟应力的允许值为

$$\sigma \leqslant 3[\sigma]$$

应注意实际应力是不可能这么大的,这一强度条件所指的是虚拟应力,引出虚拟应力概念可使后述的所有强度条件均统一用应力表示。

3. 峰值应力

峰值应力是元件在几何形状突变处产生的应力升高值。

锅炉元件中很小的圆弧转角、焊缝缺陷等处应力集中区域的最大应力扣除沿厚度均匀分布(拉伸时)或呈线性分布(弯曲时)的应力值所余下的应力,即是峰值应力。

筒壁沿厚度温差引起的热应力与当量线性热应力之差以及容器壁上局部温度突变引起的热应力,都具有上述峰值应力的性质,故也并入此类应力。这种热应力也称"局部热应力"。

防范峰值应力过大引起低周疲劳的较简易计算方法是低周疲劳设计曲线法。依据试验所得的钢材低周疲劳曲线(图 1.29)是美国机械工程师协会(ASME)于 1963 年首次提出的,至今已被许多国家采用。

4. 残余应力

残余应力是元件进行加工工艺(焊接、胀接等)后残留于元件上的应力。在一定温度作用下,会随时间推移而逐渐减小,此现象称为残余应力松弛现象。

焊接残余应力属于对元件强度不利的应力,尽管由于上述松弛现象该应力会逐渐减小,仍要求不要过大。锅炉受压元件强度计算时焊接残余应力不作为一种载荷处理。胀接残余应力是保证接口密封与强度的应力,但亦不宜过大,以免损伤材料。同样,强度计算时胀接残余应力也不做载荷处理。

1.9.2　对不同种类应力的控制原则

由于各类应力对元件强度的影响不同,因而在限制其允许值上,应该区别对待。

（1）膜应力的应力强度 S_m 应满足

$$S_m \leqslant [\sigma]$$

式中　S_m——根据膜应力的三个主应力，按最大剪应力强度理论算得的当量应力；

　　　$[\sigma]$——许用应力。

（2）局部膜应力的应力强度 S_{Jm} 应满足

$$S_{Jm} \leqslant 1.5[\sigma]$$

式中　S_{Jm}——根据局部膜应力的三个主应力，按最大剪应力强度理论算得的当量应力。

（3）膜应力或局部膜应力与弯曲应力之和的应力强度 $S_{m(Jm)+w}$ 应满足

$$S_{m(Jm)+w} \leqslant 1.5[\sigma]$$

式中　$S_{m(Jm)+w}$——根据膜应力或局部膜应力与弯曲应力的各项应力分量（同一点的正应力和剪应力）所求出的三个主应力，按最大剪应力强度理论算得的当量应力。

（4）膜应力或局部膜应力与弯曲应力和二次应力之和的应力强度 $S_{m(Jm)+w+e}$ 应满足

$$S_{m(Jm)+w+e} \leqslant 3[\sigma]$$

式中　$S_{m(Jm)+w+e}$——根据膜应力或局部膜应力与弯曲应力和二次应力的各应力分量所求出的三个主应力，按最大剪应力强度理论算得的当量应力。

（5）膜应力或局部膜应力与弯曲应力和二次应力以及峰值应力之和的应力强度 $S_{m(Jm)+w+e+f}$ 应满足

$$\frac{1}{2}S_{m(Jm)+w+e+f} \leqslant [\sigma_a]$$

式中　$S_{m(Jm)+w+e+f}$——根据膜应力或局部膜应力与弯曲应力和二次应力以及峰值应力的各应力分量所求出的三个主应力，按最大剪应力强度理论算得的当量应力；

　　　$[\sigma_a]$——按低周疲劳设计曲线（图 1.29），根据应力变化周数确定的允许应力幅度。

上述各种应力的具体计算方法可参见有关文献。

下面通过几个典型实例，介绍对上述不同种类应力的限制方法。

锅炉水冷壁管子由于内压力作用产生膜应力，由于沿厚度温差产生峰值应力与二次应力，则应同时满足以下三个条件：

$$S_m \leqslant [\sigma]$$
$$S_{m+e} \leqslant 3[\sigma]$$
$$\frac{1}{2}S_{m+e+f} \leqslant [\sigma_a]$$

集箱平端盖中央区域，由于内压力产生弯曲应力，由于沿厚度温差产生峰值应力与二次应力，则应同时满足以下三个条件：

$$S_w \leqslant 1.5[\sigma]$$
$$S_{w+e} \leqslant 3[\sigma]$$
$$\frac{1}{2}S_{w+e+f} \leqslant [\sigma_a]$$

锅筒管孔区域由于内压力产生膜应力，由于管子向外拉力使膜应力局部增高，由于管孔周围区域与接管的变形不等产生二次应力，由于温度分布不均产生峰值应力与二次应力，由于转角小圆弧产生峰值应力，则应同时满足以下三个条件：

$$S_{Jm} \leqslant 1.5[\sigma]$$

$$S_{Jm+e} \leqslant 3[\sigma]$$

$$\frac{1}{2}S_{Jm+e+f} \leqslant [\sigma_a]$$

1.10　锅炉受压元件强度问题的解决方法

长期以来锅炉设计、制造、运行、改造等实践表明，锅炉受压元件强度问题经常出现，问题的数量不少于燃烧过程、锅内过程等方面的问题。

处理解决强度问题时，锅炉受压元件强度计算标准是重要依据之一，但大量问题仅靠强度标准是无法完满解决的。

根据实际处理解决锅炉强度问题的经验，归纳出一些可供参考的解决锅炉强度问题的方法。

1.10.1　利用强度标准的制定依据

强度标准的一些规定，一般是按最不利条件给出的。而需要处理的某一具体问题，经常并非属于最不利的，此时可按标准制定时所应用的同一方法加以分析，会得出可适当放宽的结果。

例如，强度标准规定在烟温大于 900 ℃ 的烟道或炉膛内锅筒的最大允许厚度为26 mm，但有的锅炉设计要求与高温烟气直接接触的锅筒厚度大于此规定。参考一些解释锅炉强度标准的专著，会了解到上述规定来源于对热应力的限制，用以防止产生低周疲劳现象。结合所遇到实例中的一些数据进行同样计算分析，发现适当放大厚度完全可行。这不仅解决了实际问题，甚至推动了标准中这一规定的修改。

1.10.2　参照国内外有关标准与专著

一本标准不可能包括所有受压元件，各国及国内有关标准也不会雷同。个别元件在规定执行的标准中不包括，而在其他标准中如有时，则可以参照，但应经过审批，因各标准的制定依据不完全相同（如安全系数取法不同，材料性能要求不同，工艺条件也不一样等）。

例如，图 1.56 所示"拉撑曲面板"结构（曲面板为圆筒的一部分，参见图 1.7），在我国锅炉强度标准中未包括，但在国外标准中有明确计算方法（曲面板计算及其拉撑件的计算），某文献也介绍了其计算方法。再如，如图 1.57 所示拉撑曲面板结构，在某文献中也给出了计算公式与解释。

某些锅炉上会遇到非径向（斜向）开孔的补强问题，但国内锅炉强度标准尚未包括，而德国 TRD 规程中有明确计算方法：偏离径向的角度不大于 45°时可按"压力面积法"计算。

有关低周疲劳校核计算，在国外标准、我国舰船建造规范中均包括在内。

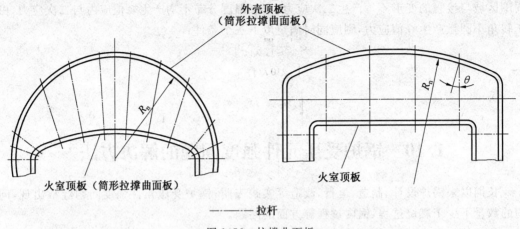

图 1.56　拉撑曲面板

1.10.3　应用验证性水压试验法

我国水管锅炉受压元件强度计算标准提供的决定元件工作压力的验证试验方法适用于各种锅炉受压元件。尽管试验方法需要一定条件,但可以解决靠标准无法计算的问题,而且又是标准正式规定的方法,因此,在电站锅炉、工业锅炉领域里都有大量应用实例,例如为制定标准所进行的试验,为确定拉撑平板承载能力等展开的研究等。

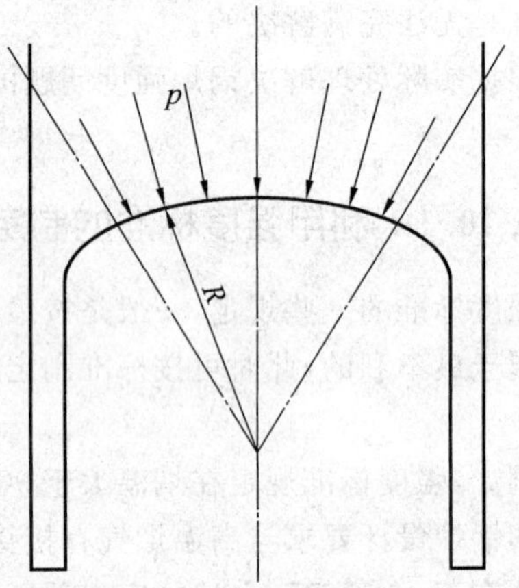

1.10.4　应用低周疲劳液压试验法

图 1.57　拉撑曲面板结构

有许多结构,如角焊孔盖、H 形下脚圈、拉撑件、大孔、波形炉胆等,应力集中对强度起重要影响作用。靠验证性水压试验法——静压试验,再辅之以必要安全系数,尽管也能在一定程度上计入疲劳强度,但对于应力集中较大或对应力集中程度不很明确的结构,就应该通过疲劳试验直接确定其疲劳强度。对于电站锅炉压力较高的元件,建立低周疲劳液压试验装置有一定难度,而对于工业锅炉压力不高的元件,则较为简单易行。因此,国内在工业锅炉领域里,此法得到了广泛应用,同时也解决了许多实际强度问题。

1.10.5　应用热态爆破法

热态爆破(爆炸)法是最接近实际的试验研究方法,它比水压试验验证法能更全面更确切地反映元件的真实强度,因为还包括温度、热应力影响因素。同时,还可了解该破坏属于泄漏型(破裂)还是爆炸型,也能通过测量得出爆炸能量的数值。当然,组织这种试验的难度更大。

1987 年为发展铝质锅炉,曾进行过铝质实际锅炉、铝质与钢质受压元件对比的热态爆破试验,此试验还得出铝质锅炉破坏属于泄漏型结论。1989 年为发展铸铁锅炉,曾进行过一次规模更大的热态爆破(爆炸)试验,包括铸铁实际锅炉、铸铁、钢质、铝质不同受压元件,测量系统如图 1.58 所示。此试验对推动铸铁锅炉的发展起了重要作用,除此之外得出铸铁片式锅炉破裂属于非爆炸型的结论,还测出爆炸能量修正系数值。

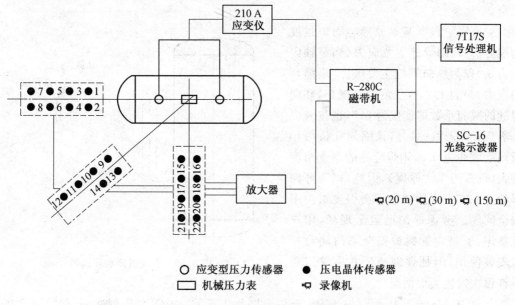

图 1.58　热态爆破(爆炸)试验观测系统

1.10.6　应用有限元计算法

有限元计算法在解决锅炉受压元件强度问题上得到越来越广泛的应用。应用有限元计算法解决了电站锅炉及工业锅炉大量无法利用标准的元件强度问题,也为标准制定起了重要作用。例如拱形管板在我国发展过程中,先进行应力实测——水压实验验证法;之后应用有限元计算法进行结构优化;又经过不同几何形状与几何尺寸拱形管板的大量有限元计算与实测对比,在此基础上提出简易计算方法,并纳入我国锅壳锅炉受压元件强度计算标准中。

1.10.7　应用应力分类分析法

在以上所有解决强度问题的方法中,均涉及对不同应力进行不同对待的问题。特别是与应力测试有关的试验验证法以及有限元计算法都会出现不同种类应力的组合,在判断属于哪一类应力及确定其允许值时,必须应用应力分类及其控制原则的原理,参见 1.9 节。

1.10.8　应用强度标准基本原则与锅炉强度基本原理

在所有解决强度问题方法中均应以锅炉强度标准的基本原则为准,如安全裕度的大小、何种元件的壁面不许屈服或可以屈服、常温元件与高温元件的寿命等都不能偏离标准的要求。在解决强度问题时始终涉及锅炉强度基本原理。解决具体强度问题,要比按照标准进行强度计算复杂得多,既要有深厚的理论基础,也要有丰富的实践经验,还要求思路开阔,有一定灵活性。

【实例1.1】 对违反技术条件结构的处理

东北某锅炉厂的多台工业锅炉已运至工地现场,急待安装供汽。用户发现锅筒环向焊缝普遍存在未焊满现象,如图1.59所示。肯定不符合锅炉制造技术条件要求,用户担心不安全。

应用锅炉强度基本原理与锅炉强度标准分析:环向焊缝主要应力(锅筒轴向应力 σ_z)仅为纵向焊缝主要应力(锅筒环向应力 σ_θ)的 1/2,按强度标准规定,环向焊缝的减弱系数即使仅为 0.5,也按乘以 2 等于 1.0 来取;另外,该锅筒孔桥最小减弱系数约为 0.3,则焊缝处的厚度裕度甚大(仅需约 1/3 厚度),因此,锅筒环向焊缝有一定未焊满现象不会引发锅炉不安全问题。考虑锅炉已运至现场,用户又急用,于是主管锅炉安全部门同意投入安装使用,但批评制造厂并要求以后不许再次发生类似情况。

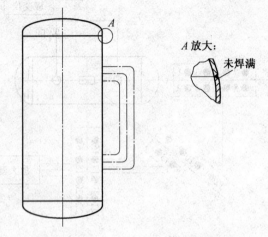

图 1.59　立式锅筒水管锅炉

某聚合釜运行压力 $p=1.3$ MPa,介质温度为 175 ℃,由 Q345R 制造,已起停近 8 000 次。复查时发现环向焊缝明显错边,如图 1.60 所示,已超过标准允许值,焊缝无危险性缺陷。

按静压力核算:

$$S=\frac{pD_n}{2\varphi_h[\sigma]-p}+c=\frac{1.3\ \text{MPa}\times1\ 300\ \text{mm}}{2\times1.0\times149\ \text{MPa}-1.3\ \text{MPa}}+1\ \text{mm}=6.7\ \text{mm}$$

减去错边后的剩余厚度尚有 22 mm−6 mm=16 mm,它明显大于静压力所要求的厚度 6.7 mm。

按低周疲劳校核:

由式(1.2),有

$$k\leqslant\frac{2E^t[\sigma_a]}{2.07\times10^5\times\sigma_d}=\frac{2\times195\times10^3\times270}{2.07\times10^5\times52.8}=9.6$$

式中　E^t——弹性模量,按 250 ℃取为 195×10^3 MPa;

　　　σ_d——当量应力。

$$\sigma_d=\frac{pD_n}{2t}=\frac{1.3\ \text{MPa}\times1\ 300\ \text{mm}}{2\times16\ \text{mm}}=52.8\ \text{MPa}$$

式中　$[\sigma_a]$——允许应力幅度,用户请求再启停 300 次后更换新釜,累积起停次数 $N=$
　　　　　8 000+300=8 300 周,由图 1.30 中 $\sigma_b\leqslant552$ MPa 曲线(Q345R $\sigma_b=$
　　　　　510 MPa)查得 270 MPa。

由上述计算可见,该错边处的应力集中系数 k 几乎可以达到 10,但实际上是不会达到的。该聚合釜已运行了许多年,发现不合格后,再运行一段时间(启停不超过 300 次),是可以的。

【实例 1.2】　水管管板的计算

图 1.61 所示为带有"水管管板"的一种特殊形式水管锅炉。国内标准未包含水管管板的计算方法，国外标准中也未见到，可是这种锅炉在我国并不少见。应用锅炉强度基本原理并联系现有标准进行分析，可提出一些计算方法。

水管管板的受力情况与"烟管管板"完全不同。烟管置于锅壳之内，将两个管板连接起来（图 1.4），在介质压力作用下，管板要向外凸起，但烟管拉撑着管板，使管板无法向外凸起，烟管受拉伸作用。

在图 1.61 所示水管锅炉中，水管置于上下锅筒之外，用这些水管将两个锅筒连接起来。在介质压力作用下，水管管板要向外凸起，由于水管的刚度不大（直径较小，管子又较长），当管板凸起时，将产生弯曲变形［图 1.61(b)］。只有水管短而粗时，由于刚性大，不会弯曲，其顶撑作用才与烟管对管板的拉撑作用相同。管子细而长属于一般情况，则水管管板必须在锅筒内加拉撑件，并按拉撑平板计算（见我国锅壳锅炉受压元件强度标准中的 7 与 8）。如果水管短而粗时，可将介质压力换算为每个水管的轴向力，做稳定校核（利用材料力学知识），在考虑必要裕度后，仍不会失稳，则将水管视为支撑点，按锅壳锅炉受压元件强度计算标准中的 7 与 8 计算。

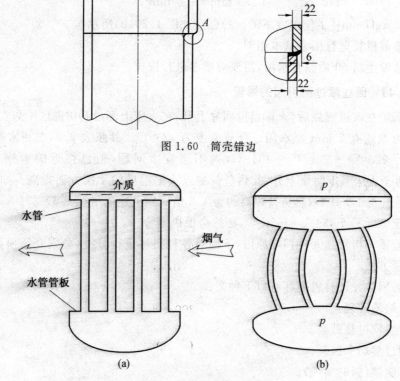

图 1.60　筒壳错边

图 1.61　带水管管板的锅炉

1.11　锅炉受压元件损坏原因的判别

锅炉元件在运行中损坏在所难免,有的造成严重爆炸事故,有的使电能、热能中断,给一些部门造成重大损失。因此,在事故发生之后,须了解损坏特点,分析事故原因,从中吸取教训,以防再次发生。

事故本不是所希望的,但事故既已发生,就应看作最实际的、最难得的破坏性试验,应积极组织力量进行全面总结。

锅炉受压元件的损坏,一般都是在运行中由于剩余的强度不足以承担介质压力的作用而发生。因此,在判断事故原因时,总要校核强度。

【实例 1.3】　因剩余强度不够引起的爆管

某高压电站锅炉汽水混合物引出管,由于附于其上的灰中含有大量硫的成分,在水分作用下,所形成的硫酸对管子起腐蚀作用。管子厚度逐渐减薄,终使强度不足,管子爆开,酿成事故。爆裂时的管子厚度只剩下约 1.5 mm。该管子外径 $D_w = 133$ mm,为 12Cr1MoV 低合金钢,汽水混合物温度约为 350 ℃。其承压能力只剩下

$$p_b \approx \frac{2\sigma_b^t s_y}{D_w - s_y} = \frac{2 \times 530 \text{ kgf/mm}^2 \times 1.5 \text{ mm}}{133 \text{ mm} - 1.5 \text{ mm}} = 12.1 \text{ MPa}$$

式中,$\sigma_b^t \approx 530$ kgf/mm²[工作温度下的抗拉强度如图 1.20(b)所示]。

这与爆破前该处运行压力基本相同。

如果事故发生后,介质侧有水垢,需要对壁温进行校核。

【实例 1.4】　因壁温过高引起的爆管

某工业锅炉在改进燃烧后,火床温度明显上升,在火床上部最高炉温区不久发生爆管事故。发现管内壁约有 2 mm 厚水垢。介质温度为 223 ℃。参照表 2.8,在正常热负荷下,$t_{bj} = t_J + \Delta t = 223 \text{ ℃} + 271 \text{ ℃} = 494 \text{ ℃}$,尚不会发生问题,但已接近碳素钢允许壁温(500 ℃)。由于火床温度明显上升,其热负荷约以火焰温度的 4 次方而提高。如火焰温度由 1 200 ℃上升至 1 350 ℃,热负荷提高约为 1.6 倍。则上述值增至 1.6×271 ℃=434 ℃,于是壁温升至 223 ℃+434 ℃≈650 ℃,必然会很快爆管。

为便于着手分析判断元件损坏原因,下面对各种损坏进行分类,分别介绍损坏特征、损坏原因与判别方法。

常遇到的锅炉元件材料损坏有以下种类:

(1)钢材缺陷破裂。

(2)短时急剧过热破裂。

(3)长期过热蠕变破裂。

(4)蒸汽腐蚀(氢的腐蚀)。

(5)高温氧化(烟气腐蚀)。

(6)垢下腐蚀。

(7)氢损坏。

(8)苛性脆化。

(9)石墨化。

(10)热脆性。

(11)热疲劳。

(12)其他。

　　锅炉元件材料的损坏,常不是某一种原因造成的,而是几种原因综合作用的结果。各原因之间互有影响,彼此牵连,给事故分析造成一定困难。例如,我国某电厂 13.7 MPa,670 t/h锅炉高温段对流过热器直管段(12Cr1MoVR 钢),累计运行 1 000 h 后爆管。事后对破口附近的鉴定分析情况如下:

　　(1)钢管成分、性能均符合 GB 5310 的要求。

　　(2)破口形状,如图 1.62 所示,破口处由 $\phi42$ mm×5.6 mm 胀粗到 $\phi60$ mm×5.4 mm,厚度有一定减薄。

　　(3)内壁有四条直道缺陷,深度为 0.18~1.306 mm。

　　(4)内外壁均有脱碳现象:内壁深度为 0.18 mm,外壁深度为 0.18~0.27 mm。

　　(5)内外壁有轻微氧化物。

　　(6)金相组织为珠光体加铁素体,晶粒度为 6~7 级。

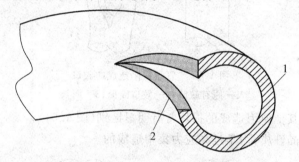

图 1.62　破口形状(取割样一半)
1—事故后切割断面;2—破口断面

　　可见,事故是因管壁过热(引起蠕变、蒸汽腐蚀及高温氧化)及缺陷(直道)共同造成的。过热使管子安全性减弱,如无缺陷还可工作下去,缺陷成为提早破坏的直接原因。

　　分析事故原因时,必须从制造(有否冷变形、热处理工况、原材料质量等)、运行(累积时间、超温情况、水质、燃烧工况等)等方面的诸情况调查了解入手,并作一些必要的鉴定试验,例如:

　　(1)破口观察及测量(破口断面的状态、破口形状、破口处管子周长的变化、厚变化等)。深入研究损坏原因时,可采用显微断口分析和电子断口分析。

　　(2)金相组织分析。

　　(3)机械性能试验。

　　(4)化学成分分析等。

　　然后,根据调查了解到的情况及试验所得的结果,在对比类似事故分析资料的基础上,做出必要的结论性看法。在调查、研究、分析中忌带主观性、片面性和表面性,不能根据点滴情况即草率地做出绝对肯定或绝对否定的结论。

　　鉴定试验取样时,既要考虑损坏部位,也要照顾到无损坏部位。例如,向火面爆管破坏,既要在向火面也要在背火面取样,这样才能做出有对比的全面鉴定。在钢管金相分析取样时,如测带状组织就需纵向截取,如测脱碳程度,就应横向截取。一般希望用锯、车、刨等方法截取,若用气割方法,应留有足够裕度,以免气割使原组织改变而做出错误的判断。对于焊口试样,应取一块包括焊缝、近缝区及原金属的试样。

1.11.1 钢材缺陷破裂

1. 损坏特征

(1)破口断面及附近残留原有缺陷迹象,如旧的缺口等,缺陷处常有氧化物存在。

(2)破口断面是钝的,破口处管子周长变化不大(图1.63),因为缺陷造成的应力集中使损坏不产生较大的塑性变形。

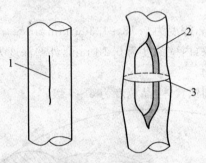

图1.63　管子缺陷造成的破口

1—原有缺陷;2—破口断面;3—周长

(3)破口形状与其他原因造成的损坏常有明显区别(图1.64)。

(4)裂纹具有穿晶性质,因是过高应力集中造成的。

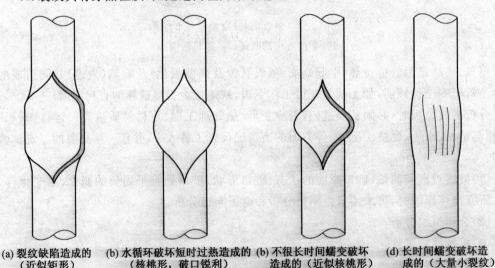

(a)裂纹缺陷造成的　(b)水循环破坏短时过热造成的　(b)不很长时间蠕变破坏　(d)长时间蠕变破坏造
　(近似矩形)　　　(核桃形,破口锐利)　　造成的(近似核桃形)　成的(大量小裂纹)

图1.64　破口形状

图1.65所示为一台高压锅炉过热器管由于管材缺陷(较深的划痕)造成的破口情形,在破口延线上明显看出缺陷迹象。

2. 损坏原因

锅炉制造时,对半成品(管子、钢板等)检查不严造成的。

3. 判别方法

一般作破口观察及测量破口处管子周长即可。

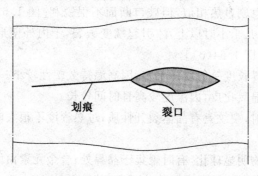

划痕　　　　　裂口

图 1.65　管材缺陷(划痕)造成的破口

1.11.2　短时急剧过热破裂

1. 损坏特征

(1)破口断面锐利,破口处管子周长增加很多,因为高温下塑性较大,损坏时伴随较大变形。

(2)破口常呈核桃形[图 1.64(b)],因为是一点先破继而胀开,而不是沿缺陷(一条线)同时破裂。

(3)破口处的金相组织常是马氏体或马氏体加铁素体,这是高温快冷的结果,快冷是工质以很高速度向外喷射造成的。

(4)破口处硬度明显上升(图 1.66),因存在马氏体组织。

(5)管子外壁没有氧化皮,因为尽管温度很高(800 ℃或更高),但在此高温下时间极短即破坏,尚来不及形成氧化皮。

(6)有时由于工质喷射的反力,使管子明显弯曲。

2. 损坏原因

沸腾管水循环发生故障或过热器管出现水塞等现象时,内部工质冷却管子的条件严重恶化,壁温急剧上升,使材料强度大幅度下降,几分钟即能引起破裂。

3. 判别方法

(1)破口观察及测量破口处管子周长。

(2)金相组织分析。

(3)测硬度。

一般仅作破口观察即能判断。

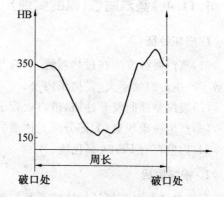

图 1.66　破口处沿管子周长硬度的变化(碳钢,沸腾等)

1.11.3 长时过热蠕变破裂

1. 损坏特征

(1)若金属过热程度较大,经不太长时间(几百小时或一两千小时以内)即引起蠕变破裂,破口的形状与短时急剧过热相似,但破口断面不很锐利[图 1.64(c)];若金属过热程度不很大,需经较长时间(几千小时以上)才引起蠕变破裂,于内外壁形成许多纵向裂纹,个别穿透,破口不明显张开[图 1.64(d)]。

(2)破口处管子周界长度一般增加不多,因高温持久塑性较小。

(3)内外表面有明显氧化皮,因温度较高且时间较长。

(4)过热程度较大时,裂纹具有晶体裂开性质;过热程度不很大时,裂纹具有晶间裂开性质。

(5)珠光体中碳化物明显球化,有时聚集于晶界处;合金元素由固溶体向碳化物转移。

(6)一般同时产生蒸汽腐蚀及高温氧化现象,其特征见 1.11.1,1.11.5 小节。

2. 损坏原因

(1)管子堵塞(存在焊口瘤、钢球、其他进入的物体)。

(2)热偏差或水力偏差使个别管中工质流量减少。

(3)内壁积垢或积氧化物太多。

(4)材料用错,用质量差的材料代替质量好的材料。

(5)其他。

3. 判别方法

(1)破口观察。

(2)金相组织分析。

(3)化学成分分析。

(4)机械性能试验。

一般可不做机械性能试验。

1.11.4 蒸汽腐蚀(氢的腐蚀)

1. 损坏特征

(1)蒸汽腐蚀发生在过热器管,一般与蠕变破坏同时发生,曾经冷变形的部位(弯头等)较易于产生。裂纹不大,发生于内壁。

(2)裂纹呈晶间裂开性质,破口处管子变形很小。

(3)产生脱碳现象,大部分珠光体消失,剩下的主要是铁素体晶粒。

(4)内壁存有 Fe_3O_4 氧化物。

2. 损坏原因

蒸汽过热器由于管子堵塞或受热偏差、水力偏差等原因,使管内工质流量减少,造成壁温明显升高时,蒸汽与管壁金属产生如下反应:

$$4H_2O + 3Fe \longrightarrow Fe_3O_4 + 8H$$

氢原子(H)穿入晶粒之间,与扩散来的碳发生如下反应并产生脱碳现象:

$$4H + C \longrightarrow CH_4$$

所产生的甲烷在晶粒之间不断聚集,产生很高压力,终使晶间裂开,产生裂纹。

3. 判别方法

(1)破口观察。

(2)金相组织分析。

1.11.5 高温氧化(烟气腐蚀)

1. 损坏特征

(1)产生在壁温超过钢材许用温度情况下。

(2)产生明显氧化皮(Fe_2O_3,Fe_3O_4 及 FeO)。

(3)表面脱碳。

2. 损坏原因

烟气中的氧在高温下对管壁的氧化破坏。

3. 判别方法

(1)了解产生的温度条件。

(2)表面观察。

(3)辅之以金相分析。

1.11.6 垢下腐蚀

1. 损坏特征

(1)一般产生在水冷壁或向火侧内壁,常处于燃烧器标高。

(2)腐蚀呈贝壳状向下凹陷,直径可达几十毫米。

(3)受热面内壁有时沉积含有氧化铁及氧化铜的水渣。

2. 损坏原因

受热面上沉积的氧化铁及氧化铜与管壁金属产生电化学腐蚀,以及腐蚀产物下面产生的蒸汽腐蚀现象。

3. 判别方法

(1)了解产生地点及条件。

(2)观察腐蚀破坏形状。

1.11.7 氢 损 坏

情况与蒸汽腐蚀基本一样,只是产生部位不同,氢损坏产生于沸腾管内壁遭受明显腐蚀的地方。

1.11.8　苛性脆化

1. 损坏特征

(1)仅发生在铆接及胀接处。

(2)产生裂纹,但无明显变形。

(3)主裂纹具有晶体裂开性质,而大量分支裂纹具有晶间裂开性质。

2. 损坏原因

(1)铆接接缝、胀接接缝处漏水(漏气),使锅水中苛性钠(NaOH)浓缩。

(2)铆接接缝、胀接接缝处存在较大的附加应力(温度应力、机械应力)。

3. 判别方法

(1)调查了解裂纹地点及产生的条件。

(2)显微分析裂纹性质。

1.11.9　石　墨　化

1. 损坏特征

(1)高温(450 ℃以上)长时(几万小时以上)作用后产生;裂口粗糙,呈脆性破坏。

(2)金相组织分析会发现珠光体已明显球化,沿晶粒周界出现石墨。

(3)冲击值显著下降,其他机械性能也有所下降。

(4)焊缝处易出现。

2. 损坏原因

高温长时作用后渗碳体分解的反应如下:

$$Fe_3C \longrightarrow 3Fe + C(石墨)$$

3. 判别方法

金相显微分析即可。

1.11.10　热　脆　性

1. 损坏特征

(1)在 400～500 ℃温度区间长时(约 1 000 h 以上)工作后脆裂,无明显塑性变形。

(2)冲击值明显下降,其他机械性能变化不大。

(3)沿晶界和晶体内部析出碳化物。

2. 损坏原因

高温作用下析出碳化物。

3. 判别方法

(1)了解产生的温度条件及观察破口。

(2)机械性能试验。

(3)辅之以金相分析。

1. 11. 11　热疲劳

1. 损坏特征

(1)发生在金属温度大幅度交变之处(锅筒上未加保护套管的给水管孔、接近水平的沸腾管等)。

(2)产生大量裂纹,但无明显变形。

(3)裂纹具有晶体裂开性质,系由过高的交变应力造成。

2. 损坏原因

金属温度周期变化产生的过高交变应力。

3. 判别方法

(1)调查了解裂纹地点及产生的条件。

(2)显微分析裂纹性质。

1. 11. 12　损坏特征与损坏原因的对照表

为便于在大量可能的损坏原因中找出真正的原因,特制出损坏特征与损坏原因对照表(见表1.5)。

表 1.5　损坏特征与损坏原因对照

损 坏 特 征	损 坏 原 因
破口很大且破口边缘锐利	短时急剧过热
破口处厚度无明显变化	材料缺陷(直道、划痕等)
破口处管子周长明显增加	短时急剧过热
破口处管子周长增加不多	长时过热蠕变、材料缺陷
大量纵向细裂纹且有氧化皮	长时过热蠕变、材料用错(一般钢材代替耐热钢)
脆性破裂	热脆性、石墨化、苛性脆化
晶间裂开	长时过热蠕变、蒸汽腐蚀、氢损坏、苛性脆化
晶体裂开	热疲劳、缺陷破裂、应力过大、短时过热
珠光体球化	长时过热
珠光体消失	蒸汽腐蚀、氢损坏
表面脱碳	蒸汽腐蚀、氢损坏、高温氧化
析出石墨	石墨化
晶粒长大	过热
冲击值明显下降	石墨化、热脆性、苛性脆化

第 2 章　锅炉受压元件强度计算规定

在锅炉设计、安装、检修、运行和改装等过程中，会大量涉及锅炉受压元件的强度问题。由于锅炉受压元件的强度问题可能引发锅炉汽水爆炸并导致人身伤亡，设备毁坏和热能、电能中断等重大事故，所以，锅炉受压元件强度问题历来受到各国技术安全监察机构的高度重视。

锅炉受压元件强度计算标准是为确保锅炉安全运行而制定的，因此具有强制性，即锅炉受压元件的强度必须满足国家技术监督局发布的锅壳锅炉、水管锅炉受压元件现行强度计算标准的规定。

2.1　锅炉受压元件强度计算标准的特点

了解锅炉受压元件强度计算标准的特点对应用标准、理解标准和解决生产中出现的实际强度问题都是至关重要的。锅炉受压元件强度计算标准（简称为"强度标准"）具有以下一些特点。

1. 强度标准由简易计算公式与结构上的规定两部分组成

为使广大锅炉工作者均能应用标准，它只能给出最简易的计算公式，载荷只计介质压力，并用安全系数计入未考虑周全的其他各种影响强度的不利因素。此外，必须辅以一些结构上的限定，不至于使不利因素超出简易计算方法所控制的限度，因此，强度标准所给出的结构规定与计算公式同样重要。在标准中不可能阐述有关结构规定的依据，但它们均可从有关专著与本书中查到。

2. 理论基础与实践经验对强度标准颇为重要

强度标准不仅是建立在理论分析基础之上，而且包含在基础理论指导下的科学实验成果与累积经验的总结。尽管强度标准中某些规定、个别计算方法至今尚无严密理论基础，但它们已沿用了几十年，实践证明它们是安全可靠的，是可以信赖的。可见，实践经验对标准而言也颇为重要。

3. 强度标准必须适时修订，否则对生产改进和发展不利

随着科学技术的发展进步与实践经验的不断积累与更新，标准必须及时修订，勿使陈旧的内容或规定对生产发展有所束缚。美国 ASME 规范为世界公认的更新内容最及时的先进规范。该规范组织者定期在公开出版刊物上解答问题、解释条文、公布拟修改的内容并征询意见；经过一段时间后，提出增补、修改内容作为标准附录加以公布试用，再经过一段时间后即演变为标准正文；修订的间隔时间为 3～4 年。我国锅炉强度标准在这方面做得不够也不及时。

4. 强度标准是大量研究成果的结晶,是集锅炉全行业实践经验之大成

强度标准不可能是某个人、某个生产单位或监察部门等的研究成果与实践经验的总结,需要由专门机构组织锅炉全行业进行标准制定与修订工作。须有专门机构、专职人员负责积累国内资料,了解国外同类标准的发展动态和信息;并在标准专门机构的领导下,组织具有坚实的锅炉强度理论基础与实践经验丰富的专家们,参与标准制定与修订的具体工作,同时对标准的条文与问题进行咨询或解释。上述各项工作十分必要,但国内目前实际情况与上述要求差距较大。

5. 强度标准涉及的学科很广泛

因为是锅炉受压元件的强度标准,所以涉及锅炉各方面的知识,例如锅炉结构、锅炉运行条件、锅炉参数、锅炉热负荷等。标准中金属材料的一般力学性能、高温力学性能、运行后性能的变化以及工艺性能等均与金属学有关;公式的推导、应力分析等与力学有关;元件的壁温及其分布规律涉及传热学;厚度减薄值、焊缝热影响区的大小等涉及工艺学;元件破裂后果、爆炸能量等均与热力学有关;强度验证性试验则涉及仪表与测量学等。因此,制定与修订强度标准的成员应由多方面专业人员组成,而主要技术负责人应该知识面较为宽广。

6. 强度标准具有强制性,但经过认真研讨与审查批准后也可做一定的改动

强度标准与锅炉的安全密切相关——涉及设备毁坏、人身伤亡、重大经济损失等问题,因此,它具有一定的强制性与法律效应。为此,负责锅炉安全技术的机构有责任监督强度标准在各生产部门的贯彻执行情况。

生产中,有时会发现标准的某些规定不尽合理,特别是当标准长期未加修订时,更会出现此种情况。此时,应与标准编制成员共同研究处理方法,若做改动务必审慎,且应经标准管理机构审核,再报主管锅炉安全技术的部门审查批准。标准中不合理的内容可以改动,但安全大事必须严格谨慎对待。

7. 强度标准属于锅炉建造规范的一部分,强度标准应满足锅炉法规的各项规定

强度标准属于锅炉建造规范中的一个重要的组成部分。锅炉建造规范一般包括材料、涉及(指强度设计)工艺、检验等内容,如我国的固定式锅炉建造规范、美国的 ASME 规范、欧盟的 EN 标准等。以上均属规范(有时也称标准),但它们均不是法规。锅炉安全技术监察规程则是法规。规范的规定应满足法规的各项规定要求,不应有抵触,不应低于法规的规定。

8. 强度标准应与国际标准接轨

为满足改革开放、国际贸易发展的需求,强度标准与国际标准接轨日益重要。尽管各国强度标准形成与发展的历史背景不同,标准的差异也较明显,但统一的趋势不断发展。锅炉强度的国际标准已经形成,我国标准修订应尽可能与其统一。

2.2　锅炉受压元件的安全系数与许用应力

安全系数与许用应力是锅炉受压元件强度的基本问题之一,应对它们有全面了解。

2.2.1　安全系数与许用应力

锅炉受压元件强度计算选取安全系数时,一方面要保证足够的安全可靠性,即安全系数不能太小;另一方面也要考虑到经济性(金属耗量及有关问题),因而安全系数又不宜过大。

确定锅炉受压元件安全系数时,应考虑到:计算公式中所未反映出的力与力矩以及计算公式所用强度理论的准确性;材料标准给出的强度特性与实际元件强度特性的差异;根据元件重要性及制造工艺水平而留有的余地(实际安全裕度)等。

我国锅壳锅炉受压元件强度计算标准与水管锅炉受压元件强度计算标准都规定许用应力$[\sigma]$按下式计算:

$$[\sigma] = \eta [\sigma]_J \tag{2.1}$$

式中　　η——基本许用应力的修正系数;

　　　　$[\sigma]_J$——基本许用应力,MPa。

基本许用应力的修正系数η用来考虑不同元件结构与工作条件的差异,其具体数值见表 2.1、表 2.2。

基本许用应力$[\sigma]_J$取下述三个数值中的最小值:

$$\left. \begin{aligned} [\sigma]_J &= \frac{\sigma_b}{n_b} \\ [\sigma]_J &= \frac{\sigma_s^t}{n_s} \\ [\sigma]_J &= \frac{\sigma_D^t}{n_D} \end{aligned} \right\} \tag{2.2}$$

式中 σ_b,σ_s^t 与 σ_D^t 分别表示材料的常温抗拉强度、计算壁温时的屈服限与持久强度,而 n_b,n_s 与 n_D 分别表示对应上述不同强度特性的安全系数,它们分别为

$$\left. \begin{aligned} n_b &= 2.7 \\ n_s &= 1.5 \\ n_D &= 1.5 \end{aligned} \right\} \tag{2.3}$$

对于低碳钢、低碳锰钢及低碳钒钢在 350 ℃以下,其他低合金热强钢在 400 ℃以下,不需考虑持久强度的许用应力,取消式(2.2),(2.3)中第三个式子。

为了减少计算上的麻烦,在强度标准中给出了基本许用应力表,根据材料牌号与计算壁温可直接查出基本许用应力$[\sigma]_J$。基本许用应力表给出的是最不利情况下的数值,如果在满足强度标准的规定所得强度特性使许用应力比按基本许用应力表计算为高时,也不可使用基本许用应力表。基本许用应力表见表 2.3~2.5,国外材料在不同计算壁温下的基本许用应力表见表 2.6。

表 2.1　水管锅炉基本许用应力的修正系数

元件形式和工作条件	η
锅筒和集箱筒体 　不受热（在烟道外或可靠绝热）	1.00
受热（烟温不超过 600 ℃）或被密集管束所遮挡的锅筒	0.95
受热（烟温超过 600 ℃）	0.90
管子（包括管接头）和锅炉范围内的管道	1.00
凸形封头	1.00
平端盖	见 GB/T 9222—2008 表6.4
盖板	1.00
异形元件 　不受热（在烟道外或可靠绝热）	1.00
受热（烟温不超过 600 ℃）或被密集管束所遮挡的锅筒	0.95
受热（烟温超过 600 ℃）	0.90

注：①对于被密集管束所遮挡的锅筒，是指透过管束的辐射热流不大，而且筒壁面不受烟气的强烈冲刷的锅筒
　　②对于额定压力不小于 16.7 MPa 的锅炉锅筒和封头，η 值取 0.95

表 2.2　锅壳锅炉基本许用应力的修正系数

元件形式及工作条件	η
承受内压力的锅壳筒体和集箱筒 　不受热（在烟道外或可靠绝热） 　受热（烟温≤600 ℃） 　受热（烟温＞600 ℃）	1.00 0.95 0.90
管子（管接头）、孔圈	1.00
波形炉胆	0.6
凸形封头、炉胆顶、半球形炉胆、凸形管板 　立式无冲天管锅炉与干汽室的凹面受压的凸形封头	1.00
立式无冲天管锅炉凸面受压的半球形炉胆	0.30
立式无冲天管锅炉凸面受压的炉胆顶	0.40
立式冲天管锅炉凸面受压的炉胆顶	0.50
立式冲天管锅炉凹面受压的凸形封头	0.65
卧式内燃锅炉凹面受压的凸形封头	0.80
凹面受压的凸形管板	0.85
有拉撑的平板、烟管管板	0.85
拉撑件（拉杆、拉撑管、角撑板）	0.55
加固横梁	1.00
孔盖	1.00
圆形集箱端盖	见 GB/T 16508—96 表6.4
矩形集箱	1.25
矩形集箱端盖	0.75

表 2.3　水管锅炉常用锅炉钢管在不同计算壁温下的基本许用应力[σ]　　　　　　　　　　　MPa

钢号与标准号	σ_s	σ_b	计算壁温 t_bi /℃ 20	250	260	270	280	290	300	310	320	330	340	350	360	370	380
1Cr19Ni11Nb GB5310	205	520	137	131	130	129	128	126	125	124	123	122	122	121	120	119	119
1Cr18Ni9 GB5310	205	520	137	113	111	110	109	108	107	106	105	105	104	103	102	101	100
10Cr9Mo1VNb GB5310	415	585	217	198	198	198	198	198	198	198	197	197	196	195	194	193	192
12Cr3MoVSiTiB GB5310	440	610	226	196	196	196	196	196	196	196	195	195	194	194	193	192	192
12Cr2MoWVTiB GB5310	345	540	200	168	168	168	168	168	168	168	168	168	167	167	167	166	166
12Cr1MoVG GB5310	255	470	163	156	155	154	153	152	151	149	148	146	144	143	141	140	138
12Cr2MoG GB5310	280	450	167	124	124	124	124	124	124	124	124	124	124	124	124	124	123
15CrMoG GB5310	225	440	150	148	147	146	145	144	143	141	140	138	136	135	132	132	131
20MoG GB5310	220	415	147	125	124	123	123	122	121	121	120	119	118	118	117	116	115
15MoG GB5310	270	450	167	116	115	114	113	112	111	110	109	108	107	106	106	105	105
25MnG GB5310	275	485	180	151	150	148	147	145	144	142	140	138	137	135	130	127	118
20MnG GB5310	240	415	153	132	131	130	128	127	125	124	123	121	120	115	112	108	102
20G GB5310	215	400	148	125	123	120	118	115	113	111	109	106	102	100	97	95	92
20 GB3087 GB/T8163	225	410	145	125	123	120	118	115	113	111	109	106	102	100	97	95	92
10 GB3087 GB/T8163	195	335	124	104	101	98	96	93	91	89	87	85	83	80	78	76	75

续表 2.3

MPa

钢号与标准号 ＼ 计算壁温 t_{bi}/℃	390	400	410	420	430	440	450	460	470	480	490	500	510	520	530	540	550
1Cr19Ni11Nb GB5310	118	118	117	117	117	116	1116	116	115	115	115	115	115	114	114	113	112
1Cr18Ni9 GB5310	100	99	98	98	97	96	95	94	94	93	93	92	91	91	90	89	88
10Cr9Mo1VNb GB5310	190	188	186	184	182	180	177	174	171	168	165	161	156	138	124	111	105(102)
12Cr3MoVSiTiB GB5310	191	190	189	188	187	186	185	184	182	181	179	177	145	120	100	86	79
12Cr2MoWVTiB GB5310	165	165	164	163	162	161	160	159	158	156	155	153	148	124	106	90	84
12Cr1MoVG GB5310	137	135	133	132	131	130	128	126	125	124	121	118	110	98	86	77	71
12Cr2MoG GB5310	123	123	123	122	122	121	116	110	103	95	88	81	74	68	61	54	48
15CrMoG GB5310	129	128	127	126	125	124	123	122	120	119	112	96	82	69	59	49	41
20MoG GB5310	114	113	112	110	109	108	107	104	100	95	84	70	57	48			
15MoG GB5310	104	104	103	102	102	101	100	99	99	94	83	68	55	43			
25MnG GB5310	110	101	94	87	81	74	67	61	54	48							
20MnG GB5310	95	89	84	78	73	68	62	56	49	42							
20G GB5310	89	87	83	78	75	66	57	50	43	38							
20 GB3087 GB—T8163	89	87	83	78	75	66	57	50	43	38							
10 GB3087 GB—T8163	73	70	68	66	61	55	49	45	40	37							

续表 2.3

MPa

计算壁温 t_{bi} /℃	10 GB3087 GB—T8163	20 GB3087 GB—T8163	20G GB5310	20MnG GB5310	25MnG GB5310	15MoG GB5310	20MoG GB5310	15CrMoG GB5310	12Cr2MoG GB5310	12Cr1MoVG GB5310	12Cr2MoWVTiB GB5310	12Cr3MoVSiTiB GB5310	10Cr9Mo1VNb GB5310	1Cr18Ni9 GB5310	1Cr19Ni11Nb GB5310
560								33	42	65	79	72	100(94)	88	112
570									37	57	74	66	92(85)	83	109
580									32	50	69	59	83(77)	76	104
590											64	53	74(69)	70	99
600											56	47	66(62)	64	91
610											50	42	57(55)	59	82
620											42	36	49	54	73
630													42	50	67
640													36	46	60
650													30	42	54
660														38	49
670														35	44
680														32	39

注：1. 括号内的数据为厚度大于 75 mm 钢管的许用应力值。

2. 粗线下方的数据系按持久强度 σ_D 计算，此数据相对应的温度表示该钢种持久强度对基本许用应力起控制作用的温度。

3. 铸钢件的基本许用应力取表 2.3 中相应钢号取值的 70%。

4. 锻钢件基本许用应力的取值：当用型钢锻造时，可取表 2.3 中相应钢号数值的 90%；当用钢锭锻造时，可取表 2.3 中相应钢号数值的

表 2.4　水管锅炉常用锅炉钢板在不同计算壁温下的基本许用应力$[\sigma]_1$　　　MPa

钢号与标准号　钢板厚度/mm	Q235 GB 3274	Q245R (20g) GB713 ≤60	>60 ≤100	Q345R (16Mng) GB713 ≤36	>36 ≤60	>60 ≤100	>100 ≤150	Q345R (19Mng) GB713 ≤60	>60 ≤100	>100 ≤150	22Mng GB713	13MnNiMoR (13MnNiCrMoNbg) GB713 ≤50	>50 ≤100	>100 ≤125	>100 >125
σ_s/MPa	235	225	205	305	285	265	245	335	315	295	275	400	390	380	375
σ_b/MPa	375	400	390	470	470	440	440	310	490	480	515	570	570	570	570
计算壁温 t_{bi}/℃ 20	137	148	144	174	174	163	163	189	181	178	183	211	211	211	211
250	113	125	103	147	140	133	120	163	153	143	148	211	211	211	208
260	111	123	102	144	137	131	118	161	151	141	148	211	211	211	207
270	108	120	101	141	135	128	116	158	148	138	148	211	211	211	206
280	105	118	99	139	132	125	114	155	145	135	148	211	211	211	205
290	103	115	98	136	129	123	112	153	143	133	148	211	211	209	204
300	101	113	97	133	127	120	110	150	140	130	148	211	211	208	203
310		111	96	132	125	119	109	147	137	127	148	211	211	207	201
320		109	95	131	124	117	107	145	135	125	147	211	211	206	200
330		106	94	129	123	116	106	142	132	122	145	211	211	205	199
340		102	93	128	121	115	105	139	129	119	144	211	209	204	198
350		100	92	127	120	113	103	137	127	117	141	211	208	203	196
360		97	91	125	119	112	102	133	123	114	138	211	205	199	194
370		95	90	124	117	111	101	129	120	111	135	210	201	196	191
380		92	89	122	116	109	99	125	117	109	127	204	197	193	189

续表 2.4

MPa

钢号与标准号	Q235 GB 3274	Q245R (20g) GB713		Q345R (16Mng) GB713				Q345R (19Mng) GB713			22Mng GB713	13MnNiMoR (13MnNiCrMoNbg) GB713			
钢板厚度/mm		≤60	>60 ≤100	≤36	>36 ≤60	>60 ≤100	>100 ≤150	≤60	>60 ≤100	>100 ≤150		≤50	>50 ≤100	>100 ≤125	>100 ≤125
计算壁温 t_{bi} /℃ 390		89	88	120	115	108	98	121	113	106	117	199	194	190	186
400		87	85	117	113	107	97	117	110	103	107	193	190	187	184
410		83	77												
420		78	69												
430		75	62												
440		66	55												
450		57	49												

注:1. 粗线下方的数据系按持久强度 σ_D 计算,与此数据相对应的温度表示该钢种持久强度对基本许用应力起控制作用的温度。

2. 锻钢件基本许用应力的取值:当用型钢时,可取表 2.4 中相应钢号的数值;当用钢锭锻造时,可取表中相应钢号数值的 90%。

由式(2.1)及式(2.2)可见,实际安全系数 n 由修正系数 η 及对应不同强度特性的安全系数 n_b,n_s 或 n_D 所组成,即

$$n=\frac{n_b}{\eta},\ n=\frac{n_s}{\eta}\ \text{或}\ n=\frac{n_D}{\eta}$$

各种元件的结构及工作条件是不相同的,为使各元件具有大致相同的实际安全裕度,所给出的许用应力亦应不同。例如,受烟气直接加热的元件因存在热应力,它的应力应比置于烟道以外的不存在热应力(热应力很小)的元件为小;单面角焊平端盖由于结构不理想(焊缝根部有缺陷),其许用应力亦应小一些。这些差异都用修正系数 η 来考虑。式(2.3)所给出的安全系数值是按不直接受烟气作用的焊接锅筒、封头而确定的(此时,$\eta=1.0$)。

表 2.5　锅壳锅炉的基本许用应力$[\sigma]_J$　　　　　　　　　　MPa

钢号和标准号		钢 管		圆 钢	钢 板				
		10 GB/T 8163 GB 3087	20 GB/T 8163 GB 3087	20 GB/T 699	Q235 GB/T 3274	20 GB/T711	Q245R GB713	Q345R GB713
σ_b		333	392	400	372	400	400	510
σ_s		196	245	245	216	—	245	345
计算壁温 /℃	250	104	125	125	113	125	125	149
	260	101	123	123	111	123	123	146
	280	96	118	118	105	118	118	140
	300	91	113	113	101	113	113	135
	320	89	109	109		109	109	132
	340	84	102	102		102	102	130
	350	80	100	100		100	100	129
	360	78	97					
	380	75	82					
	400	70	87					
	420	66	78					
	440	55	66					
	450	49	57					

如无 σ_s 数据,可利用表 2.7 列出的 σ_s^t/σ_b 比值换算出 σ_s^t。

表 2.6　国外材料在不同计算壁温下的基本许用应力$[\sigma]$

MPa

钢号与标准号	SA−106B ASME SA−106	SA−210C ASME SA−210C	15Mo3 DIN 17175	SA−209T1a ASME SA−209	T12 ASME SA−213	T22 ASME SA−213	T91〜P91 ASME SA−213〜 SA−335	TP304H ASME SA−213	TP347H ASME SA−213	15NiCuMoNb5−6−4 EN 100216	T23 ASME CASE2199−1	T92 ASME CASE2179−3	T122 ASME CASE2180−2	SUPER304 ASME CASE22328	TP310HCbN CASE 2115−1	Wb36 DSW360−1987 ≤50	>50 ≤100	>100 ≤125	>125 ≤150	>150 ≤180
钢板厚度/mm																≤50	>50≤100	>100≤125	>125≤150	>150≤180
σ_s/MPa	240	275	270	220	220	280	415	205	205	440	400	440	400	205	295	440	430	420	410	400
σ_b/MPa	415	485	450	415	415	450	585	520	520	610	510	620	620	550	655	610	600	600	590	580
计算壁温 t_{bi}/℃ 20	153	180	167	147	147	167	217	137	137	244	189	230	230	171	218	226	222	222	219	215
250	132	151	116	125	116	124	198	113	131	224						224	213	207	202	196
260	131	150	115	124	115	124	198	111	130	223						223	212	206	201	195
270	130	148	114	123	115	124	198	110	129	222						222	211	205	199	194
280	128	147	113	123	114	124	198	109	128	221						221	210	204	198	193
290	127	145	112	122	114	124	198	108	126	219						219	209	203	197	191
300	125	144	111	121	113	124	198	107	125	218						218	207	202	196	190
310	124	142	110	121	112	124	198	106	124	217						217	206	201	195	189
320	123	140	109	120	112	124	197	105	123	216						216	205	199	194	188
330	121	138	108	119	111	124	197	105	122	215						215	204	198	193	187
340	120	137	107	118	111	124	196	104	122	214						214	203	197	191	186
350	115	135	106	118	110	124	195	103	121	213						213	202	196	190	185

续表 2.6

MPa

计算壁温 t_{bi}/°C	SA-106B ASME SA-106	SA-210C ASME SA-210C	15Mo3 DIN 17175	SA-209T1a ASME SA-209	T12 ASME SA-213	T22 ASME SA-213	T91～P91 ASME SA-213～SA-335	TP304H ASME SA-213	TP347H ASME SA-213	15NiCuMoNb5-6-4 EN 100216	T23 ASME CASE2199-1	T92 ASME CASE2179-3	T122 ASME CASE2180-2	SUPER304 ASME CASE22328	TP310HCbN CASE 2115-1	Wb36 ≤50	Wb36 >50 ≤100	Wb36 >100 ≤125	Wb36 >125 ≤150	Wb36 >150 ≤180
360	112	130	106	117	109	124	194	102	120	210						210	199	194	188	182
370	108	127	105	116	109	124	193	101	119	206						206	197	191	186	180
380	102	118	105	115	108	123	192	100	119	203						203	195	189	183	178
390	95	110	104	114	108	123	190	100	118	199						199	193	187	181	175
400	89	101	104	113	107	123	188	99	118	196						196	190	185	179	173
410	84	94	103	112	106	123	186	98	117	192						192	187	181	176	170
420	78	87	102	111	106	122	184	98	117	187						187	184	178	172	167
430	73	81	102	109	105	122	182	97	117	183						183	180	175	169	163
440	68	74	101	108	104	121	180	96	116	178						178	177	171	166	160
450	62	67	100	107	104	116	177	95	116	163						163	163	163	162	157
460	56	61	99	104	103	110	174	94	116	140						140	140	140	140	140
470	49	54	99	100	102	103	171	94	115	117						117	117	117	117	117
480	42	48	94	95	101	95	168	93	115	93						93	93	93	93	93
490			83	84	100	88	165	93	115	69						69	69	69	69	69

钢号号 / 标准号　钢板厚度 / mm

续表 2.6

MPa

钢号与标准号 / 计算壁温 t_{bi}/℃	Wb36 DSW360—1987 (≤50)	Wb36 (>50 ≤100)	Wb36 (>100 ≤125)	Wb36 (>125 ≤150)	Wb36 (>150 ≤180)	TP310HCbN CASE 2115—1	SUPER304 ASME CASE22328	T122 ASME CASE2180—2	T92 ASME CASE2179—3	T23 ASME CASE2199—1	15NiCuMoNb5—6—4 EN 100216	TP347H ASME SA—213	TP304H ASME SA—213	T91∨P91 ASME SA—213∨SA—335	T22 ASME SA—213	T12 ASME SA—213	SA—209T1a ASME SA—209	15Mo3 DIN 17175	SA—210C ASME SA—210C	SA—106B ASME SA—106
500	46	46	46	46	46						46	115	92	161	81	86	70	68		
510										123		114	91	156	74	78	57	55		
520										114		114	91	138	68	68	48	43		
530										105		113	90	124	61	58				
540										97		113	89	111	54	48				
550										89		112	88	105(102)	48	41				
560										81		112	88	100(94)	42	35				
570								112	115	74		109	83	92(85)	37	29				
580								102	106	67		104	76	83(77)	32	25				
590								92	97	60		99	70	74(69)						
600						107		83	88	53		91	64	66(62)						
610						101		74	80	46		82	59	57(55)						
620						94		65	71	39		73	54	49						
630						86	94	57	63			67	50	42						

续表 2.6

MPa

计算壁温 t_{bi}/℃	钢板厚度/mm → Wb36 DSW360—1987 ≤50	>50 ≤100	>100 ≤125	>125 ≤150	>150 ≤180	TP310HCbN CASE 2115—1	SUPER304 ASME CASE22328	T122 ASME CASE2180—2	T92 ASME CASE2179—3	T23 ASME CASE2199—1	15NiCuMoNb5—6—4 EN 100216	TP347H ASME SA—213	TP304H ASME SA—213	T91~P91 ASME SA—213、SA—335	T22 ASME SA—213	T12 ASME SA—213	SA—209T1a ASME SA—209	15Mo3 DIN 17175	SA—210C ASME SA—210C	SA—106B ASME SA—106
640						77	86	50	55			60	46	36						
650						69	78	43	48			54	42	30						
660						63	71					49	38							
670						57	64					44	35							
680						51	58					39	32							
690						46	53					36	29							
700						41	47					32	27							
710						37														
720						34														

注：粗线下方的数据系按持久强度 σ_b 计算，与此数据相对应的温度表示该钢种持久强度对基本许用应力起控制作用

表 2.7 低碳钢或低碳锰钢的 σ_s^t/σ_b 最小值

计算壁温/℃	250	275	300	325	350
σ_s^t/σ_b 最小值	0.40	0.38	0.36	0.34	0.33

注:相邻两个数值间的 σ_s^t/σ_b 采用算术内插值法确定

2.2.2 对应抗拉强度的安全系数

对应抗拉强度的安全系数 n_b 反映了与爆破之间所留有的裕度,另外,可防止单纯追求采用屈强比(σ_s^t/σ_b)高的材料来提高许用应力所带来的脆裂危险性。如果取消对 n_b 的要求(将式(2.2)中第一个基本许用应力取消),那么,采取一定热处理办法使材料的屈强比提高,使许用应力也跟随增加,但屈强比提高时,一般来说,塑性、韧性都下降。提出了对 n_b 的要求后,当屈强比 $\dfrac{\sigma_s^t}{\sigma_b}>0.56$ 时,在

$$[\sigma]_J' = \frac{\sigma_b}{n_b} = \frac{\sigma_b}{2.7}$$

$$[\sigma]_J'' = \frac{\sigma_s^t}{n_s} = \frac{\sigma_s^t}{1.5}$$

两个条件中,有

$$[\sigma]_J'' = \frac{\sigma_s^t}{1.5} > \frac{0.56\sigma_b}{1.5} = \frac{\sigma_b}{2.7} = [\sigma]_J'$$

即

$$[\sigma]_J' < [\sigma]_J''$$

显然,应取以抗拉强度为准的基本许用应力 $[\sigma]_J'$,所以,较高的屈强比并不会使取用的许用应力过高。取用 $[\sigma]_J'$ 以后,即 $\sigma_s^t/\sigma_b>0.56$ 时,对应屈服限的安全系数 $n_s>1.5$。

2.2.3 对应屈服限的安全系数

对应屈服限的安全系数 n_s 主要用以防止元件内壁产生大面积屈服,因屈服后使材料加工硬化,导致塑性、韧性及抗腐蚀能力下降。另外,一般要求结构上做到应力集中系数不超过 3.0,如取 $n_s=1.5$,则元件最大应力能控制在

$$3[\sigma]_J = 3\frac{\sigma_s^t}{1.5} = 2\sigma_s^t$$

以内,也保证了不至于发生周期交变塑性变形的"不安定现象"。

不安定现象与低周疲劳现象属于同一现象。前者用应力集中处最高应力不超过两倍屈服限来防范,详见 1.9 节,后者用允许应力幅 $[\sigma_a]$ 来控制。

2.2.4　对应持久强度的安全系数

对应持久强度的安全系数 n_D 用以保证在工作寿命期限以内,不至于发生蠕变破坏。持久强度试验数据分散带约为 $\pm 20\%$,持久强度特性一般取平均值,那么,实际安全系数仅有 $1.5 \times 0.8 = 1.2$。因为安全阀动作压力升高的累积时间相对工作寿命来讲很短,这种压力升高对持久强度寿命的影响可以忽略不计,而高温元件的水静压力也很小,因而,安全裕度1.2主要用以提高寿命储备,可由 10^5 h 提高到 2×10^5 h。

2.2.5　高参数大容量锅炉的许用应力

高参数大容量锅炉元件的许用应力应该取得小一些,理由如下:

锅炉功率增大,受热面管径及工质流速不会有较大变化,因此,在参数相同条件下,受热面管总长度、集箱数目、集箱上开孔数目、焊接接头总数目等与锅炉容量约成正比关系。

如制造、安装工艺水平及检查手段不变,则由于缺陷造成破坏事故的次数与锅炉容量约成正比关系。而事故停炉的损失也与容量成正比关系。因此,一定时期以内锅炉事故的损失应大致与容量的平方成比例,例如:一台 5 万 kW 锅炉机组一年损坏一个焊口,停炉检修 1 h,则每年损失电 5 万 kW·h;一台 50 万 kW 锅炉机组一年就大约损坏 10 个焊口,停炉检修一次也需 1 h,则每年损失电 500 万 kW·h。

当然,这是个大略估算,但不难看出大机组安全可靠性的重大意义。大机组安全可靠性应从多方面解决,安全系数适当加大也是措施之一。前苏联 1965 年强度标准规定,30 万 kW 及更大容量锅炉受热面管及锅炉范围内的汽、水连接管,取许用应力的修正系数 $\eta = 0.9$,而不是 1.0;若压力大于 14 MPa 表压,即使容量小于 30 万 kW,根据用户意见,也可取为 0.9。我国水管锅炉强度标准的规定是这样的,见表 2.1 的注。

2.2.6　计算压力与最高允许计算压力

1. 计算压力

锅炉受压元件设计计算公式中所取用的压力值称为"计算压力"或"设计压力"。

设计计算时,计算压力按下式计算

$$p = p_e + \Delta p_a + \Delta p_z + \Delta p_{sz} \tag{2.4}$$

式中　p——计算压力(表压),MPa;

　　　p_e——锅炉额定压力(表压),MPa;

　　　Δp_a——设计附加压力,MPa(安全阀实际整定较低压力与工作压力的差值);

　　　Δp_z——介质流动阻力附加压力;取最大流量时计算元件至锅炉出口之间的压力降, MPa;

　　　Δp_{sz}——计算元件所受液柱静压力,MPa。

以图 2.1 所示水火管锅壳锅炉的下集箱 A 为例,它的计算压力应为锅炉出口处的额定压力 P_e 与过热器阻力 Δp_z 及液柱静压力 Δp_{sz} 之和,此外还应考虑安全阀开启压力的升高值 ΔP_a。

液柱静压力可按下式近似计算:

$$\Delta p_{sz} \approx 0.01h \tag{2.5}$$

式中　　h——液柱高度,m。

对于锅壳锅炉,水管锅炉如果 $\Delta p_{sz} < 3\%(p_e + \Delta p_z)$ 时,可取 $\Delta p_{sz} = 0$。

关于考虑安全阀开启压力升高值的 Δp_a,
各国标准并不一致,主要是传统习惯不同造成
的。我国 JB 3622—84 锅壳锅炉标准与
GB 9222—88水管锅炉受压元件强度计算标准
均规定 Δp 为安全阀低始启压力的升高值(低
始启压力与额定压力的差值),因为许用应力的
安全系数中已计入了高始启压力与低始启压力
的差值。

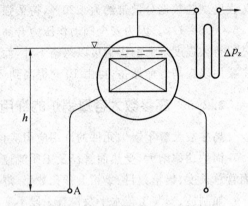

图 2.1　水火管锅炉示意图

在计算中会出现以下矛盾,由于热水锅炉
的低始启压力升高值明显大于蒸汽锅炉,从而
出现计算出的厚度大于蒸汽锅炉的不合理结
果。因为热水锅炉的事故结果,一般比蒸汽锅炉为小,故在相同工作压力条件下,热水锅炉
计算厚度不应大于蒸汽锅炉。

我国锅壳锅炉受压元件强度计算标准和水管锅炉受压元件强度计算标准对热水锅炉与
蒸汽锅炉用同一设计附加压力 Δp_a 考虑安全阀压力升高问题,避免了上述不合理现象。

(1)我国锅壳锅炉受压元件强度计算标准的设计附加压力 Δp_a 计算。

$p_e < 1.25$ MPa 时,　　　　　　$\Delta p_a = 0.02$ MPa

$p_e \geqslant 1.25$ MPa 时,　　　　　　$\Delta p_a = 0.04(p_e + \Delta p_z + \Delta p_{sz})$

(2)我国水管锅炉受压元件强度计算标准的设计附加压力 Δp_a 计算。

$p_e \leqslant 0.8$ MPa 时,　　　　　　$\Delta p_a = 0.03$ MPa

0.8 MPa $< p_e \leqslant 5.9$ MPa 时,　$\Delta p_a = 0.04(p_e + \Delta p_z + \Delta p_{sz})$

$p_e > 5.9$ MPa 时,　　　　　　$\Delta p_a = 0.05(p_e + \Delta p_z + \Delta p_{sz})$

在锅炉运行寿命期限内,安全阀的开启次数远少于锅炉启停次数,故安全阀动作压力的
升高基本不会影响疲劳寿命。其升高值也并不大。因此,在计算压力中不计此升高值也无
不可。有的国外标准也是这样处理的。

2. 最高允许计算压力

根据上述设计计算时有关计算压力的规定,可得出校验计算时锅炉出口处的最高允许
计算压力。而校核计算的目的是确定锅炉出口处的最高允许计算压力 $[p]$(图 2.1)。为此,
应先求出所有元件的最高允许计算压力 $[p]$,再将它们分别减去各自的设计附加压力 Δp_a、
至锅炉出口的压力降 Δp_z 及液柱静压力 Δp_{sz},则所得最小值即为锅炉出口处的最高允许计
算压力 $[p]$。

2.3　锅炉受压元件的计算壁温

锅炉受压元件的壁温直接关系到许用应力的大小,另外,在锅炉受压元件事故分析时,
常需要了解实际运行条件下(结有水垢)的壁温升高情况。本节对锅炉受压元件的壁温做比

较详细的介绍。

2.3.1 计算壁温

元件内外壁温的算术平均值称为"计算壁温"。

当圆筒形元件有热量传递时,沿筒壁厚度各点的金属温度不同,如图 2.2 所示。

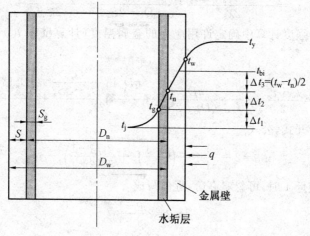

图 2.2 筒壁的温度分布

校核元件的氧化速度是否超过允许值时,应按外壁温度(当热流向内传递时)计算;而校核元件强度时,则应按沿壁厚温度的平均值计算,因强度计算是按沿壁厚的平均应力考虑的。圆筒形元件沿壁厚的温度分布呈抛物线形状,但为简化计算,取元件内外壁温的算术平均值 $0.5(t_w + t_n)$ 作为确定材料强度特性及许用应力的依据。

由传热学可知,多层圆筒形元件的热负荷为

$$q = \frac{\alpha_2 (t_g - t_j) \pi (D_n - 2S_g) l}{\pi D_w l} = \alpha_2 \frac{D_n - 2S_g}{D_w} (t_g - t_j) \tag{2.6}$$

$$q = \frac{2\pi\lambda_g l}{\ln \dfrac{D_n}{D_n - 2S_g}} (t_n - t_g) \frac{1}{\pi D_w l} = \frac{2\lambda_g}{D_w \ln \dfrac{D_n}{D_n - 2S_g}} (t_n - t_g) \tag{2.7}$$

$$q = \frac{2\pi\lambda l}{\ln \dfrac{D_w}{D_n}} (t_w - t_n) \frac{1}{\pi D_w l} = \frac{2\lambda}{D_w \ln \dfrac{D_w}{D_n}} (t_w - t_n) \tag{2.8}$$

式中　t_j——介质额定平均温度,℃;

　　　q——以外壁为准的热负荷,W/ m²;

　　　α_2——内壁对介质的放热系数,W/(m² · ℃);

　　　λ, λ_g——钢材与水垢的导热系数,W/(m · ℃);

　　　S, S_g——壁厚与水垢厚度,m。其他符号如图 2.2 所示。

由式(2.6)得水垢表面温度为

$$t_g = \frac{qD_w}{\alpha_2 (D_n - 2S_g)} + t_j \tag{2.9}$$

由式(2.7)及式(2.9)得内壁温度为

$$t_n = \frac{qD_w \ln \dfrac{D_n}{D_n - 2S_g}}{2\lambda_g} + \frac{qD_w}{\alpha_2(D_n - 2S_g)} + t_j \tag{2.10}$$

由式(2.8)及式(2.10)得外壁温度为

$$t_w = \frac{qD_w \ln \dfrac{D_n}{D_n - 2S_g}}{2\lambda_g} + \frac{qD_w}{\alpha_2(D_n - 2S_g)} + \frac{qD_w \ln \dfrac{D_w}{D_n}}{2\lambda} + t_j \tag{2.11}$$

锅炉受压元件强度计算中确定许用应力的金属温度(计算壁温 t_{bi})等于内外壁温的算术平均值,则有

$$t_{bi} = \frac{t_n + t_w}{2} = t_j + \frac{qD_w}{\alpha_2(D_n - 2S_g)} + \frac{qD_w \ln \dfrac{D_n}{D_n - 2S_g}}{2\lambda_g} + \frac{qD_w \ln \dfrac{D_w}{D_n}}{4\lambda} \tag{2.12}$$

根据函数幂级数展开式,公式

$$\ln \beta = 2\frac{\beta - 1}{\beta + 1} + \frac{2}{3}\left(\frac{\beta - 1}{\beta + 1}\right)^3 + \frac{2}{5}\left(\frac{\beta - 1}{\beta + 1}\right)^5 + \cdots$$

中 $\beta = D_w / D_n$ 值接近 1 时,可忽略高阶,近似写成

$$\ln \beta = 2\frac{\beta - 1}{\beta + 1}$$

则式(2.12)变成便于应用的下式:

$$t_{bi} = t_j + \frac{qD_w}{\alpha_2(D_n - 2S_g)} + \frac{qS_g}{\lambda_g}\frac{D_w}{D_n - S_g} + \frac{qS}{\lambda}\frac{\beta}{\beta + 1} \tag{2.13}$$

如 S、S_g 的单位改为 mm 并取最大热负荷,则上式变成

$$t_{bi} = t_j + \frac{q_{max}}{\alpha_2}\frac{D_w}{(D_n - 2S_g)} + \frac{q_{max}}{1\,000\lambda_g}\frac{S_g}{D_n - S_g}\frac{D_w}{} + \frac{q_{max}}{1\,000\lambda}\frac{S}{}\frac{\beta}{\beta + 1} \tag{2.14}$$

此式就是我国锅壳锅炉与水管锅炉强度标准中所采用的公式。此式也可用于热量由内向外传递的情况。

式(2.12)中等号右边第二、三及四项分别代表图 2.2 中 Δt_1、Δt_2 及 Δt_3,即

$$\Delta t_1 = t_g - t_j = \frac{qD_w}{\alpha_2(D_n - 2S_g)}$$

$$\Delta t_2 = t_n - t_g = \frac{qD_w \ln \dfrac{D_n}{D_n - 2S_g}}{2\lambda_g}$$

$$\Delta t_3 = \frac{t_w - t_n}{2} = \frac{qD_w \ln \dfrac{D_w}{D_n}}{4\lambda}$$

由上式得计算热应力用的内外壁温差为

$$\Delta t = t_w - t_n = \frac{qD_w \ln \dfrac{D_w}{D_n}}{2\lambda} \tag{2.15}$$

2.3.2　水垢对计算壁温的影响

水垢的存在除改变温度分布以外,还使热负荷有所变化(因水垢的热阻使热负荷有所下降)。由传热学可知

$$\frac{q}{q'} = \frac{\dfrac{t_y - t_j}{\sum \Delta h}}{\dfrac{t_y - t_j}{\sum \Delta h'}} = \frac{\sum \Delta h'}{\sum \Delta h} = \frac{\Delta h_j + \Delta h_{bi} + \Delta h_y}{\Delta h_j + \Delta h_g + \Delta h_{bi} + \Delta h_y}$$

式中 q、q'——有水垢与无水垢时的热负荷，W/m^2；

$t_y - t_j$——烟温与介质温度之差，℃；

$\sum \Delta h$，$\sum \Delta h'$——有水垢与无水垢时的总热阻；

Δh_j，Δh_g，Δh_{bi}，Δh_y——介质侧、水垢层、金属壁、烟气侧的热阻。

对于锅筒、水冷壁管、炉胆、烟管等，由于介质为汽水混合物或水，介质侧的放热十分强烈〔放热系数在 5 000 $W/(m^2 \cdot$ ℃)以上〕，故介质侧热阻 Δh_j 可以忽略不计，则得

$$\frac{q}{q'} = \frac{\Delta h_{bi} + \Delta h_y}{\Delta h_g + \Delta h_{bi} + \Delta h_y}$$

将各热阻用相应公式代入，最后得有水垢时的热负荷为

$$q = q' \frac{\dfrac{1}{2\lambda} \ln \dfrac{D_w}{D_n} + \dfrac{1}{\alpha_1 D_w}}{\dfrac{1}{2\lambda_g} \ln \dfrac{D_n}{D_n - 2S_g} + \dfrac{1}{2\lambda} \ln \dfrac{D_w}{D_n} + \dfrac{1}{\alpha_1 D_w}} \tag{2.16}$$

将式(2.16)代入式(2.12)，即可求出水垢对计算壁温的影响。下面以 $\varphi 60 \times 3.5$ mm 的水冷壁管为例，得不同水垢厚度使计算壁温增高情况见表 2.8 及图 2.3。计算中取无水垢时的热负荷 $q' = 175 \times 10^3$ W/m^2，$\alpha_2 = 5\,815$ $W/(m^2 \cdot$ ℃)，外壁对烟气的放热系数 $\alpha_1 = 233$ $W/(m^2 \cdot$ ℃)，$\lambda = 44.2$ $W/(m \cdot$ ℃)，$\lambda_g = 1.16$ $W/(m \cdot$ ℃)。

由表 2.8 可见，水垢产生的温差 Δt_2 最大。

由图 2.3 可见，计算壁温随着水垢加厚而明显上升，但上升程度渐次缓和，这是由于水垢使热负荷不断减小所造成的。几毫米厚的水垢，就使传热量下降约一半，也使壁温明显增高。

对外燃式烟管锅炉锅壳热负荷最高部位所作的类似计算结果，与上述水冷壁管的情况基本一致。

表 2.8 水垢对温度分布的影响

S_g	mm	0	0.1	1	2	3	4	5	10	20
$\Delta t_1 = t_g - t_j$		34.0	33.3	28.8	25.1	22.4	20.4	18.8	14.4	14.9
$\Delta t_2 = t_n - t_g$	℃	0	16.6	141	241	317	375	422	563	682
$\Delta t_3 = \dfrac{t_w - t_n}{2}$		7.4	7.2	6.0	5.1	4.3	3.8	3.3	2.0	0.8
$t_{bi} - t_j = \Delta t_1 + \Delta t_2 + \Delta t_3$		41.4	57.1	176	271	344	399	444	579	698

2.3.3 有关计算壁温的规定

锅炉元件沿周界的热负荷是不均匀的，受热面管子尤其严重，热量由最大热负荷处向其

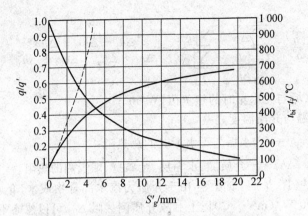

图 2.3　水垢对计算壁温与热负荷的影响

$t_{bi}-t_j$—计算壁温与介质温度的差值(虚线为不考虑负荷变化时的 $t_{bi}-t_j$)

q/q'—有水垢时的热负荷与无水垢时的热负荷的比值

他部位流散所引起的壁温下降,可用小于 1 的均流系数 J 考虑。此外,过热蒸汽沿平行并列管的分布是不够均匀地,当介质温度 t_j 取为平均温度时,还应加上温度偏差值 Δt。对于过热蒸汽集箱,由于介质进行混合,使这种温度偏差值下降,故在温度偏差 Δt 上应乘以小于 1 的介质混合程度系数 X。这样,就得到不同锅炉元件计算壁温公式。

1. 锅筒

对于需考虑存在水垢的小型锅炉,计算壁温按式(2.14)计算。

无水垢时按下式计算:

$$t_{bi}=t_b+\frac{q_{max}}{\alpha_2}\beta+\frac{q_{max}}{1\,000}\frac{S}{\lambda}\frac{\beta}{\beta+1} \tag{2.17}$$

2. 集箱

$$t_{bi}=t_j+\frac{q_{max}}{\alpha_2}\beta+\frac{q_{max}}{1\,000}\frac{S}{\lambda}\frac{\beta}{\beta+1}+X\Delta t \tag{2.18}$$

3. 管子

$$t_{bi}=t_j+J\left(\frac{q_{max}}{\alpha_2}\beta+\frac{q_{max}}{1\,000}\frac{S}{\lambda}\frac{\beta}{\beta+1}\right)+\Delta t \tag{2.19}$$

式中　t_j——介质额定平均温度,℃;

　　　t_b——对应于计算压力下的介质饱和温度(热水锅炉为出口出水温度),℃;

　　　q_{max}——最大热负荷,W/m²;

　　　α_2——壁面对介质的放热系数,W/(m² · ℃);

　　　D_w,D_n——圆筒外直径和内直径,mm;

　　　$\beta=D_w/D_n$——外径与内径的比值;

　　　S——金属壁的厚度,mm;

　　　λ——金属的导热系数,W/(m · ℃);

　　　Δt——介质温度偏差,℃;

　　　X——介质混合程度系数;

　　　J——均流系数。

上述公式中的 t_j，q_{max}，Δt，X，J 等取锅炉热力计算给出的值，λ 按有关手册查取。

为了简化计算，我国锅炉强度标准根据不同工作条件的热负荷、放热系数等，给出按上述公式计算出的 t_{bi} 建议值，详见表 2.9～2.12，所给建议值含有较大裕度。

表 2.9　锅壳锅炉计算壁温 t_b　　　　　　　　　　　　℃

受压元件形式及工作条件	t_{bi}
防焦箱	$t_j + 110$
直接受火焰辐射的锅壳筒体、炉胆、炉胆顶、平板、管板、火箱板、集箱	$t_j + 90$
与温度 900 ℃以上烟气接触的锅壳筒体、回燃室、平板、管板、集箱	$t_j + 70$
与温度 600～900 ℃烟气接触的锅壳筒体、回燃室、平板、管板、集箱	$t_j + 50$
与温度低于 600 ℃烟气接触的锅壳筒体、平板、管板、集箱	$t_j + 25$
水冷壁管	$t_j + 50$
对流管、拉撑管	$t_j + 25$
不直接受烟气或火焰加热的元件	t_j

注：表中列出的 t_{bi} 值仅适用于锅炉给水质量符合 GB/T 1576 标准的情况

表 2.10　水管锅炉锅筒筒体计算壁温 t_{bi}　　　　　　　℃

工作条件		计算公式
不受热（在烟道外）		$t_{bi} = t_j$
采取可靠绝热措施	在烟道内	$t_{bi} = t_j + 10$
	在炉膛内	$t_{bi} = t_j + 40$
透过管束的辐射热流不大，而且筒体壁面不受烟气的强烈冲刷		$t_{bi} = t_j + 20$
不绝热	在烟温不超过 600 ℃的对流烟道内	$t_{bi} = t_j + 30$
	在烟温为 600～900 ℃的对流烟道内	$t_{bi} = t_j + 50$
	在烟温为 900 ℃以上的对流烟道内或炉膛内	$t_{bi} = t_j + 90$

注：对于受热的锅筒筒体，t_j 系指水空间温度

表 2.11　水管锅炉集箱筒体和防焦箱计算壁温 t_{bi}　　　　　℃

内部介质	工作条件	计算公式
水或汽水混合物	在烟道外(不受热)	$t_{bi}=t_j$
	在烟道内,采取可靠绝热措施,防止受辐射和燃烧产物的直接作用	$t_{bi}=t_j+10$
	在烟温不超过 600 ℃的对流烟道内,不绝热	$t_{bi}=t_j+30$
	在烟温为 600~900 ℃的对流烟道内,不绝热	$t_{bi}=t_j+50$
	在炉膛内,不绝热	$t_{bi}=t_j+110$
饱和蒸汽	在烟道外(不受热)	$t_{bi}=t_b$
	在烟道内,采取可靠绝热措施,防止受辐射和燃烧产物的直接作用	$t_{bi}=t_b+25$
	在烟温不超过 600 ℃的对流烟道内,不绝热	$t_{bi}=t_b+40$
	在烟温为 600~900 ℃的对流烟道内,不绝热	$t_{bi}=t_b+60$
过热蒸汽	在烟道外(不受热)	$t_{bi}=t_j+X\Delta t$
	在烟道内,采取可靠绝热措施,防止受辐射和燃烧物的直接作用	$t_{bi}=t_j+25+X\Delta t$
	烟温不超过 600 ℃的对流烟道内,不绝热	$t_{bi}=t_j+40+X\Delta t$
	在烟温为 600~900 ℃的对流烟道内,不绝热	$t_{bi}=t_j+60+X\Delta t$

注:对于受热的汽水混合物集箱和防焦箱筒体,本表给出的计算公式系指不出现自由水面的情况

表 2.12　水管锅炉管子和管道的计算壁温 t_{bi}　　　　　℃

元件	条件	计算公式
沸腾管	锅炉额定压力不超过 13.7 MPa 及 q_{max} 不超过 407 kW/m²	$t_{bi}=t_b+60$
	其他情况	式(2.19)
省煤器	对流式省煤器	$t_{bi}=t_j+30$
	辐射式省煤器	$t_{bi}=t_j+60$
过热器	所有情况	式(2.19)
	如无热力计算资料,在结构及布置合理前提下,可按下述方式处理 对流式过热器 辐射式或半辐射式(屏式)过热器	$t_{bi}=t_j+50$ $t_{bi}=t_j+100$
管道	在烟道外(不受热)	$t_{bi}=t_j$

2.3.4 计算壁温对受压元件最小需要厚度与工作寿命的影响

根据我国锅炉强度标准给出的许用应力值,按不同的计算壁温偏差 Δt_{bi} 所算得的最小需要厚度差值 ΔS,见表 2.13。

表 2.13 最小需要壁厚的差值 ΔS %

$t_{bi}/\text{℃}$	300			400			500		
$\Delta t_{bi}/\text{℃}$	−20	−40	−50	−20	−40	−50	−20	−40	−50
Q235	−3.9	−9.7	−11.7	—	—	—	—	—	—
Q245R	−4.2	−8.3	−10.8	−5.4	−10.8	−14.0	−43	−86	−114

由表中可见,如果计算壁温取值不正确,会使计算出的受压元件最小需要厚度值产生较大偏差,温度越高影响越大。对于在蠕变条件下工作的元件,计算壁温的少许偏差会使工作寿命明显改变。例如,温度升高 10 ℃,几乎使工作寿命减少一半(详见 1.4 节)。

由以上分析可以看出,计算壁温对锅炉受压元件的强度影响很大。

实例:计算壁温与实测的偏差

1972 年,对一台瑞典中压电站锅炉锅筒壁温的测定结果及相应的计算壁温如下(参见图 2.4):

图示部位的外壁温度 $t_w = 251.5$ ℃,内部介质温度 $t_i \approx 236$ ℃,内壁温度 $t_n \approx 238$ ℃,则计算壁温为

$$t_{bi} = \frac{t_w + t_n}{2} = \frac{251.5\ \text{℃} + 238\ \text{℃}}{2} = 245\ \text{℃}$$

计算壁温与介质温度的差值:

$$\Delta t = t_{bi} - t_i = 245\ \text{℃} - 236\ \text{℃} = 9\ \text{℃}$$

而按我国锅炉强度标准 GB 9222—88 与 GB/T 16508—1996 直接查表所得的此差值为 90 ℃。显然偏差是太大了。这与锅筒下部一些稀疏的上升管遮挡有关,而计算壁温表并未加以反映。

目前,有关计算壁温的实测校核工作尚不多,在每次修订标准时,仅根据计算分析,对计

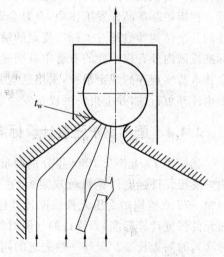

图 2.4 计算壁温实测部位

算壁温做一些调整。实际上,标准中计算壁温表只能给出可能最大热负荷下的值,考虑的条件也过于笼统,裕度必然较大。

关于计算壁温,尚需进行必要的实测校核工作。

2.4 国内外锅炉受压元件强度计算标准

锅炉受压元件强度计算是设计锅炉及对已有锅炉校核安全性能时必须进行的一项工作。

锅炉是一种受压容器,若因元件厚度不足引起破裂,可能造成重大伤亡事故及严重的经济损失;另一方面,不适当地增大厚度,会浪费大量贵重钢材。因此,必须在全国范围内对锅炉受压元件强度计算加以统一规定,不允许锅炉生产部门自行决定计算方法和任意选取安全系数。安全监督部门将根据全国统一规定的锅炉受压元件强度计算标准,核实新设计的及已运行的锅炉的强度。

锅炉受压元件强度计算标准与其他锅炉标准,如热力计算标准、水动力计算标准、空气动力计算标准等相比,带有更大的强制性,并具有一定法律约束力。

强度计算标准是为保证锅炉安全性及经济性而制定的,因此应慎重对待。同时,也应看到,标准(规程、法规等)是生产与科学研究经验的总结,而生产与科学研究经验在不断发展,因而,标准也必然要不断加以修订。标准在一定条件下对生产都起促进作用,但有时也会对生产起束缚作用,此时,就应及时修订标准。

应指出,强度计算标准所给出的设计方法必须同时满足锅炉其他标准、规范(安全、制造、运行等)的各项要求,因此锅炉强度标准不能任意搬用到其他领域里。如果参照应用,必须详细分析该元件的各种条件是否符合锅炉元件的要求。

在锅炉新产品开发工作中,有时会遇到现行强度标准所未包含的某种形状元件或者元件的某个结构参数超过了标准规定的情况。如果在国外锅炉强度标准、国内其他锅炉强度标准或国内外有权威性的专著中有明确的计算方法、计算依据可循,此时可根据我国锅炉安全技术监察规程的规定精神,采用这些并非我国现行标准的计算方法、计算依据。但必须详细论证其可行性,并上报特种设备安全监察部门审批。

2.4.1 国内锅炉强度计算标准

我国于 1961 年及 1962 年分别颁布了《火管锅炉受压元件强度计算暂行规定》与《水管锅炉受压元件强度计算暂行规定》。在修订上述暂行规定的基础上,于 1977 年发布了 JB 2194—77 水管锅炉受压元件强度计算标准,于 1984 年发布了 JB 3622—84《锅壳式锅炉受压元件强度计算标准》。修订的间隔时间分别为 15 年(水管锅炉标准)与 23 年(锅壳式锅炉标准),时间太长了。国外一些先进的同类标准一般是大约 5 年修订一次。我国于 1988 年发布了重新修订的 GB 9222—88 水管锅炉受压元件强度计算标准,1996 年发布了重新修订的 GB/T 16508—1996 锅壳锅炉受压元件强度计算标准。修订间隔时间分别为 11 年与 12 年,2008 年发布了重新修订的 GB/T 9222—2008 水管锅炉受压元件强度计算标准(2013 年发布了重新修订的 GB/T 16507.1~16507.8—2013 水管锅炉,2013 年发布了重新修订的 GB/T 16508.1~16508.8—2013 锅壳锅炉),时间仍然较长。修订的时间间隔过长肯定对生产不利,因为许多条文随着时间的推移,会显得不再合理,而标准又具有强制性质、不经特殊批准,一般不能改动。修订间隔时间过长的一个主要原因是,我国至今尚未建立专门的标准制定及修订机构。仅有标准归口单位与标准审批单位,而没有专职人员从事标准的经常性工作,如收集意见、咨询问题、积累资料、公布修订建议内容等,必然不可能及时修订。我国是一个工业大国,每年新造的锅炉与在用锅炉的数量甚大,上述问题应尽快得到解决。

我国除上述两个主要固定式锅炉强度计算标准外,还有以下移动式锅炉强度计算标准:适用于民用海船锅炉的强度标准(包含在我国《钢制海船锅炉建造规范》之内);适用于民用内河船舶锅炉的强度标准(包含在我国《长江水系钢船建造规范》之内);适用于海军舰艇锅炉的强度标准(包含在我国海军《舰船建造规范》之内)。可见,各类锅炉的强度问题均被各自有关标准制约着,以达到确保安全又不浪费钢材的目的。以上各强度标准的计算原理、所用公式、结构规定等基本上是一样的;也存在一定差异,主要是因各自传统与习惯造成的。仅舰用锅炉由于起停次数频繁,给出低周疲劳专门校核方法(参照美国锅炉压力容器规范制定的),其他各种锅炉一般不要求专门校核低周疲劳强度(在安全系数及一些结构规定中已有所考虑),但对调峰负荷机组锅炉或启停次数很大的锅炉应进行低周疲劳校核。

2.4.2　其他国家的锅炉强度计算标准

其他国家也均有各自的锅炉受压元件强度计算标准。

美国 1905 年发生的一次死伤近 200 人的锅炉爆炸事故促使美国对锅炉安全问题高度重视,于 1914 年正式出版了 ASME 锅炉规范。该规范是在编制锅炉制造与安装的州法基础上,由美国机械工程师协会(ASME)起草供各州使用的锅炉法令。至今已形成完整的锅炉、压力容器规范,其中包含动力锅炉与热水锅炉分篇,每隔 3～4 年修订一次。各种锅炉受压元件强度计算与结构规定完整地纳入上述规范内。上述 ASME 规范是目前国际上最具权威的规范。

前苏联于 1932 年开始制定锅炉受压元件强度计算标准,于 1950 年正式颁布了全国通用的《锅炉机组强度计算标准》,1953 年对此标准做了某些修订,于 1956 年在做了较大修改基础上重新颁布了一个标准,1958 年又做了某些补充与修改。可见,标准的修订是经常的。我国未制定自己的强度标准以前,各锅炉制造厂基本上应用的是上述各版本前苏联标准。前苏联于 1965 年颁布的新标准以及经互会标准对我国标准的修订起了重要参考作用。

英国使用的是 BS 2790《焊接结构锅壳锅炉的设计与制造》、BS 1113《水管蒸汽锅炉规范》等系列标准。英国是最早生产锅炉的国家,特别是在锅壳锅炉方面积累了相当丰富的生产与运行经验。我国最早出现的锅壳锅炉强度标准主要是参照当时版本的英国锅壳锅炉标准而制定的。国际标准组织(ISO)推出的 ISO 5730《焊接结构固定式锅壳锅炉标准》也主要是参照英国锅壳锅炉标准而制定的。

在制定与修订我国锅炉受压元件强度标准时,除汲取了以上三个国家相应标准的有益经验外,也参照了德国《TRD 蒸汽锅炉技术规程》与日本《锅炉构造规格》《陆用钢质锅炉构造》等标准。

2.4.3　各国锅炉强度计算标准间的差异

一个值得注意的问题是,在材料、结构、锅炉参数等基本相同的条件下,按各国标准算出的厚度有较大差别。按 20 世纪 60 年代一些国家标准算出的厚度如图 2.5 所示。由图可见,按美国、英国标准算出的厚度几乎比按瑞典、德国标准算出的大一倍。按 20 世纪 70 年代某些国家标准算出厚度见表 2.14。由表可见,按美国、日本标准算出的厚度仍比按德国标准算出的大很多。按我国 JB 2194—77 标准算出的厚度居中。前苏联标准是不断减小厚度,但 1965 年标准不再减小。

表 2.14　按各国标准对锅筒筒体的计算结果

国别	中国		前苏联		
标准	JB 2194—77 标准	DZ 173—62 暂行规定	1965 年强度标准	1958 年强度标准	1956 年强度标准
公式	$S=\dfrac{pD_n}{(200[\sigma]-p)\varphi}+c$	$S=\dfrac{pD_n}{230[\sigma]\varphi-p}+c$	$S=\dfrac{pD_n}{200[\sigma]\varphi-p}+c$	$S=\dfrac{pD_n}{230[\sigma]\varphi-p}+c$	$S=\dfrac{pD_n}{230[\sigma]\varphi-p}+c$
许用应力 (取小值)$[\sigma]$ /MPa	$\eta\dfrac{\sigma_b^t}{2.5}=220$　$\eta\dfrac{\sigma_s^t}{1.5}=246$	$\eta\dfrac{\sigma_b^t}{3.0}=184$　$\eta\dfrac{\sigma_s^t}{1.65}=224$	$\eta\dfrac{\sigma_b^t}{2.6}=212$　$\eta\dfrac{\sigma_s^t}{1.5}=246$	$\eta\dfrac{\sigma_b^t}{3.0}=184$　$\eta\dfrac{\sigma_s^t}{1.65}=224$	$\eta\dfrac{\sigma_t}{3.75}=160$　$\eta\dfrac{\sigma_s^t}{1.65}=224$
减弱系数 φ	0.78	0.8	0.8	0.8	0.8
附加厚度 c/mm	4	0	0	0	0
厚度 S/mm	80	77	78	77	89
国别	前苏联	美国	日本	德国	ISO
标准	1950 年强度标准	ASME 规范	火力发电技术基准	TRD—301 锅炉技术规程	R831 固定式国立制造规程
公式	$S=\dfrac{pD_n}{(230[\sigma]-p)\varphi}+c$	$S=\dfrac{pD_w}{200[\sigma]\varphi+1.2p}+c$	$S=\dfrac{pD_w}{200[\sigma]\varphi+1.2p}+c$	$S=\dfrac{pD_n}{(200[\sigma]-p)\varphi}+c$	$S=\dfrac{pD_n}{200[\sigma]\varphi-p}+c$
许用应力 (取小值)$[\sigma]$ /MPa	$\dfrac{\sigma_b^t}{4}=150$　$\dfrac{\sigma_s^t}{1.8}=207$	$\dfrac{\sigma_b^t}{4}=138$　$\dfrac{\sigma_s^t}{1.6}=231$	$\dfrac{\sigma_b}{4}=150$　$\dfrac{\sigma_s^t}{1.6}=231$	$\dfrac{\sigma_b}{2.4}=250$　$\dfrac{\sigma_s^t}{1.5}=246$	$\dfrac{\sigma_b}{2.7}=222$　$\dfrac{\sigma_s^t}{1.6}=231$
减弱系数 φ	0.74	0.825	0.825	0.84	0.825
附加厚度 c/mm	0	2.5	2.5	0.5	0.75
厚度 S/mm	102	122	110.5	61.5	71.5

注:锅炉内径 $D_n=1\,600$ mm;工作压力 $p=15.5$ MPa;材料为 18MnMoNb;计算壁温 $t_{bi}=t_b=344$ ℃;强度特性 $\sigma_b=600$ MPa,$\sigma_b^t<550$ MPa,$\sigma_s^t=370$ MPa;许用应力修正系数 $\eta=1.0$(焊接锅筒,置于烟道外)

厚度的大小并不意味着设计的先进与落后。厚度大则应力水平低,即使有缺陷,仍可在监督条件下继续运行,即可以"带病运行"。德国第一台高压锅炉在苛刻条件下运行 40 年仍完好的重要原因是壁较厚,其工作压力约为后来采用的许用应力的一半。美国、日本锅炉的

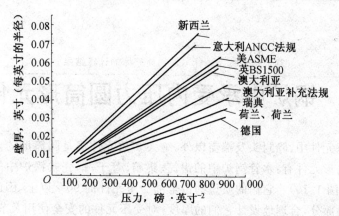

图 2.5　按不同国家标准算出壁厚的差异

厚度一直较大。至今很少有关其产生裂纹的报道；而 20 世纪 60，70 年代前苏联、西德的厚度较小，一些锅筒在运行中产生了裂纹。因此，有的厂家对于锅筒这样重要元件，实际取用厚度要比按标准计算所需厚度大得多。有些国家，历史上厚度一直偏大，如大幅度减薄，必须对钢材规格、检验标准、工艺要求等重新考虑。加之钢材较充足、工时价格偏高等原因，所以并不急于修订强度计算标准，使计算出的厚度减小。尽管如此，但总的趋势还是计算公式、安全系数在逐渐彼此接近。

　　锅炉强度计算标准的统一工作，国际上于 20 世纪 50 年代初就已进行。在 1964 年提出了固定式锅炉制造规范草案，1968 年国际标准组织（ISO）理事会接受了这个草案并成为 R831 推荐书。此推荐书以水管锅炉为主，也包含锅壳锅炉一些重要元件内容。1973 年，ISO/TC11/WG10（国际标准组织锅炉压力容器技术委员会第 10 工作小组）又专门组织编写焊接结构固定式锅壳锅炉标准，于 1981 年完成了该标准的建议草案（ISO/DP5730），1992 年正式颁布了 ISO 5730 标准。以上情况表明，国际锅炉强度标准的统一工作在不停地进行着。在我国锅炉强度标准的历次修订过程中对上述国际标准都曾给予足够重视，并力求与其保持一致，当然，也必须考虑本国的特点与自己标准的连续性，因此，靠拢国际标准需逐渐完成。

第3章　锅炉中承受内压力圆筒形元件的强度

在锅炉受压元件中,除封头及端盖以外,绝大多数元件都是圆筒形的,而锅炉中承受内压力作用的圆筒形元件有:水管锅炉中的锅筒、集箱、管子;锅壳式锅炉中的锅壳、大横水管等(参见图 1.6、图 1.10)。它们的质量约占全部受压元件的 90% 以上,因此,圆筒形筒体是受压元件的主要部分,合理地设计它们的厚度,对受压元件的安全使用及节约钢材将起重要作用。

上述元件在内压力作用下,主要产生拉应力,同时,也产生一定的弯曲应力,如图 3.1 所示。

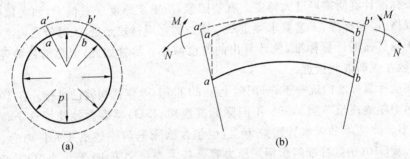

图 3.1　圆筒变形示意图

圆筒承受内压力作用后,直径变大,圆筒上 ab 段变形至 $a'b'$ 位置(图 3.1(a))。如将 ab 平移至与 $a'b'$ 相切位置(图 3.1(b)),会发现 ab 除被拉长外,还出现一定程度的弯曲。

上述元件的厚度相对直径一般要小得多,故在推导强度计算公式时,可近似地认为圆筒形元件承受内压之后,其应力沿厚度方向均匀分布。此时,将上述元件统称为"薄壁圆筒"。一般来说,圆筒外径与内径的比值 $D_w/D_n \leqslant 1.2$ 时,属于薄壁圆筒。

由进一步的理论分析可证明,对于薄壁圆筒,在一定的边界条件下,弯曲应力相对拉伸应力来说是很小的,可以忽略不计。这种仅考虑拉伸应力作用,忽略弯曲应力影响的薄壳理论称为壳体的薄膜理论。薄膜理论虽然只是在一定条件下才成立,但对于工程实际中所遇到的壳体结构,在很多情况下都是能适用的。由于按薄膜理论所得计算公式较为简单实用,在设计计算中通常都以薄膜内力及应力作为强度计算的基本依据,只是对于较复杂的壳体结构或受力条件,才进一步考虑其他内力的影响,进行较详细的应力分析。

在深入分析圆筒的强度,讨论强度计算公式的应用范围、最大允许水压试验压力、不绝热圆筒最大厚度的限制等问题时,必须了解应力沿厚度的分情形,特别是对高压锅炉来说,此问题显得尤为必要。因此,应对承受内压厚壁圆筒的应力分析有所熟悉。

3.1　厚壁圆筒的应力分析

3.1.1　厚壁圆筒的应力与变形特点

　　薄壁圆筒的特点是,承受内压之后,其应力沿壁厚方向均匀分布。当圆筒的器壁变厚之后,其应力沿着壁厚方向便不再是均匀分布的了。

　　为了说明这个问题,可以将厚壁圆筒看成是许多相互连在一起的薄壁圆筒组成的。对于一个独立的薄圆筒而言,承受内压之后,它的变形是自由的。但是,对于组成厚壁圆筒的各薄壁筒而言,它的变形既受里层材料的约束,又受到外层材料的限制,不再是自由的了。这样,每个薄圆筒的内外侧都受到由于变形的约束和限制而引起的均布压力的作用,如图 3.2 所示。而且由里往外,各层材料的变形所受到的约束和限制都不一样,因而每个薄圆筒所受的内外侧压力也不一样。于是,由此而产生的环向应力,在各层也不相同。也就是说,在厚壁圆筒中,环向应力沿壁厚方向(或径向)分布是不均匀的。这是厚壁圆筒应力和变形的第一个特点。

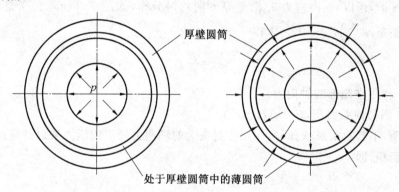

图 3.2　处于厚壁圆筒中的薄圆筒及其受力

　　厚壁圆筒应力和变形的第二个特点是,由于各层材料变形的相互约束和限制,在径向也产生了了应力,称作"径向应力",用 σ_r 表示。这也是薄壁圆筒中所没有的。根据上述同样道理,径向应力 σ_r 沿厚度方向分布也是不均匀的。

　　和薄壁圆筒相似的是,如果厚壁圆筒两端是封闭的,则在轴线方向也将产生轴向应力,用 σ_z 表示。除了端部与封头连接处的附近由于两部分变形必须协调而产生弯曲应力外(参见第 5 章),在离开两端稍远处,轴向应力 σ_z 沿壁厚方向,分布是均匀的。

　　综上所述,当承受内压或外压后,厚壁圆筒中将产生三个应力分量:

　　σ_θ——环向应力,沿壁厚方向非均匀分布;

　　σ_r——径向应力,沿壁厚方向非均匀分布;

　　σ_z——轴向(即经向)应力,沿壁厚方向均匀分布。

　　由于上述三个应力分量的存在以及 σ_θ,σ_r 分布的非均匀性,分析应力的方法和薄壁圆筒有着较大的差别。

　　在薄壁圆筒中,由于应力沿厚度均匀分布,因而根据平衡,即可求得各处应力的大小。

　　在厚壁圆筒中,由于应力沿厚度非均匀分布,而且分布规律又是未知的,因此,只依靠平衡无法确定各处应力的大小。而必须从平衡、几何、物理等三个方面加以分析,如此才能确定各处应力的大小。这就是厚壁圆筒应力分析的基本方法。

另外,值得注意的是:厚壁圆筒在结构上是轴对称的,如果所受内压和外压也是轴对称的,那么,由此而产生的应力和变形也必然是轴对称的。这样,其应力分量 σ_θ 和 σ_r 将只是各点到中心的距离 r 的函数,而与纵坐标 z 和角坐标 θ 无关,从而使问题大为简化。

3.1.2　厚壁圆筒的应力分析

厚壁圆筒在内压力作用下,壁上任意一点将产生三个方向的主应力:沿圆筒切线方向的"环向应力"("切向应力")用 σ_θ 表示,沿圆筒轴线方向的"纵向应力"("轴向应力")用 σ_z 表示,沿圆筒直径方向的"径向应力"用 σ_r 表示。

1. 纵向(轴向)应力

如果圆筒两端是开口的,其横截面上沿圆筒轴线方向不受力,即 $\sigma_z = 0$;反之,如果圆筒两端是封闭的,则轴向应力 σ_z 不为零。

在圆筒两端封闭的情况下,由变形观察与平面假定可知,圆筒上的横截面在受力变形以后仍然保持平面,所以,纵向应力 σ_z 沿壁厚方向均匀分布,如图 3.3 所示。于是,沿轴线 O 方向力的平衡条件 $\sum P_O = 0$,可求得

$$\sigma_z = \frac{P}{F}$$

式中　　p——作用在端部的轴向力;

　　　　F——圆筒横截面积,$F = \pi(r_w^2 - r_n^2)$。

可以证明,不管封头形状如何,作用在封头上的轴向力等于内压力乘以圆筒横截面上介质所占据的面积,即

$$P = p\pi r_n^2$$

于是

$$\sigma_z = \frac{P}{F} = \frac{p\pi r_n^2}{\pi(r_w^2 - r_n^2)} = \frac{pr_n^2}{r_w^2 - r_n^2} = \frac{p}{\beta^2 - 1} \tag{3.1}$$

式中　　$\beta = r_w / r_n$。

2. 环向应力与径向应力

由于轴对称性,环向应力 σ_θ 和径向应力 σ_r 只是径向坐标 r 的函数。在分析环向应力 σ_θ 及径向应力 σ_r 时,由于应力沿厚度不均匀分布,进行应力分析时,必须取微元体作为分析对象,分析其受力和变形及它们之间的相互关系。为此,在圆筒体的半径 r 处,以两相邻 dr 的环截面及两相邻 $d\theta$ 的径向截面截出一微元体 $abcd$。为了方便起见,取微元体沿纵向厚度为单位长度"1",如图 3.4 所示。

由于圆筒体的形状及受力情况对轴线都是轴对称的,因此圆筒体的应力及变形也必然轴对称于圆筒体的轴线,即各径向界面的应力及变形都是相同的,它们都是半径 r 的函数,与中心角 θ 无关。

根据应力及变形时的轴对称性,可以看出在微元体的 ab 及 cd 截面上不存在切应力,仅作用着环向应力 σ_θ,且两截面的 σ_θ 相等。在 ab 及 cd 截面上,根据切应力成对原理,它们的

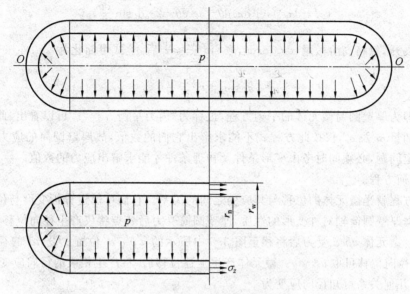

图 3.3　厚壁圆筒壁上的纵向应力

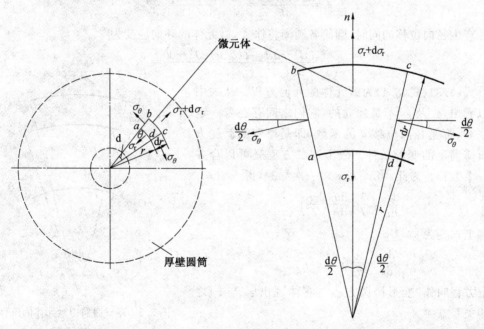

图 3.4　厚壁圆筒中微元体及其受力

切应力也应等于零,仅作用着径向应力 σ_r,但两截面上径向应力的大小并不相同。若设 r 截面(ab 截面)上的径向应力为 σ_r,则 $r+dr$ 截面(bc 截面)上的经向应力可取为 $\sigma_r+d\sigma_r$。

下面我们研究上述微元体所必须满足的平衡、几何和物理方程,从而确定 σ_θ 和 σ_r 与 r 之间的关系。

(1)平衡方程。

由于已考虑了微元体受力的轴对称性,它沿环向的力的平衡条件自然满足。沿法线 n 方向力的平衡条件 $\sum P_n = 0$ 为

$$(\sigma_r + d\sigma_r)(r + dr)d\theta - \sigma_r r d\theta - 2\sigma_\theta dr \sin\frac{d\theta}{2} = 0$$

将其展开,忽略高阶微量$(d\sigma_r)dr d\theta$,取 $\sin\dfrac{d\theta}{2} \approx \dfrac{d\theta}{2}$后,上式可简化为

$$\sigma_r - \sigma_\theta + r\frac{d\sigma_r}{dr} = 0 \tag{3.2}$$

此式即为厚壁圆筒微元体的平衡方程,也称为"内力平衡方程"。可以看出,此方程中含有两个未知量 σ_r 及 σ_θ,仅按此方程式不能求解出它们的数值,故厚壁圆筒的应力分析问题为一超静定问题,必须同时考虑变形条件及物理条件才能求解出应力的数值。

(2)几何方程。

几何方程就是微元体的位移与其应变之间的关系。它们可通过分析变形与位移的关系求得。根据厚壁圆筒轴对称变形的性质,厚壁圆筒受力后各点将仅产生径向位移,而不产生环向位移。微元体 $abcd$ 受力后将移至图 3.5 中所示的 $a'b'c'd'$ 位置。设 ad 的径向位移为 u,则 cb 的径向位移可取 $u + du$。微元体产生上述位移后,将产生相应的径向应变 ε_r 及环向应变 ε_θ,由几何关系可知径向应变为

$$\varepsilon_r = \frac{a'b' - ab}{ab} = \frac{(u + du) - u}{dr} = \frac{du}{dr} \tag{3.3}$$

产生径向位移的同时,圆筒各圆周将胀大,微元体的环向应变为

$$\varepsilon_\theta = \frac{a'd' - ad}{ad} = \frac{(r + u)d\theta - r d\theta}{r d\theta} = \frac{u}{r} \tag{3.4}$$

式(3.3)、式(3.4)为微元体的几何方程。从式中可以看出,ε_r 及 ε_θ 不是独立的,它们之间存在着一定的联系,都是径向位移 u 的函数,即是厚壁圆筒受力后所需满足的变形条件。故上述二方程又可以合并成一个方程。为此,将 ε_θ 对 r 求一次导数,得

$$\frac{d\varepsilon_\theta}{dr} = \frac{1}{r}\left(\frac{du}{dr} - \frac{u}{r}\right)$$

或将上式变为

$$\frac{d\varepsilon_\theta}{dr} = \frac{1}{r}(\varepsilon_r - \varepsilon_\theta) \tag{3.5}$$

这个方程叫作"变形协调方程",它体现出 ε_θ 与 ε_r 之间的关系。

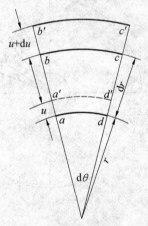

图 3.5　厚壁圆筒中微元体的位移

(3)物理方程。

物理方程即应力与应变之间的关系。根据广义胡克定律作为物理条件,在弹性范围内,微元体的应力与应变必须满足下列关系:

$$\left.\begin{aligned}\varepsilon_\theta &= \frac{1}{E}[\sigma_\theta - \mu(\sigma_z + \sigma_r)] \\ \varepsilon_r &= \frac{1}{E}[\sigma_r - \mu(\sigma_\theta + \sigma_z)]\end{aligned}\right\} \tag{3.6}$$

式中,E、μ 分别为厚壁圆筒材料的弹性模量及泊松比。上述公式称为"物理方程"。

由以上平衡、几何及物理三个条件共列出四个方程式。其中有四个未知量 $\sigma_\theta, \sigma_r, \varepsilon_\theta, \varepsilon_r$,

因而可求解。

（4）平衡、几何及物理方程的综合——求解应力的微分方程。

根据物理方程，可得

$$\frac{d\varepsilon_\theta}{dr}=\frac{1}{E}\left(\frac{d\sigma_\theta}{dr}-\mu\,\frac{d\sigma_r}{dr}\right)$$

$$\frac{1}{r}(\varepsilon_r-\varepsilon_\theta)=\frac{1+\mu}{r}\frac{1}{E}(\sigma_r-\sigma_\theta)$$

将它们分别代入变形协调方程式（3.5）等号的两侧，得

$$\frac{1}{E}\left(\frac{d\sigma_\theta}{dr}-\mu\,\frac{d\sigma_r}{dr}\right)=\frac{1+\mu}{r}\frac{1}{E}(\sigma_r-\sigma_\theta)$$

消去 E 后，上式变为

$$\frac{d\sigma_\theta}{dr}-\mu\,\frac{d\sigma_r}{dr}=\frac{1+\mu}{r}(\sigma_r-\sigma_\theta) \tag{3.7}$$

这就是求解应力的补充方程。再将其与平衡方程综合，消去与 σ_θ 有关的项，便得到求解应力的微分方程：

$$\frac{d^2\sigma_r}{dr^2}+\frac{3}{r}\frac{d\sigma_r}{dr}=0 \tag{3.8}$$

解此方程即可得到 σ_r 与 r 的关系，然后再根据平衡方程即可求得 σ_θ 与 r 的关系。

（5）微分方程的解和积分常数的确定。

上述微分方程式（3.8）可简化为能直接积分的形式，即

$$\frac{d\sigma'_r}{dr}=-\frac{3}{r}\sigma'_r$$

亦即

$$\frac{d\sigma'_r}{\sigma'_r}=-3\frac{dr}{r}$$

等式两边同时积分，得

$$\ln\sigma'_r=-3\ln r+C'=-3\ln r+\ln C$$

由此得

$$\frac{d\sigma_r}{dr}=\sigma'_r=Cr^{-3} \tag{3.9}$$

再积分一次，得

$$\sigma_r=-\frac{C}{2r^2}+C_1$$

令

$$C_2=-\frac{C}{2}$$

得

$$\sigma_r=C_1+C_2\frac{1}{r^2} \tag{3.10}$$

将式（3.9）、式（3.10）以及 $C=-2C_2$ 代入式（3.2），得

$$\sigma_\theta=C_1-C_2\frac{1}{r^2} \tag{3.11}$$

式中的积分常数 C_1 及 C_2 可由边界条件确定：

内壁　　　　　　　$r=r_n$　，　$\sigma_r=-p$

外壁　　　　　　　　　　　　　　　$r = r_w$, $\sigma_r = 0$

将这两个边界条件代入式(3.10)，即可求得

$$C_1 = \frac{p r_n^2}{r_w^2 - r_n^2}$$

$$C_2 = -\frac{p r_w^2 r_n^2}{r_w^2 - r_n^2}$$

将 C_1 及 C_2 分别代入式(3.10)及式(3.11)，就得出应力 σ_θ 及 σ_r 与 r 的关系式：

$$\sigma_\theta = \frac{p r_n^2}{r_w^2 - r_n^2}\left(1 + \frac{r_w^2}{r^2}\right) = \frac{p}{\beta^2 - 1}\left(1 + \frac{r_w^2}{r^2}\right) \tag{3.12}$$

$$\sigma_r = \frac{p r_n^2}{r_w^2 - r_n^2}\left(1 - \frac{r_w^2}{r^2}\right) = \frac{p}{\beta^2 - 1}\left(1 - \frac{r_w^2}{r^2}\right) \tag{3.13}$$

由式(3.12)及式(3.13)可见：

内壁($r = r_n$)处

$$\left.\begin{aligned}\sigma_{\theta n} &= p\frac{\beta^2 + 1}{\beta^2 - 1}\\ \sigma_{rn} &= -p\end{aligned}\right\} \tag{3.14}$$

外壁($r = r_w$)处

$$\left.\begin{aligned}\sigma_{\theta w} &= p\frac{2}{\beta^2 - 1}\\ \sigma_{rw} &= 0\end{aligned}\right\} \tag{3.15}$$

由于 β 值大于1，故最大环向应力发生在内壁处。

根据式(3.1)、式(3.12)及式(3.13)可确定厚壁圆筒在承受内压时，所得三向应力沿厚度的分布曲线如图 3.6 所示(右图仅代表数值，左图仅代表各应力方向)。

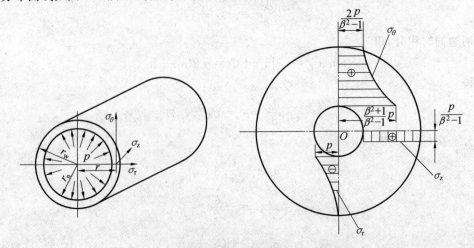

图 3.6　只承受内压时厚壁圆筒中各应力分量沿厚度分布图

3.2　未减弱的圆筒形元件的强度计算

在锅炉中,圆筒形元件是最常用的元件。除管子(管道)外,锅筒及集箱等这些元件上一般都有若干个开孔,通过接管与其他元件相连接。这些开孔对元件的强度具有一定的减弱作用,在强度计算中必须加以考虑。由于它们的强度计算方法都是以无开孔元件作为基础的,故本节先讨论无开孔元件的强度计算方法,且为以后讨论开孔减弱元件的强度计算方法提供必要的分析基础。

3.2.1　强度计算公式

锅炉受压元件在工作时所受的载荷是很复杂的。除内压外,还有自重、外载荷、温度应力等。对于锅炉受压元件来说内压是决定元件强度的主要因素。因此,在锅炉受压元件的强度计算中,都是以内压所产生的应力作为计算基础,其他载荷的影响或作为附加应力进行校核(例如自重、外载荷等),通过对结构尺寸的限制加以考虑(例如温度应力等)。

锅炉圆筒形元件由于厚度相对直径小得多。因此,在分析筒体强度时,可将筒体近似地看成直径为 D_p 的薄壁圆筒。当筒体受内压时,各点的应力状态如图 3.7 所示。纵向应力 σ_z 及环向应力 σ_θ 沿着厚度方向可认为是均匀分布的。它们可直接根据平衡条件求得。

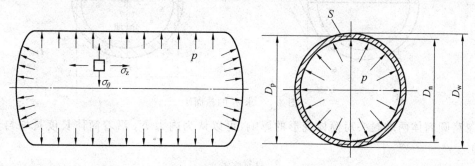

图 3.7　薄壁圆筒的应力状态

求纵向应力 σ_z 时,将圆筒横截开,如图 3.8 所示。不管封头形状如何,根据轴线方向内外力的平衡条件 $\sum z = 0$,得

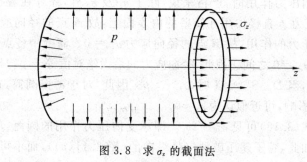

图 3.8　求 σ_z 的截面法

$$p\,\frac{\pi D_p^2}{4} = \sigma_z \pi D_p S$$

于是得纵向应力

$$\sigma_z = \frac{pD_p}{4S} \tag{3.16}$$

求环向应力 σ_θ 时,可设想以一通过且平行于轴线的纵向截面将筒体截开,如图 3.9 所示。根据 y 方向内外力的平衡条件 $\sum Y = 0$,得

$$2N_\theta = pD_p l \tag{3.17}$$

式中　N_θ——纵向截面上总的环向力;

　　　　l——圆筒的轴向长度。

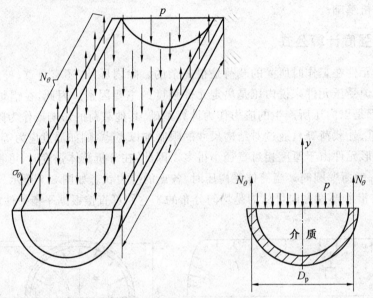

图 3.9　求 σ_θ 的截面法

忽略圆筒体两端封头对筒体变形的影响,可以认为内力 N_θ 沿着筒体长度是均匀分布的,即

$$N_\theta = Sl\sigma_\theta$$

将此式代入式(3.17),于是得环向应力

$$\sigma_\theta = \frac{pD_p}{2S} \tag{3.18}$$

当圆筒体承受内压力作用时,严格来说,除了 σ_z 及 σ_θ 外,还存在着径向应力 σ_r。如图 3.10 所示,由于内压力 p 直接作用在筒壁的内表面上,故 A 点的径向应力 $\sigma_{rn} = \sigma_{rA} = -p$。外表面上没有介质压力的作用,故 B 点的径向应力 $\sigma_{rw} = 0$。筒壁中各点(AB 间)的径向应力介于 $\sigma_{rn} = -p$ 及 $\sigma_{rw} = 0$ 之间。因此,径向应力的最大绝对值等于 p。与环向应力 σ_θ 相比较,由式(3.18)可知,当 $D_p/S \gg 1$ 时,$\sigma_\theta \gg p$。因此,对于薄壁圆筒,在强度计算中可以忽略径向应力 σ_r 的影响,可近似认为 $\sigma_r \approx 0$。

由式(3.16)及式(3.18)可见,$\sigma_\theta = 2\sigma_z$。即承受内压力作用的圆筒,环向应力为纵向应力的二倍。正因为如此,管子超压破裂口是纵向的(图 3.11(a)),而不可能产生环向裂口;纵向焊缝的工作条件要比环向焊缝差得多(图 3.11(b));环向孔排可以比纵向孔排密得多(图 3.11(c))。

锅炉受压元件都由塑性较好的钢材制造。大量实验及实践经验证明,它们承受过大内

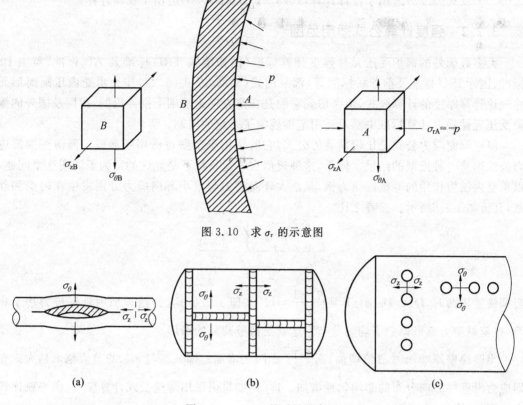

图 3.10　求 σ_r 的示意图

图 3.11　$\sigma_\theta > \sigma_z$ 的后果示意图

压力作用时,一般都由于产生很大塑性变形,直至切断而失效。若仔细观察断口截面,可以发现裂口并不沿着厚度方向,而是与厚度大致成 45°角。由此可见,管子并不是由最大拉应力(环向应力)导致破坏,而是主要由作用在 45°截面内的最大切应力导致破坏。因此,对于圆筒薄壁元件,可认为径向应力 $\sigma_r = 0$。故最大主应力 $\sigma_1 = \sigma_\theta$,中间主应力 $\sigma_2 = \sigma_z$,最小主应力 $\sigma_3 = \sigma_r$。按目前几乎所有国家都采用的最大切应力强度理论作为计算准则,可得薄壁圆筒的强度条件为

$$\sigma_d = \sigma_1 - \sigma_3 = \sigma_\theta = \frac{pD_p}{2S} \leqslant [\sigma] \qquad (3.19)$$

对于名义尺寸为内径 D_n 的元件(如锅筒及锅壳),将 $D_p = D_n + S$ 代入式(3.19),则得以内径为准的计算公式:

$$S \geqslant \frac{pD_n}{2[\sigma] - p} \qquad (3.20)$$

$$p \leqslant \frac{2[\sigma]S}{D_n + S} \qquad (3.21)$$

对于名义尺寸为外径 D_w 的元件(如集箱、管子及管道),将 $D_p = D_w - S$ 代入式(3.19),则得以外径为准的计算公式:

$$S \geqslant \frac{pD_w}{2[\sigma] + p} \qquad (3.22)$$

$$p \leqslant \frac{2[\sigma]S}{D_w - S} \qquad (3.23)$$

式(3.20)及式(3.22)适用于设计计算,式(3.21)及式(3.23)适用于校核计算。

3.2.2　强度计算公式适用范围

大多数国外的锅炉受压元件强度计算标准(例如德国 TRD 标准及 AD 标准、英国 BS 标准、国际 ISO 标准及前苏联标准等)都采用式(3.20)及式(3.22)作为承受内压圆筒形元件理论计算厚度的计算公式,但考虑到它们是在薄壳理论基础上推导出的,我国及国外的锅炉受压元件强度计算标准中都对适用范围规定了一定的限制。

厚壁圆筒应力公式是比较精确的公式,它既适用于厚壁也适用于薄壁。而薄壁圆筒应力公式则是一种近似的结果。但是,这种近似在一定条件下是允许的。为了说明这个问题,以承受内压力作用的厚壁圆筒为例,其最大环向应力与最小环向应力分别发生在内壁和外壁,其值如图3.6所示。二者之比

$$\frac{\sigma_{\theta max}}{\sigma_{\theta min}}=\frac{p\dfrac{\beta^2+1}{\beta^2-1}}{p\dfrac{2}{\beta^2-1}}=\frac{\beta^2+1}{2}$$

当圆筒壁较薄时,$D_w \approx D_n$,$\beta \approx 1$,则 $\dfrac{\beta^2+1}{2} \approx 1$。亦即 $\sigma_{\theta max} \approx \sigma_{\theta min}$。这说明内外壁应力趋于相等,也就是应力沿壁厚趋于均匀分布。这就是薄壁圆筒的情形。

当圆筒壁厚增加时,β 值增加,则 $\dfrac{\beta^2+1}{2}$ 亦随之增加。即 $\sigma_{\theta max}$ 与 $\sigma_{\theta min}$ 的差值越来越大。亦即应力沿壁厚方向分布的非均匀性增加。这时,如果仍采用薄壁公式计算应力,误差就比较大。例如,当 $\beta = 1.1$ 时

$$\frac{\sigma_{\theta max}}{\sigma_{\theta min}}=\frac{\beta^2+1}{2}=1.1$$

当 $\beta = 1.3$ 时

$$\frac{\sigma_{\theta max}}{\sigma_{\theta min}}=\frac{\beta^2+1}{2}=1.35$$

由此可见,当 $\beta = 1.1$ 时,内外壁应力只相差 10%;而当 $\beta = 1.3$ 时,内外壁应力则相差 35%。这说明:当 $\beta = 1.1$ 时,采用薄壁应力公式进行计算,其结果与精确值相差不会很大。而当 $\beta = 1.3$ 时,内外壁应力相差很大,这时如还采用薄壁应力公式,应力值与实际相差就比较大了。所以,工程上一般规定将 $\beta = 1.1 \sim 1.2$ 作为厚壁与薄壁圆筒的界限。

当圆筒形元件厚度较大时内壁将处于屈服状态,若长期在浸蚀性介质作用下,材料抗腐蚀能力将有所下降,对元件长期安全运行是不利的。因此,在各国锅炉受压元件强度计算标准中,都对采用的厚度计算公式的适用范围进行一定的厚度($\beta_L = 1 + \dfrac{2S_L}{D_n}$ 值)限制。

由式(3.19)可知,承受内压的圆筒形元件按薄膜理论的最大切应力强度理论的当量应力为

$$\sigma_d = \frac{pD_p}{2s} = \frac{p(D_w + D_n)}{2(D_w - D_n)} = \frac{\beta+1}{\beta-1}\frac{p}{2}$$

厚壁圆筒内壁处的当量应力为

$$\sigma_{dn} = \frac{p(\beta^2+1)}{\beta^2-1} - (-p) = \frac{2\beta^2}{\beta^2-1}p$$

因此,厚壁圆筒与薄壁圆筒当量应力的比值为

$$\frac{\sigma_{dn}}{\sigma_d}=\frac{4\beta^2}{(\beta+1)^2}$$

σ_{dn}/σ_d 值随 β 值的变化见表 3.1。从表中可以看出,随着 β 值的增大,此值也不断增大。当 $\beta=1.58$ 时,$\sigma_{dn}/\sigma_d=1.5$。若元件的屈服强度安全系数 n_s 取值为 1.5,则当 $\sigma_d=[\sigma]$ 时,内壁当量应力将到达材料的屈服强度 σ_s,即内壁将开始屈服。故很多国家的锅炉受压元件强度计算标准中都规定由薄膜理论推导出的壁厚计算公式只能用于 $\beta\leqslant1.5$ 的圆筒形受压元件。

表 3.1　厚壁圆筒当量应力与薄壁圆筒当量应力的比值

β	1.1	1.2	1.3	1.4	1.5	1.6	1.7	1.8	1.9	2.0
σ_{dn}/σ_d	1.098	1.19	1.278	1.361	1.44	1.515	1.586	1.653	1.717	1.778

我国水管锅炉受压元件强度计算标准中对不同的元件规定了不同的 β 值限制,见表 3.2。β_L 值主要是考虑了不同元件的重要性及工作环境的影响。

表 3.2　对不同元件 β_L 值的限制

元件		β_L
锅 筒 筒 体		$\leqslant1.4$
集 箱 筒 体	对于水、汽水混合物或饱和蒸汽	$\leqslant1.5$
	对于过热蒸汽	$\leqslant2.0$
管子及管道		$\leqslant2.0$

锅筒是锅炉中最重要的受压元件。为保证锅筒内壁不产生大面积屈服,且有足够的裕度,故规定的 β_L 值限制最严。$\beta_L\leqslant1.4$,对于安全系数 $n_s=1.5$ 而言,距锅筒内壁发生大面积屈服现象还保持 1.3 倍的安全裕度。锅筒的厚度是根据最弱孔桥的强度要求确定的,因此对于大面积未开孔区域来讲,实际安全裕度将比 1.3 更大些。考虑到其他因素的影响(如外载荷、安全阀压力升高值、液柱静压力、热应力等),设置这样的安全裕度是必要的。

对于集箱,根据不同的内部介质规定了不同的 β 值限制。不同的介质对材料在塑性变形时的腐蚀能力不同。当介质为水、汽水混合物及饱和蒸汽时,筒体内壁的塑性变形将使材料的抗腐蚀能力下降。为防止内壁发生大面积屈服现象,规定 $\beta_L\leqslant1.5$。这样,即使考虑其他因素的影响,对于大面积未开孔区域来说,筒体内壁一般不会出现塑性变形。当介质为过热蒸汽时,由于介质对材料的腐蚀作用不大,内壁出现小量的塑性变形,对筒体整体强度的影响并不大,故 β_L 值的限判可根据生产实际情况允许较大的 β_L 值。

对于管子或管道,当 $\beta_L=2.0$ 时,$\sigma_{dn}/\sigma_d=1.778$。一般情况下厚壁管只应用于压力及温度较高的情况。此时许用应力 $[\sigma]$ 已不再决定于屈服限 σ_s,而决定于蠕变持久强度极限。故虽然内壁当量应力超过许用应力 1.5 倍以上,但是一般来说并不会超过材料屈服强度。

当 β_L 值超出此适用范围(见表 3.2)时,要求选用强度更高的材料(例如合金钢等)以增大许用应力 $[\sigma]$ 而降低 β_L 值。

应该指出,上面的分析是在假定按薄膜理论的当量应力 σ_d 等于许用应力 $[\sigma]$ 情况下进行的。一般情况下,受压元件的取用厚度都大于最小需要厚度。此时 σ_d 将小于 $[\sigma]$,计算时

仍要求 β_L 值满足强度计算标准中的规定是不合理的。例如在设计计算时,集箱的最小需要厚度为 42 mm,计算所得的 $\beta_L=1.44$,符合 $\beta_L\leqslant1.5$ 的规定。若取用厚度为 50 mm,此时的 $\beta_L=1.58$,不满足 $\beta_L\leqslant1.5$ 的规定。此不合理现象是由于在计算 β_L 值时所取的厚度值而造成的。β_L 值的限制是防止内壁出现塑性变形,因此在校核是否满足 β_L 值限制时,应取理论计算厚度作为 β_L 值的依据。故我国水管锅炉受压元件强度计算标准采用 $\beta_L\leqslant1.4$ 作为限制条件。β_L 按下式计算

$$\beta_L=1+2\,\frac{S_L}{D_n}$$

式中　S_L——理论计算壁厚,mm。

GB/T 16508 锅壳锅炉标准未提出对 β_L 值的限制规定,因为锅壳锅炉的压力较低,$\beta_L\leqslant1.2$ 的要求均能得到满足。

3.3　圆筒形元件上孔桥及焊缝的减弱

在锅炉受压元件上,为了与其他元件相连接,需要设置各种形式的开孔。这些开孔的位置、大小及形状等都是根据设计需要确定的。开孔的存在将削弱元件的强度,在对受压元件计算时,必须考虑它们对元件强度的影响。

3.3.1　孔桥与单孔的区分

我国水管及锅壳锅炉受压元件强度计算标准中根据薄壳圆筒筒单边界效应理论(参见第 7 章)对"单孔"的定义为两相邻两孔中心的间距不小于按下式计算所得的孔间互不影响的间距:

$$t_0=\frac{d_1+d_2}{2}+2\sqrt{(D_n+S)} \tag{3.24}$$

式中　D_n——圆筒内直径,mm;

　　　S——圆筒厚度,mm;

　　　d_1,d_2——孔直径,mm。

圆筒承受内压力作用时,孔边缘附近产生应力集中,如果孔间距很大,孔桥的中部就受不到任何影响,其应力与未开孔筒体的 σ_0 一样(图 3.12(a));只有当孔间距小到一定程度后,由于应力集中区域重叠,使整个孔桥的应力高于 σ_0 时(图 3.12(b)),才应按孔桥减弱来考虑筒体强度问题。

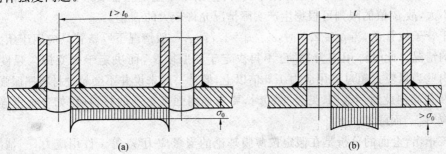

图 3.12　孔桥应力分布

筒体上孔边缘的应力集中范围,可粗略地根据筒体端部边界效应的衰减规律来确定(图 3.13 及参见第 7 章),即把孔边缘与筒体端部的应力变化规律等同看待。孔径越大,孔边缘曲率越小,这样处理越接近于实际。式(3.24)就是根据上述原则确定出来的。

当开孔与所有相邻孔间的间距都不小于孔间互不影响间距 t_0 时,此孔即可认为是"单孔"。当开孔与相邻孔间的间距小于孔间互不影响间距 t_0 时,必须考虑两孔间的相互作用时筒体强度的影响。这种开孔情况称之为"孔排",而两孔间的筒体称为"孔桥"。

从应力分布角度来看,单孔与孔桥在孔边缘区域都将出现应力集中,它们的区别在于单孔时随着离开孔的

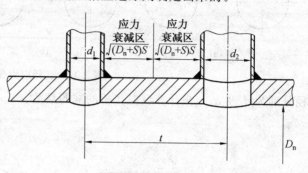

图 3.13　孔桥应力衰减区

距离增大,应力逐渐衰减至无孔时的应力状态,孔桥上的平均应力将大于无孔时的应力水平。因此,当筒体上存在孔桥时,必须校核孔桥的强度,将应力水平控制在允许范围内。

3.3.2　孔桥减弱系数

在各国的强度计算标准中孔排对孔桥的减弱程度一般以孔桥减弱系数 φ 来表示。在对孔桥进行强度计算时,取孔桥减弱系数 φ 与元件许用应力 $[\sigma]$ 的乘积 $\varphi[\sigma]$ 作为孔桥的许用应力。因此,圆筒形元件的理论计算厚度公式(式(3.20)及式(3.22))可写成以下的形式

$$S_L = \frac{pD_n}{2\varphi_{min}[\sigma] - p} \tag{3.25}$$

或

$$S_L = \frac{pD_w}{2\varphi_{min}[\sigma] + p} \tag{3.26}$$

式中　p——筒体所承受的内压;

D_n, D_w——分别为筒体的内径及外径;

$[\sigma]$——筒体的许用应力;

φ_{min}——最小孔桥减弱系数与焊缝减弱系数中的较小值。

我国锅炉受压元件强度计算标准中规定的孔桥减弱系数计算方法是建立在极限状态设计计算基础上的。当筒体承受的内压较小时,在相邻两孔的孔桥上,沿筒体厚度平均应力的当量应力分布很不均匀,孔边缘处的应力最大(应力集中),如图 3.14(a)所示。孔边的应力较大,孔桥中间的应力较小,随着内压的增大,孔边首先进入屈服状态其应力不再增加。若筒体材料具有较好的塑性性能,屈服区域将逐渐向孔桥中部发展,当量应力分布情况,如图 3.14(b)所示。极限状态为整个孔桥都处于屈服状态,如图 3.14(c)所示,即孔桥上各点的平均应力的当量应力都等于材料的屈服限 σ_s,孔桥丧失了继续承载能力。由于孔桥强度计算建立在极限状态设计基础上,筒体材料必须具有较好的塑性性能,故对于锅炉受压元件规定材料常温下的延伸率应不低于 18%。

对于顺列孔排如图 3.15 所示,如纵向孔桥(轴向孔桥间距为 t,圆筒厚度为 S,两孔的孔

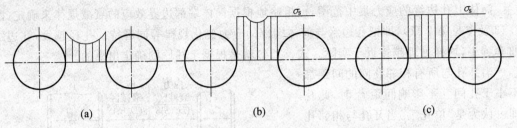

图 3.14 孔桥应力分布

径分别为 d_1 及 d_2），来计算纵向孔桥的减弱系数。

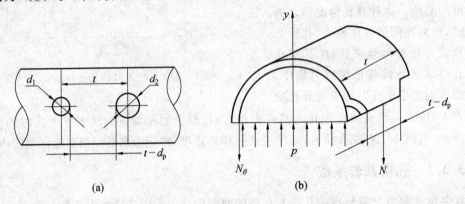

图 3.15 纵向孔桥

今以两通过两孔中心的横截面所截出的一段筒体作为分析对象。可以看出,纵向孔桥主要使此段筒体的纵向截面面积减小,导致纵截面内环向应力的增大。今以通过筒体轴线的纵截面将此段筒体截开。截开后部分筒体的受力情况如图 3.15(b)所示。按薄膜理论,考虑 y 方向力的平衡条件得

$$N_\theta = 0.5 p D_p t$$

式中　　D_p——筒体的平均直径。

根据极限状态分析,孔桥内的应力可以认为是均匀分布的,但由于开孔,孔桥的截面积为

$$A_q = [t - 0.5(d_1 + d_2)]S = (t - d_p)S$$

式中　　d_p——$d_p = 0.5(d_1 + d_2)$ 两孔的平均直径。

由此可得孔桥的环向应力为

$$\sigma_\theta = \frac{N_\theta}{A_q} = \frac{p D_p}{2S} \frac{t}{t - D_p}$$

根据最大切应力强度理论,筒体的强度条件为

$$\sigma_d = \sigma_1 - \sigma_3 \leqslant [\sigma]$$

对于薄壁圆筒,$\sigma_3 = 0$,而纵向应力 σ_z 小于环向应力 σ_θ,故 $\sigma_1 = \sigma_\theta$,代入后得

$$\frac{p D_p}{2S} \leqslant \frac{t - d_p}{t}[\sigma] = \varphi[\sigma]$$

式中

$$\varphi = \frac{t - d_p}{t} \tag{3.27}$$

称为纵向孔桥减弱系数。由式(3.27)的推导过程可看出,孔桥减弱系数实际上等于在间距

t 长度上被开孔减弱后所剩余的截面积 A_k 与无孔时截面积 A_0 的比值,即

$$\varphi = \frac{A_0 - A_k}{A_0} \tag{3.28}$$

根据式(3.28)可求出其他方向孔桥的孔桥减弱系数。例如对于环向孔桥(图 3.16 (a)),$A_0 = tS$,$A_k = d_p S_1$ 由此可得环向孔桥的减弱系数为

$$\varphi' = \frac{t' - d_p}{t'} \tag{3.29}$$

式中　t'——两孔间的环向间距,它等于筒体平均直径圆周上两孔中心线间的圆弧长度。

同理可得任意斜向孔桥(图 3.16b)的孔桥减弱系数为

$$\varphi'' = \frac{t'' - d_p}{t''} \tag{3.30}$$

式中　t''——两孔间的斜向间距。

如两孔间的纵向距离为 t,在通体平均直径圆周上的环向圆弧距离为 t',则

$$t'' = \sqrt{t^2 + t'^2} \tag{3.31}$$

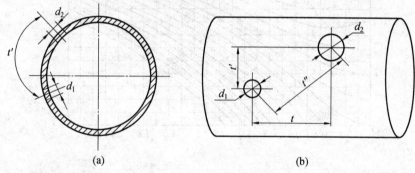

图 3.16　环向孔桥及斜向孔桥

显然,当 $t'=0$ 时,$t''=t$,$\varphi''=\varphi$,相当于环向孔桥的情况,故斜向孔桥实际上概括了纵向孔桥及环向孔桥的情况。但是应该注意,由式(3.27)可知,纵向孔桥减弱系数 φ 表征了纵向孔排对筒体强度的实际减弱程度,而其他斜向孔桥减弱系数 φ''(包括环向孔桥减弱系数 φ')并不能确切地表征斜向孔排对筒体强度的实际减弱程度。它是由于当无孔筒体承受内压作用时,纵向截面上的环向应力 σ_θ 最大,无孔筒体的理论计算厚度是按环向应力 σ_θ 确定的,故纵向孔排所导致的环向应力增大的程度即等于筒体强度减弱的程度。对于其他斜向孔排的情况,虽然斜截面上的应力比原来增大了 $1/\varphi''$,但无孔筒体时的应力 σ_a 小于环向应力 σ_θ,故必须综合考虑无孔筒体时的应力 σ_a 及孔桥减弱系数 φ'' 两个因素才能分析斜向孔排对筒体强度的影响。不同方向孔排对筒体强度的影响可通过按下式计算出的孔桥当量减弱系数来表示

$$\varphi_d = K\varphi'' \tag{3.32}$$

式中　K——斜向孔桥换算系数,它表示孔桥的方向对筒体强度的影响。可按下式计算出它的数值:

$$K = \frac{1}{\sqrt{1 - 0.75/(1+n^2)^2}} \tag{3.33}$$

式中　n——斜向孔桥的方向 $n = t/t'$。

由式(3.32)可知,对于纵向孔桥,$t'=0$,故 $n\rightarrow\infty$,得 $K=1$;对于环向孔桥,$t=0$,故 $n=0$,得 $K=2$;对于其他斜向孔桥,$n>0$,得 $1<K<2$。由式(3.32)可看出,孔桥当量减弱系数有可能大于"1.0",它表示孔排的存在对筒体强度没有影响。如筒体上只有此孔排时,应按无孔筒体计算筒体的理论计算厚度,即取 $\varphi_d=1.0$。只有当式(3.32)中的 $\varphi_d<1.0$ 时,才表示孔排的存在将减弱筒体的强度,需在计算筒体的理论计算厚度时考虑它的影响。

φ_d 也可按线算图(图 3.17)直接查取。

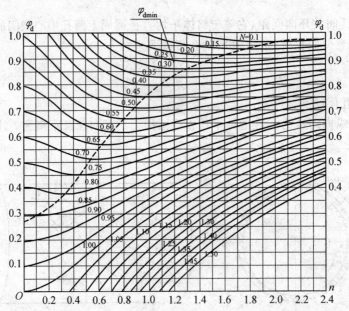

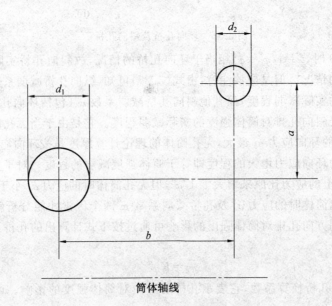

图 3.17　确定 φ_d 值的线算图

注:图中虚线为各条曲线极小值的连线;$N=\dfrac{d_1+d_2}{2a}$,$n=\dfrac{b}{a}$

确定 φ_d 值的线算图可用以优化设计——尽量提高斜向孔桥当量减弱系数 φ_d;另外,利用线算图可对结果起校核作用。

式(3.33)是按最大切应力强度理论进行了一定的简化后得出的。由材料力学可知,无孔筒体在承受内压作用时斜截面上的应力为(图 3.18)

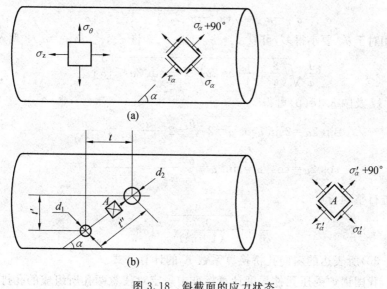

图 3.18 斜截面的应力状态

$$\sigma_\alpha = \frac{\sigma_z + \sigma_\theta}{2} - \frac{\sigma_z - \sigma_\theta}{2}\cos 2\alpha$$

$$\sigma_{\alpha+90°} = \frac{\sigma_z + \sigma_\theta}{2} + \frac{\sigma_z - \sigma_\theta}{2}\cos 2\alpha$$

$$\tau_\alpha = \frac{\sigma_z - \sigma_\theta}{2}\sin 2\alpha$$

式中　α——斜截面与 x 轴的夹角;

σ_θ, σ_z——分别为无孔筒体的环向应力及纵向应力;

$\sigma_\alpha, \tau_\alpha$——分别为 α 截面上作用的正应力及切应力;

$\sigma_{\alpha+90°}$——与 α 截面垂直的截面上所作用的正应力。

当圆筒体上具有 α 方向的孔排时,设斜向孔桥减弱系数为 φ'',则斜截面 α 上的应力将增加 $1/\varphi''$ 倍,即 $\sigma'_\alpha = \sigma_\alpha/\varphi''$,$\tau'_\alpha = \tau_\alpha/\varphi''$,但与 α 截面垂直的截面上正应力 $\sigma_{\alpha+90°}$ 反而将有所减小。由于垂直于孔周边的应力很小,可以忽略不计,孔桥上即使存在正应力 $\sigma'_{\alpha+90°}$,数值也是很小的。孔桥长度越短(φ'' 越小),$\sigma'_{\alpha+90°}$ 就越小。这样,筒体被斜向孔排减弱后,孔桥上的两个主应力为

$$\sigma_{max}' = \frac{\sigma'_\alpha + \sigma'_{\alpha+90°}}{2} + \sqrt{\left(\frac{\sigma'_\alpha - \sigma'_{\alpha+90°}}{2}\right)^2 + \tau'^2_\alpha}$$

$$\sigma_{min}' = \frac{\sigma'_\alpha + \sigma'_{\alpha+90°}}{2} - \sqrt{\left(\frac{\sigma'_\alpha - \sigma'_{\alpha+90°}}{2}\right)^2 + \tau'^2_\alpha}$$

在按最大切应力强度理论对孔桥进行强度计算时,需要判断哪个主应力的代数值最大(最大主应力为 σ'_1),哪个主应力的代数值最小(最小主应力 σ'_3)。薄壁圆筒形元件承受内

压作用时可认为径向应力等于零。三个主应力中 $\sigma'_{max} > 0$，且代数值最大，故最大主应力 $\sigma'_1 = \sigma'_{max}$。问题是 σ'_{min} 是否小于零。若 $\sigma'_{min} < 0$，则 $\sigma'_3 = \sigma'_{min}$，否则 $\sigma'_3 = 0$。我国锅炉受压元件强度计算标准中采用的斜向孔桥换算系数 K 的计算公式（式(3.32)）是在假设 $\sigma'_{min} < 0$ 的基础上推导出的。取 $\sigma'_1 = \sigma'_{max}$，$\sigma'_3 = \sigma'_{min}$，可得最大切应力强度理论的强度条件为

$$\sigma'_d = \sigma'_1 - \sigma'_3 = \sqrt{(\sigma'_\alpha - \sigma'_{\alpha+90°})^2 + 4\tau'^2_\alpha} \leqslant [\sigma]$$

考虑到 $\sigma'_{\alpha+90°}$ 相对于 σ'_α 要小得多，可取 $\sigma'_\alpha - \sigma'_{\alpha+90°} \approx \sigma'_\alpha$。将 σ'_α，τ'_α 及 $\sigma_z = \sigma_\theta/2$ 代入上式后得

$$\frac{\sigma_\theta}{\varphi''}\sqrt{\left(\frac{3}{4} + \frac{1}{4}\cos 2\alpha\right)^2 + \frac{1}{4}\sin^2 2\alpha} \leqslant [\sigma]$$

根据图 3.17 及图 3.18(b)可得

$$\sin 2\alpha = 2\sin \alpha \cos \alpha = 2\frac{ab}{t''^2} = 2\frac{ab}{a^2 + b^2} = 2\frac{n}{1+n^2}$$

$$\cos 2\alpha = \cos^2 \alpha - \sin^2 \alpha = \frac{b^2}{t''^2} - \frac{a^2}{t''^2} = \frac{n^2 - 1}{1 + n^2}$$

代入前式，并进行整理，得

$$\frac{\sigma_\theta}{\varphi''}\sqrt{1 - \frac{0.75}{(1+n^2)^2}} \leqslant [\sigma]$$

由此求出式(3.33)所表达的斜向孔桥换算系数 K 的计算公式。

应该指出，我国锅炉受压元件强度计算标准中规定对任意两孔所组成的孔排，孔桥的强度都应按上述的孔桥当量减弱系数 φ_d 进行计算，严格来说，由一系列孔组成的孔排的孔桥强度与只有两个孔所组成的孔排的孔桥强度是不同的。为了验证计算方法的可靠程度，进行了屈服试验及爆破试验。由试验结果可知，两孔孔排集箱的屈服载荷及爆破载荷虽然都比六孔孔排集箱大一些，但相差并不很多，都小于 10%，且随着间距的增大而减小。因此，在强度计算标准中忽略了它们之间的差异，规定对于任意数量开孔的孔排，都按上述的孔桥当量减弱系数 φ_d 进行孔桥强度计算。

此外，由式(3.28)可知，孔桥减弱系数实际上等于在孔间距长度上被开孔减弱后所剩余的截面积 $A_0 - A_k$ 与无孔时截面积 A_0 的比值。根据此性质，可将计算孔桥减弱系数的方法推广应用于其他形式的开孔孔排。为了便于计算，可利用当量孔径 d_d 的概念。当量孔径 d_d 的定义为对于任意形式的开孔，在计算孔桥减弱系数时此开孔可看作径向直孔的孔径。

如孔径沿厚度不同(图 3.19)，开孔所减弱的面积为

$$A_k = d(s - h) + hd_1$$

式中　d_1——凹座的直径；

　　　h——凹座的深度。

按当量孔径的定义

$$A_k = d_d S$$

由此可得凹座孔的相当直径为

$$d_d = \frac{d(S-h) + hd_1}{S} = d + \frac{h}{S}(d_1 - d) \tag{3.34}$$

求减弱系数时，应该用 d_d 代替孔径 d。

如圆筒体横截面上的非径向孔(图 3.20)，由于在不同截面上开孔所减弱的截面积是不

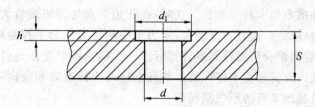

图 3.19　具有凹座的开孔

同的,故对于不同方向的孔桥,其当量孔径也是不同的。非径向孔在纵截面上的孔径仍为开孔直径 d,故在计算纵向孔桥减弱系数时,当量孔径 $d_\text{d} = d$。非径向孔在横截面上所减弱的截面积 A_k 可近似按平行四边形面积计算,得

$$A_\text{k} = d\frac{S}{\cos\beta}$$

式中　β——开孔孔的中心线与筒体经向直径间的夹角;

　　　S——圆筒厚度(图 3.20),故在计算横向孔桥减弱系数时,筒体横截面上非径向孔的当量孔径为

$$d_\text{d} = \frac{d}{\cos\beta} \tag{3.35}$$

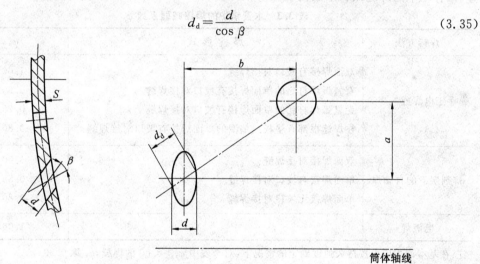

图 3.20　非径向孔

　　在计算非径向孔斜向孔桥减弱系数时,当量孔径 $d_{\text{d},a}$ 可按下述方法近似求得。假设非径向孔当量孔径 $d_{\text{d},a}$ 按椭圆规律随着孔排倾斜向 α 而变化,如图 3.20 所示。椭圆的短半轴为 $d_{\text{d,z}}/2 = d/2$,长半轴为 $d_{\text{d,}\theta}/2 = \frac{d}{2}\cos\beta$。可得

$$d_{\text{d},a} = 2\sqrt{x^2 + y^2}$$

式中　x,y——分别为椭圆的纵向及环向坐标。

　　椭圆方程为

$$\frac{x^2}{(d_{\text{d,z}}/2)^2} + \frac{y^2}{(d_{\text{d,}\theta}/2)^2} = 1$$

将 x^2 代入 $d_{\text{d},a}$ 表达式,且利用关系式 $n = \cot\alpha$ 及 $y = (d_{\text{d},a}/2)\sin\alpha$,得

$$d_{\text{d},a} = d\sqrt{(n^2 + 1)/(n^2 + \cos^2\beta)} \tag{3.36}$$

应该指出,当圆筒体横截面上具有非径向孔时,在孔边尖角处将出现较大的应力集中,则低周疲劳强度会有明显降低。而且 β 值越大,应力集中越厉害。为了控制应力集中对筒体强度的影响,我国《水管锅炉受压元件强度计算标准》及《锅壳锅炉受压元件强度计算标准》都规定 $\beta \leqslant 45°$,否则低周疲劳强度不好保证。并且上述两个标准对非径向孔提出较严格的要求;非径向孔宜经机械加工或仿形气割成形。

孔桥减弱系数可以借助加强办法予以提高,详见 3.5 节。

3.3.3　焊缝减弱系数

除孔桥外,焊缝也是一种减弱形式,这种减弱用焊缝减弱系数 φ_h 来表示。焊缝减弱系数表示对焊缝强度的不信任程度,等于焊缝保证强度与母材强度的比值。它与许多因素有关,如焊接工艺方法、焊接形式、检查手段、残余应力消除程度、工艺掌握程度、钢材类别等。

随着焊接工艺水平的不断提高和无损检验技术的普遍应用,φ_h 在逐步提高。在满足焊接规程要求的前提条件下,我国《水管锅炉受压元件强度计算》及《锅壳锅炉受压元件强度计算》两标准中的焊缝减弱系数见表 3.3 和表 3.4。

表 3.3　水管锅炉的焊缝减弱系数 φ_h

焊接方法	焊缝形式	φ_h
手工电焊或气焊	双面焊接有破口对接焊缝	1.00
	有氩弧焊打底的单面焊接有坡口对接焊缝	0.90
	无氩弧焊打底的单面焊接有坡口对接焊缝	0.75
	在焊缝根部有垫板或垫圈的单面焊接有坡口对接焊缝	0.80
焊剂层下的自动焊	双面焊接对接焊缝	1.00
	单面焊接有坡口对接焊缝	0.85
	单面焊接无坡口对接焊缝	0.80
电渣焊		1.00

注:在基本许用应力按持久强度确定的情况下,对于表中 $\varphi_h > 0.80$ 的焊缝,φ_h 取 0.80

表 3.4　锅壳锅炉的焊缝减弱系数 φ_h

焊接方法	焊缝形式	φ_h
手工电焊	双面焊	0.95
	焊缝根部有垫板的单面焊	0.80
	单面焊	0.70
焊剂层下的自动焊	双面焊	1.00
	单面焊	0.80

对于被纵向焊缝减弱的圆筒,其强度计算与被纵向孔排减弱的圆筒一样,即也按式(3.25)及式(3.26)计算,其中 φ_{min} 用 φ_h 代替。对于被横向(环向)焊缝减弱的圆筒,例如,有横向焊缝的管子,由于焊缝减弱系数较大($\varphi_h > 0.5$),则按未受任何减弱处理,这和横向孔桥减弱系数 $\varphi' \geqslant 0.5$ 情况一样。

锅炉圆筒形元件上除孔桥及焊缝对强度起减弱作用以外,孤立的单个大孔,如锅筒上的主蒸汽管孔、集中下水管孔等,也起减弱作用。由于这种大孔的数量很少,故在决定整个圆筒厚度的基本计算公式中不予考虑,但必须对大孔采取专门加强措施,使其对圆筒的减弱作用控制在允许范围以内,详见 3.5 节。

3.4　圆筒形元件的强度计算方法

3.4.1　强度计算方法

锅炉受压元件强度设计分为设计计算与校核计算两种。设计计算的目的是求新设计锅炉受压元件的厚度;校核计算的目的主要是求已运行过的旧锅炉的最高允许工作压力。有时,新设计的锅炉受压元件,也可根据已有材料规格、运行锅炉受压元件的最高允许工作压力计算。

1. 设计计算

(1) 锅筒(锅壳)的筒体理论计算厚度按下式计算:

$$S_L = \frac{p D_n}{2 \varphi_{min} [\sigma] - p} \tag{3.37}$$

锅筒(锅壳)的筒体成品最小需要厚度按下式计算:

$$S_{min} = S_L + C_1 \tag{3.38}$$

锅筒(锅壳)的筒体设计计算厚度按下式计算:

$$S_s = S_L + C \tag{3.39}$$

锅筒(锅壳)的筒体取用厚度应满足:

$$S_L \geqslant S_s \tag{3.40}$$

式(3.37)~(3.40)中

S——锅筒(锅壳)筒体取用厚度,mm;

S_{min}——锅筒(锅壳)筒体成品最小需要厚度,mm;

S_L——锅筒(锅壳)筒体理论计算厚度,mm;

S_s——锅筒(锅壳)筒体设计计算厚度,mm;

p——计算压力,MPa;

$[\sigma]$——锅筒(锅壳)筒体材料的许用应力,MPa;

C_1——考虑腐蚀减薄的附加厚度,mm;

C——考虑腐蚀减薄、工艺减薄和钢板厚度负差值的附加厚度,mm;

φ_{min}——最小减弱系数,取为纵向焊缝减弱系数 φ_h、纵向孔桥减弱系数 φ、两倍横向孔桥减弱系数 $2\varphi'$ 及斜向孔桥当量减弱系数 φ_d 中的最小值。若孔桥位于焊缝上,该部位的减弱系数取孔桥减弱系数和焊缝减弱系数的乘积。

式(3.39)是在式(3.20)基础上,考虑了孔排及焊缝的减弱以及必要的厚度附加量而得出的。由于焊接锅筒(锅壳)的标称直径是内直径,故采用上述以内直径为基础的公式。

(2) 集箱筒体理论计算厚度按下式计算:

$$S_L = \frac{pD_w}{2\varphi_{min}[\sigma]+p} \tag{3.41}$$

式中　D_w——集箱筒体外径,mm。

直集箱筒体成品最小需要厚度按下式计算:

$$S_{min} = S_L + C_1 \tag{3.42}$$

集箱筒体设计计算厚度按下式计算:

$$S_s = S_L + C \tag{3.43}$$

集箱筒体取用厚度应满足:

$$S \geqslant S_s \tag{3.44}$$

式(3.41)~(3.44)中的其他符号与式(3.37)~(3.40)相同。

式(3.43)是在式(3.22)基础上,考虑了孔排及焊缝的减弱以及必要的厚度附加量而得出的。由于集箱一般用无缝钢管制造,而无缝钢管的标称尺寸为外直径,故采用如上的以外直径为基础的公式。

(3) 直管或直管道的理论计算厚度按下式计算:

$$S_L = \frac{pD_w}{2\varphi_h[\sigma]+p} \tag{3.45}$$

式中　φ_h——焊缝减弱系数,对于无缝钢管 $\varphi_h=1.00$,而横向焊缝的减弱可以不计。

直管或直管道成品的最小需要厚度按下式计算:

$$S_{min} = S_L + C_1 \tag{3.46}$$

直管或直管道的设计厚度按下式计算:

$$S_s = S_L + C_1 \tag{3.47}$$

直管或直管道的取用厚度应满足:

$$S \geqslant S_s \tag{3.48}$$

其他符号与集箱厚度计算公式相同。

(4) 立式锅炉大横水管取用厚度按下式计算:

$$S \geqslant \frac{pD_n}{44} + 3 \tag{3.49}$$

式中　D_n——大横水管内径,mm。

式(3.49)适用于管子内径 D_n 为 $102\sim300$ mm 的情况,取用厚度不宜小于 6 mm。许用应力较小,而且附加厚度较大,等于 3 mm。这是由于大横水管受力较复杂,易于积存水垢且处于高温区域,尽力取用较大厚度。

2. 校核计算

(1) 锅筒(锅壳)筒体最高允许工作压力按下式计算:

$$[p] = \frac{2\varphi_i[\sigma]S_y}{D_n + S_y} \tag{3.50}$$

式中,有效厚度 S_y 按下式计算:

$$S_y = S - C \tag{3.51}$$

S_y 也可取筒体实际最小厚度减去以后可能的腐蚀减薄值。

当式(3.50)中的有效厚度 S_y 按式(3.51)计算时,此时校核部位的减弱系数 φ_i 等于

φ_{min}；S_y 也可取为各 φ_j 处实际最小厚度减去腐蚀减薄值，此时式（3.50）中的 $(\varphi_j S_y)/$ (D_n+S_y) 应以最小值代入。此外，由式（3.50）算得的锅筒（锅壳）筒体最高允许工作压力还应满足 3.5 节开孔补强要求。

（2）集箱筒体最高允许计算工作按下式计算：

$$[p]=\frac{2\varphi_j [\sigma] S_y}{D_w - S_y} \tag{3.52}$$

式中，有效厚度 S_y 按下式计算：

$$S_y = S - C' \tag{3.53}$$

式中 C'——校核计算考虑腐蚀减薄、工艺减薄和钢管厚度负偏差的附加厚度，mm。

当式（3.52）中的有效厚度 S_y 按式（3.53）计算时，此时校核部位的减弱系数 φ_j 等于 φ_{min}；直集箱筒体的 S_y 也可取为各 φ_j 处实际最小厚度减去腐蚀减薄值，此时式（3.52）中的 $(\varphi_j S_y)/(D_w - S_y)$ 应以最小值代入。此外，由式（3.52）算得的集箱筒体最高允许工作压力还应满足 3.5 节开孔补强的要求。

（3）直管或直管道最高允许工作压力按下式计算：

$$[p]=\frac{2\varphi_h [\sigma] S_y}{D_w - S_y} \tag{3.54}$$

式中，有效厚度 S_y 按下式计算：

$$S_y = S - C_1 \tag{3.55}$$

S_y 可取直管或直管道实际最小厚度减去以后可能的腐蚀减薄值。

（1）立式锅炉大横水管最高允许计算压力按下式计算：

$$[p]=\frac{44(S-3)}{D_n} \tag{3.56}$$

3.4.2 附加厚度

（1）锅筒（锅壳）筒体的附加厚度 C 按下式计算：

$$C=C_1+C_2+C_3 \tag{3.57}$$

式中 C_1——考虑腐蚀减薄的附加厚度，mm；

C_2——考虑工艺减薄的附加厚度，mm；

C_3——考虑钢板负偏差的附加厚度，mm。

考虑腐蚀减薄的附加厚度 C_1，一般取为 0.5 mm；若 $S>20$ mm 时，则可不必考虑。但若腐蚀较严重，应根据实际情况确定 C_1 值。

考虑工艺减薄的附加厚度 C_2 按各制造厂实际情况选取。当钢板厚度不大于 100 mm 时，一般情况下可按表 3.5 选取。

表 3.5 卷制工艺减薄值　　　　　　　　mm

卷制工艺	减薄值
热卷	4.0（$p_e \geqslant 9.8$ MPa）
	3.0（$p_e < 9.8$ MPa）
热卷热校	2.0（锅壳筒体）
冷卷热校	1.0
冷卷冷校	0

考虑钢板厚度负偏差的附加厚度 C_3，当 $S \leqslant 20$ mm 时，取钢板标准规定厚度负偏差。当 $S > 20$ mm 时，则可不考虑，如钢板厚度负偏差超过 0.5 mm，则在附加厚度中应加上此超出值。

（2）集箱筒体的附加厚度 C 按下式计算：

$$C = C_1 + C_2 + C_3 \tag{3.58}$$

考虑腐蚀减薄的附加厚度 C_1 一般取为 0.5 mm，若集箱在设计运行期限内，腐蚀减薄值超过 0.5 mm，则应取实际腐蚀减薄值。

对于由钢管制成的直集箱筒体，考虑工艺减薄的附加厚度 $C_2 = 0$。

考虑直集箱筒体厚度负偏差的附加厚度 C_3 按下式计算：

$$C_3 = \frac{m}{100 - m}(S_L + C_1) \tag{3.59}$$

式中　m——钢管壁厚负偏差与取用厚度的百分比值。

针对 $2.5 \leqslant R/D_w \leqslant 3.5$ 而言，对于由钢管弯成的圆弧集箱筒体，考虑工艺减薄的附加厚度 C_2 和考虑钢管厚度负偏差的附加厚度 C_3 分别按下两式计算。

$$C_2 = 0.035 S_L \tag{3.60}$$

$$C_3 = \frac{m}{100 - m}(S_L + C_1 + C_2) \tag{3.61}$$

校核计算时，集箱筒体的附加厚度 C' 按下式计算：

$$C' = C_1 + C'_2 + C'_3 \tag{3.62}$$

考虑腐蚀减薄的附加厚度 C_1 按设计计算规定考虑。

对于由钢管制成的直集箱筒体，考虑工艺减薄的附加厚度 $C'_2 = 0$。

考虑钢管厚度负偏差的附加厚度 C'_3 按下式计算：

$$C'_3 = \frac{m}{100} S \tag{3.63}$$

对于由钢管弯成的圆弧形集箱筒体，考虑钢管厚度的附加厚度 C'_3 按式（3.63）计算。考虑工艺减薄的附加厚度 C'_2 按下式计算：

$$C'_2 = 0.034(S - C_1 - C'_3) \tag{3.64}$$

（3）直管或直管道的附加厚度按下式计算：

$$C = C_1 + C_3 \tag{3.65}$$

考虑腐蚀减薄的附加厚度 C_1 按设计计算规定考虑。

考虑直管或直管道厚度负偏差的附加厚度 C_3 按下式计算：

$$C_3 = \frac{m}{100 - m}(S_L + C_1) \tag{3.66}$$

3.5　大孔补强与孔桥补强

对于锅炉受压元件，由于各种工艺要求或结构上的要求，一般都需要具有各种尺寸的开孔（圆孔或椭圆孔）安装接管，如人孔、手孔及集中下降管孔等。开孔后的受压元件，由于元件材料被削弱，会引起应力增加和元件强度的削弱；另一方面，由于结构的连续性被破坏，在开孔和接管处的附近区域将产生局部弯曲应力。一般来说开孔处附近区域是元件最薄弱的部位,此处不但应力水平很高,而且为了与接管相连接,需要进行焊接,使焊缝处于高应力的部件。这样大的局部应力,再加上有时在接管上还有外部载荷所产生的应力和热应力,此外,还有材质和制造缺陷等各种因素的综合作用,开孔和接管附近区域就成为受压元件的薄弱部位。因此,控制开孔附近部位的应力水平是受压元件强度计算中的关键问题之一。

元件上开孔附近区域的应力分析问题是一个较复杂的力学问题。国内外的研究人员都进行了大量的理论及实验研究工作,但迄今为止,只是对球壳上开孔附近处的应力状态得出了较为系统及全面的结果。对圆柱壳上的开孔情况,只有当开孔直径 d 相对于圆柱壳平均直径 D_p 较小时($d/D_p < 0.3$),才有较为确切的理论分析结果。对于较大的开孔情况,只能通过实验及有限元数值解析来分析元件在开孔附近处的应力分布情况,到目前为止,尚没有得出较为满意的分析解。

3.5.1 大孔的补强

圆筒上开孔之后,在孔边缘的局部区域,应力会达到很大数值,即产生明显应力集中现象。圆筒上孔径越大,应力集中越严重,大孔边缘的最大应力与膜应力的比值称为“应力集中系数”,它有时可能明显超过 3.0,将产生“不安定现象”。此时,必须对大孔进行补强,使大孔边缘的应力集中降低到允许的程度以内。

目前,世界各国对压力容器上大孔所采用的补强设计方法不尽相同,主要有:等面积补强方法、以极限分析作为设计基础的补强方法、以安定性要求作为设计准则的补强方法。

极限分析补强方法使补强后的应力集中系数不大于 2.25,即最大应力为

$$\sigma_{max} = 2.25[\sigma] = 2.25\frac{\sigma_s}{1.5} = 1.5\sigma_s$$

采用了这种方法,应力集中区和最大应力将达到屈服极限的 1.5 倍。其结果将使开孔附近最大应力作用沿着整个厚度方向发生屈服。但是,由于它是局部的,因而不会导致压力容器失效。

安定性要求补强方法使补强后的应力集中系数不大于 3.0,即最大应力为

$$\sigma_{max} = 3.0[\sigma] = 3.0\frac{\sigma_s}{1.5} = 2\sigma_s$$

这表明:如果将此薄膜应力控制在许用应力 $[\sigma]$ 以下,那么应力集中区的最大应力集中系数可以允许达到 3.0。这种补强设计方法允许补强后压力容器在开孔附近区域出现塑性变形,但必须保证在第一次加载出现塑性变形之后,第二次及以后各次重复加载时不再出现新的塑性变形,这就是所谓“安定性”要求。这样,就可以允许补强后的压力容器有更高的应力集中系数。

等面积补强方法是世界各国很早以来一直沿用的方法。这种补强方法是根据补强后的安全系数能达到 4~5 而制定的,补强后,对不同的接管得到不同的应力集中系数。这种补强方法偏于保守,而且涉及计算也比较复杂,但由于长期实践证明,补强结果比较安全可靠,因此,直到目前为止,锅炉受压元件强度计算一般都采用这种等面积补强方法。

1. 大孔边缘的应力集中

(1)平板上开圆孔的应力分析。

设在宽度为 B 的平板上有一孔半径为 r_0 的圆孔,如图 3.21 所示,平板两端作用着均匀

分布的正应力 σ_1。当开孔直径比平板宽小很多时，即 $2r_0/B \ll 1$，并且当平板受单相拉伸处于弹性状态，由弹性理论可以证明，半径为 r_0 的圆孔附近的应力分布规律，用下列解析式表示：

$$\left.\begin{aligned}\sigma_{0\theta} &= \frac{\sigma_1}{2}\left(1+\frac{r_0^2}{r^2}\right) - \frac{\sigma_1}{2}\left(1+\frac{3r_0^4}{r^4}\right)\cos 2\theta \\ \sigma_{0r} &= \frac{\sigma_1}{2}\left(1-\frac{r_0^2}{r^2}\right) + \frac{\sigma_1}{2}\left(1+\frac{3r_0^4}{r^4}-\frac{4r_0^2}{r^2}\right)\cos 2\theta \\ \tau_0 &= -\frac{\sigma_1}{2}\left(1-\frac{3r_0^4}{r^4}+\frac{2r_0^2}{r^2}\right)\sin 2\theta\end{aligned}\right\} \quad (3.67)$$

式中 r——所求应力处离孔中心的距离；

      θ——r 与 $n-n$ 线之间的夹角。

由式(3.67)可得：

①在圆孔边缘处($r=r_0$)：

$$\sigma_{0\theta} = \sigma_1(1-2\cos 2\theta)$$
$$\sigma_{0r} = 0$$
$$\tau_0 = 0$$

②当 $\theta=0°$ 时，可求得 $n-n$ 线的应力分布为

$$\sigma_{0\theta} = \frac{r_0^2}{2r^2}\left(1-\frac{3r_0^2}{r^2}\right)\sigma_1 \quad (3.68)$$

由式(3.68)可知在与加载方向平行的 $n-n$ 线的截面内，当 $r<1.74r_0$ 时，环向应力 $\sigma_{0\theta}$ 为压应力；当 $r\geqslant 1.74r_0$ 时，$\sigma_{0\theta}$ 为拉应力。最大压应力发生在圆孔边缘 n 处，$\sigma_{0\theta}=-\sigma_1$。环向应力绝对值随着圆孔边缘距离的增大而急剧减少。最大拉应力发生在 $r=2.44r_0$ 处，但其值仅为 $0.44\sigma_1$。

③当 $\theta=90°$ 时，可求得 $m-m$ 线的应力分布为

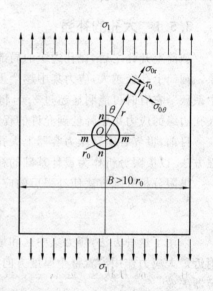

图 3.21 平板上单个圆孔附近的应力

$$\sigma_{0\theta} = \left(1+\frac{r_0^2}{2r^2}+\frac{3r_0^4}{2r^4}\right)\sigma_1 \quad (3.69)$$

由式(3.69)可知在与加载方向垂直的 $m-m$ 线的截面内，最大应力发生在圆孔边缘 m 处。当 $r=r_0$ 时，通过式(3.69)可求得

$$\sigma_{0\theta} = \sigma_{\max} = 3\sigma_1$$

当 r 逐渐增大时，应力急剧地减小。当 $r=2r_0$ 时，$\sigma_{0\theta}=1.22\sigma_1$；当 $r=4r_0$ 时，$\sigma_{0\theta}=1.04\sigma_1$。这种应力分布称为应力集中，它的特点是在圆孔边缘处应力很大，但随着离圆孔边缘距离的增加，应力很快地衰减至没有开孔时的应力值。在工程计算中应力集中的程度一般以应力集中系数来描述。定义应力集中系数

$$K = \frac{\sigma_{\max}}{\sigma_1}$$

式中 $\sigma_{\max}$——结构形状突变处(例如开孔、尺寸变化等)的最大应力特征值；

      σ_1——不考虑结构形状变化的应力特征值。

应力特征值一般可有下列两种取法：①最大主应力；②某个强度理论的当量应力。对于

平板上开有圆孔的情况,由于孔边缘处一个主应力 σ_{0r} 为零,则两者是相同的,但对于更复杂的应力集中情况,两者并不一定相同。可以看出对于图 3.21 所示的开孔情况,$K=3.0$。

当平板在两个相互垂直的方向都承受着外载荷作用时,孔边缘处的应力分布规律可通过将式(3.68)及式(3.69)所示的应力分布叠加而求得。设平板在两个相互垂直的方向承受的应力分别为 σ_1 及 σ_2,如图 3.22 所示,环向应力可由下式计算:

$$\sigma_{0\theta}=\frac{1}{2}(\sigma_2+\sigma_1)\left(1+\frac{r_0^2}{r^2}\right)+\frac{1}{2}(\sigma_2-\sigma_1)\left(1+\frac{3r_0^4}{r^4}\right)\cos 2\theta \tag{3.70}$$

在 $m-m$ 线($\theta=90°$)的环向应力可求得为

$$\sigma_{0\theta}=\sigma_1+\frac{r_0^2}{2r^2}(\sigma_2+\sigma_1)-\frac{3r_0^4}{2r^4}(\sigma_2-\sigma_1) \tag{3.71}$$

在 $n-n$ 线($\theta=0°$)的环向应力可求得为

$$\sigma_{0\theta}=\sigma_2+\frac{r_0^2}{2r^2}(\sigma_2+\sigma_1)+\frac{3r_0^4}{2r^4}(\sigma_2-\sigma_1) \tag{3.72}$$

按式(3.70)~(3.72)即可求得不同的 σ_1 及 σ_2 时孔边缘处的应力。

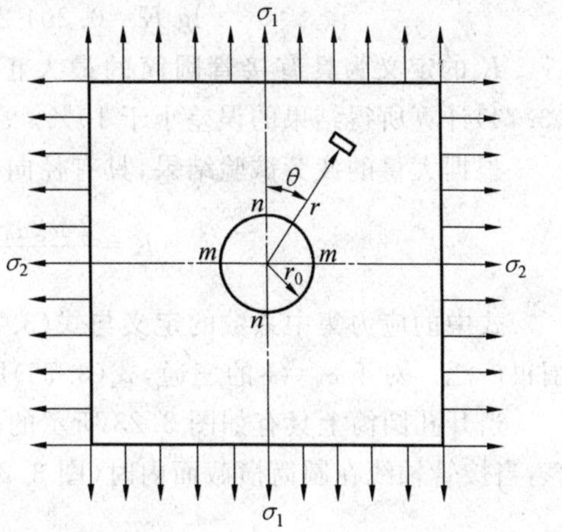

当 $\sigma_1=2\sigma_2$ 时,即相当于圆筒形元件承受内压作用时的应力状态,近似按平板考虑,以 $r=r_0$ 代入式(3.71)及式(3.72)后得

m 点　　　　$\sigma_{0\theta}=2.5\sigma_1$

n 点　　　　$\sigma_{0\theta}=0.5\sigma_1$

最大环向应力发生在孔边缘 m 点处,应力集中系数 $K=2.5$。

当 $\sigma_1=\sigma_2$ 时,即相当于圆球形元件承受内压作用时的应力状态,近似按平板考虑,以 $r=r_0$ 代入式(3.71)及式(3.72)后得

m 点　　　　$\sigma_{0\theta}=2\sigma_1$

n 点　　　　$\sigma_{0\theta}=2\sigma_1$

图 3.22　平板上单个圆孔两向受力的附近应力

在孔边缘处的环向应力为常数,应力集中系数 $K=2.0$。

可见,圆球形壳上孔边缘应力集中系数(2.0)小于圆筒形壳上最大应力集中系数(2.5)。

在上述平板情况下,孔边缘应力集中与孔径大小无关。在圆筒上开孔时,圆筒的曲率对孔边缘的应力是有影响的。对于承受内压的无接管开孔圆筒的应力分布情况,可从薄壳精确方程出发,$\rho^2=d^2/D_pS$ 为小参数进行渐近分析。圆筒上孔边缘处的最大平均环向应力为

$$\sigma_{0\theta\max}=2.5\sigma_\theta\left(1+1.15\frac{d^2}{D_pS}\right) \tag{3.73}$$

式中　σ_θ——无孔圆筒承受内压力时的环向应力,$\sigma_\theta=\dfrac{pD_p}{2S}$,MPa;

　　　d——开孔直径,mm;

　　　D_p——筒体平均直径,mm;

　　　S——筒体厚度,mm。

前面曾分析了开孔平板在两向应力 $\sigma_1=2\sigma_2$ 作用下孔边缘的应力集中情况,计算出此

时的应力集中系数等于 2.5。由式(3.73)可见,与开孔平板相比较,圆筒上开孔的应力集中系数增大至$(1+1.15\rho^2)$倍,此增大倍数表示了圆筒曲率$\dfrac{1}{\dfrac{D_p}{2}}$及孔径 d 的影响。并且曲率越大(D_p 越小),增大的倍数也越大,影响也越大。

由于式(3.73)是在 ρ 为小参数的前提下推导出的,故仅适用于 $\rho \ll 1$ 的范围内。

计算表明,当 $\rho \leqslant 0.5$ 时,式(3.73)的误差很小,当 ρ 很大时,按式(3.73)所得的应力数值偏大。

除圆筒曲率及开孔直径对开孔应力集中有影响以外,与孔相连的接管在内压力作用下的变形与圆筒孔边缘的变形互不一致,两者为要协调一致,必然要引起附加弯曲应力,此弯曲应力将随 ρ 值的增大而增加。

根据试验结果,在 $\alpha_p \geqslant 25, \alpha_s \leqslant 2.0, \alpha_d = 0.3 \sim 0.6$ 尺寸范围内($\alpha_p = D_p/S, \alpha_d = d/D_p,$ $\alpha_s = S_1/S, S_1$ 为接管厚度),具有接管圆筒的应力集中系数 K 可近似按下列经验公式计算:

$$\lg K = 0.204\ 2\lg(0.5\rho^2/\alpha_s^2) + 0.397\ 9 \tag{3.74}$$

K 的定义为具有接管圆筒的最大正应力 σ_{max} 与无孔圆筒环向应力 σ_θ 的比值。按式(3.74)计算所得结果的误差小于 10%。

根据大量的疲劳试验结果,具有径向接管的圆筒的应力集中系数可按下式计算:

$$K = \frac{2 + 2\alpha_d\sqrt{\alpha_d\alpha_s} + 1.25\alpha_d\sqrt{\alpha_p}}{1 + \alpha_s\sqrt{\alpha_d\alpha_s}} \tag{3.75}$$

式中的应力集中系数的定义与式(3.75)中的相同。实验结果证实,式(3.75)的适用范围很广泛。对于 $\alpha_d = 1$ 的三通,式(3.75)所得的 K 值与实验结果仍较符合。

当开孔圆筒上具有如图 3.23 所示的非径向接管时,应力集中系数可近似按下列各式计算:当接管轴线在圆筒横截面内时(图 3.23(a))

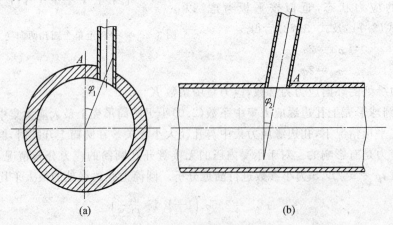

图 3.23　非径向接管

$$K_m = K_n(1 + 2\sin^2\varphi_1) \tag{3.76}$$

当接管轴线在圆筒纵截面内时(图 3.23(b))

$$K_m = K_n\left[1 + (\tan\varphi_2)^{\frac{4}{3}}\right] \tag{3.77}$$

式中,K_m 及 K_n 分别为非径向接管及径向接管的应力集中系数。可以看出,非径向接管的

应力集中系数随着 φ 角增大而显著增加。应当指出,式(3.75)及式(3.76)中的 K_m 及 K_n 值都未反映连接处局部尖角 A 处所产生的峰值应力。对于非径向接管,局部尖角的影响比径向接管更为严重。

(2)平板上开椭圆孔的应力分析。

以上介绍的是圆形孔边缘的应力集中情形。有时在圆筒上也会存在椭圆孔,如椭圆形人孔、顶拉椭圆形集中下降管孔等。这些孔边缘的应力状态更为复杂。

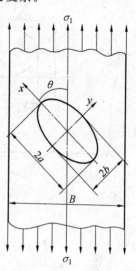

设在一宽度为 B 的平板上有一长轴半径为 a、短轴半径为 b 的椭圆孔,如图 3.24 所示。设平板的受力方向与椭圆孔的长轴方向成 θ 角。当椭圆孔的长轴尺寸 $2a$ 比 B 小很多,即 $2a/B \ll 1$ 时,由弹性理论可以证明沿着椭圆孔边缘的切向应力(作用在垂直于椭圆孔周边的截面内)为

$$\sigma = \frac{2a^3 b + [c^2 a^2 - (a+b)^2 (2x^2 - a^2)]\cos 2\theta}{a^2 (a^2 + b^2) - c^2 (2x^2 - a^2)} \sigma_1$$

$$\tag{3.78}$$

式中　　　　　　　　$c^2 = a^2 - b^2$

当受力方向与椭圆孔短轴平行时,如图 3.25(a)所示,$\theta = \pi/2$。代入式(3.78)得在长轴半径处 m 点($x=a$),$\sigma_m = \left(1 + 2\dfrac{a}{b}\right)\sigma_1$;在短轴半径处 n 点($x=0$),$\sigma_n = -\sigma_1$,故应力集中系数为 $K_1 = 1 + 2\dfrac{a}{b}$。

图 3.24　平板上的椭圆孔

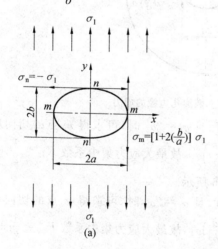

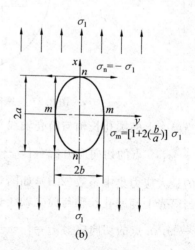

图 3.25　平板上椭圆孔边缘上的应力

当受力方向与椭圆孔长轴相平行时,如图 3.25(b)所示,$\theta = 0$。代入式(3.78)得在长轴半径处 n 点($x=a$),$\sigma_n = -\sigma_1$;在短轴半径处 m 点($x=0$),$\sigma_m = \left(1 + 2\dfrac{a}{b}\right)\sigma_1$,故应力集中系数为 $K_2 = 1 + 2\dfrac{b}{a}$。

比较上述两种情况可以看出,在单向受力时,应力集中系数 K_2 小于应力集中系数 K_1,并且小于平板圆孔的应力集中系数($K=3.0$)。

当同时两向受力时,椭圆孔同边处的切向应力可由叠加上述两种情况的结果而求得。将圆筒壳($\sigma_1 = 2\sigma_2$)及球形壳($\sigma_1 = \sigma_2$)近似按平板处理时,椭圆孔边缘 m 及 n 点的环向应力如图 3.26 及图 3.27 所示。可见:

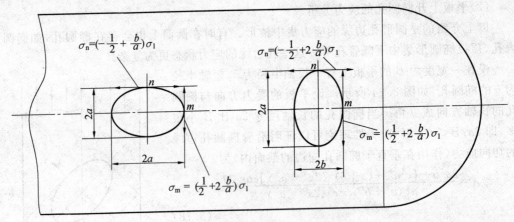

图 3.26　筒壳上椭圆孔边缘的应力

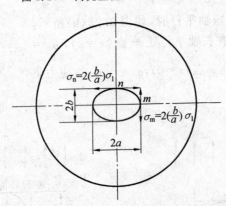

图 3.27　球形壳上椭圆孔边缘的应力

①当筒壳上椭圆孔长轴与筒壳轴线平行,且 $\sigma_1 = 2\sigma_2$ 时,可求得 m 点的切向应力 $\sigma_m = \left(\frac{1}{2} + 2\frac{a}{b}\right)\sigma_1$,$n$ 点的切向应力 $\sigma_n = \left(-\frac{1}{2} + \frac{b}{a}\right)\sigma_1$,故最大应力集中系数 $K_{12} = \frac{1}{2} + 2\frac{a}{b}$ 总大于圆孔的最大应力集中系数(2.5),如图 3.26 所示。

②当筒壳上椭圆孔长轴与筒壳轴线垂直,且 $\sigma_1 = 2\sigma_2$ 时,可求得 m 点的切向应力 $\sigma_m = \left(\frac{1}{2} + 2\frac{b}{a}\right)\sigma_1$,$n$ 点的切向应力 $\sigma_n = \left(-\frac{1}{2} + \frac{a}{b}\right)\sigma_1$,故最大应力集中系数 $K_{21} = \frac{1}{2} + 2\frac{b}{a}$ 总小于圆孔的最大应力集中系数(2.5),如图 3.26 所示。

可以看到,$K_{12} > K_{21}$。因此当筒壳承受两个方向不同大小的应力作用时,应使椭圆孔长轴方向与筒壳轴线垂直或平行于应力较大的方向。

③当取 $a = 2b$,椭圆孔短轴与筒壳轴线方向一致时,孔边缘应力集中系数为 1.5。若椭圆孔短轴与筒壳轴线方向垂直时,则应力集中系数为 4.5。

④球形壳上的椭圆孔如图 3.27 所示。当 $\sigma_1 = \sigma_2$ 时,可求得 m 点的切向应力 $\sigma_m = 2\frac{a}{b}\sigma_1$,$n$ 点的切向应力 $\sigma_n = 2\frac{b}{a}\sigma_1$,故最大应力集中系数 $K_{11} = 2\frac{a}{b}$ 总大于球形壳上的圆孔

的最大应力集中系数(2.0)。

基于以上情况,为减小孔边缘的应力集中程度,在圆筒形壳上可开设长轴与筒壳轴线相垂直的椭圆孔;在球形壳上宜开设圆孔。

应该注意,上述公式都是在假设开孔尺寸比平板尺寸小很多的情况下推导出的。当开孔尺寸不是很小时,由于平板边界的影响,应力集中系数的数值将有所变化,但其基本特征仍是类似的。

2. 未加强孔的最大允许直径

筒壳上开孔,孔边缘附近的应力会大于未开孔前的值,即在孔边缘处产生应力集中现象。筒壳上的孔需要与管子、孔圈相连接,由于在压力作用下孔边缘与连接件各自变形不协调,则在孔边缘处还产生二次应力。因此,孔边缘附近除有内压力产生的膜应力外,还存在峰值应力和二次应力。另外,与孔相连接的元件均有多余厚度,故又对孔起一定的补强作用,而筒壳取用厚度也常大于最小需要厚度,这两项有利因素会使孔边缘附近的较大应力有一定的下降,可见孔边缘附近的应力状态十分复杂,与许多因素有关,很难准确计算。

实际上,只有尺寸较大的孔才可能由于孔边缘应力较大而引起低周疲劳破坏。尺寸较小的孔,因为孔边缘的集中应力、二次应力均较小,另外与孔相连元件的补强作用一般也较大,故不会出现强度问题。

为防止尺寸较大的孔因应力集中过大而产生疲劳破坏,应采取措施予以补强,于是提出多大尺寸的孔才需要补强问题。

受压元件的不需要补强的单孔的最大允许开孔直径是指在按无孔条件下设计的元件上,可以允许存在的不影响元件强度的单个孔的最大直径。

一般来说,受压元件的取用厚度 S 都取得比根据强度计算公式计算所要求的最小需要厚度更大些。因此,当元件上具有开孔时,这部分多余的厚度有可能补偿开孔所引起的减弱影响。此外,对于卷制圆筒,元件许用应力中需要考虑焊缝的影响。若焊缝减弱系数小于1.0,而开孔不在焊缝区域,则开孔部位材料的强度尚有一定的裕度,也可用以补偿开孔所引起的减弱。

由大孔边缘的应力分析可知,开孔对元件应力分布的影响是局部的,主要表现为应力集中现象,即在孔边附近区域应力很大,但随着离开孔距离的增大,应力很快地衰减至无开孔时的应力水平,对于未受孔桥及焊缝减弱的圆筒,当取用厚度 S 正好等于最小需要厚度 $S_{\min}$ 时,则圆筒壁当量应力 σ_d 等于许用应力 $[\sigma]$。如在此圆筒上孔的最大应力集中系数 $K=3.0$,则孔边缘的最大应力为

$$\sigma_{\max}=K\sigma_d=K[\sigma]=3.0\,\frac{\sigma_s}{1.5}$$

由上式可见,若安全系数取为1.5,可以允许的最大应力集中系数为3.0。$\sigma_{\max}=2\sigma_s$ 表明孔边缘已处于不安定状态,是不允许的。可见,在这种情况下,是不允许存在未补强孔的。当开孔直径很小时,即使筒体厚度等于最小需要厚度,应力集中系数也可能小于3.0,即可以在筒体上允许存在不影响强度的开孔。另外,如果圆筒受孔桥减弱,而整个圆筒的厚度是按孔桥应力状态确定的,那么,孔区域以外部位就包含多余的厚度,当量应力就低于许用应力,在此部位开设一定尺寸的单个大孔,孔边缘的最大应力就可能小于 $2\sigma_s$。孔桥减弱的程度越大,取用厚度比最小需要厚度大得越多,未加强孔的允许值就越大。但由于应力集中系数的

计算过程很复杂,为了便于设计计算,国内外很多强度计算标准都根据长期实践经验及实验研究结果,采用一些简单的公式来计算不需补强的单孔的最大允许开孔直径。

我国锅炉强度计算标准利用列线图(图 3.28)来确定无需加强的最大允许孔径 $[d]$,当孔径 $d > [d]$ 时必须予以补强。此列线图是按如下经验公式绘制的:

$$[d] = 8.1 \sqrt[3]{D_n S_y (1 - \varphi_s)} \tag{3.79}$$

而
$$\varphi_s = \frac{p D_n}{(2[\sigma] - p) S_y} \tag{3.80}$$

式中　$[d]$——未补强孔的最大允许直径,mm;

　　　　D_n——圆筒的直径,mm;

　　　　S_y——圆筒的有效厚度,mm,$S_y = S - C$;

　　　　S——圆筒的取用厚度,mm;

　　　　C——圆筒的附加厚度,mm;

　　　　p——圆筒的计算压力,MPa;

　　　　φ_s——圆筒的实际减弱系数。

式(3.79)适用于 $D_n S_y \leqslant 130 \times 10^3$ mm² 及 $[d] \leqslant 200$ mm 范围。这是由于图 3.28 中的曲线是建立在实验基础上的,而所进行的实验的元件为 $D_n S_y \leqslant 130 \times 10^3$ mm² 及 $[d] \leqslant 200$ mm,为安全起见,我国强度计算标准规定当 $D_n S_y > 130 \times 10^3$ mm² 时,式(3.79)中的 $D_n S_y$ 按 130×10^3 mm² 取;如果算得的 $[d] > 200$ mm,按 200 mm 取。这样规定更加安全。如果圆筒上开孔的直径大于按式(3.79)算出的 $[d]$ 值时,必须对孔进行补强。

由图 3.28 可以看出,不需要补强孔最大允许开孔直径 $[d]$ 随着实际减弱系数 φ_s 的减小而增大。由式(3.80)可知,φ_s 实际上为无孔及无焊缝筒体的理论计算厚度 S_0 与筒体有效厚度 S_y 的比值,即 $\varphi_s = S_0 / S_y$。φ_s 越小,表示相对于无孔及无焊缝筒体的理论计算厚度 S_0 来说,厚度的多余量越大,故未补强孔的最大允许开孔直径 $[d]$ 越大。可以认为,当 $\varphi_s <$ 0.4 时,厚度的多余量已达到可以允许在筒体上具有任意大小的开孔。当 $\varphi_s = 1$ 时,表示筒体上不存在孔桥与焊缝的减弱,而且其取用厚度恰等于最小需要厚度。此时,筒体任何部位皆无多余厚度。由式(3.79)可见,$\varphi_s = 1$ 时,$[d] = 0$,即当筒体无多余厚度时,任意尺寸的孔均必须补强。对于有孔桥的筒体,即使取用厚度等于最小需要厚度,φ_s 也小于 1,则必然 $[d] > 0$。也就是说,对于有孔桥的筒壳,无论是孔桥以外的单个孔还是孔桥上的孔,只要孔径 d 大于零都必须补强。

式(3.79)并未反映与孔相连元件由于有多余厚度会对孔起一定补强作用的实际情况。因此,式(3.79)较为保守。

其他国家锅炉标准也有应用其他公式确定未补强孔的最大允许直径 $[d]$。例如,英国 BS 2790—89 规定

$$[d] = 0.14 \sqrt{D_p S}$$

按此式求出的 $[d]$ 较式(3.79)小得多。

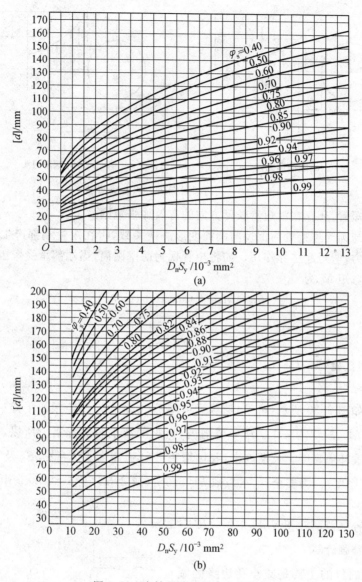

图 3.28　未补强孔的最大允许直径

3. 孔补强的有效范围

从上述孔边缘的应力分布情况可以看出,开孔只是对孔边缘附近处的应力有影响,也就是说,开孔处原有材料所承担的载荷主要由开孔附近处的材料来分担,离开孔稍远处的材料不能起到分担开孔减弱所产生影响的作用。

一般用加厚短管或垫板对大孔进行补强,它们应牢固地焊在筒壳上,使之和筒壳一起承担力的作用。加厚短管或垫板只有在孔边缘应力增高区域内的部分才能起到加强作用。在筒壳上,该区域扩展到直径近于两倍孔径的同心圆范围内。由式(3.67)可得如图 3.29 所示的应力衰减情况,由图可见,开孔影响区域大致在 $r = 2r_0$ 的范围内,在 $r = 2r_0$ 时,开孔的影响已不明显,即应力增高主要出现在 $r = 2r_0$ 范围以内,故在筒壳上的有效加强范围为两倍孔径。

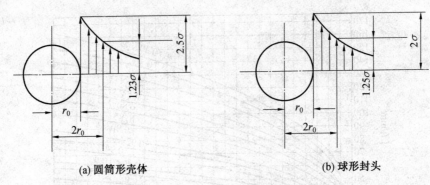

(a) 圆筒形壳体　　　　　　　　　　(b) 球形封头

图 3.29　孔边缘附近应力的衰减情形

对于加厚短管,还存在沿短管长度方向的有效加强范围。

短管端部与圆筒连接处为保持与圆筒变形协调一致,将在短管端部产生沿圆周均匀分布的弯矩及剪力,弯矩起主导作用。如将短管视为薄壁圆筒,当端部承受弯矩 M_0 作用时,在圆筒内产生的弯矩 M_z 为

$$M_z = M_0 e^{-\lambda z} (\sin \lambda z + \cos \lambda z)$$

$$\lambda = \frac{\sqrt[4]{12(1-\mu^2)}}{\sqrt{d_p S_1}}$$

式中　μ——泊松比,取为 0.3;

　　　λ——衰减系数。

弯矩分布如图 3.30 所示,可见,随着远离端部(z 增大),弯矩很快下降。当 $z = \sqrt{d_p S_1}$ 时,$M_z = 0.117 M_0$,故认为 $z \leqslant \sqrt{d_p S_1}$ 范围内,弯矩的影响较为显著。所以,一些外国标准 $\sqrt{d_p S_1}$ 作为有效补强高度。长期以来,我国取有效补强高度为 $h = 2.5 S_1$ 及 $h = 2.5 S$ 中较小值(S 为筒壳厚度)。为安全计,可以取 $h = 2.5 S_1$(或 2.5S)及 $h = \sqrt{d_p S_1}$ 中的较小值作为有效补强高度。

上述有效补强范围在图 3.31 中用 $ABCD$ 表示。

4. 单孔的补强计算

补强计算的目的主要是减小孔边缘区域内的应力集中程度,使应力集中系数在一定的允许范围内。由于筒壳开孔区域的应力集中系数计算很复杂,为了便于工程设计计算,大多数国内外强度计算标准中一般采用某些较简便的近似计算方法。

等面积补强方法是各国很早以来一直沿用的方法,此方法较为简单。我国水管锅炉及锅壳锅炉受压元件强度计算标准中都规定采用"等面积补强法"进行单个大孔补强计算。

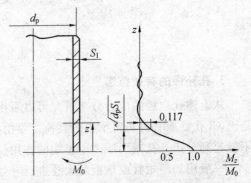

图 3.30　薄壁圆筒端部弯矩衰减情形

按等面积补强法其主要原理为筒壳结构在有效补强范围内能用于补强的截面积应不小于被开孔所减弱的截面积,对于图 3.31 所示大孔要求图中 1—2—3—4—5—6—7—8—9 所

包围面积（竖线所示面积）的两倍应等于 $8-10-11-12$ 所包围的面积（横线所示）的两倍，即要求由于开孔所欠缺的承载截面积 dS。应被孔周围一定范围内（$ABCD$ 范围内）多余的承载截面积 $e^2+2h(S_{y1}-S_{01})+(B-d)(S_y-S_0)$ 所填补，如表 3.16 中的单面破口焊管接头补强，即

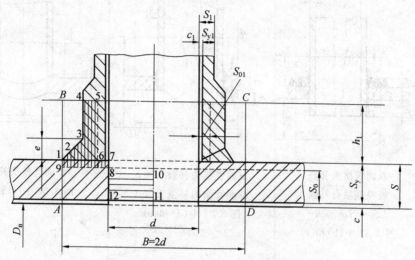

图 3.31　用焊接加厚短管补强的孔

$$e^2+2h(S_{y1}-S_{01})+(B-d)(S_y-S_0)\geqslant dS_0 \tag{3.81}$$

式中　e——焊脚尺寸，mm；

　　　h——有效补强高度，mm；

　　　S_{y1}——管接头有效厚度，mm，$S_{y1}=S_1-C_1$；

　　　S_1——管接头取用厚度，mm；

　　　C_1——管接头附加厚度，mm；

　　　S_{01}——管接头理论计算厚度，mm，$S_{01}=\dfrac{pd}{2[\sigma]-p}$；

　　　B——有效补强宽度，mm，$B=2d$；

　　　d——开孔直径，mm；

　　　S_y——筒壳有效厚度，mm，$S_y=S-C$；

　　　S——筒壳取用厚度，mm；

　　　C——筒壳附加厚度，mm；

　　　S_0——未减弱的筒壳厚度，mm，$S_0=\dfrac{pD_n}{2[\sigma]-p}$；

　　　p——计算压力，MPa；

　　　D_n——筒壳内直径，mm；

　　　$[\sigma]$——管接头材料及筒壳材料的许用应力。

表 3.6　孔的补强面积范围及计算

型式	A	B	C
补强结构	双面管接头和垫板补强联合补强 $S_2 < S, h_1 \leqslant h$ 图 3.33 中(b)和(c)	双面管接头补强 $h_1 \leqslant h$ 单面管结构补强 $h_1 = 0$ 图 3.33 中(d)和(e)	单面管接头补强 图 3.33 中(f)和(g)
F	$\left[d_n + 2S_{y1}\left(1 - \dfrac{[\sigma]_1}{[\sigma]}\right)\right]S_0$	$\left[d_n + 2S_{y1}\left(1 - \dfrac{[\sigma]_1}{[\sigma]}\right)\right]S_0$	$d_n^{①}S_0$
F_1	$2e^2$	$2e^2$（或 e^2）	e^2
F_2	$\left[2h(S_{y1} - S_{01}) + 2h_1 S_{y1}\right]\dfrac{[\sigma]_1}{[\sigma]}$	$\left[2h(S_{y1} - S_{01}) + 2h_1 S_{y1}\right]\dfrac{[\sigma]_1}{[\sigma]}$	$2h(S_{y1} - S_{01})\dfrac{[\sigma]_1}{[\sigma]}$
F_3	$0.8S_2(b - d_n - 2S_1)\dfrac{[\sigma]_2}{[\sigma]}$	0	0
F_4	$\left[d_n - 2S_{y1}\left(1 - \dfrac{[\sigma]_1}{[\sigma]}\right)\right](S_y - S_0)$	$\left[d_n - 2S_{y1}\left(1 - \dfrac{[\sigma]_1}{[\sigma]}\right)\right](S_y - S_0)$	$d_n^{①}(S_y - S_0)$

①当开孔直径 d 与管接头内径 d_n 不同时，d_n 用 d 代替，针对(f)和(g)结构形式

　　无论圆孔或椭圆孔均应按筒壳的轴向横截面来考虑上述补强，因作用于横向截面上的环向应力 σ_θ 最大（环向应力 σ_θ 为轴向应力 σ_z 的两倍）。则等面积补强法相当于开孔所未能承担的力，需要用多余截面积所承受的力来补偿。

　　显然，等面积补强方法是一种近似的处理方法，因为需要解决的是将孔周边的应力峰降至不产生低周疲劳程度即可，此方法包含较大安全裕度。但是应该指出，在等面积加强方法中只考虑了补强面积数量的多少，而不考虑补强面积在有效补强范围内的分布情况，这是等面积补强法的主要不足之处。由大量的试验结果可知，在相同的补强面积条件下，补强面积在有效补强范围内的分布情况对实际补强效果的影响很大。用以补强管孔的多余金属面积

（补强面积）布置得越靠近开孔边缘（应力明显增高区域）其加强效果越好。尽管补强面积均在有效补强宽度以内，但距开孔边缘较远的补强面积其补强效果就较差。基于以上情况，规定：除应满足上述等面积补强以外，还附带要求补强面积（dS_0）的 2/3 应布置在离开孔边缘 $d/4$ 范围以内，如图 3.32 所示，即同时要满足以下两个条件：

$$2(F_1+F_2+F_3+F_4) \geqslant dS_0 \tag{3.82}$$

$$2(F_1+F_2)+F_3+F_4 \geqslant \frac{2}{3}dS_0 \tag{3.83}$$

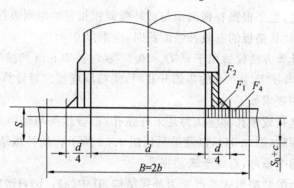

图 3.32　用加厚管接头补强的孔

如果不考虑附加补强结构（如图 3.32 中的焊缝截面积 F_1 及加厚短管截面积 F_2 和垫板截面积 F_3）的补强作用，则式（3.82）变成

$$2F_4 \geqslant dS_0$$

或

$$(B-d)(S_y-S_0) \geqslant dS_0 , \quad S_y = S-C$$

$$d(S_y-S_0) \geqslant dS_0$$

$$S_y \geqslant 2S_0$$

得

$$\varphi_s = S_0/S_y \leqslant 0.5$$

而式（3.83）变成

$$F_4 \geqslant \frac{2}{3}dS_0$$

或

$$\frac{1}{2}(B-d)(S_y-S_0) \geqslant \frac{2}{3}dS_0$$

解出后，得

$$S_y = \frac{7}{3}S_0$$

或

$$\varphi_s = S_0/S_y \leqslant \frac{7}{3} = 0.43$$

由以上分析可见，当 $\varphi_s \leqslant 0.43$ 时，即使不附加任何补强结构，式（3.82）及式（3.83）两个条件均能满足。因此当 $\varphi_s \leqslant 0.4$ 时（偏于安全），即使 $d > [d]$ 亦不必进行补强。

由以上分析可见，当 $\varphi_s > 0.4$ 时，必须添加补强结构。若添加的补强结构都集中在距孔边缘 $\dfrac{d}{4}$ 范围内（对于短管补强结构，一般是这样的）。在锅炉受压元件中垫板很少使用，不考虑 F_3 的情况，则距孔边缘 $\dfrac{d}{4}$ 范围内的全部补强面积为

$$2(F_1+F_2)+F_4 = 2(F_1+F_2+F_4)-F_4$$

如将式(3.82)及 $S_0/S_y \geqslant 0.6$ 代入上式,则得

$$2(F_1+F_2)+F_4=dS_0-\frac{d}{2}(S_y-S_0)\geqslant\frac{2}{3}dS_0$$

也就是说,当 $\varphi_s=S_0/S_y \geqslant 0.6$ 时,只要满足等面积补强要求(式(3.82)),则对补强面积分布的要求(式(3.83))就自然得到满足。

基于以上分析,对于管接头补强结构只有当 $0.4<\varphi_s<0.6$ 时,才须同时按式(3.82)及式(3.83)进行加强计算。

利用垫板补强时,也是根据补强面积与被补强面积相等的原则进行计算,但考虑到垫板的补强效果较差,故计算垫板的有效补强面积时,应乘以 0.8。

上述大孔补强计算方法仅适用于 $d/D_n<0.8$ 及 $d<600$ mm 的情况。如大孔为椭圆孔时,d 取长轴尺寸。当 $d/D_n \geqslant 0.8$ 的集箱开孔时,集箱厚度按三通计算。

对于补强结构的要求如下:

(1)胀接孔、螺丝孔或手孔都应认为是未补强孔;如管接头与锅筒筒体及集箱筒体连接的焊接形式为填角焊缝(图 3.34),以及虽采用图 3.33 所示孔的补强结构形式,但不满足式(3.82)及式(3.83)两个条件,都属于未加强孔。

(2)图 3.33 所示的结构形式都可视为补强结构,其中(a),(b),(c)的结构形式只适用于额定压力不大于 2.5 MPa 的锅炉。同时(a)的结构形式仅适用于不受热锅筒筒体。

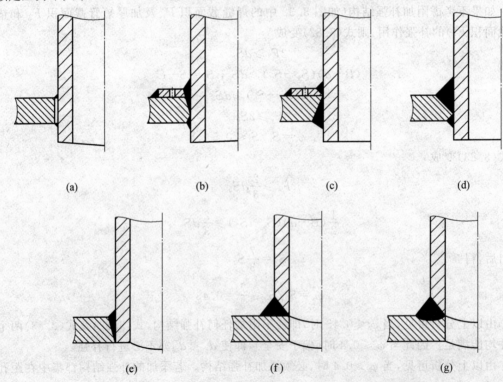

图 3.33　孔的补强结构形式

(3)单面角焊(图 3.34)的连接形式使管子与壳体的连接结构达不到成为整体的程度,故不认为对孔能起补强作用。

德国 TRD 规程采用"压力面积法"计算孔的补强。此方法要求在有效补强范围内元件

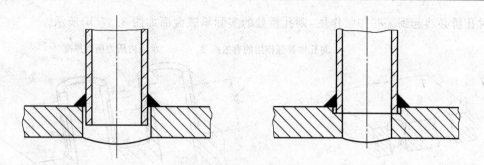

图 3.34　不能作为补强结构的管接头焊接形式

内部介质总压力应全部由壳体与补强件来承担,即(图 3.35)

$$pF_p = \sigma_\theta F_\sigma$$

由于　　　　　　　　　　$$\sigma_\theta - \sigma_r \geqslant [\sigma]$$

取　　　　　　　　　　　$$\sigma_r = -\frac{p}{2}$$

则　　　　　　　　$$pF_p \leqslant \left([\sigma] - \frac{p}{2}\right)F_\sigma$$

得　　　　　　$$F_\sigma \geqslant \left[\frac{p}{[\sigma] - \frac{p}{2}}\right]F_p \qquad (3.84)$$

对于斜向孔只要 $\alpha \geqslant 45°$(图 3.36),也要求满足式(3.84)的要求。

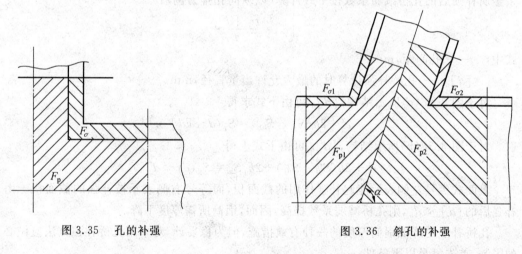

图 3.35　孔的补强　　　　　　图 3.36　斜孔的补强

　　"压力面积法"与"等面积补强法"均认为只要在补强有效范围内的承载截面积相同,所能承受的压力也就相同,故二者要求的补强面积也大致相同。补强有效范围的规定,二者有一定差别。

3.5.2　孔桥的补强

　　锅筒(锅壳)及集箱的厚度是按最薄弱部位——孔桥处的强度确定的,因而孔桥减弱系数直接关系到整个锅筒厚度的数值。孔桥减弱系数所反映的承载截面如图 3.37(a)所示。实际上,与锅筒焊在一起的管头尽管承担管内工质压力的作用,但管头截面总有一定裕度,它对孔桥必然起到某些加强作用,则孔桥处的实际承载截面如图 3.37(b)所示。

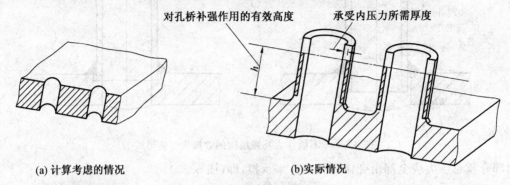

(a) 计算考虑的情况   (b)实际情况

图 3.37   承载截面(斜线部分)

对于低压锅炉,因管头承受内压所需厚度很小(一般小于 0.5 mm),而实际厚度较大(约3.5 mm),加之锅筒厚度不大(约在 15 mm 以下),所以,这种加强作用是显著的。对于高压锅炉,一般情况下这种补强作用有限,但如将管头厚度人为加厚,借以提高对孔桥的补强作用,从而使整个锅筒厚度减薄,这对管孔不很多的近代锅炉的锅筒,有时颇为有益。

孔桥的补强是应用管子的多余截面使孔的计算直径缩小方法来实现。由于孔桥承受拉应力作用,故也采用"等面积补强"原则,如图 3.38 所示。

补强后,由于孔径或管头内径 d_n 缩小至 $[d]_d$,故孔桥减弱系数得以提高。利用管头多余金属补强后的孔桥减弱系数按下式计算(以纵向孔排为例):

$$[\varphi] = \frac{t - [d]_d}{t}$$

式中 t——孔间距,mm;

$[d]_d$——孔桥补强计算时的最大允许当量直径,mm。

对于图 3.38(a)所示结构,$[d]_d$ 可由下式求得

$$e^2 + 2h(S_{y1} - S_{01}) = S_y(d - [d]_d)$$

对于图 3.38(b)所示结构,$[d]_d$ 可由下式求得

$$e^2 + 2h(S_{y1} - S_{01}) + 2h_1 S_{y1} = S_y(d - [d]_d)$$

上两式等号左侧表示能起补强作用的截面积,而等号右侧表示被补强的截面积。由于补强后的 $[d]_d < d_n$,则孔桥减弱系数提高,因而,锅筒所需厚度下降。

孔桥补强是降低锅筒厚度的一种有效措施,但为稳妥计,对采用孔桥补强方法应做必要的限制,首先满足以下条件:

(1)采用整体焊接结构,也就是只允许坡口型填角焊连接形式作为孔桥补强结构。如图 3.33 中的(d),(e),(f),(g)所示。

(2)若用孔桥补强方法过于提高减弱系数,可使孔边缘堆积过多金属而使局部刚性过大,由于与其他部位变形不协调,会导致较大附加应力。因此规定应满足以下要求:

$$S_y > 0.75 \frac{S_0}{\varphi_w}$$

式中 φ_w——未采取补强措施前的孔桥减弱系数;

S_y——补强后希望达到的有效厚度;

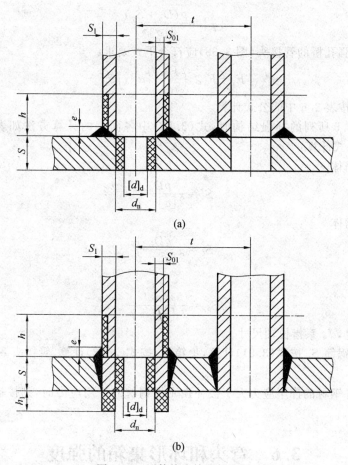

图 3.38　用管接头补强的孔桥

S_0——未减弱锅筒的理论计算厚度。

上式表明，希望达到的厚度不能过小。由上式，得

$$\frac{S_0}{S_y} < \frac{\varphi_w}{0.75}$$

而 $\dfrac{S_0}{S_y}$ 为允许提高达到的孔桥减弱系数 $[\varphi]$，则有

$$[\varphi] < \frac{4}{3}\varphi_w = 1.33\varphi_w$$

即利用孔桥补强方法只允许将原来未考虑补强的孔桥减弱系数 φ_w 提高 33%，它相当于只允许厚度下降 25%。当然，这个下降幅度也不算小。

根据上述允许提高达到的孔桥减弱系数 $[\varphi]$ 就可以求出允许将未考虑补强时的孔径或管接头内径 d_n 最多可以缩小到的 $[d]_d$ 值，则 $[d]$ 值可按下列公式计算：

对于纵向孔桥　　　　$[d]_d = (1-[\varphi])t$

对于横向孔桥　　　　$[d]_d = (1-[\varphi]/2)t'$

对于斜向孔桥　　　　$[d]_d = (1-[\varphi]/K)t''$

式中

$$[\varphi] = \frac{p(D_n + S_y)}{2[\sigma]S_y} \tag{3.85}$$

（3）用于补强孔桥的管接头（图 3.38）应符合下式要求：

$$F_1 + F_2 \geqslant \left(\frac{F}{S_0} - [d]_d\right)S_y \tag{3.86}$$

式中，F_1 及 F_2 按表 3.6 中的公式计算。

当采用表 3.6 所列的补强结构时，式（3.82）中各面积的计算方法如表中所示。表中 S_0、S_{01} 按下列公式计算：

对于锅筒筒体

$$S_0 = \frac{pD_n}{2[\sigma] - p}$$

对于集箱筒体

$$S_0 = \frac{pD_w}{2[\sigma] + p}$$

对于管接头

$$S_{01} = \frac{pd_w}{2[\sigma]_1 + p}$$

对于椭圆孔，d_w 系指长轴尺寸。

表 3.6 中，锅筒 S_y 按式（3.51）计算，集箱 S_y 按式（3.53）计算，管接头 S_{y1} 参照式（3.55）计算。

当补强元件钢材的许用应力大于被补强元件钢材的许用应力时，则按被补强元件的许用应力计算。

3.6　弯头和环形集箱的强度

管子弯头在锅炉中广为应用，环形集箱在某些锅炉上也有所应用，如立式旋风炉即由以上下环形集箱与中间大量水冷壁管组成，在燃油燃气工业锅炉中也有所应用。常用的弯头基本有两种，铸造弯头及由直管弯制的弯头。铸造弯头的筒体厚度基本上是均匀的，而由直管弯制的弯头在弯管后外侧筒体厚度减薄，内侧筒体厚度增加。当弯头承受内压作用时，弯头内外侧的应力与直管不同，内侧应力将比外侧的大些。这些因素（厚度变化、应力变化等）在对弯头及环形集箱进行强度计算时必须加以考虑。我国水管及锅壳锅炉受压元件强度计算标准中将这些因素的影响都考虑在附加厚度中。因此，弯头及环形集箱的附加厚度除了像直管那样考虑管子的最大负偏差及腐蚀薄量外，还包括由于形状改变所产生的应力变化，以及由于弯制过程产生的厚度变化。

3.6.1　铸造弯头的应力状态及附加厚度

弯头可看成中心线曲率半径为 R_0 的环形薄壁筒的一部分，如图 3.39 所示。承受内压后，与薄壁直筒相似，筒壁各处将产生环向应力 σ_θ 及轴向应力 σ_z。利用截面法及平衡条件，可求出 σ_θ 及 σ_z 的大小。

由图 3.39 中作用于 abb_1a_1 环形曲面上力的垂直分量的平衡条件，可求出环向应力 σ_θ：

$$p\pi(R^2 - R_0^2)\frac{\alpha}{360°} - \sigma_\theta S \sin\theta\, 2\pi R\,\frac{\alpha}{360°} = 0$$

式中　p——内压力，MPa，其他符号如图 3.39 所示。

则　　　$\sigma_\theta = \dfrac{p(R^2 - R_0{}^2)}{2SR\sin\theta}$

将 $R = R_0 + r\sin\theta$ 代入此式，得弯头壁中环向应力

$$\sigma_\theta = \frac{pr}{2S}\frac{2R_0 + r\sin\theta}{R_0 + r\sin\theta}$$

(3.87a)

式中　r——管子半径，mm。

由式（3.87(a)）可见，环向应力 σ_θ 沿圆周分布不均：

① $\theta = 0$，即在中性线处（图 3.39 中 b 点）

$$\sigma_\theta = \sigma_{\theta b} = \frac{pr}{S}\qquad(3.87b)$$

此应力与直圆筒上环向应力值一致。

② $\theta = \dfrac{\pi}{2}$，即在外侧（图 3.39 中 e 点）

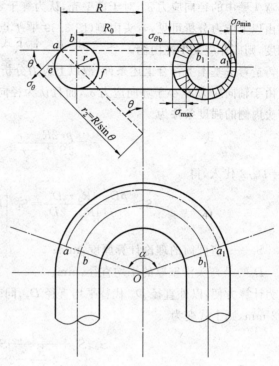

图 3.39　弯头受力示意图

$$\sigma_\theta = \sigma_{\theta e} = \frac{pr}{2S}\frac{2R_0 + r}{R_0 + r}\qquad(3.87c)$$

此应力为最小环向应力。

③ $\theta = \dfrac{3\pi}{2}$，即在内侧（图 3.39 中 f 点）

$$\sigma_\theta = \sigma_{\theta f} = \frac{pr}{2S}\frac{2R_0 - r}{R_0 - r}\qquad(3.87d)$$

此应力为最大环向应力。

上述是环向应力 σ_θ 沿圆周的分布情形，如图 3.39 右上角所示。

按曲面上力的平衡式，σ_θ 与 σ_z 之间存在以下关系（推导过程详见第 5 章），可求出弯头壁中的轴向力 σ_z：

$$\frac{\sigma_\theta}{r} + \frac{\sigma_z}{r_2} = \frac{p}{S}$$

将 $r_2 = R/\sin\theta$（图 3.39）代入上式，有

$$\frac{\sigma_\theta}{r} + \frac{\sigma_z\sin\theta}{R} = \frac{p}{S}$$

而 $R = R_0 + r\sin\theta$ 并将式（3.87(a)）代入上式，则得弯头壁中的轴向应力

$$\sigma_z = \frac{pr}{2S}$$

可见，所得轴向应力与直圆筒上的纵向应力值一样，且沿圆周各点不变。

弯头壁中的径向应力 σ_r，对于薄壁壳，认为等于零。

由以上应力分析可见，弯头内侧（图 3.39 中 f 点）的应力最大。若圆周厚度相同，且无椭圆度，则破坏应发生在内侧。

铸造弯头基本上符合上述条件，故以上应力分析用于铸造弯头。

由于轴向应力 σ_z 小于环向应力 σ_θ，而且认为径向应力 σ_r 等于零，则按最大剪应力理论，得弯头内侧的强度条件为

$$\sigma_d = \frac{pr}{2S}\frac{2R_0-r}{R_0-r} \leqslant [\sigma]$$

将 $r = D_p/2$ 代入，得

$$S \geqslant \frac{pD_p}{2[\sigma]}\frac{4R_0-D_p}{4R_0-2D_p} = S_L\left[1+\frac{1}{4\dfrac{R_0}{D_p}-2}\right]$$

式中　S_L——直圆筒的理论计算厚度，mm；

　　　　D_p——弯头沿壁厚的平均直径，mm。

为计算方便，以外直径 D_w 代替平均直径 D_p，同时，取铸造弯头厚度负偏差及腐蚀减薄量为 2 mm，则上式变为

$$S \geqslant S_L + \frac{1}{4\dfrac{R_0}{D_w}-2}S_L+2$$

或　　　　　　　　　　　　　　$$S \geqslant S_L+C$$

式中　C——铸造弯头的附加厚度，按下式确定：

$$C = \frac{1}{4\dfrac{R_0}{D_w}-2}S_L+2$$

3.6.2　由钢管弯制的弯头的应力状态及附加厚度

锅炉弯头及环形集箱一般都是由直钢管弯成的，此时，外侧厚度减薄，内侧厚度增大。厚度变化可由弯头轴向纤维的相对变化求得

$$\frac{\Delta S}{S} = -\mu\frac{\Delta L}{L}$$

式中　$\dfrac{\Delta S}{S}$——弯头厚度的相对变化；

　　　　$\dfrac{\Delta L}{L}$——弯头轴向纤维的相对变化；

　　　　μ——弯头材料的泊松比。

由于管子弯曲后已出现明显塑性变形，由实验得到 $\mu=0.5$。弯管外侧轴向纤维的相对变化为（图 3.40 中通过 e 点的轴向纤维）

$$\frac{\Delta L_e}{L_e} = \frac{\left(R_0+\dfrac{D_p}{2}\right)\theta-R_0\theta}{R_0\theta} = \frac{1}{2}\frac{D_p}{R_0}$$

故外侧厚度的变化量为

$$\Delta S_e = \mu \frac{\Delta L_e}{L_e} S = -\frac{1}{4} \frac{D_p}{R_0} S$$

弯头外侧厚度为

$$S_e = S + \Delta S_e = S\left(1 - \frac{1}{4}\frac{D_p}{R_0}\right) \tag{3.88}$$

同理,弯头内侧厚度为

$$S_f = S + \Delta S_f = S\left(1 + \frac{1}{4}\frac{D_p}{R_0}\right) \tag{3.89}$$

将式(3.88)代入式(3.87c),得外侧环向应力为

$$\sigma_{1e} = \frac{pD_p}{4S}\frac{4R_0 + D_p}{4R_0 - D_p}\frac{4R_0}{2R_0 + D_p}$$

将式(3.89)代入式(3.87d),得内侧环向应力为

$$\sigma_{1f} = \frac{pD_p}{4S}\frac{4R_0 - D_p}{4R_0 + D_p}\frac{4R_0}{2R_0 - D_p}$$

对比以上两式可知,内侧环向应力比外侧的稍大一些,即 $\sigma_{1f} > \sigma_{1e}$,但二者差别不大。在管子弯曲过程中,管子截面出现一定椭圆度,在内压力作用下将产生附加弯矩。由于外侧管壁比内侧管壁的薄,则外侧管壁的附加弯矩大于内侧管壁的弯矩。试验表明,弯头从不在内侧破坏,说明外侧合成应力大于内侧的。因此,应以外侧受力情况作为计算依据。弯头轴向应力小于环向应力,而且认为径向应力为零,则按最大剪应力理论的强度条件

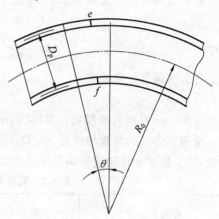

图 3.40　弯头截面示意图

$$\sigma_d = \sigma_{1e} = \frac{pD_p}{4S}\frac{4R_0 + D_p}{4R_0 - D_p}\frac{4R_0}{2R_0 + D_p} \leqslant [\sigma]$$

将上式进行整理,得弯头理论计算厚度为

$$S'_L = \frac{pD_p}{2[\sigma]}\left[1 + \frac{1}{\left(\frac{4R_0}{D_p} - 1\right)\left(\frac{2R_0}{D_p} + 1\right)}\right] = S_L\left[1 + \frac{1}{\left(\frac{4R_0}{D_p} - 1\right)\left(\frac{2R_0}{D_p} + 1\right)}\right]$$

式中　S_L——直圆筒的理论计算厚度,mm。

为计算方便,以外直径 D_w 代替平均直径 D_p,则上式要考虑弯头形状所产生的应力变化及工艺过程所产生的厚度变化的附加厚度为

$$C' = \frac{1}{(4n-1)(2n+1)}S_L \approx \frac{1}{2n(4n+1)}S_L$$

式中　　　　　　　　　　　　　$n = R_0/D_w$

若管子厚度的最大负偏差为 $m\%$,则考虑负偏差的附加厚度为

$$C'' = \frac{m}{100}S$$

式中　S——弯头的取用厚度,mm。

这样,弯头的取用厚度应满足以下条件:

$$S \geqslant S_L + C_1 = S_L + \frac{1}{2n(4n+1)}S_L + \frac{m}{100}S$$

式中　　$C_1 = C' + C''$。

解出 S，得

$$S \geqslant \frac{100}{100-m}\left[1 + \frac{1}{2n(4n+1)}\right]S_L = S_L + \frac{1}{100-m}\left[\frac{50}{n(4n+1)} + m\right]S_L$$

则考虑弯头应力变化，厚度变化及负偏差的附加厚度为

$$C_1 = \frac{1}{100-m}\left[\frac{50}{n(4n+1)} + m\right]S_L = A_1 S_L$$

若取腐蚀减薄量为 0.5 mm，则弯头总的附加厚度为

$$C = 0.5 + C_1 = 0.5 + A_1 S_L$$

式中

$$A_1 = \frac{1}{100-m}\left[\frac{50}{n(4n+1)} + m\right] \tag{3.90}$$

弯头的强度计算公式为

$$S \geqslant S_L + C$$

式中　　S_L——直圆筒的理论计算厚度，mm。

由钢管弯成的弯管均针对 $R_0/D_w \leqslant 3.5$ 而言的弯管，对 $R_0/D_w > 3.5$ 的由钢管弯成的弯管，除了最大允许圆度要满足表 3.7 要求外，其余均视作为直管处理。

表 3.7　圆弧形集箱的断面最大允许圆度　　　　　　　　　　%

弯曲半径 R_0	$2.5D_w \leqslant R_0 \leqslant 4.0D_w$	$R_0 > 4.0D_w$
圆度 $\dfrac{D_{wmax} - D_{wmin}}{D_w} \times 100$	10	5

注：D_{wmax}，D_{wmin} 分别为同一断面上的最大外径和最小外径

3.6.3　弯头的实际强度

如上所述，弯头最大应力发生在外侧。一些实际运行弯头及试验弯头的破坏实例有不少发生在此部位。但也会发生在其他部位，这是由以下原因造成的。

在弯管过程中，除管壁厚度发生变化外，同时在横截面上产生一定椭圆度。在内侧压力作用下，弯头横截面由椭圆趋于圆形，于是在长轴内壁处产生附加拉伸应力，当椭圆度达到一定值后，此处合成应力将大于弯头外侧的应力，于是弯头于此处发生破坏。

有些弯头横截面并非标准椭圆形，而是呈现较复杂的形状，如图 3.41 所示。此时，弯头外侧较薄区域的曲率半径很大，在内压力作用下，使点 1 产生较大拉应力，易形成纵向裂纹。另一危险区域为曲率半径很小的过渡区段点 2 处，在内压力作用下，也产生较大拉应力及易形成纵向裂纹，有时导致破裂。

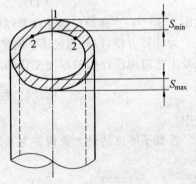

图 3.41　弯头横截面

若弯头是冷弯的，则塑性变形产生冷作硬化——屈服限、抗拉强度上升。尽管弯头应力

大于直段的应力,但有时破坏也可能发生在直段部位。

综上所述,带有弯头的管子,承受内压力作用时,破坏部位有三种可能:①弯头外侧;②弯头截面曲率半径最小部位;③直管段。至于具体破坏在哪个部位,取决于厚度的减薄、弯头的椭圆度、弯头材料强化程度等。弯头强度计算按外侧最薄部位进行,不考虑椭圆度过大等情况,因此,弯头截面几何形状必须满足要求。

3.7　附加外载引起的弯曲应力的校核计算

锅炉受压元件的强度计算公式是仅根据内压力导出的。附加的外部载荷在安全系数中加以考虑。但安全系数所考虑的外部载荷值是有一定限度的。在有些情况下,外部载荷引起的应力可能较大,使合成应力值超过许可值。因此,在强度计算之后,有时还须进行附加外载的校核计算。

我国水管锅炉受压元件强度标准规定,当锅筒筒体支点间的间距大于 10 m 或者 $2\varphi'$ 不大于最小 φ 或 φ_d 时,应对重量载荷引起的弯曲应力进行强度校核。重量载荷(附加外载)应包括锅筒及相连元件的金属重量及其内部满水时的水重,以及绝热材料的重量等。

对于锅筒及集箱来说,附加外载主要引起弯曲应力。弯曲应力属于纵向(轴向)的,而内压力产生的纵向应力 σ_z 仅为环向应力 σ_θ 的一半,因此即使存在一定的弯曲应力,一般不会影响锅筒强度。另外,弯曲应力与内压力产生的应力之和允许达到 1.5 倍许用应力。所以,只有当筒体支点间距较大使弯曲应力很大时,或者筒体横向减弱较严重($2\varphi'$ 小于 φ 或 φ_d)使纵向应力超过环向应力时,才要求进行弯曲应力校核计算。

GB/T 16508 锅壳锅炉受压元件强度计算标准未提出弯曲应力校核问题,因锅壳不是很长,锅壳也不存在横截面减弱严重问题。

承受内压力的锅筒在最不利的情况下,同时承受内压力以及外部轴向力、弯矩和扭矩的联合作用。在这种情况下,最不利点的应力状态如图 3.42 中 A 点所示(内压力引起的径向应力 σ_r 忽略不计)。A 点的应力状态为

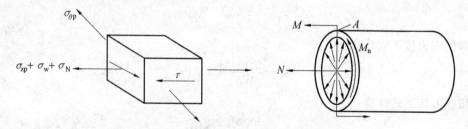

图 3.42　圆筒最不利点(A 点)的应力状态

$\sigma_{\theta p}$—内压力引起的环向应力;σ_{zp}—内压力引起的轴向应力;

σ_w—弯矩 M 引起的弯曲应力(轴向);σ_N—轴向力 N 引起的轴向应力;τ—扭矩 M_n 引起的剪应力

$$\sigma_\theta = \sigma_{\theta p}$$

$$\sigma_z = \sigma_{zp} + \sigma_N + \sigma_w$$

$$\tau = \tau_n$$

根据材料力学中的平面应力状态分析,此应力状态在应力平面内的两个主应力为

$$\sigma_{\max}=\frac{\sigma_z+\sigma_\theta}{2}+\sqrt{\left(\frac{\sigma_z-\sigma_\theta}{2}\right)^2+\tau^2}$$

$$\sigma_{\min}=\frac{\sigma_z+\sigma_\theta}{2}-\sqrt{\left(\frac{\sigma_z-\sigma_\theta}{2}\right)^2+\tau^2}$$

一般说，锅炉受压元件中外载引起的扭转剪应力 τ 较小。可以证明，当 $\tau\leqslant\sqrt{\sigma_\theta\sigma_z}$ 时，$\sigma_{\min}\geqslant0$；故 $\sigma_1=\sigma_{\max}$，$\sigma_2=\sigma_{\min}$，$\sigma_3=0$。最大剪应力强度理论的当量应力及强度条件为

$$\sigma_d=\sigma_1-\sigma_3=\sigma_{\max}\leqslant[\sigma]$$

将 $\sigma_{\theta p}=2\sigma_{zp}$ 及 $\sigma_z,\sigma_\theta,\tau$ 值代入后得

$$\frac{1}{2}\left[3\sigma_{zp}+\sigma_N+\sigma_w+\sqrt{(\sigma_w+\sigma_N-\sigma_{zp})^2+4\tau^2}\right]\leqslant[\sigma] \tag{3.91}$$

按上式校核较为繁琐，计算时很不方便。当 τ 较小时，将式(3.91)加以简化，先将 σ_w 与 τ 按最大剪应力理论组合成 $\sqrt{\sigma_w^2+4\tau^2}$，考虑到一般情况下 σ_w 所占比例较大，故将组合应力视为轴向应力，则得

$$\sigma_{zp}+\sigma_N+\sqrt{\sigma_w^2+4\tau^2}\leqslant[\sigma]$$

将 $\sigma_{zp}=P(D_n+S_y)/4\varphi_x S_y$ 代入上式，得

$$\sigma_N+\sqrt{\sigma_w^2+4\tau^2}\leqslant[\sigma]-\frac{P(D_n+S_y)}{4\varphi_x S_y}$$

如仅有弯矩，则上式变为

$$\sigma_w\leqslant[\sigma]-\frac{p(D_n+S_y)}{4\varphi_x S_y} \tag{3.92}$$

式中减弱系数 φ_x 为所校核断面上最大弯曲应力部位的横向孔桥减弱系数或环向焊缝减弱系数。

式(3.92)即为我国 GB/T 9222 标准中规定的锅筒筒体弯曲应力的校核计算公式。可以证明，与式(3.90)相比较，按式(3.92)简化公式计算更加安全。

式(3.91)中附加轴向应力按下式计算：

$$\sigma_N=\frac{1\,000N}{F\varphi_x}\quad\text{MPa}$$

附加弯曲应力按下式计算：

$$\sigma_w=\frac{1\,000M}{W\varphi_x}\quad\text{MPa}$$

附加切应力按下式计算：

$$\tau=\frac{500M_n}{W\varphi_x}\quad\text{MPa}$$

以上公式中：

N——附加轴向力，kN；

M,M_n——校核断面的弯曲力矩与扭转力矩，kN·mm；

F——校核断面的截面积，mm^2；

W——校核断面的抗弯断面系数，mm^3。

在没有较大的局部载荷情况下，外载可以看成沿元件长度均匀分布，即可以将元件看成一受均布载荷作用的外伸梁，如图3.43所示。支点间任一断面中的弯矩按下式计算：

$$M = M_x = \frac{q(L+2a)(x-a)}{2} - \frac{qx^2}{2} \quad kN \cdot mm$$

式中　q——单位长度的载荷，kN/mm，$q = \frac{\Sigma G}{L+2a}$；

$\quad\quad \Sigma G$——促使锅筒筒体弯曲的总重力，kN，有锅筒自身的重力、对应最高水位的锅筒内部水的重力、锅筒外部绝热层的重力、锅内设备的重力、使锅筒弯曲的所有其他元件（安全阀、主汽阀等）及管道系统等的重力；

$\quad\quad L$——支点间距，mm；

$\quad\quad a$——悬臂部分的长度，mm；

$\quad\quad x$——由锅筒端部至所求断面的距离，mm。

最大弯矩在锅筒中间。

锅筒上布置各种孔排，锅筒横断面被孔所减弱。弯矩最大的断面不一定是被孔减弱最严重的断面。因此，在确定最危险断面时，应同时考虑到弯矩和抗弯断面系数两个因素，有时，还要考虑有环向焊缝的断面。在某些情况下，需要校核几个断面，从而找出最大弯曲应力。

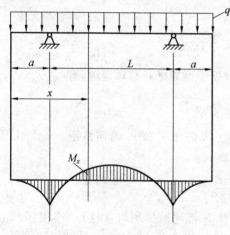

图 3.43　锅筒弯矩

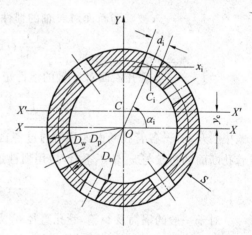

图 3.44　被孔减弱的圆筒断面

被孔减弱断面的抗弯断面系数应为对通过被减弱断面形心 C 的水平轴 x'（即中性轴）的抗弯断面系数，按下式计算：

$$W = W_{x'} = \frac{J_{x'}}{\frac{D_w}{2} + y_c}$$

式中　y_c——形心 C 与圆心 O 的垂直距离，如图 3.44 所示，mm；

$\quad\quad J_{x'}$——对中性轴 x'（通过形心的水平轴）的惯性矩，mm^4。

根据材料力学中求形心的方法，取参考坐标为通过圆心 O 的 x 轴，得

$$y_c = \frac{S_x}{F}$$

式中　S_x——被减弱断面对 x 轴的静矩（面积形心离 x 轴的距离与此面积的乘积），mm^3；

$\quad\quad F$——被减弱断面的面积，mm^2。

计算时,可将被减弱断面视为未减弱圆筒的断面积减去各管孔的断面积(近似看作矩形 d_iS, S 为圆筒厚度, d_i 为各管孔直径)。未减弱圆筒断面对 x 轴的静矩为零,各管孔断面对 $x-x$ 轴的静矩为 $d_iS\left(\dfrac{1}{2}D_p\sin\alpha_i\right)$, D_p 为圆筒中径, α_i 为各管孔断面中心的坐标角(自 x 轴逆时针方向为正)。代入上式,得

$$y_c = \frac{-\dfrac{D_p S}{2}\sum d_i\sin\alpha_i}{\dfrac{\pi}{4}(D_w^2 - D_n^2) - S\sum d_i} \approx \frac{-\dfrac{D_p S}{2}\sum d_i\sin\alpha_i}{\pi D_p S - S\sum d_i} = -\frac{1}{2}\frac{D_p\sum d_i\sin\alpha_i}{\pi D_p - \sum d_i}$$

被减弱断面对中性轴 x' 的惯性矩,根据材料力学中惯性矩平行移轴定理,为

$$J_{x'} = J_x - y_c^2 F$$

式中　F——被减弱断面的面积, mm^2;

$$F \approx S(\pi D_p - \sum d_i)$$

J_x——被减弱断面对通过圆心的 x 轴的惯性矩, mm^4;

$$J_x = J_{x0} - \sum J_{xi}$$

J_{x0}——未被减弱断面对 x 轴的惯性矩, mm^4;

$$J_{x0} = \frac{\pi}{64}(D_w^4 - D_n^4) \approx \frac{\pi}{8}D_p^3 S$$

J_{xi}——各管孔断面对 x 轴的惯性矩, mm^4,根据惯性矩平行移轴定理,有

$$J_{xi} = J^\circ_{xi} + (d_iS)\left(\frac{D_p}{2}\sin\alpha_i\right)^2$$

式中　J°_{xi}——各管孔断面面积对通过各自断面形心 C_i 的水平轴 x_i 的惯性矩, mm^4,由于管孔断面的边长与 x_i 轴不平行,应用惯性矩转轴定理,得

$$J^\circ_{xi} = \frac{Sd_i^3}{12}\cos^2\alpha_i + \frac{S^3 d_i}{12}\sin^2\alpha_i$$

对于一般的锅筒及集箱,管孔直径 d_i 及筒体厚度 S 都比筒体平均直径 D_p 小很多。由上式可知,当 d_i 及 $S \ll D_p$ 时, $J^\circ_{xi} \ll J_{x0}$;因此, J°_{xi} 项可忽略不计。将 J°_{xi} 及 J_{xi} 代入 J_x,再将 J_x 代入 $J_{x'}$ 后,得

$$J_{x'} \approx \frac{\pi}{8}D_p^3 S - \frac{D_p^2 S}{4}\sum d_i\sin^2\alpha_i - 5(\pi D_p - \sum d_i)y_c^2$$

再将 y_c 代入后,最后得

$$J_{x'} = \frac{D_p^2 S}{4}\left[\frac{1}{2}\pi D_p - \sum d_i\sin^2\alpha_i - \frac{\left(\sum d_i\sin\alpha_i\right)^2}{\pi D_p - \sum d_i}\right]$$

严格讲,横截面上开孔不一定对称于垂直轴 Y,故以上计算有一定近似性,但考虑到管孔尺寸相对筒体平均直径小很多,故不会引起明显偏差。

当断面水平轴线 $x-x$ 上、下两半部开孔减弱情况较接近时, y_c 值甚小,可忽略不计(认为轴线 $x-x$ 与轴线 $x'-x'$ 重合,也即 $y_c=0$),因此,抗弯断面系数可按下式近似计算:

$$W \approx W_{x'} = \frac{2J_{x'}}{D_w}$$

式中

$$J_{x'} = \frac{D_p^2 S}{4}\left[\frac{1}{2}\pi D_p - \sum d_i \sin^2\alpha_i\right]$$

求出最大附加弯曲应力 σ_w 后，即可对筒体进行弯曲应力的校核计算。

3.8　最大水压试验压力

水压试验压力均高于锅炉受压元件的计算压力，但因是在室温条件下进行，材料的强度特性较运行条件下为高。由于存在上述不利及有利两种因素，故无法肯定水压试验时，受压元件的强度是否足够。因此，应对水压试验时的强度进行必要的校核。

国内外锅炉安全技术监察规程一般要求水压试验时，锅筒筒体孔桥处内壁的当量应力不应超过试验温度（常温）条件下材料屈服限 σ_s 的 90%，即距内壁大面积屈服留有 10% 的裕度。

由式（3.14）可得按最大剪应力理论的锅筒筒体内壁当量应力为

$$\sigma_{dn} = \sigma_{\theta n} - \sigma_{rn} = p\frac{\beta^2+1}{\beta^2-1} - (-p) = 2p\frac{\beta^2}{\beta^2-1}$$

根据锅炉安全技术监察规程要求

$$\sigma_{dn} < 0.9\sigma_s$$

由此，得

$$p < 0.45\frac{\beta^2-1}{\beta^2}\sigma_s$$

如水压试验时筒体的最小减弱系数为 φ_{sw}（有时它区别于设计锅炉的 φ_{min}，因水压试验时可能有些孔尚未开出），则上式变为

$$p_{sw} < 0.45\frac{\beta^2-1}{\beta^2}\varphi_{sw}\sigma_s \tag{3.93}$$

其中

$$\beta = \frac{D_w}{D_n} \approx \frac{D_n+2(S-C)}{D_n} = 1 + \frac{2S_y}{D_n}$$

式中　P_{sw}——最大水压试验压力，MPa；

　　　S_y——筒壳有效厚度，mm；

　　　D_w——筒壳外直径，mm；

　　　D_n——筒壳内直径，mm；

　　　C——筒壳的附加厚度，mm；

　　　σ_s——水压试验温度（20 ℃）时材料的屈服限，MPa；

　　　φ_{sw}——水压试验时的最小减弱系数，取纵向焊缝减弱系数 φ_h、孔桥减弱系数 φ，$2\varphi'$ 及 σ_d 中最小值。

我国水压试验压力一般为 1.25 倍工作压力（$1.25P_g$），一般情况下均能满足上式要求。个别情况下，规定的水压试验压力大于按式（3.93）算出的 p_{sw} 值时，应取 p_{sw} 为水压试验压力。我国锅炉安全技术监察规程中规定的水压试验压力见表3.8。

表 3.8　水压试验压力

名　称	锅筒(壳)工作压力 p	试验压力
锅炉本体	<0.8 MPa	1.5 倍锅筒(锅壳)工作压力,但不小于 0.2 MPa
锅炉本体	0.8~1.6 MPa	锅筒(锅壳)工作压力加 0.4 MPa
锅炉本体	>1.6 MPa	1.25 倍锅筒(锅壳)工作压力
直流锅炉本体	任何压力	介质出口压力的 1.25 倍,且不小于省煤器进口压力的 1.1 倍
再热器	任何压力	1.5 倍再热器的工作压力
铸铁省煤器	任何压力	1.5 倍铸铁省煤器的工作压力

3.9　对圆筒形受压元件的结构要求

为了防止强度计算时未能考虑到的附加载荷超过许用应力中安全裕度所允许的程度,以及便于加工制造等,圆筒形受压元件的结构必须满足一定的要求。

3.9.1　对厚度的限制

1. 锅筒(锅壳)厚度的最小值

若根据强度计算取用的筒壳厚度太小,则在制造、运输、安装等过程中,可能由于偶然原因使筒壳局部塌陷或产生过大的总体变形而给工艺带来一些困难,难以保持住设计的形状。另外,若受热面管与筒壳采用胀接连接时,壁厚太小则不能保证连接质量的要求。因此,根据多年实践经验,规定在任何情况下筒壳厚度不应小于如下要求:

(1)对于水管锅炉,锅筒筒体内径 D_n 大于 1 000 mm 时,锅筒筒体的取用厚度不应小于 6 mm;D_n 不大于 1 000 mm 时,锅筒筒体的取用厚度不应小于 4 mm;采用胀接管连接时,锅筒筒体的取用厚度不应小于 12 mm。

(2)对于锅壳锅炉,当锅壳内径大于 1 000 mm 时,锅壳筒体的取用厚度不应小于 6 mm;当锅壳内径不大于 1 000 mm 时,锅壳筒体的取用厚度不应小于 4 mm。

2. 不绝热锅筒(锅壳)厚度的最大值

不绝热筒壳的最大允许厚度是从防止热应力过大导致低周疲劳考虑。当热流自外向内传递时,筒壳内壁的环向应力由式(1.4)可简化为

$$\sigma_{\theta t_n} = 1.22 \Delta t \frac{2\beta+1}{\beta+1}$$

它与内压力产生的内壁环向应力 $\sigma_{\theta n}$ 相叠加,按最大剪应力理论,并设径向应力为零,则内壁当量应力为

$$\sigma_{dn} = \sigma_{\theta n} + 1.22 \Delta t \frac{2\beta+1}{\beta+1}$$

从防止低周疲劳考虑,并忽略温度对弹性模量的影响,由式(1.2)有

$$\frac{k\sigma_{dn}}{2} \leqslant [\sigma_a]$$

将 σ_{dn} 代入上式,并经整理,得

$$\Delta t \leqslant \frac{\beta+1}{1.22(2\beta+1)k}(2[\sigma_a]-k\sigma_{\theta n}) \tag{3.94}$$

由式(1.3)有

$$\Delta t = t_w - t_n = \frac{qD_w \ln\beta}{2\lambda} \approx \frac{qD_w}{\lambda}\frac{\beta-1}{\beta+1} \tag{3.95}$$

将以上二式合并,得

$$A(2\beta+1)(\beta-1) \leqslant (\beta+1)^2$$

而上式中

$$A = \frac{qD_w}{\lambda}\frac{1.22k}{2[\sigma_a]-k\sigma_{\theta n}}$$

β 的近似解为

$$\beta \leqslant \frac{2A+1.6}{2A-1}$$

或

$$S \leqslant \frac{1.3}{2A+1.6}D_w \tag{3.96}$$

式(3.96)代入实际数据,即可计算出不绝热受压元件的最大允许厚度,见表 3.9。

表 3.9　不绝热锅筒(集箱)筒体的最大允许厚度

受压元件	$p \leqslant 2.5$ MPa 工业锅炉锅筒		$p > 2.5$ MPa 电站锅炉集箱		$p \leqslant 2.5$ MPa 工业锅炉集箱	
烟温/℃	>900	600~900	>900	600~900	>900	600~900
起停次数 N/次	10 000	10 000	2 000	2 000	10 000	10 000
$[\sigma_a]$/MPa	270	270	440	440	270	270
K	3	3	3	3	3	3
$\sigma_{\theta n}$/MPa	120	120	150	150	120	120
q/(W·m^{-2})	70×10^3	47×10^3	116×10^3	81×10^3	116×10^3	81×10^3
λ/(W·m^{-1}·℃$^{-1}$)	44.2	44.2	44.2	44.2	44.2	44.2
D_w/m	0.8	0.8	0.3	0.3	0.3	0.3
A 值	25.7	17.1	6.72	4.71	16.1	11.2
S/mm	19.6	29.1	25.9	35.4	11.5	16.3
我国 GB/T 9222 标准规定的 S 值	26	30	30	45	15	20

由表 3.9 可见,电站锅炉集箱与工业锅炉集箱的最大允许厚度有很大差别。这主要是压力大于 2.5 MPa 时按电站锅炉起停次数为 2 000 次,而压力不大于 2.5 MPa 时按工业锅炉起停次数为 10 000 次考虑的。如果锅炉在寿命期限内的起停次数与上述有明显差异,可按式(3.95)重新计算最大允许厚度。

我国 GB/T 16508 标准规定不绝热的锅壳的取用厚度不应大于表 3.10 所列数值。

表 3.10　　不绝热锅壳的最大允许壁厚　　　　　　　　mm

工作条件	最大允许厚度
在烟温大于 900 ℃的烟道或炉膛内	26
在烟温为 600~900 ℃之间的烟道内	30

热负荷很高的超高压锅炉水冷壁管子,由于厚度较大,热负荷又很高,会使内外壁温差很大而产生很高的热应力,有可能导致低周疲劳破坏。

热负荷很高的超高压锅炉水冷壁管子在燃烧器附近的壁温变化次数较多,取 $N=5\ 000$ 次,由图 1.30 查得 $[\sigma_a]=350$ MPa。考虑焊缝根部可能存在缺陷而取应力集中系数 $K=2.0$。设 $\sigma_{\theta n}=150$ MPa,$\beta=1.5$。将上述数值代入式(3.94),得

$$\Delta t=\frac{\beta+1}{1.22(2\beta+1)k}(2[\sigma_a]-k\sigma_{\theta n})=\frac{2.5}{1.22\times4\times2}(2\times350-2\times150)=102\ ℃\approx100\ ℃$$

可见,为了防止低周疲劳,内外壁温差不应大于 100 ℃。

由式(1.3),有

$$\Delta t=\frac{qD_w\ln\beta}{2\lambda}\approx\frac{qD_w}{\lambda}\frac{\beta-1}{\beta+1}$$

或

$$S=\frac{D_w}{1+\dfrac{D_w q}{\Delta t\lambda}}$$

如 q 用 q_{max} 代之,取 $\Delta t\leqslant100$ ℃,S 与 D_w 的单位取 mm,则得出 GB/T 9222 标准中规定的为防止水冷壁管子产生低周疲劳而对厚度的限制公式:

$$S\leqslant\frac{D_w}{1+\dfrac{D_w q_{max}}{10^5\lambda}} \tag{3.97}$$

式中　　D_w——管子的外径,mm;

　　　　q_{max}——最大热流密度,kW/m^2;

　　　　λ——钢材导热系数,kW/(m·℃)。

3.9.2　对筒壳椭圆度的限制

当筒壳有一定椭圆度时,其在内压力作用下会趋于圆形,于是产生附加弯矩 M(图 3.45)。此弯矩可按下式计算:

$$M=\frac{p}{2}a^2\eta\approx\frac{p}{8}D_p^2\eta \tag{3.98}$$

式中　　η——相对椭圆度,$\eta=(a-b)/a=(D_{max}-D_{min})/D_{max}$;

　　　　D_p——筒壳的平均直径。

由式(3.98)得附加弯曲应力为

$$\sigma_w=\frac{6M}{S^2}=\frac{3}{4}\frac{pD_p^2}{S^2}\eta$$

由此得最大环向应力为

$$\sigma_{\theta+w}=\sigma_\theta+\sigma_w=\frac{pD_p}{2S}+\frac{3}{4}\frac{pD_p^2}{S^2}\eta=\frac{pD_p}{2S}\left(1+\frac{3}{2}\frac{D_p}{S}\eta\right) \tag{3.99}$$

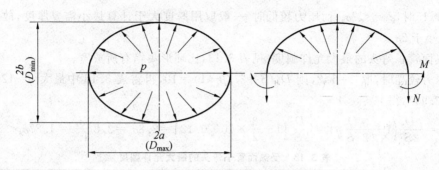

图 3.45　有椭圆度的筒壳

对于锅筒，若取 $\beta = 1.05$，则 $D_p/S = 2/(\beta - 1) = 40$。由表 3.11 可见，对于高压锅炉，允许的相对椭圆度 $\eta = 0.7\%$。代入式(3.99)，得

$$\sigma_{\theta + w} = 1.42\left(\frac{pD_p}{2S}\right) = 1.42\sigma_\theta$$

即附加弯曲应力使环向应力增大 42%。当存在弯曲应力时，根据应力分类及控制原则，许用应力可取 $1.5[\sigma]$，另外，此弯曲应力具有二次应力性质，许用应力还可以放大。因此，规定 $\eta = 0.7\%$ 是安全的。

表 3.11　锅筒筒体同一断面最大内径与最小内径之差值

条件	$p_e \leqslant 3.8$ MPa			$p_e > 3.8$ MPa	
	$D_n \leqslant 1\,000$ mm	$1\,000$ mm$< D_n \leqslant 1\,500$ mm	$D_n > 1\,500$ mm	$\beta_L < 1.1$	$\beta_L \geqslant 1.1$
热卷	6	7	9	$0.007D_n$	$0.010D_n$
冷卷	4	6	8		

表 3.11 中，中低压锅炉的允许相对椭圆度 $\eta \approx (0.4 \sim 0.6)\%$，而中低压锅炉的 D_p/S 较大，可达 60，将其代入式(3.99)，得

$$\sigma_{\theta + w} = (1.36 \sim 1.54)\left(\frac{pD_p}{2S}\right) = (1.36 \sim 1.54)\sigma_\theta$$

可见，表 3.11 中的规定也是可行的。

环形集箱的断面最大允许圆度见表 3.12，其中圆度 $(D_{wmax} - D_{wmin})/D_w$ 即是上述中的允许相对椭圆度 η。若取 $\beta = 1.15$，则 $D_p/S = 2/(\beta - 1) = 13.33$，由表 3.12 可知，最大允许椭圆度 $\eta = 10\%$，代入式(3.99)，得

$$\sigma_{\theta + w} = \frac{pD_p}{2S}\left(1 + \frac{3}{2}\frac{D_p}{S}\eta\right) = \frac{pD_p}{2S}\left(1 + \frac{3}{2}13.3 \times 0.1\right) = 3\frac{pD_p}{2S} = 3\sigma_\theta = 3[\sigma] = 3\frac{\sigma_s}{1.5} = 2\sigma_s$$

表 3.12　环形集箱的断面最大允许圆度

弯曲半径 R	$2.5D_w \leqslant R \leqslant 4.0D_w$	$R > 4.0D_w$
圆度 $\dfrac{D_{wmax} - D_{wmin}}{D_w} \times 100$	10	5

注：D_{wmax}，D_{wmin} 分别为同一断面上的最大外径和最小外径

由于附加弯曲应力具有二次应力性质，故以上最大允许圆度的规定是可行的。当压力

较高 $\beta>1.15$ 时，$\sigma_{\theta+w}<2\sigma_s$；而压力较低时，一般取用厚度大于计算最小需要厚度，故实际的 $\sigma_{\theta+w}$ 也会小于 $2\sigma_s$。

受热面管子弯头的最大允许圆度（见表 3.13）比环形集箱有所放宽。

当压力较高时，取 $\beta=1.2$，则 $D_p/S=2/(\beta-1)=10$，再将表 3.13 中最大 $\eta=12\%$ 一并代入式（3.99），得

$$\sigma_{\theta+w}=\frac{pD_p}{2S}\left(1+\frac{3}{2}\frac{D_p}{S}\eta\right)=\frac{pD_p}{2S}\left(1+\frac{3}{2}\times10\times0.12\right)=2.8\sigma_\theta=2.8\frac{\sigma_s}{1.5}=1.87\sigma_s<2\sigma_s$$

表 3.13　受热面管子弯头的最大允许圆度　　　　　　　　%

弯头中心线的曲率半径 R	$1.4D_w<R<2.5D_w$	$R\geqslant2.5D_w$
圆度 $\dfrac{D_{wmax}-D_{wmin}}{D_w}\times100$	12	10

由于附加弯曲应力具有二次应力性质，故表 3.13 中的规定是可行的。当压力较低而且 $\beta<1.2$ 时，计算出 $\sigma_{\theta+w}>2\sigma_s$，但实际取用厚度一般均大于计算最小需要厚度，则 $\sigma_{\theta+w}<2\sigma_s$ 的要求一般能得到满足。

弯头及环形集箱相对锅筒来说，其破坏后果要小一些，故根据工艺上的实际可能，允许椭圆度放宽是可行的。

3.9.3　对管孔布置的限制

胀接管子在孔的周围产生直径均为 $1.5d$ 的塑性变形区域，据此，为防止塑性变形区域重叠，确保胀接质量，管孔不能排列太密。当塑性变形区域刚好相切时（图 3.46），节距 $t=1.5d=D_{塑}$，则

$$\varphi=\frac{t-d}{t}=\frac{1.5d-d}{1.5d}=0.33$$

因而规定，对于胀接管孔，孔桥减弱系数 φ，φ' 及 φ'' 均不应小于 0.3。

胀接管孔应尽量避开焊缝，因焊缝及其热影响区的金属变形性能与其他部位难以完全一样，若孔的一部分开在焊缝区域，另一部分处于母材上，则难以保证胀接严密性。因而规定，胀接管孔中心距焊缝边缘 L 不应小于 $0.8d$，且不小于 $(0.5d+12)$ mm（图 3.47）。胀接管孔不得开在锅筒筒体的纵向焊缝上，同时亦应避免开在环向焊缝上。如结构设计不能避免时，在管孔周围 60 mm（若管孔直径大于 60 mm，则取孔径值）范围内的焊缝经射线探伤合格，且焊

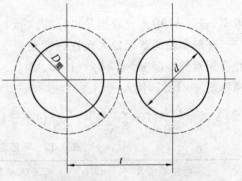

图 3.46　胀接管孔之间的最小距离

缝在管孔边缘上不存在夹渣，并对开孔部位的焊缝内外表面进行磨平和将受压部件整体热处理后，方可在环向焊缝上开胀接管孔。

焊接管孔应尽量避免开在主焊缝上，并避免管孔焊缝边缘与相邻主焊缝边缘的净间距

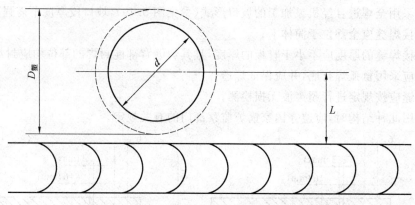

图 3.47　胀接管孔与焊缝之间的最小距离

小于 10 mm。如不能避免时,在管孔中心 1.5 倍管孔直径(当管孔直径小于 60 mm 时,为 $(0.5d+60)$ mm)范围内的主焊缝经射线探伤合格,且孔周边不应夹渣;管子或管接头焊后经热处理或局部热处理消除残余应力。此时,该部位的减弱系数取孔桥减弱系数与焊缝减弱系数的乘积。

3.9.4　锅壳筒体与平管板的连接形式限制

(1) 锅壳筒体与扳边的平管板或凸形封头的连接形式如图 3.48 所示。当对接边缘偏差 δ 超过表 3.14 中规定值时,应进行削薄,削薄长度不应小于削薄厚度的 4 倍(图 3.48)。

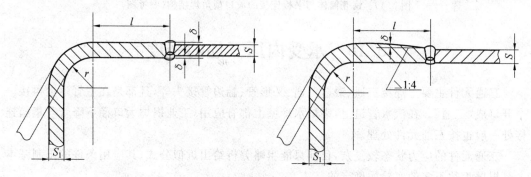

图 3.48　锅壳筒体与扳边的平板或凸形封头的连接

表 3.14　扳边元件的结构要求

扳边元件的厚度 S_1	扳边元件直段长度 l	扳边内半径 r	对接边缘偏差 δ
<10	$\geqslant 25$	平板或管板见第 6 章; 扁球形封头见第 5 章	$\leqslant 0.1S_1+1$ 且 $\leqslant 4$
$10\sim20$	$\geqslant S_1+15$		
>20	$\geqslant 0.5S_1+25$		

(2)锅壳筒体与平管板采用坡口型角焊连接时,应符合如下规定:

①锅炉的额定压力应不大于 2.5 MPa;

②烟温不大于 600 ℃部位(不受烟气冲刷部位,且采用可靠绝热时,可不受此限制);

③应采用全焊透且经机械加工的坡口形式(参见图 3.49),坡口段厚度不需强度校核;

④连接焊缝应全部位于筒体上;

⑤连接焊缝的厚度应不小于管板的厚度,且其焊缝背部能封焊的部位均应封焊,不能封焊的部位应采用氩弧焊打底,并应保证焊透;

⑥焊缝应按规定进行超声波无损检测;

⑦采用此种结构时,应遵守国家锅炉监察部门的有关规定。

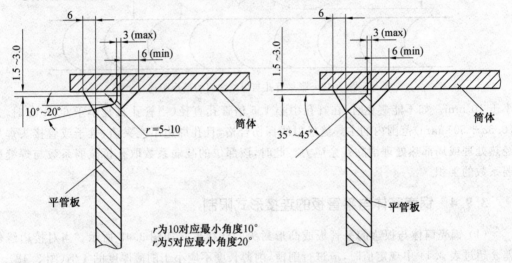

图 3.49　锅壳筒体与平板连接的坡口型角焊结构(参考图)

3.10　承受内压三通的强度

三通元件主要是焊接三通、锻造三通、叉形管、翻边管接头等,且都是在主管道上再接一个开口成"三通"。在汽水管道上,锅炉水冷壁上都有应用,工业锅炉大口径下降管与集箱连接处一般也按三通元件处理。

三通元件的应力状态较复杂,目前只能粗略分析给出近似公式,其应用条件的限制基本上是根据为数不多的实验而确定的。

无加强元件的焊制三通由主管及支管焊接而成(图 3.50)。由于在主管上开孔,其强度受到了一定程度的减弱。因此,当三通上无加强元件时,其厚度应比管道厚度大些。故工程中有时将无加强元件三通称为厚壁加强三通。

3.10.1　无加强元件焊制三通的应力分析

无加强元件的焊制三通在内压力 p 的作用下,在焊缝附近区域除了薄膜应力外,还存在弯曲应力的作用。主管受力情况可视为内压力 p 和支管的拉力 q 共同作用的结果(图 3.51)。内压力 p 所产生的三向应力与以前所述筒壳相同。支管的拉力按下式计算:

$$q = \frac{p \frac{\pi}{4} d_n^2}{\pi d_p} = \frac{p d_n^2}{4 d_p} \tag{3.100}$$

此拉力 q 可分解为主管径向拉力 $q' = q \cos \alpha$ 及环向拉力 $q'' = q \sin \alpha$。它们所产生的环

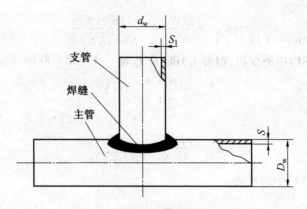

图 3.50　无加强元件的焊制三通

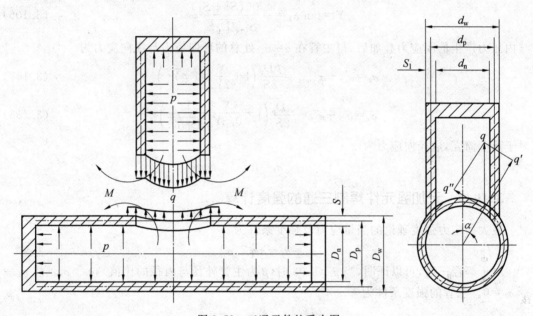

图 3.51　三通元件的受力图

向及纵向应力可近似求得为

$$\sigma''_{\theta} = q\left(\frac{\mu\cos\alpha}{2\lambda W} + \frac{\sin\alpha}{S}\right) \tag{3.101}$$

$$\sigma''_{z} = \frac{q\cos\alpha}{2\lambda W} \tag{3.102}$$

式中

$$\lambda = 1.82\sqrt{D_p S}$$

W——折算抗弯断面系数，$W = KS^2/6$，K 值近似取为

$$K = 2\left(\frac{S^3 + S_1^3}{S^3}\right)$$

设 $\alpha = \alpha_1$ 时环向应力最大。对式（3.101）中的 α 微分一次得

$$-\frac{\mu\sin\alpha_1}{2\lambda W} + \frac{\cos\alpha_1}{S} = 0$$

取 $\mu = 0.3$，得

$$\tan \alpha_1 = \frac{2\lambda W}{\mu S} = \frac{4.05(S^3 + S_1^3)}{S^2 \sqrt{D_p S}}$$

将 α_1 值代替式(3.101)中的 α 后,得最大环向应力为

$$\sigma''_{\theta max} = \frac{pD_p}{4S} \frac{X}{Y} \sqrt{1+Y^2} \tag{3.103}$$

此处的纵向应力为

$$\sigma''_z = \frac{pD_p}{4S} \frac{X}{0.3Y} \frac{1}{\sqrt{1+Y^2}} \tag{3.104}$$

式(3.103)及式(3.104)中的系数

$$X = \frac{d_n^2}{D_p d_p} \tag{3.105}$$

$$Y = \tan \alpha_1 = \frac{4.05(S^3 + S_1^3)}{S^2 \sqrt{D_p S}} \tag{3.106}$$

与内压力产生的膜应力叠加后,得主管在 $\alpha = \alpha_1$ 处总的环向应力与纵向应力为

$$\sigma_\theta = \sigma'_\theta + \sigma''_{\theta max} = \frac{pD_p}{2S}\left(1 + \frac{X}{2Y}\sqrt{1+Y^2}\right) \tag{3.107}$$

$$\sigma_z = \sigma'_z + \sigma''_z = \frac{pD_p}{2S}\left(1 + \frac{X}{0.3Y}\frac{1}{\sqrt{1+Y^2}}\right) \tag{3.108}$$

对于薄壁筒壳,取径向应力为

$$\sigma_r = 0$$

3.10.2　无加强元件焊制三通的强度计算

最大剪应力强度理论的当量应力及强度条件为

$$\sigma_d = \sigma_1 - \sigma_3 \leqslant [\sigma]$$

对于等径三通,可以证明,当 $\beta \geqslant 1.03$ 时(β 为主管外径与内径的比值),$\sigma_\theta > \sigma_z$。故 $\sigma_1 = \sigma_\theta$,$\sigma_3 = 0$。主管的强度条件为

$$\sigma_d = \sigma_\theta = \frac{pD_p}{2S}\left(1 + \frac{X}{2Y}\sqrt{1+Y^2}\right) \leqslant [\sigma]$$

若以 $D_p = D_w - S$ 代入,得

$$S_L = \frac{pD_w}{2\varphi_L [\sigma] + p} \tag{3.109}$$

式中　S_L——三通主管的理论计算厚度;

　　　φ_L——三通的理论减弱系数。

$$\varphi_L = \frac{1}{1 + \dfrac{X\sqrt{1+Y^2}}{2Y}}$$

考虑到三通计算公式的精确度(考虑高温蠕变持久爆破试验结果的负偏差等)与其他元件相比尚差一些,故将三通减弱系数放大 20%,于是三通减弱系数取

$$\varphi_y = \frac{1}{1.2\left(1 + \dfrac{X\sqrt{1+Y^2}}{2Y}\right)} \tag{3.110}$$

上述式(3.105)、式(3.106)、式(3.109)和式(3.110)为我国水管锅炉受压元件强度计算标准采用的无加强件的(厚壁加强的)三通主管的强度基本计算公式。

以上基本计算公式的推导有一定近似性,国内曾做过一些试验加以验证。试验结果见表3.15。

表 3.15　无加强元件焊制三通的试验结果

试验类型	三通类型	三通尺寸	$\beta=(\beta_1)$ 或 β/β_1	三通材料	试验减弱系数 φ_{sh}	理论减弱系数 φ_L	$\dfrac{\varphi_L-\varphi_{sh}}{\varphi_L}\times100\%$
常温爆破试验	等径	$\varphi76\times4.5$	1.15	12Cr1MoVR	0.846	0.673	-25.7
	等径	$\varphi89\times4$	1.10	20 号钢	0.861	0.658	-30.8
	等径	$\varphi133\times10$	1.18	20 号钢	0.749	0.685	-9.3
	等径	$\varphi273\times9$	1.07	15 号钢	0.752	0.642	-17.2
	等径	$\varphi273\times22$	1.19	20 号钢	0.706	0.690	-2.3
高温蠕变持久爆破试验	等径	$\varphi76\times4.5$	1.13	12Cr1MoVR	0.660	0.673	$+1.9$
	等径	$\varphi31\times3$	1.24	20 号钢	0.773	0.700	-10.4
	等径	$\varphi80\times8$	1.25		0.693	0.703	$+1.4$
	等径	$\varphi80\times15$	1.60		0.782	0.766	-2.1
	异径	$\varphi80\times15/\varphi32\times6$	1.60		0.872	0.883	$+1.2$
	异径	$\varphi80\times10/\varphi56\times7$	1.33		0.778	0.778	0
	异径	$\varphi80\times15/\varphi65\times15$	1.60/1.86		0.905	0.836	-8.3
	异径	$\varphi80\times8/\varphi67\times11$	1.25/1.49		0.935	0.796	-17.5
	异径	$\varphi80\times8/\varphi52\times3.5$	1.25/1.16		0.673	0.740	$+9.1$

表中的实验减弱系数 φ_{sh} 为三通爆破压力与一般直管爆破压力的比值(三通主管与一般直管的直径及厚度相同条件下)。

试验结果表明:

(1)常温爆破试验:试验减弱系数 φ_{sh} 皆大于理论计算减弱系数 φ_L(试验都在 $\beta_1=\beta$ 条件下进行);

(2)高温蠕变爆破试验:

$$\beta_1=\beta \text{ 时} \qquad \varphi_{sh}\approx\varphi_L$$
$$\beta_1>\beta \text{ 时} \qquad \varphi_{sh}>\varphi_L$$
$$\beta_1<\beta \text{ 时} \qquad \varphi_{sh}<\varphi_L$$

β_1 为支管外径与内径的比值。

由以上试验结果可见,在高温蠕变条件下,当支管 β_1 小于主管 β 时,理论计算值 φ_L 偏于不可靠;其他所有情况,φ_L 有一定裕度。

为安全起见,GB/T 9222 标准规定上述基本计算公式只适用于 $\beta_1=\beta$ 情况。于是,给出支管厚度必须满足以下条件:

$$S_{l1} = S_1 \frac{d_w}{D_w}$$

式中 S_{l1},S_1——分别为支管、主管的理论计算厚度。

厚度比值符合式(3.111)、式(3.112)的异径三通称为等强焊制三通。

在按式(3.111)、式(3.112)具体计算三通减弱系数 φ_y 时,考虑到管子的附加厚度,我国 GB/T 9222标准中规定系数 X,Y 应按下两式计算:

$$X = \frac{d_n^2}{D_p d_p} \tag{3.111}$$

$$Y = \frac{4.05(S_y^3 + S_{y1}^3)}{S_y^2 \sqrt{D_p S_y}} \tag{3.112}$$

式中 S_y——主管有效厚度,$S_y = S - C$,mm;

S_{y1}——支管有效厚度,$S_{y1} = S_1 - C_1$,mm;

C,C_1——分别为主管及支管的附加厚度,mm,它们的数值与直管的相同。

通过以上分析可得到焊制三通的理论计算厚度按下列公式计算:

对于主管:
$$S_1 = \frac{pD_w}{2\varphi_y[\sigma] + p} \tag{3.113}$$

对于支管:
$$S_{l1} = S_1 \frac{d_w}{D_w} \tag{3.114}$$

焊制三通的设计计算厚度按下列公式计算:

对于主管: $S_s = S_1 + C$

对于支管: $S_{s1} = S_{l1} + C$

焊制三通的取用厚度应满足:

对于主管: $S \geqslant S_s$

对于支管: $S_1 \geqslant S_{s1}$

式(3.113)及式(3.114)适用于 $D_w \leqslant 813$ mm,$d_n/D_n \geqslant 0.8$ 的范围。

由于三通试验是在一定 β 值条件下进行的,由表3.15的试验数据可看出,所试验的三通试件的管壁都较厚(β 值较大)。为了保证安全,GB/T 9222标准中规定了无加强元件焊制三通强度计算公式的应用条件为:

小于钢材持久强度对基本许用应力起控制作用的温度时

$$1.1 \leqslant \beta \text{ 且 } \beta_1 \leqslant 1.50$$

不小于钢材持久强度对基本许用应力起控制作用的温度时

$$1.25 < \beta \text{ 且 } \beta_1 \leqslant 2.00$$

β_1 为按理论计算厚度确定的外径与内径的比值。

设计 β,β_1 在上述范围内的无加强元件焊制三通时,可按式(3.110)计算三通减弱系数。

对于 β,β_1 小于上述范围的情况,我国 GB/T 9222 标准规定,必须用加强元件进行加强。

GB/T 9222 标准考虑到工业锅炉的实际需要(β 较小),加之工作温度较低,实验表明理论 φ_l 值又偏于保守(试验 $\varphi_{sh} > \varphi_l$),故规定压力不大于 2.5 MPa 锅炉的 β 值在 $1.05 \leqslant \beta < 1.1$ 范围内亦可采用无加强结构,但考虑试验三通主管直径未超过 273 mm,可用厚度补强形式,减弱系数 φ_y 取式(3.110)计算值的 2/3。

无加强件三通的直管也可看成筒壳上的单个孔。有些国家应用"等面积加强法"或"压力面积法"计算无加强件三通的减弱系数。

计算分析表明：当 $d_n/D_n < 0.8$ 时，按等面积加强计算三通，比按前述三通计算方法较为安全。因此，规定式(3.113)及式(3.114)仅适用于 $d_n/D_n \geqslant 0.8$ 的情况。如果 $d_n/D_n < 0.8$，应按等面积加强法确定三通的强度。

关于有加强件的三通计算、热挤压三通计算、锻造三通计算、等径叉形管计算方法将在 GB/T 9222 标准中介绍。

第 4 章 承受外压圆筒形元件的强度及稳定性

在锅炉中承受外压力作用的圆筒形元件包括:平直炉胆、波形炉胆、回燃室筒壳、烟管、冲天管、大横水管等(图 1.3 及图 1.6)。这些圆筒形元件在满足强度要求的条件下,还可能由于丧失稳定性而失效,因此在设计计算时,除了满足强度条件外,还要满足稳定条件。

4.1 承受外压圆筒形元件的强度及稳定性计算

4.1.1 承受外压圆筒的应力分布及强度

对于刚度足够大的圆筒(壁较厚而筒径不很大),当承受外压力作用时,壁内的应力状态与承受内压力作用时相比,主要区别在于三向应力都是负的。应力的推导过程与承受内压力作用时基本一样,区别在于边界条件不同,承受外压力作用时的边界条件为

外壁 $\qquad\qquad\qquad\qquad r=r_w$, $\qquad \sigma_r=-p$

内壁 $\qquad\qquad\qquad\qquad r=r_n$, $\qquad \sigma_r=0$

将这两个边界条件代入式(3.10),得

$$C_1=-p\,\frac{r_w^2}{r_w^2-r_n^2} \quad , \quad C_2=p\,\frac{r_w^2 r_n^2}{r_w^2-r_n^2}$$

代入式(3.10)及式(3.11),就得出径向应力 σ_r 及环向应力 σ_θ 与 r 的关系式:

$$\sigma_r=-\frac{p r_w^2}{r_w^2-r_n^2}\left(1-\frac{r_n^2}{r^2}\right)$$

$$\sigma_\theta=-\frac{p r_w^2}{r_w^2-r_n^2}\left(1+\frac{r_n^2}{r^2}\right)$$

如果圆筒两端封住而且也承受外压力作用,与式(3.1)推导方法一样,可得纵向应力 σ_z 为

$$\sigma_z=-\frac{p r_w^2}{r_w^2-r_n^2}$$

由以上三式所得三向应力沿厚度的分布如图 4.1 所示。

按薄壁圆筒处理,采用截面法可得环向应力为

$$\sigma_\theta=-\frac{p D_w}{2S}$$

纵向应力为 $\qquad\qquad\qquad\qquad\qquad \sigma_z=-\frac{p D_w}{4S}$

径向应力为 $\qquad\qquad\qquad\qquad\qquad \sigma_r=0$

按最大剪应力理论,强度条件为

$$\sigma_d=\sigma_{max}-\sigma_{min}=0-\left(-\frac{p D_w}{2S}\right)\leqslant[\sigma]$$

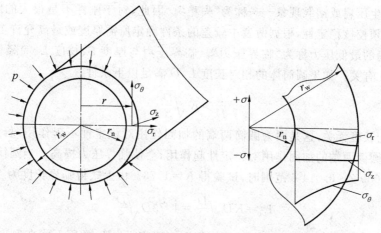

图 4.1　承受外压圆筒壁中应力值沿厚度的分布

由此，得
$$S \geqslant \frac{pD_w}{2[\sigma]}$$
(4.1)

这就是承受外压力作用圆筒的强度计算公式。与承受内压力作用圆筒的强度计算公式比较，基本一样。

4.1.2　平直炉胆的强度计算

平直炉胆的实际受力情况如图 4.2 所示。

按薄壁圆筒处理，采用截面法可得平直炉胆的环向应力为

$$\sigma_\theta = -\frac{pD_w}{2S}$$

径向应力为　　$\sigma_r = 0$

纵向应力为　$\sigma_z = \frac{pA}{\pi D_w S}$

式中　　A——由平直炉胆承担的承拉面积。

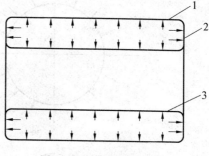

图 4.2　平直炉胆受力情况

按最大剪应力理论，强度条件为

$$\sigma_d = \sigma_{max} - \sigma_{min} = \sigma_z - \sigma_\theta = \frac{pA}{\pi D_w S} - \left(-\frac{pD_w}{2S}\right) \leqslant [\sigma]$$

由此，得
$$S \geqslant \frac{pD_w}{2[\sigma]} + \frac{pA}{\pi D_w [\sigma]} = \frac{pD_w + \frac{2pA}{\pi D_w}}{2[\sigma]}$$

则平直炉胆强度计算的半经验公式为

$$S \geqslant S_{min} = \frac{pD_w + 0.35L}{110} \frac{402}{\sigma_b} + 1$$
(4.2)

4.1.3　承受外压圆筒的稳定性计算

对于刚性不是很大的圆筒，情况则比较复杂。有时，应力远未达到屈服限，却失去了原

来的形状,产生压扁或褶皱现象——称为"失稳"。因此,对于刚性不是很大的圆筒,除校核强度外,还必须校核稳定性,根据两者中较差的条件确定所需厚度或最高允许工作压力。

产生失稳的最低压力称为"临界压力"。临界压力与厚度 S、长度 L、筒径 D、弹性模量 E 和泊松比 μ 有关。如果圆筒体的相对长度 L/D 满足以下条件:

$$\frac{L}{D} > K\sqrt{\frac{D}{S}}$$

则临界压力与长度无关,这是因为圆筒两端的加固作用对稳定性不起作用,若 L/D 小于上式条件,由于圆筒两端的加固作用对稳定性起作用,会使临界压力提高。当圆筒体的相对厚度 S/D 在 0.009 7~0.014 6 范围时,试验得 $K=1.73$。由上式得临界长度为

$$L_{lj} = KD\sqrt{\frac{D}{S}} = 1.73D\sqrt{\frac{D}{S}}$$

$L > L_{lj}$ 称为"长圆筒",$L < L_{lj}$ 称为"短圆筒",工程实际中 L_{lj} 常用下式来确定:
$$L_{lj} = (15 \sim 20)D$$

对于长圆筒,由于可以不考虑端部的影响,则临界压力与承受均匀外压的圆环相似,经推导后,得到较长的两端铰支圆筒的临界压力为

$$P_{lj} = \frac{n^2 - 1}{12} \frac{ES^3}{(1-\mu^2)R_p^3}$$

式中　n——失稳状态整数,为不同值所对应的理论变形情况,如图 4.3 所示;

　　　R_p——筒的中半径。

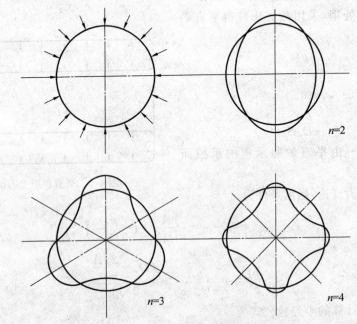

图 4.3　长圆筒失稳后的理论变形情况

由 $n=2$ 得最小临界压力为

$$p_{lj} = \frac{ES^3}{4(1-\mu^2)R_p^3}$$

对于短圆筒,由于考虑端部的影响,则临界压力与长度有关,经推导并简化后,得

$$p_{lj} = \frac{2.6E\left(\dfrac{S}{D}\right)^{2.5}}{\dfrac{L}{D} - 0.45\left(\dfrac{S}{D}\right)^{0.5}}$$

分母中第二项影响不大,忽略后则得

$$p_{lj} = \frac{2.6ES^2}{LD\left(\dfrac{D}{S}\right)^{0.5}} \tag{4.3}$$

锅壳式锅炉的平直炉胆,其计算长与直径的比值 $L/D \approx 1.5 \sim 3$,属短圆筒,故应按上式校核稳定性。

考虑到影响平直炉胆稳定性的各种不利因素,如初始椭圆度、环向受热不均、水平放置时的自重与介质重量使环向受力不均等,必须给予足够大的安全裕度,取实际临界压力的安全系数(稳定系数)为 8,即

$$p \leqslant \frac{p_{lj}}{8}$$

代入式(4.3),得

$$S = \left(\frac{8PL}{2.6E}\right)^{0.4} D^{0.6}$$

这就是平直炉胆的稳定性计算公式。

目前,许多国家锅炉强度计算标准中平直炉胆的稳定性计算采用如下半经验公式为

$$S > S_{min} = \sqrt{\frac{pD_w(L+610)}{10\ 300} + 1} \tag{4.4}$$

式(4.4)与前一公式的区别在于将 0.4 及 0.6 次方都改为开平方并增加了修正系数,两公式计算结果无明显差别。

4.2 承受外压圆筒形元件的强度与稳定性计算方法

式(4.2)及式(4.4)为英国 BS 标准多年使用的考虑强度与稳定的两个半经验公式。也是我国卧式平直炉胆和立式平直炉强度与稳定的计算公式,已使用十几年。但在使用过程中,发现有明显不合理的规定。如当卧式平直炉胆的相对长度 $L/D_w > 1.5$ 时,用式(4.2)及式(4.4)计算的厚度偏大,而且 L/D_w 越大,计算的厚度越偏大。另外,卧式平直炉胆与立式平直炉胆同用上述两公式计算厚度时,立式平直炉胆厚度明显偏大,这是因为卧式平直炉胆与立式平直炉胆的实际工作状态有所差别,卧式平直炉胆中炉算的上半部接受高温辐射与对流换热,而下半部则由冷空气冷却;此外,炉胆上半部与下半部所受水柱静压力也不同。这种工作条件不对称性对承受外压作用的圆筒会产生明显的影响,而立式平直炉胆不存在上述不利因素。

我国现行的 GB/T 16508 标准中卧式平直炉胆的强度与稳定计算公式是英国标准 BS 2790 采用的公式,也是国际标准 ISO 5730 推荐使用的公式(但只给出卧式平直炉的强度安全系数 n_1 的推荐值);德国 TRD 规程也采用此公式,但个别系数略有变动。而立式平直炉胆仍采用前苏联、日本标准长期使用的公式。

4.2.1　卧式平直炉胆厚度的计算方法

卧式平直炉胆最小需要厚度按下列公式计算,取两者较大值:

$$S_{\min}=\frac{B}{2}\left[1+\sqrt{1+\frac{0.12D_{\mathrm{p}}u}{B\left(1+\frac{D_{\mathrm{p}}}{0.3L}\right)}}\right]+1 \tag{4.5}$$

$$S_{\min}=D_{\mathrm{p}}^{0.6}\left(\frac{pLn_2}{1.73E^t}\right)^{0.4}+1 \tag{4.6}$$

式(4.5)中

$$B=\frac{pD_{\mathrm{p}}n_1}{2\sigma_{\mathrm{s}}^t\left(1+\frac{D_{\mathrm{p}}}{15L}\right)} \tag{4.7}$$

式(4.5)~式(4.7)中

p——计算压力(表压),MPa;

D_{p}——炉胆平均直径,mm;

u——圆度百分率或炉胆的相对椭圆度;

E^t——计算壁温时的弹性模量,MPa,见表4.1;

n_1——强度安全系数,见表4.2;

n_2——稳定安全系数,见表4.2;

σ_{s}^t——计算壁温时的屈服点,MPa,见表2.5;

L——计算长度,mm。

卧式平直炉胆计算长度按以下规定确定:

(1)炉胆与平直管板或凸形封头连接处是扳边对接焊时,以扳边起点作为计算支点——L的起算点;是坡口型角焊时,以角焊根部作为计算支点。

(2)卧式平直炉胆用膨胀环连接时,以膨胀环横向中心线作为计算支点(图4.11)。

(3)卧式平直炉胆上焊以加强圈时,以加强圈横向中心线作为计算支点(图4.12)。

圆度百分率 u 按下式计算:

$$u=\frac{200(D_{\mathrm{wmax}}-D_{\mathrm{wmin}})}{D_{\mathrm{wmax}}+D_{\mathrm{wmin}}} \tag{4.8}$$

式中　D_{wmax},D_{wmin}——分别为炉胆横截面的最大及最小外直径,对于卧式平直炉胆,一般取 $u=1.5$。

表4.1　材料计算壁温时的弹性模量

计算壁温 t_{bi}/ ℃	250	300	350	400	450
弹性模量 E^t/MPa	195×10^3	191×10^3	186×10^3	181×10^3	178×10^3

表4.2　安全系数 n_1,n_2

锅炉级别	n_1	n_2
$p\leqslant0.38$ MPa,且 $pD_{\mathrm{p}}\leqslant480$ MPa·mm	3.5	3.9
其他情况	2.5	3.0

校核计算时,卧式平直炉胆的最高允许工作压力按下列公式计算,取两者较小值,即

$$[p] = \frac{2\sigma_s^t(S-1)}{n_1 D_p} \left[\frac{1 + \dfrac{D_p}{15L}}{1 + \dfrac{0.03 D_p u}{(S-1)\left(1 + \dfrac{D_p}{0.3L}\right)}} \right] \tag{4.9}$$

$$[p] = \frac{1.73 E^t (S-1)^{2.5}}{L D_p^{1.5} n_2} \tag{4.10}$$

式中　S——取用厚度或实际测量厚度。

4.2.2　立式平直炉胆厚度的计算方法

立式平直炉胆厚度的计算公式实质上是强度计算公式。它是在考虑圆筒体椭圆度所引起的弯曲应力基础上,经过一定的修正得出的。

立式平直炉胆的最小需要厚度和最高允许工作压力按下列公式计算:

$$S_{\min} = 1.5 \frac{p D_n}{\varphi_{\min} \sigma_b} \left[1 + \sqrt{1 + \frac{4.4L}{p(L + D_n)}} \right] + 2 \tag{4.11}$$

$$[p] = \frac{\varphi_{\min} \sigma_b (S-2)}{1.5 D_n \left[\dfrac{6.6 L D_n}{\varphi_{\min} \sigma_b (L + D_n)(S-2)} + 2 \right]} \tag{4.12}$$

式中　p——计算压力(表压),MPa;

　　　　D_n——立式平直炉胆内径,mm;

　　　　S——取用厚度或实际测量厚度,mm;

　　　　σ_b——常温抗拉强度,MPa;

　　　　$\varphi_{\min}$——最小减弱系数;

　　　　L——计算长度,mm。

立式平直炉胆上布置孔排时,最小减弱系数按以下规定确定:

(1)多横水管锅炉(图 4.4)、水冷炉排锅炉(图 4.5)的 $\varphi_{\min} = 1.00$。但 α 不应大于 $45°$,非径向孔宜经机械加工或仿形气割成形,两侧边缘管孔的焊缝尺寸应满足图 6.22(拉撑管与平板的连接)要求。

(2)弯水管锅炉(图 4.6)的 $\varphi_{\min}$,按 3.2 节中的内容规定;如采用坡口型角焊,可按用管接头加强以提高孔桥减弱系数;对带有冲天管的立式平直炉胆,取横向减弱系数 $\varphi' = 1.00$。

立式平直炉胆的计算长度 L 按以下规定确定:

① 立式锅炉平直炉胆在环向装有拉杆时,如拉杆的节距不超过炉胆厚度的 14 倍,可取这一圈拉杆的中心线作为计算支点,拉杆直径不应小于 18 mm;

② 立式锅炉平直炉胆与凸形炉胆顶相连时,计算支点如图 4.7 所示,其中 X 值取自表 4.3。

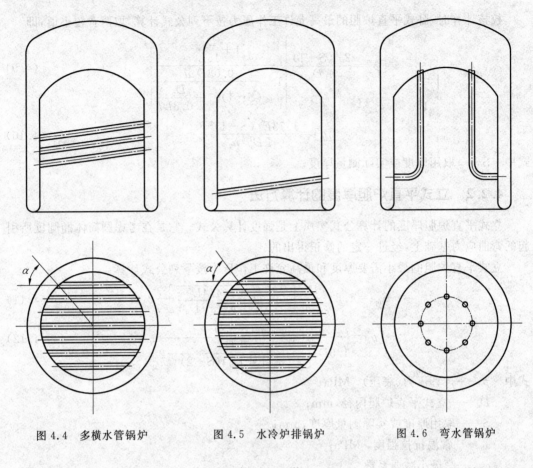

图 4.4　多横水管锅炉　　　　　图 4.5　水冷炉排锅炉　　　　　图 4.6　弯水管锅炉

表 4.3　X 值

h_w/D_w	0.169	0.2	0.25	0.3	0.4	0.5
X/D_w	0.07	0.08	0.10	0.12	0.16	0.20

注:相邻两个数值间的 X/D_w 采用算术内插法确定

立式平直炉胆上的加煤孔、出渣孔等,均应进行补强,补强后按无孔处理。其补强规定如下:

① 炉胆上孔的补强方法适用于 $d/D_w \leqslant 0.6$ 的孔,如为椭圆孔,d 取长轴尺寸;

② 炉胆上孔的补强计算按前述的大孔补强计算方法进行;

③ 对炉胆上的孔进行补强计算时,假设炉胆按承受内压圆筒公式计算,附加厚度取 2 mm。

④ 炉胆上的加煤孔圈,出渣孔圈等的最小需要厚度,按假设承受内压圆筒公式计算,附加厚度按锅壳筒体的附加厚度计算,如为椭圆孔圈,d 取孔圈长轴的内尺寸;

⑤ 不得用垫板对炉胆上的孔进行补强。

对于直锥度的立式平直炉胆(图 4.8),内径 D_n 取 D'_n 与 D''_n 之和的一半。

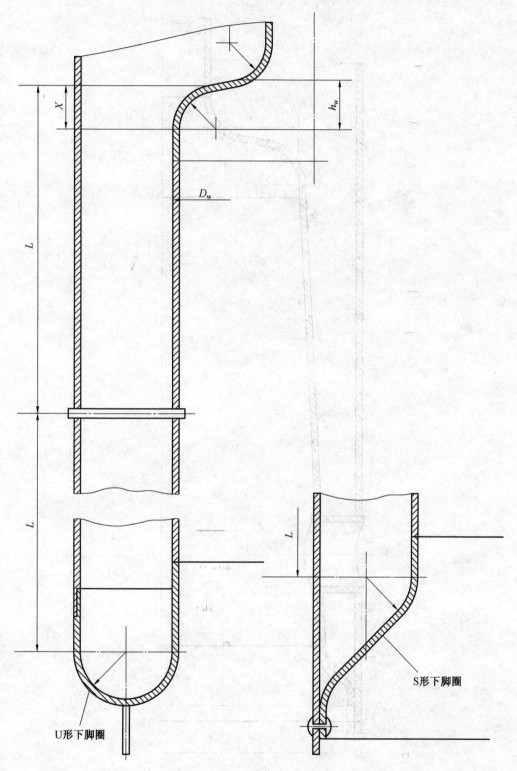

图 4.7　立式锅炉平直炉胆计算长度 L 的起算点

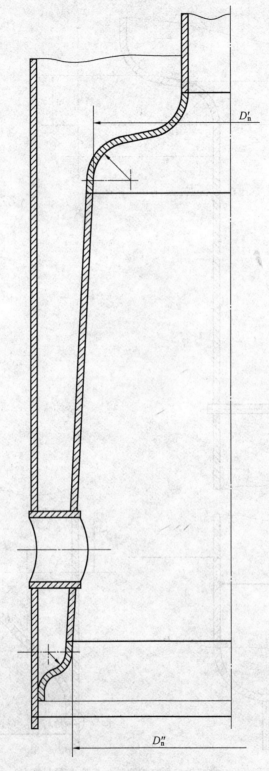

图 4.8　带有锥度的平直炉胆

4.2.3　波形炉胆厚度的计算方法

波形炉胆的轴向断面为波纹形状。根据波纹形状的不同,将其分为福克斯型(Fox Type)、毛尔逊型(Morrison Type)等。我国一般采用由圆弧线构成的波纹形状炉胆,即福克斯型炉胆,其他型由于波纹形线较复杂,故未得到应用。

因波形炉胆在轴向能吸收较大热变形,且径向刚性较大,故其稳定性比平直炉胆大。许多国家锅炉强度标准均规定在一定波纹高度条件下,采用只考虑强度的简化计算公式,仅许用应力有所降低。我国锅壳锅炉受压元件强度计算标准也是这样处理,并且提供了典型波形炉胆的形状,如图4.9所示。

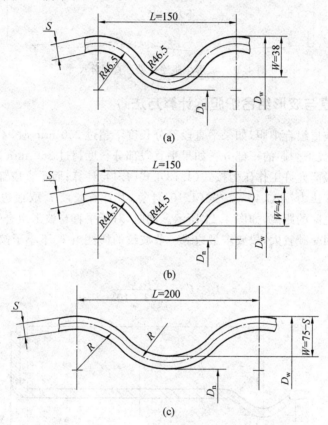

图 4.9　波形炉胆

波形炉胆的最小需要厚度和最高允许工作压力按下列公式计算:

$$S_{\min} = \frac{pD_w}{2[\sigma]} + 1 \tag{4.13}$$

$$[p] = \frac{2(S-1)[\sigma]}{D_w} \tag{4.14}$$

式中　p——计算压力(表压),MPa;

　　　D_w——波形炉胆外径,mm;

　　　$[\sigma]$——许用应力,MPa;

　　　S——取用厚度,实际测量厚度,mm。

波形炉胆彼此连接处应有平直段,使连接焊缝受力较为简单,但各自平直段的长度不应超过 125 mm(图 4.10),否则此平直段只能接卧式平直炉胆公式计算。

如取消平直段使连接焊缝处于波峰或波谷,则需对焊缝形状与探伤提出较高要求。

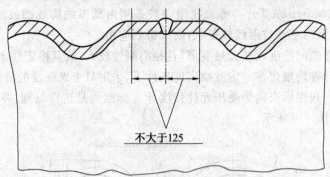

图 4.10　波形炉胆连接处平直部分尺寸

4.2.4　平直与波形组合炉胆的计算方法

对于平直与波形组合炉胆,如果平直段部分长度不超过 250 mm 时,不专门做卧式平直炉胆计算,可看成波形炉胆的一部分。如果平直段部分长度超过 250 mm 时,波形段部分的最小需要厚度及最高允许工作压力按式(4.13)、式(4.14)计算;而平直段部分的最小需要厚度与最高允许工作压力按式(4.5)~式(4.10)计算,其计算长度 L 取最边缘一节波纹的中心线至计算支点之间的距离,如图 4.11 所示。同时,对于平直与波形组合炉胆,与平直部分相邻的一节波纹因受载较大,故要求最边缘一节波纹的惯性矩 I_b 不小于按下式算出的需要惯性矩 I',即

$$I_b \geqslant I' = \frac{pL_2 D_p^3}{1.33 \times 10^6} \tag{4.15}$$

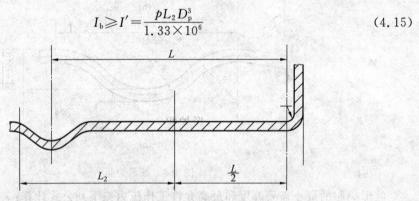

图 4.11　平直与波形组合炉胆平直部分的计算长度 L

常用波纹(图 4.9)对其自身中性轴的惯性矩 I_b 见表 4.4。

表 4.4　波纹截面对其自身中性轴的惯性矩 I_b　　　　　　　　$10^4\,mm^4$

S/mm		10	11	12	13	14	15	16	17	18	19	20	21	22
图 4.9 (a)	节距 150 波深 38	31.8	35.6	39.5	43.5	47.7	52	56.5	61	65.9	70.9	76.1	81.5	87.2
图 4.9 (b)	节距 150 波深 41	37.6	42.1	46.7	51.4	56.2	61.2	66.3	71.7	77.2	82.9	88.8	94.5	101.3
图 4.9 (c)	节距 200 波深 75−s	129.2	138.7	147.5	155.7	163.3	170.3	176.8	182.9	188.4	193.5	198.3	202.7	206.8

注:表中所给出的 I_b 值已考虑了厚度减薄量,例如,对于 $S=10\ mm$,表中 I_b 值是按 9 mm 计算的

如式(4.15)未满足要求,可在炉胆平直段部分设置加强圈用以减小 L_2,如图 4.12 所示,以满足式(4.15)的要求。

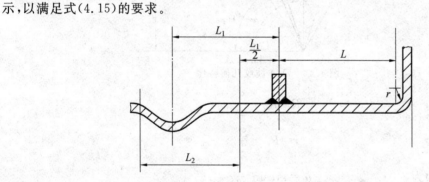

图 4.12　炉胆平直部分设置加强圈

上述仅给出一些典型几何尺寸波形炉胆的惯性矩数值,但在设计中常遇到其他几何尺寸结构。因此,GB/T 16508 标准给出适用于各种几何尺寸的波形炉胆惯性矩公式,其推导过程如下:

波形炉胆中的一个波纹如图 4.13 所示。取 1/4 波纹,如图 4.14 所示,1/4 波纹相对波纹中性轴($X-X$)的惯性矩为

$$I_{b/4} = \int_{\theta_1}^{\frac{\pi}{2}} \int_r^R (\rho \sin \theta - a)^2 \rho \, d\rho \, d\theta = \int_{\theta_1}^{\frac{\pi}{2}} \int_r^R (\rho^3 \sin^2 \theta - 2a\rho^2 \sin \theta + a^2 \rho)^2 \, d\rho \, d\theta$$

先将变量 ρ 由 r 积分至 R,再将变量 θ 由 θ_1 积分至 $\frac{\pi}{2}$,最后,各项乘以 4 即得到一个波纹的惯性矩为

$$I_b = \frac{R^4 - r^4}{4}(2\alpha' + \sin 2\alpha') - \frac{8}{3}a(R^3 - r^3)\sin \alpha' + 2a^2(R^2 - r^2)\alpha'$$

式中,R, r, α', a 由图 4.13、图 4.15 中的几何关系得到。

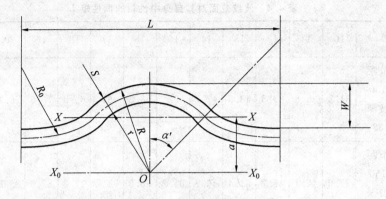

图 4.13　　波纹几何特性

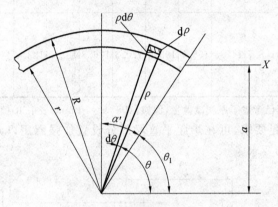

图 4.14　　1/4 波纹几何特性

波纹外半径为 $$R = R_0 + \frac{S}{2}$$

波纹内半径为 $$r = R_0 - \frac{S}{2}$$

半夹角(弧度)为 $$\alpha' = \arcsin \frac{L}{4R_0}$$

中性轴 $X - X$ 与通过圆心的轴线 $X_0 - X_0$ 的距离为

$$a = R_0 \cos \alpha'$$

以上各式中的波纹半径 R_0 可由下式求得

$$R_0 = \sqrt{\left(\frac{L}{4}\right)^2 + \left(R_0 - \frac{W}{2}\right)^2}$$

则

$$R_0 = \frac{L^2}{16W} + \frac{W}{4}$$

式中　W——波纹深度。

4.2.5　立式锅炉冲天管厚度的计算方法

立式锅炉冲天管(图 1.6)的承压条件与立式平直炉胆相同,因此采用同样公式计算。但对蒸汽锅炉,水位波动部位可能产生交变应力腐蚀,因此附加厚度由 2 mm 增至 4 mm。式(4.11)中的 $\varphi_{\min} = 1.00$。而冲天管计算长度按卧式平直炉胆计算长度规定中的第 1 条确定。

4.2.6　烟管厚度的计算方法

承受外压力作用的烟管，由于直径较小而管材壁厚因规格限制又不可能很小，因此不存在失稳问题。许多国家锅炉强度标准均采用仅考虑强度的简化计算公式（式 (4.16) 及式 (4.17)）。由于烟管水平布置，若锅水含氧量较大，下部外壁易于氧化，加之烟管起拉撑作用，故许用应力取得较小，仅约 35 MPa。

螺纹烟管尽管存在螺纹，但其力学性能仍较佳，故 GB/T 16808 标准规定螺纹烟管与一般平直烟管一样处理。

承受外压力烟管（包括螺纹烟管）的最小需要厚度和最高允许工作压力按下列公式计算

$$S_{\min} = \frac{p d_{\mathrm{w}}}{70} + 1.5 \tag{4.16}$$

$$[p] = \frac{70(S-1.5)}{d_{\mathrm{w}}} \tag{4.17}$$

式中　p——计算压力（表压），MPa；

　　　S——取用厚度、实际测量厚度，mm；

　　　d_{w}——烟管外径，mm。

4.3　加强圈与膨胀环的稳定性

4.3.1　加强圈的稳定性

由式 (4.3) 可见，在卧式平直炉胆直径已定条件下，增加厚度 S 或减小计算长度 L 都能提高炉胆的临界压力。从经济观点考虑，减小计算长度是有利的。如在卧式平直炉胆上牢固地焊上满足一定尺寸要求的加强圈（图 4.18），由于加强圈可明显地提高炉胆横向刚度，则加强圈可以视为炉胆计算长度的起算点。这样，既减小了炉胆的计算长度又提高了炉胆的稳定性。

设计加强圈时，考虑每个加强圈承受两侧 $0.5L$ 范围内的全部外压力，将宽度为 L_0 的压力折合到 S_{j} 的加强圈上，则有

$$\frac{P_{\mathrm{lj}} L_0}{S_{\mathrm{j}}} = \frac{E^{\mathrm{t}} h^3}{4(1-\mu^2)\left(\dfrac{D}{2}\right)^3}$$

或

$$P_{\mathrm{lj}} L_0 = \frac{24 E^{\mathrm{t}}}{(1-\mu^2) D^3} \cdot \frac{S_{\mathrm{j}} h^3}{12} = \frac{24 E^{\mathrm{t}} I_{\mathrm{j}}}{(1-\mu^2) D^3}$$

式中　D——加强圈截面中性轴的直径，mm；

　　　$I_{\mathrm{j}} = \dfrac{S_{\mathrm{j}} h^3}{12}$——加强圈对其中性轴的惯性矩，mm^4。

上式是根据全部外压力都由加强圈承担导出的，实际上，外压力分别由炉胆与加强圈共同承担。在计算惯性矩的公式中不直接计入卧式平直炉胆厚度的影响，而根据实践经验，认为考虑炉胆厚度后的惯性矩比加强圈自身的惯性矩约大 30%，则卧式平直炉胆设置加强圈后的临界压力为

$$P_{\mathrm{lj}}=\frac{24E'1.3I_{\mathrm{j}}}{(1-\mu^2)D^3}$$

取材料的弹性模量 $E'=1.95\times10^5$ MPa，取材料的泊松比 $\mu=0.3$，$D\approx D_{\mathrm{p}}$，稳定安全系数为 5.0，代入上式后可得加强圈所需要的惯性矩 I'' 为

$$I_{\mathrm{j}}\geqslant I''=\frac{pL_0^3D_{\mathrm{p}}^3}{1.33\times10^6} \tag{4.18}$$

式中 p——计算压力（表压），MPa；

D_{p}——炉胆平均直径，mm；

$L_0=\dfrac{L_1+L}{2}$——计算长度，mm（图 4.12）。

4.3.2　膨胀环的稳定性

加强圈只能提高卧式平直炉胆横向刚度，但不能改善炉胆的轴向柔性。因此，在设置膨胀环时仍需要满足所需要惯性矩 I'''。

膨胀环（图 4.15）截面对其自身中性轴的惯性矩 I_{p}（表 4.5），它不应小于按下式算出的需要惯性矩 I'''，即

$$I_{\mathrm{p}}\geqslant I'''=\frac{pL_0^3D_{\mathrm{p}}^3}{1.33\times10^6} \tag{4.19}$$

式中 p,L_0,D_{p} 按式（4.18）中内容确定。

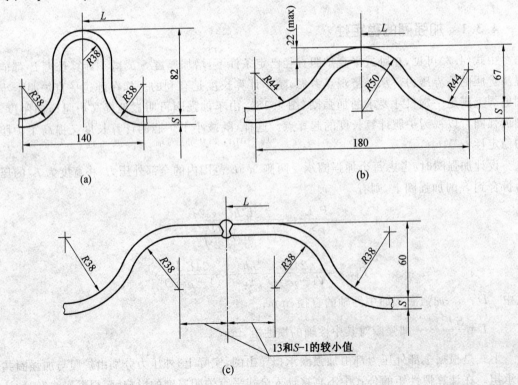

图 4.15　膨胀环（参考图）

表 4.5　膨胀环对其自身中性轴的惯性矩 I_p　　　　　　　$10^4 mm^4$

S/mm	10	11	12	13	14	15	16	17	18	19	20	21	22
图 4.15(a)	189	210	231	252	273	295	317	339	361	384	407	430	454
图 4.15(b)	130	144	159	174	190	204	220	236	252	268	284	301	318
图 4.15(c)	114	128	141	155	170	186	204	222	241	260	280	301	322

注：表中所给出的 I_p 值已考虑了厚度减薄量，例如，对于 $S=10\ mm$，表中 I_p 值是按 9 mm 计算的

4.4　对炉胆的结构要求

4.4.1　对炉胆厚度的限制

由于炉胆受外压又直接受火焰冲刷，故最小取用厚度大于锅壳。炉胆热负荷很高，为防止热应力引起低周疲劳，故提出最大取用厚度的要求。

平直或波形炉胆的取用厚度不应小于 8 mm，且不大于 22 mm；当炉胆内径不大于 400 mm 时，其取用厚度应不小于 6 mm。

4.4.2　对炉胆内径的限制

炉胆内径 D_n 越大，抗失稳能力下降，炉胆所需厚度越大，炉胆最大取用厚度又受到限制，故对平直或波形炉胆的内径 D_n 规定为不应大于 1 800 mm。

4.4.3　对卧式平直炉胆计算长度的限制

当卧式平直炉胆两端与锅壳封头直接连接时，由于炉胆与锅壳的温度差别很大，炉胆将承受较大的轴向应力，导致轴向失稳。因此，我国 GB/T 16508 标准参照英国 BS 2790 标准规定卧式平直炉胆计算长度一般不宜超过 2 000 mm，如炉胆两端均为扳边连接，则计算长度可放大至 3 000 mm。但如炉胆一端或两端为填角焊结构，它与扳边结构相比，吸收炉胆轴向变形的能力较小；另外，填角焊缝耐疲劳能力也较差，故只放宽至 2 000 mm。超过上述规定时，应采用膨胀环或波形炉胆来提高炉胆的轴向柔性，此时，波纹部分的长度应不小于炉胆全长的 1/3。

立式锅炉平直炉胆无需提出设置膨胀环的要求，因为炉胆长度一般皆小于上述不设置膨胀环的要求；另外，两端部结构的柔性一般也较大。

4.4.4　卧式平直炉胆与波形炉胆的连接要求

卧式平直炉胆与波形炉胆的连接结构如图 4.16 所示。平直炉胆与波形炉胆的波纹顶部，底部或中部对齐均可。

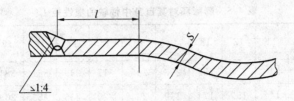

图 4.16　波形炉胆与平直炉胆的连接

4.4.5　卧式平直炉胆与平管板或凸形封头的连接要求

卧式炉胆与平管板或凸形封头的连接，宜采用扳边圆弧过渡形式，如图 4.17 所示。如采用坡口型角焊连接，应按 3.9 节中的规定处理。

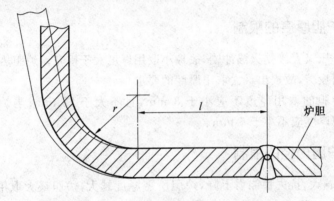

图 4.17　卧式炉胆与平管板或凸形封头的连接

4.4.6　加强圈结构与炉胆的焊接要求

加强圈的厚度 S_j 应不小于 S，但不大于 $2S$ 或 22 mm（图 4.18(a)）。如大于 22 mm，应将底部削薄，削薄后的根部厚度不应大于 22 mm（图 4.18(b)）。加强圈高度 h_j 应不大于 $6S_j$。

加强圈与炉胆的焊缝必须采用全焊透型（图 4.18），不允许留有未焊透部分，因为空隙的热阻很大而炉胆的热负荷又很高，故易使空隙部位的炉胆壁温过高，引起过烧或疲劳裂纹。

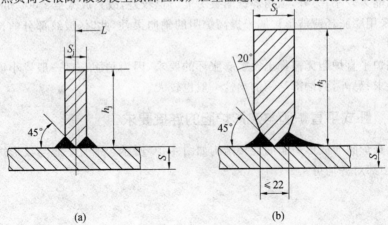

(a)　　　　　　　　　(b)

图 4.18　加强圈

第 5 章　回转薄壳的强度

锅炉中的回转薄壳有:承受内压力作用的凸形封头——椭球形封头(图 5.1(a),(b),(c))和半球形封头(图 5.1(d));承受外压力作用的椭球形炉胆顶(图 5.1(e),(f))和半球形炉胆(图 5.1(d));还有承受外压力的扁球形封头(图 5.14)。

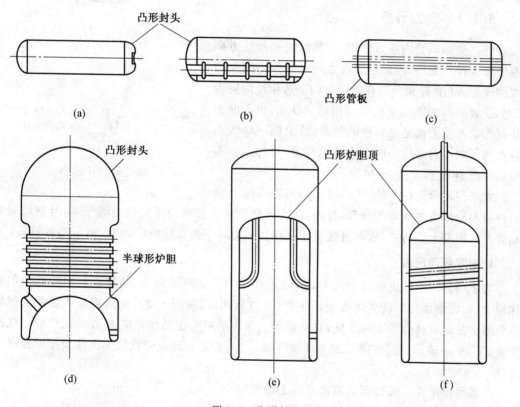

图 5.1　凸形封头

凸形封头是热压成形的,一般使用的有球形封头及椭球形封头。从受力角度看,承受介质压力作用时无孔球形封头内只产生均匀薄膜应力,不存在弯曲应力,故承载能力较大,但加工工艺要求较高。椭球形封头的应力不是很均匀,但当深度较为适当时,封头内的弯曲应力很小,薄膜应力仍是主要的应力,长短轴比为 2:1 的标准椭球形所需厚度与筒体基本相同,热压加工工艺较容易而且能够保证质量要求,故在锅炉中,从受力情况较好及便于制造等方面考虑,大量采用标准椭球形封头。

5.1　回转薄壳的应力分析

所谓回转壳体是由一条平面曲线 AB 绕一根固定轴 AO 在空间旋转 $360°$ 而构成的壳体（图 5.2）。AB 称为"母线"，母线在回转过程中任一位置留下的迹线称为"经线"，而母线上任一点的轨迹称为"纬线"。平面曲线的形状不同，所得到的回转壳体的形状也不相同：母线为半圆，得球形回转壳体；母线为半椭圆，得到椭球形回转壳体。

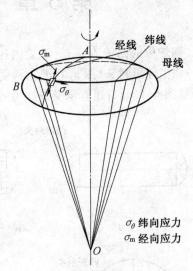

图 5.2　回转壳体

5.1.1　应力分析

回转壳体承受内压力作用时，其纬线和经线方向都要发生伸长变形，因而在纬线方向上产生环向应力或纬向应力（用 σ_θ 表示），在经向方向上产生经向应力（用 σ_m 表示），如图 5.2 所示。相对 AO 轴，由于曲面几何形状及受力都是轴对称的关系，故沿同一纬线上各点的环向应力与经向应力皆彼此相等。但是，在不同的纬线上 σ_θ 和 σ_m 均不相等。

对于回转薄壳（$\beta = D_w/D_n \leqslant 1.2$），可以认为上述两种应力沿厚度方向均匀分布，另外，认为垂直于壁面方向的径向应力等于零，且忽略弯矩和剪力。根据上述特点，故可直接应用截面法和力的平衡条件确定力 σ_m 和 σ_θ 的计算式。

1. 确定经向应力

为求得任一纬线上的经向应力 σ_m，以该纬线为锥底的圆锥面，其顶点在回转壳体的对称轴上，而圆锥面与回转壳体表面相正交（垂直）（图 5.2 及图 5.3），此圆锥面所截取的回转薄壳厚度是回转薄壳的实际厚度，在此截面上作用的应力正是经向应力 σ_m。此锥面母线的长度 OC 用 ρ_2 表示，称为"第二曲率半径"（图 5.3），它是回转薄壳微元体在纬线上的曲率半径（图 5.4）。

考虑回转薄壳被圆锥面切割出来的上部分所承受的内外力在 Y 轴上投影的平衡条件（参见图 5.3），得

$$p \frac{\pi D^2}{4} - \sigma_m \pi D \sin\theta = 0$$

（由于是薄壳，可认为 C 点与厚度中点重合）

由图 5.3 可得

$$D = 2\rho_2 \sin\theta$$

代入上式，得经向应力为

$$\sigma_m = \frac{p\rho_2}{2S} \qquad\qquad (5.1)$$

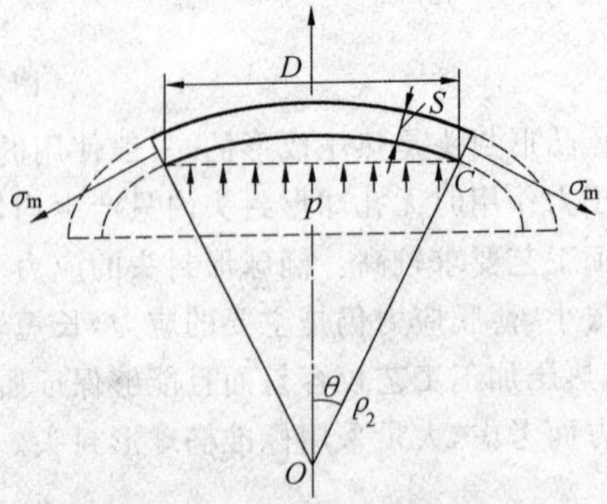

由于经线上不同点的 ρ_2 不同，则 σ_m 沿经线是变化的。

图 5.3　求经向应力图

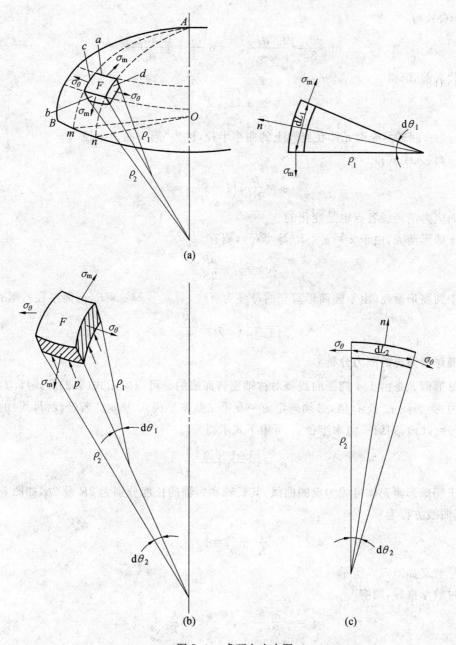

图 5.4　求环向应力图

2. 确定环向应力

在回转薄壳上取一微元体 F（图 5.4(a)）。它由内外壁面、前述正交于壁面的两个圆锥面所切割出的 a、b 面以及由 Amo 面及 Ano 面所切割出的 c 与 d 面组成。该微元体受力的空间视图如图 5.4(b)所示。图 5.4(c)为两个侧面视图。

根据微元体在回转薄壳表面法线 n 方向上力的平衡条件，有

$$p\mathrm{d}L_1\mathrm{d}L_2 - 2\sigma_\theta\mathrm{d}L_1 S\sin\frac{d\theta_2}{2} - 2\sigma_\mathrm{m}\mathrm{d}L_2 S\sin\frac{d\theta_1}{2} = 0$$

由图 5.4(c),得

$$\sin\frac{d\theta_2}{2}=\frac{0.5dL_2}{\rho_2}, \quad \sin\frac{d\theta_1}{2}=\frac{0.5dL_1}{\rho_1}$$

将它们代入前式,得

$$\frac{\sigma_m}{\rho_1}+\frac{\sigma_\theta}{\rho_2}=\frac{p}{S}$$

式中 ρ_1——回转薄壳微元体在经线上的曲率半径,称为"第一曲率半径"。

将式(5.1)代入上式得

$$\sigma_\theta=\frac{p}{S}\rho_2\Big(1-\frac{\rho_2}{2\rho_1}\Big) \tag{5.2}$$

可知环向应力沿经线各点也是变化的。

对于球形薄壳,由于 $\rho_1=\rho_2=R$(球半径),则有

$$\sigma_m=\sigma_\theta=\frac{pR}{2S} \tag{5.3}$$

对于圆筒形薄壳,由于圆筒形薄壳的母线为直线,则 $\rho_1=\infty,\rho_2=R$(圆筒半径),则有

$$\sigma_m=\frac{pR}{2S}, \quad \sigma_\theta=\frac{pR}{S} \tag{5.4}$$

3. 椭球形薄壳的应力分析

椭球形薄壳是由 1/4 椭圆曲线绕对称轴旋转而成的。可以应用式(5.2)和式(5.3)来计算其应力,为得到 σ_m 及 σ_θ 值,必须确定第一及第二曲率半径 ρ_1 及 ρ_2。若经线(母线)的曲线方程为 $y=y(x)$,则第一曲率半径 ρ_1 可由下式求得

$$\rho_1=\left|\frac{(1+y'^2)^{\frac{3}{2}}}{y''}\right|$$

由于椭球形薄壳体母线为椭圆曲线,其长轴和短轴的长度分别为 $2R$ 及 $2h$,如图 5.5 所示,则其曲线方程为

$$\frac{x^2}{R^2}+\frac{y^2}{h^2}=1$$

式中符号意义如图 5.5 所示。

经过数学推导,则有

$$y'=-\frac{h^2}{R^2}\frac{x}{y}, \quad y''=-\frac{h^4}{R^2}\frac{1}{y^3}$$

于是得第一曲率半径为

$$\rho_1=\frac{(R^4y^2+h^4x^2)^{\frac{3}{2}}}{R^4h^4}$$

由图 5.5 可见

$$\rho_2=\frac{x}{\sin\theta}$$

因为

$$y'=\tan\theta$$

所以

$$\sin\theta=\frac{y'}{[1+(y')^2]^{\frac{1}{2}}}$$

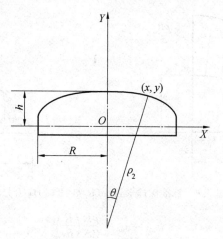

图 5.5 椭球形壳

于是得到
$$\rho_2 = \frac{\left[1+(y')^2\right]^{\frac{1}{2}}}{y'} \cdot x$$

将已经求得的 $y' = -\dfrac{h^2}{R^2}\dfrac{x}{y}$，代入上式便得到第二曲率半径为

$$\rho_2 = \frac{(R^4 y^2 + h^4 x^2)^{\frac{1}{2}}}{h^2}$$

将上述第二曲率半径 ρ_2 代入式(5.1)，得到经向应力为

$$\sigma_{\mathrm{m}} = \frac{p}{2S}\frac{(R^4 y^2 + h^4 x^2)^{\frac{1}{2}}}{h^2} \tag{5.5}$$

将上述第一曲率半径 ρ_1 及第二曲率半径 ρ_2 代入式(5.2)，得到环向应力为

$$\sigma_{\theta} = \frac{p}{S}\frac{(R^4 y^2 + h^4 x^2)^{\frac{1}{2}}}{h^2}\left[1 - \frac{R^4 h^2}{2(R^4 y^2 + h^4 x^2)}\right] \tag{5.6}$$

从式(5.5)和式(5.6)中可以看出，椭球形封头上各点的应力是不等的，它与各点的坐标 (x,y) 有关。椭球形封头应力的大小除与内压力 p 及厚度 S 有关外，还与长轴和短轴之比 (R/h) 有很大关系。当 $R/h=1$ 时，椭球形封头变为半球形封头，此时受力状态最为理想，应力最小。当短轴半径 h 趋于零时，椭球形封头变成平板，此时受力状态最为不利，应力最大。

我国目前大多采用 $R/h=2$ 的椭球形封头，称为标准椭球形封头。标准椭球形封头既便于加工，受力状态也较为理想。承受内压时它的应力分布情况如图 5.6 所示。

由图 5.6 可见，封头顶点 A 的应力为

$$\sigma_{\mathrm{m}} = \sigma_{\theta} = \frac{pR}{S}$$

而长轴端点 B 的应力为

$$\sigma_{\mathrm{m}} = \frac{pR}{2S} \quad , \quad \sigma_{\theta} = -\frac{pR}{S}$$

从图 5.6 可以看出，在标准椭球形封头的顶点及长轴端点的应力都比较大，属于危险部位。

对于一般尺寸的椭球形封头 $(R/h \neq 2)$，由式(5.5)及式(5.6)得，顶点 A 的应力为

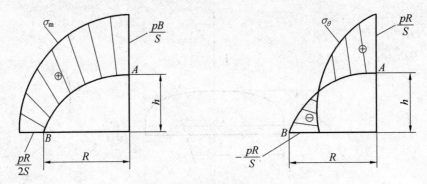

图 5.6　标准椭球形封头($R/h=2$ 时)应力分布

$$\sigma_{mA}=\sigma_{\theta A}=\frac{pR}{2S}\left(\frac{R}{h}\right)$$

长轴端点 B 处的应力为

$$\sigma_{mB}=\frac{pR}{2S}\quad,\quad \sigma_{\theta B}=\frac{pR}{S}\left(1-\frac{R^2}{2h^2}\right)$$

5.1.2　基本计算公式

为计算方便起见,下列公式中采用平均半径 D_p 和内直径 D_n 及内高度 h_n。按最大剪应力强度理论,A 点的当量应力为

$$\sigma_{dA}=\frac{pD_p}{4S}\left(\frac{D_n}{2h_n}\right)$$

当 $\dfrac{D_n}{2h_n}\leqslant\sqrt{2}$ 时,B 点的当量应力为

$$\sigma_{dB}=\sigma_{mB}-\sigma_{\theta B}=\frac{pD_p}{4S}$$

此时 $\sigma_{\theta B}=0$。

当 $\dfrac{D_n}{2h_n}>\sqrt{2}$ 时,$\sigma_{\theta B}<0$,故 B 点的当量应力为

$$\sigma_{dB}=\sigma_{mB}-\sigma_{\theta B}=\frac{pD_p}{4S}\left[-1+\left(\frac{D_n}{2h_n}\right)^2\right]$$

可以证明,当 $\dfrac{D_n}{2h_n}\leqslant1.62$ 时,深椭球形封头 B 点的当量应力小于 A 点的当量应力,即 $\sigma_{dB}<\sigma_{dA}$;当 $\dfrac{D_n}{2h_n}>1.62$ 时,B 点的当量应力已大于 A 点的当量应力,即 $\sigma_{dB}>\sigma_{dA}$。那么危险点由顶部 A 点转移到长轴端部 B 点。当 $\dfrac{D_n}{2h_n}$ 较大时,即封头较平,在内压力作用下,长轴将明显缩短,封头变形后如 ab 曲线(图 5.7),故长轴端点附近的环向应力很大(为负值),使 B 点的当量应力大于 A 点的当量应力。简体在内压力作用下将胀大,由 B 变形至 C。但实际上,封头长轴端部与简体相连成一个整体,则实际变形如 $defa$ 曲线所示。这样,封头长轴端部不可能明显向内缩短,则此 B 点的实际当量应力不会大于 A 点的当量应力。

基于以上分析,椭球形封头的强度计算公式应基于封头顶部 A 点的应力状态来建立。

对于标准椭球形封头 $\left(\dfrac{D_n}{2h_n}=2\right)$，有

$$\sigma_\theta=\sigma_m=\frac{pD_p}{2S}\ ,\quad \sigma_r=0$$

式中　　　　　　　　　　$D_p=D_n+S$

按最大剪应力强度理论，有

$$\sigma_d=\sigma_{max}-\sigma_{min}=\frac{pD_p}{2S}-0\leqslant[\sigma]$$

经整理

$$S\geqslant\frac{pD_n}{2[\sigma]-p}\qquad\qquad(5.7)$$

对于一般尺寸的椭球形封头，用 Y 反映内直径与内高度比值的影响，则有

$$S\geqslant\frac{pD_nY}{2[\sigma]-p}\qquad\qquad(5.8)$$

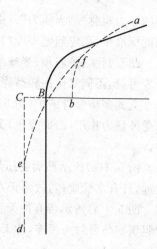

图 5.7　封头与筒体的变形

将 Y 称为"形状系数"，参照美国 ASME 规范第Ⅷ分册第Ⅰ分篇，取 Y 的计算式为

$$Y=\frac{1}{6}\left[2+\left(\frac{D_n}{2h_n}\right)^2\right]\qquad\qquad(5.9)$$

式(5.9)是在按封头顶部 A 点的应力状态基础上经过一定的修正后得出的。式(5.8)就是承受内压力作用的椭球形封头和球形封头的强度基本计算公式。

　　扁球形回转薄壳是由两个不同半径 R_n 与 r 的共轭弧线构成的(图 5.8)。老式封头常由此种简单形线构成。此封头由于过渡圆弧 r 处受力欠佳，常引起低周疲劳裂纹，故目前水管锅炉禁止使用，而锅壳锅炉仍可以使用，因为锅壳锅炉的额定压力较低。

　　此种扁球形封头按曲率半径为 R_n 的主体部分计算。半径为 R_n 的球形壳(图 5.8)，沿厚度平均的最大应力，由式(5.3)有

$$\sigma_{max}=\frac{pR_n}{2S}$$

而沿厚度平均的最小应力为

$$\sigma_{min}\approx0$$

按最大剪应力理论强度条件的当量应力为

$$\sigma_d=\sigma_{max}-\sigma_{min}=\frac{pR_n}{2S}-0\leqslant[\sigma]$$

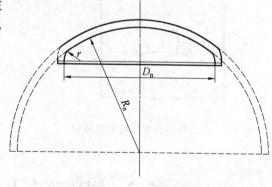

图 5.8　扁球形封头

由此可得　　　$S\geqslant\dfrac{pR_n}{2[\sigma]}$　　　　(5.10)

式(5.10)就是承受内压力作用的扁球形封头的强度计算公式。应用此式的条件为内曲率半径 R_n 不应大于其内径 D_n，否则封头近于扁平，顶部弯曲应力过大；另外，过渡圆弧内半径 r 亦不应过小，否则该处二次应力过大。

　　如果回转薄壳承受外压力作用(凸面受压)，则随着压力的增加，所产生的压缩应变加大，压力去除后，此应变消失，但压力较大，达到某一数值时，会突然发生局部塌陷(图 5.9)，压力去除后，塌陷不能恢复。这种现象和承受外压力作用的筒壳一样，也称为"失稳"，所对

应的压力也称"临界压力"。那么凸面受压的凸形元件,除强度外还存在稳定问题。在锅炉强度标准中,稳定问题不专门计算,只在许用应力的修正系数上予以考虑。

凸形封头、炉胆顶、半球形炉胆、凸形管板等回转薄壳的许用应力修正系数 η,见表 2.2。由表可见,不同结构回转薄壳的 η 值有很大差异。

立式多横烟管锅炉(图 5.1(d))的半球形炉胆的修正系数值最小($\eta=0.3$),这是基于它承受外压力作用(凸面受压)又与火焰直接接触,且上方水侧又易结水垢使壁温升高而确定的。

图 5.1(e)所示凸面受压炉胆顶相对上述的半球形炉胆,因热负荷小——炉胆顶距火床较远,且有水管遮挡,故修正系数值取得略高一些($\eta=0.4$)。

图 5.1(f)所示带有冲天管的凸面受压炉胆顶相对上述无冲天管的炉胆顶,因冲天管使炉胆顶与凸形封头相连,冲天管对炉胆顶起拉撑作用使其不易失稳,故修正系数值又增加一些($\eta=0.5$)。

图 5.1(f)所示带有冲天管的凹面受压的凸形封头,因通过冲天管撑着炉胆顶,故附加载荷较大,但凹面受压,其受力情况优于凸面受压,故取 $\eta=0.65$。

图 5.1(b)所示卧式内燃锅炉的凹面受压凸形封头,因炉胆受热轴向膨胀会对封头施加附加载荷,但由于炉胆膨胀环或波形部分能吸收较多轴向变形量,故取 $\eta=0.8$。

一般凹面受压的凸形封头(图 5.1 中(a)、(b)、(d)、(e))基本不存在附加载荷,也不受热,故取 $\eta=1.0$。

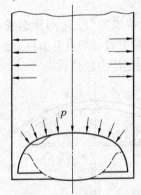

图 5.9　承受外压力作用的回转薄壳

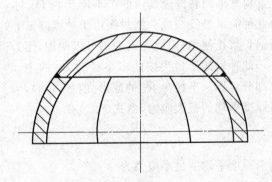

图 5.10　拼接的半球形封头

5.2　回转薄壳上孔与焊缝的减弱

对于直径较大的回转薄壳,一般由几块钢板拼焊后压制成形(图 5.10),因而,存在焊缝减弱问题。另外,凸形封头上常开设尺寸较大的人孔(图 5.11),人孔边缘附近区域会出现明显应力升高现象,最高应力一般发生在人孔长轴截面的外壁,如图 5.12 所示,即人孔也使封头强度减弱。

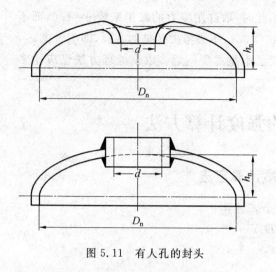

图 5.11　有人孔的封头

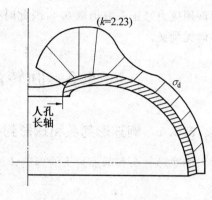

图 5.12　人孔边缘的应力集中

上述的焊缝及人孔对封头强度减弱用封头减弱系数来考虑,则强度基本计算式(5.8)变为

$$S \geqslant \frac{pD_nY}{2\varphi[\sigma] - p} \qquad\qquad (5.11)$$

封头减弱系数 φ 见表 5.1。

表 5.1　封头减弱系数 φ

封头结构形式	φ
无孔,无拼接焊缝	1.00
无孔,有拼接焊缝	φ_h(按表 3.3 和表 3.4 确定)
有孔,无拼接焊缝	$1 - d/D_n$
有孔,有拼接焊缝,但孔中心与焊缝边缘距离大于$(0.5d + 12)$mm	取 φ_h 和$(1 - d/D_n)$中较小者
有孔,有拼接焊缝,且孔中心与焊缝边缘距离小于或等于$(0.5d + 12)$mm	$\varphi_h(1 - d/D_n)$

注:封头上开孔 d 取椭圆孔长轴尺寸,圆孔取孔直径。

封头上的水位表孔、压力表孔等,由于它们的直径不大,又加之焊接管头的加强作用,故不会引起由于应力集中导致的低周疲劳现象,因而,可以忽略不计。

如因某些结构的需要而在凸形封头上开设孔排时,尽管孔排所在部位不一定处于应力最高区域(封头顶部),但为稳妥计,应将孔排减弱反映到封头减弱系数中去。为简化计算,统一用 $\varphi_1 = t_{min} - d/t_{min}$ 计入于封头减弱系数 φ 中,如果孔桥减弱系数 φ_1 小于按表 5.1 确定的封头减弱系数 φ 时,则式(5.11)中的 φ 用 φ_1 代入。t_{min} 为两相邻管孔中心线与厚度中线交点的展开尺寸最小值,不必考虑孔排的方向。封头上不同部位的各向应力大小不一,以上是一种简化处理。

立式弯水管锅炉(图 5.1(e))的炉胆顶上沿纬向(环向)较均匀地布置孔排,这对炉胆顶的稳定性不会产生不利影响,反而可能由于弯水管的某些支持作用而少许提高炉胆顶的稳定性。但当孔桥减弱系数 φ_1 小于炉胆顶的许用应力修正系数 $\eta = 0.4$ 时,炉胆顶应从强度角度计算,计算公式中的减弱系数 φ 用 φ_1 代入,此时,取许用应力的修正系数 $\eta=1.0$,而不必再取 $\eta=0.4$,因稳定已不是主要问题。如果 $\varphi_1>0.4$,不必考虑孔排的减弱,即不考虑 φ_1,而许用应力修正系数仍取 0.4,因此时孔桥强度已不是主要问题。以上处理方法已应用多年尚无疑义。

5.3 回转薄壳的强度计算方法

5.3.1 椭球形封头和球形封头的强度计算方法

椭球形封头和球形封头的理论计算度厚按下式计算:

$$S_L=\frac{pD_nY}{2\varphi[\sigma]-p} \tag{5.12}$$

封头成品最小需要厚度按下式计算:

$$S_{min}=S_L+C_1 \tag{5.13}$$

封头的设计计算厚度按下式计算:

$$S_s=S_L+C \tag{5.14}$$

封头取用厚度应满足:

$$S\geqslant S_s \tag{5.15}$$

式(5.12)～式(5.15)中

S_L——封头理论计算厚度,mm;

S_{min}——封头成品最小需要厚度,mm;

S_s——封头设计计算厚度,mm;

S——封头取用厚度,mm;

D_n——封头内径,mm;

Y——形状系数,按式(5.9)计算;

φ——封头减弱系数,按表5.1选取;

$[\sigma]$——许用应力,MPa;

C_1——设计计算和校核计算考虑腐蚀减薄的附加厚度,mm;

C——设计计算考虑腐蚀减薄、工艺减薄和钢板厚度负偏差的附加厚度,mm;

p——计算压力(表压),取相连筒体的计算压力。

校核计算时,封头最高允许工作压力按下式计算:

$$[p]=\frac{2\varphi[\sigma]S_y}{YD_n+S_y}S_y \tag{5.16}$$

式中 S_y——封头有效厚度,mm。

封头有效厚度 S_y 按下式计算:

$$S_y=S-C' \tag{5.17}$$

式中 C'——校核计算考虑腐蚀减薄、工艺减薄和钢板壁厚负偏差的附加厚度,mm。

S_y 也可取为实际最小厚度减去以后可能的腐蚀减薄值。同时,$[p]$ 也不应超过按式(3.14)所确定的封头直段的最高允许工作压力。

5.3.2　封头的附加厚度

设计计算时,封头的附加厚度 C 按下式计算:

$$C = C_1 + C_2 + C_3 \tag{5.18}$$

校核计算时,封头的附加厚度 C' 按下式计算:

$$C' = C_1 + C'_2 + C_3 \tag{5.19}$$

式(5.18)、(5.19)中考虑腐蚀减薄的附加厚度 C_1,一般取为 0.5 mm;若 $S > 20$ mm 时,则可不必考虑,但若腐蚀较严重,应根据实际情况确定 C_1 值。

考虑工艺减薄的附加厚度 C_2 和 C'_2 应根据各锅炉制造厂具体工艺情况而定。一般情况下,冲压工艺减薄值 C_2 和 C'_2 可按表 5.2 选取。

表 5.2　冲压工艺减薄值

结构形式	减薄值计算公式			
	椭球形或球形部分		直段部分	
	C_2	C'_2	C_2	C'_2
椭球形封头 $(0.20 \leqslant h_n/D_n \leqslant 0.35)$	$0.1(S_L + C_1)$	$0.09(S - C_3)$	0	0
深椭球形或球形封头 $(0.35 < h_n/D_n \leqslant 0.5)$	$0.15(S_L + C_1)$	$0.13(S - C_3)$	0	0

考虑钢板厚度负偏差的附加厚度 C_3,当 $S \leqslant 20$ mm 时,取钢板标准规定厚度负偏差。当 $S > 20$ mm 时,则可不考虑,如钢板厚度负偏差超过 0.5 mm,则在附加厚度中应加上此超出值。

封头的取用厚度除满足式(5.15)规定外,还应满足下式计算:

$$S \geqslant S_{zL} + C_1 + C_3 \tag{5.20}$$

式中　S_{zL}——封头直段部分理论计算厚度,mm,按锅筒筒体理论计算厚度确定,其中 φ_{min} 取封头拼接焊缝减弱系数 φ_h,如无拼接焊缝,则 $\varphi_{min} = 1.00$。

5.3.3　凸形封头几何形状的限制条件

式(5.12)及式(5.16)只有满足下列条件时才有效:

$$\frac{h_n}{D_n} \geqslant 0.2 \quad , \quad \frac{S_L}{D_n} \leqslant 0.15 \quad , \quad \frac{d}{D_n} \leqslant 0.6$$

(1) $h_n/D_n \geqslant 0.2$。此规定用于控制封头的扁平程度。随着 h_n/D_n 的减小,封头的形状将越来越扁平。按薄膜理论所得的厚度计算公式(5.12)将具有很大的误差。由于封头的计算公式是根据无弯曲力矩导出的,即认为应力仅是由于体积均匀膨胀引起的。但实际上,在体积膨胀的同时,各处曲率均有变化,因而还存在弯曲应力。当封头过于扁平时,弯曲应力已很显著,以膜应力为基础的假设已不适用。此外,椭球形封头在开孔附近区域的弯曲应力比例随着 h_n/D_n 的减小也将不断增大。

(2) $S_L/D_n \leqslant 0.15$。此规定用于控制封头的厚度,因为有薄膜理论的假设(应力沿厚度均匀分布、径向应力等于零),为防止内壁处出现塑性变形,则壁不能太厚。故对封头的厚度做了相应的限制。

(3) $d/D_n \leqslant 0.6$。此规定用于控制封头上开孔的直径 d。由封头实测应力可见(图5.13),人孔附近均有较大的弯曲应力,显然,属于几何不连续产生的二次应力。可以看出,随着开孔孔径的增加,孔边缘处的局部应力将不断增加。另外,利用 $1-d/D_n$ 来考虑孔的减弱是一种经验方法,它只适用于一定尺寸范围以内,不允许任意外推,故有此规定。对于锅壳锅炉由于压力较低,通过有限元计算,现行标准允许 $d/D_n \leqslant 0.7$。

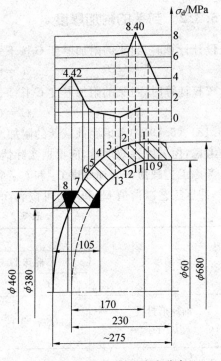

图 5.13　凸形封头应力分布

5.3.4　扁球形元件的强度计算方法

扁球形元件(图 5.14)的最小需要厚度按下式计算:

$$S_{min} = \frac{pR_n}{2\varphi_h[\sigma]} + C \qquad (5.21)$$

校核计算时,扁球形元件的最高允许工作压力按下式计算:

$$[p] = \frac{2\varphi_h[\sigma]S_y}{R_n} \qquad (5.22)$$

式(5.21)、(5.22)中

R_n——扁球形元件主体部分内壁曲率半径,mm;

φ_h——焊缝减弱系数,按表3.4选取;

S_y——有效厚度,mm,按式(5.7)计算;

C——附加厚度,mm,按式(5.18)计算。

式(5.21)未明显反映出大孔的减弱,因为,作为炉胆顶时,孔的减弱已反映在许用应力修正系数 η 中。作为封头时,为降低大孔边缘的应力升高值,规

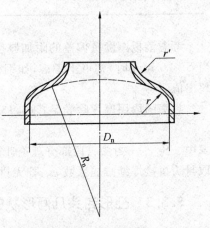

图 5.14　扁球形元件

定这种扁球形结构必须对大孔应采用扳边或加强圈予以加强(见5.6节)。

5.4　凸形管板的强度

凸形管板分为"椭球形管板"与"拱形管板"两种。

美国 ASME 规范对有拉撑的弯曲板、有拉撑的凸形封头的最高允许工作压力规定为弯曲板、凸形封头无拉撑时的最高允许工作压力加上由于存在拉撑使允许工作压力提高的值。

德国 TRD 规程规定烟管锅炉凸形封头(管板)可按火管锅炉凸形封头公式计算。

　　国内对凸形管板大量有限元计算与应力实测均证实了国外标准的上述规定是合理的。

　　根据国内大量有限元计算与应力实测结果并参照国外标准的规定,提出了简易计算方法,经鉴定后纳入了我国锅壳锅炉受压元件强度计算标准。

5.4.1　椭球形管板计算方法

　　一般椭球形封头上开孔并焊以烟管即构成椭球形管板(图 5.15)。与一般椭球形封头相比,椭球形管板因为有烟管束的拉撑作用,其应力状态得到一定改善。针对凸形管板强度计算问题,其有限元计算结果明确证实此点。为简化计算,我国锅壳锅炉受压元件强度计算标准规定椭球形管板按一般椭球形封头有关规定确定,不考虑应力状态的改善,不计烟管孔排的影响。椭球形管板管束区域尽管开孔,但其受力情形与锅壳孔排根本不同。椭球形管板管束区域被烟管拉撑着,节距越小拉撑作用越大,因此,椭球形管板管束区的强度裕度甚大而无需进行计算。而锅壳开孔排的管孔使承载截面减小,节距越小孔桥处的应力越大。

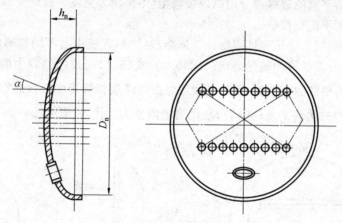

图 5.15　椭球形管板

　　边缘管孔中心线与管板外表面交点的法线所形成的夹角 α 不应大于 45°,与锅壳筒体对非径向孔的限制相同,是为防止应力集中过大而提出的。这一要求使椭球形管板的烟管数量受到一定限制。而且要求管孔宜经机械加工或仿形气割成形。

5.4.2　拱形管板的计算方法

　　拱形管板由平直部分(管板区)与凸形部分(拱形区)组成,如图 5.16 与图 5.17(a)所示。

　　平直部分的受力状态与有拉撑件(拉撑管)的平板完全相同,故按烟管管束区以内的平板的规定和计算来确定平直部分的厚度。

　　凸形部分由不同椭圆线 ab 构成。锅壳锅炉受压元件强度计算标准规定按最大椭圆线 $\overset{\frown}{a'''ab}$(将 $\overset{\frown}{a'''a}$ 平直段近似视为椭球线的一部分)构成的假想椭球形封头(图 5.17(b))计算。由图可见,假想椭球形封头的当量内直径 $D_{nd}=2\,\overline{a''b}$。这种按最大椭球线的计算方法会偏于安全的。

　　拱形管板人孔部位算出的厚度有时大于相连筒壳的厚度,但考虑人孔加强后,拱形管板厚度可与筒壳厚度相一致。

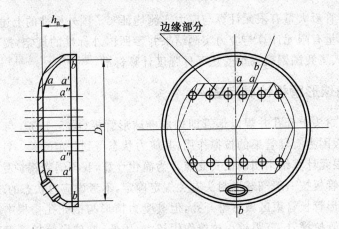

图 5.16　拱形管板

　　图 5.17 所示平直的边缘部分用以焊接烟箱,不需较大宽度。故锅壳锅炉受压元件强度计算标准规定,可不进行校核。

　　根据上述锅壳锅炉受压元件强度计算标准,对拱形管板中由不同椭圆线构成的凸形部分按椭球形封头计算的有关规定确定。式(5.9)、式(5.12)、式(5.16)中的 D_n 用当量内径 D_{nd} 代入,D_{nd} 取两倍椭圆长半轴,而长半轴近似由边缘烟管管排中心线起算,即 $D_{nd} = 2\overline{a''b}$;式(5.12)、式(5.16)的满足条件中的 D_n 用当量内径 D'_{nd} 代入,取 $D'_{nd} = 2\overline{a'b}$(图 5.16)。

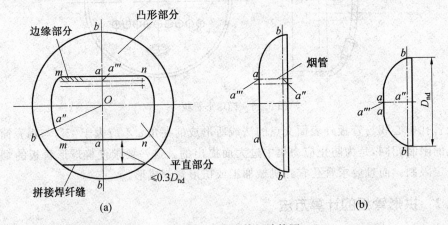

图 5.17　拱形管板计算图

5.5　回转薄壳上孔的补强

　　我国水管锅炉受压元件强度计算标准取消了有关凸形封头应用孔的补强措施以减小封头厚度的规定。原因是参数较高的凸形封头较厚,如在人孔周围焊以较厚的补强扳圈,对孔边缘应力状态改善作用不大;另外,一般不采用此法来减小封头的厚度。

　　实际上,工业锅炉有时需要利用孔补强办法来减小凸形封头厚度,另外,工业锅炉凸形封头也不很厚,因此我国锅壳锅炉受压元件强度计算标准中保留了有关凸形封头应用孔的补强措施以减小封头厚度的规定。英国 BS 2790 标准也将孔的补强作为减小封头厚度的一种措施。

凸形封头由于厚度计算公式中已用孔的减弱系数 $\varphi=1-d/D_n$ 考虑了孔的存在,故不再需要对孔加强。只有为了减小厚度时,才需要用补强方法使孔的计算直径缩小,则减弱系数 φ 得以提高,从而计算所需要的最小厚度就可以减小。与筒壳一样,凸形封头仍然采用等面积加强方法,即利用孔周围一定范围内的多余金属有效截面 F 使孔的计算直径缩小至 $d-F/S_y$,如图 5.18 所示。

设某无孔封头的取用厚度大于封头成品最小需要厚度,即

$$S \geqslant S_{min}=\frac{pD_nY}{2[\sigma]-p}+C_1$$

如果在此封头上开孔,则封头成品最小需要厚度为

$$S'_{min}=\frac{pD_nY}{2\varphi[\sigma]-p}+C_1$$

式中　　　　　$\varphi=1-d/D_n$

当孔径 d 大到某值 $[d]$ 时,会使 $S'_{min}=S$,这时的单孔减弱系数 φ 用 K 表示,即

$$K=1-\frac{[d]}{D_n} \qquad (5.23)$$

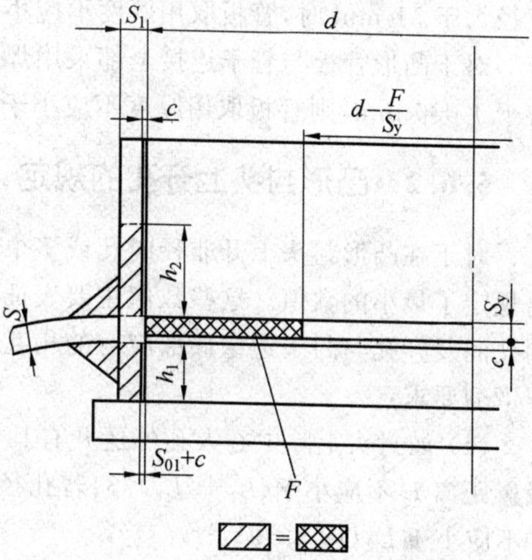

则有　　　$S=S'_{min}=\frac{pD_nY}{2K[\sigma]-p}+C_1$

由此,得

图 5.18　凸形封头上孔的补强

$$K=\frac{pD_nY}{2[\sigma](S-C_1)} \qquad (5.24)$$

由式(5.23),得

$$[d]=(1-K)D_n \qquad (5.25)$$

式中 K 按式(5.24)确定,此式就是封头按无孔计算时,当取用厚度偏大所允许的开孔直径。

如果孔径 d 大于按式(5.25)确定的 $[d]$ 时,应采用加强办法,使 d 缩小到 $[d]$ 的程度,采用等面积加强方法,则要求

$$d-F/S_y \leqslant [d]$$

式中　d——人孔长轴尺寸,如是圆孔,则为孔直径,mm;

　　　S_y——有效厚度,mm。

上式表明,多余面积 F 将孔的尺寸由 d 缩小至 $[d]$ 或 $[d]$ 以下。经补强后,凸形封头的减弱系数 $\varphi=1-d/D_n$ 中的 d 用 $d-F/S_y$ 代替。

5.6　对回转薄壳的结构要求

5.6.1　对厚度的限制

凸形封头、炉胆顶、凸形管板等,和锅筒、炉胆等一样也有最小厚度和最大厚度的限制要

求。

对于椭球形封头和球形封头的内径 D_n 大于 1 000 mm 时,封头取用厚度不应小于 6 mm;封头内径不大于 1 000 mm,封头取用厚度不应小于 4 mm。作为炉胆顶和半球形炉胆的取用厚度不应小于 8 mm,而且半球形炉胆的取用厚度也不应大于 22 mm。

对于扁球形元件,封头取用厚度不应小于 6 mm,炉胆顶的取用厚度不应小于 8 mm。

对于凸形管板,胀接管直径不大于 51 mm 时,管板取用厚度不应小于 12 mm;胀接管直径大于 51 mm 时,管板取用厚度不应小于 14 mm。

对于凸形管板与管子连接全部采用焊接时,管板取用厚度不应小于 8 mm,如管板内径大于 1 000 mm,则管板取用厚度不应小于 10 mm。

5.6.2　凸形封头上开孔的规定

对于在凸形封头上开非径向孔或多个开孔的情况,对孔间距及孔边缘离封头边缘的距离规定了最小的数值。这些数值主要表征孔边缘及封头边缘的局部应力的影响区域,以控制孔间及开孔与封头边缘局部应力的相互作用。为避免高应力区域重叠,封头上开孔应遵守下列要求:

(1) 如封头上除中心人孔外还开有其他孔时,若孔径大于 38 mm,则任意两孔边缘之间投影距离 L 不应小于 $(L_1 + L_2)/3$;若孔径不大于 38 mm,则任意两孔边缘之间的投影距离 L 不应小于 L_2(图 5.19)。

(2) 对于 $h_n/D_n \leq 0.35$ 的椭球形封头,孔边缘至封头外壁边缘之间的投影距离不应小于 $0.1D_n + S$(图 5.19)。对于 $h_n/D_n > 0.35$ 的深椭球形封头和球形封头,孔边缘至封头与直段交接处的弧长 l 不应小于 $\sqrt{D_n S_L}$(图 5.20)。

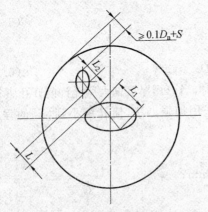
图 5.19　对开孔位置的要求 1

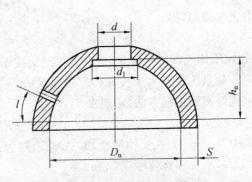
图 5.20　对开孔位置的要求 2

(3) 对于封头上的炉胆孔,两孔边缘之间的投影距离不应小于其中较小孔的直径(图 5.21),此时,不计孔桥的减弱。

(4) 炉胆孔边缘至封头边缘之间的投影距离不宜小于 $0.1D_n + S$(图 5.21)。

(5) 位于人孔附近的小孔,应使小孔边缘与人孔扳边起点之间的距离或者与焊接圈焊缝边缘的距离不小于 S(图 5.22)。

(6) 扳边孔不应开在焊缝上。

（7）凸形管板上人孔布置可不满足图 5.22 中不小于 $0.1D_n + S$ 的要求。

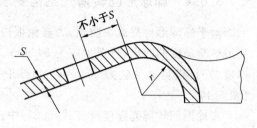

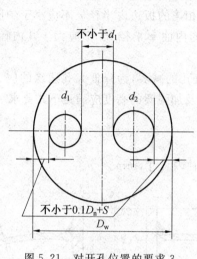

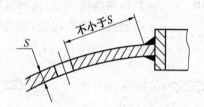

图 5.21　对开孔位置的要求 3　　　　　　　　图 5.22　对开孔位置的要求 4

5.6.3　凸形封头直段长度的规定

锅炉安全技术监察规程要求椭球形封头、半球形封头、扁球形封头、凸形管板、炉胆顶等，一般均留一定长度的圆筒形直段（图 5.10、图 5.11、图 5.14、图 5.15、图 5.16），此直段为扳边弯曲起点至焊缝中心线的距离 L，具体要求见表 5.3。

表 5.3　凸形封头直段长度 L　　　　　　　　　　　　　mm

封头厚度 S	直段长度 L
$S \leqslant 10$	$\geqslant 25$
$10 < S \leqslant 20$	$> S + 15$
$20 < S \leqslant 50$	$\geqslant 0.5S + 25$
$S > 50$	$\geqslant 50$

曾认为凸形封头与筒体相连接处因几何参数改变有一应力高峰（二次应力），为使凸形封头与筒体连接的环向主焊缝避开应力高峰，而要求凸形封头留有一直段。根据轴对称变形圆筒薄壳的简单边界效应弯曲理论，理论推导表明此应力高峰并非出于几何参数改变处，而是在与该处 $0.433\sqrt{D_p S}$ 距离的筒体上。此距离与目前规定（表 5.3）留有一直段的长度大致相同。因此，从应力分析角度出发，留一直段长度并未带来益处。实际上，留一直段是给凸形封头冲压成形后削边应留有余量和焊接对位等工艺带来一定方便，其长度比规定值即使小一些也无不可。对于球形封头，此直段可以等于零。

既然留一圆筒形直段，该直段的强度就应按圆筒体计算公式加以校核。因此此直段不可能有孔排，故按孔桥减弱系数 $\varphi = 1$ 来计算。

5.6.4　扁球形回转薄壳结构要求

对于扁球形封头或炉胆顶,为避免扳边处应力过大,规定扳边内半径 r 不应小于相连锅壳或炉胆厚度的四倍,且至少应为 64 mm。与冲天管相连的扳边内半径 r' 不应小于炉胆顶厚度的两倍,且至少应为 25 mm。扁球形回转薄壳的内曲率半径 R_n 不应大于其内径 D_n (图 5.14)。

扁球形回转薄壳强度计算式(5.21)中未反映出大孔的减弱,为降低大孔边缘的应力升高值,应采用扳边或加强圈予以补强(图 5.23)。扳边及加强圈的高度应满足下式要求

$$h \geqslant \sqrt{Sd} \tag{5.26}$$

式中　h——加强圈高度,扳边孔的扳边高度,mm;

　　　d——孔径或孔圈的内径,如为椭圆孔,则为短轴内尺寸,mm。

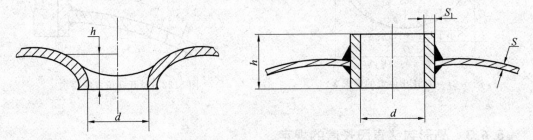

图 5.23　人孔、头孔、手孔的边缘结构

加强圈的厚度 S_1 应满足下式要求

$$S_1 \geqslant \frac{7}{8}S \tag{5.27}$$

且 S_1 对于人孔圈不宜小于 19 mm,对于头孔圈不宜小于 15 mm,对于手孔圈不宜小于 6 mm。

第 6 章　平板的强度

在锅炉受压元件中平板结构有，集箱的平端盖、平堵头、人孔盖、手孔盖、大管板、拉撑平板等，矩形集箱也属于平板结构。

6.1　平板的应力分析

6.1.1　圆形平板的应力分析

圆形平板在周边支承的情况下，承受均匀内压力之后，主要产生双向弯曲变形，这种变形主要是由于半径方向的弯曲引起的。

考查圆形平板中单元体的受力和变形情况，建立平衡、几何、物理方程，并将三者加以综合，可得到求解内力分量的微分方程。在这微分方程中，是以圆形平板中面的垂直位移（亦即位移）作为未知函数的，故又称为"位移微分方程"。

如图 6.1 所示，圆形平板在内压力的作用下，产生双向弯曲变形（环向、径向），必有弯矩 M 和剪力 Q。

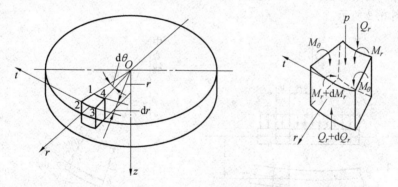

图 6.1　圆形平板上的微元体

根据受力及几何形状都是轴对称（对称于 Z 轴）的特点，在分析内力时，截取一微元体（图 6.1），其中 1—4 及 2—3 面为相距 dr 的两个环向截面，1—2 及 3—4 面为夹角等于 $d\theta$ 的两个径向截面。若离圆心 O 的距离为 r 的环向截面内的径向弯矩为 M_r，剪力为 Q_r，则 $r+dr$ 环向截面内的径向弯矩为 M_r+dM_r，剪力为 Q_r+dQ_r。由于轴对称性，两径向截面上的剪力 $Q_\theta=0$，只存在环向弯矩 M_θ，并且两径向截面上的环向弯矩相等。为了便于分析，M_r，Q_r 及 M_θ 都取截面上单位长度的值。

除上述三个内力分量外，在弯曲挠度比较大的情况下，因平板周边的约束，还产生径向拉力。但锅炉平板属于小挠度范围，故径向拉力可不予考虑。

1. 平衡条件

根据微元体在 Z 方向上力的平衡条件,有

$$(Q_r+\mathrm{d}Q_r)(r+\mathrm{d}r)\mathrm{d}\theta-Q_r r\mathrm{d}\theta-p(r\mathrm{d}\theta)\mathrm{d}r=0$$

将此方程展开,并略去高阶微量 $\mathrm{d}Q\mathrm{d}r\mathrm{d}\theta$,得

$$Q_r\mathrm{d}r+\mathrm{d}Q_r r-pr\mathrm{d}r=0$$

或

$$\frac{\mathrm{d}(Q_r r)}{\mathrm{d}r}=pr \tag{6.1}$$

在考虑对 t 轴的力矩平衡条件时,应注意 $1-2$ 与 $3-4$ 截面并不平行,故两环向弯矩 $M_\theta\mathrm{d}r$ 对 t 轴的合力矩为 $2M_\theta\mathrm{d}r\sin(\mathrm{d}\theta/2)=M_\theta\mathrm{d}\theta\mathrm{d}r$。根据对 t 轴的力矩平衡条件,有

$$(M_r+\mathrm{d}M_r)(r+\mathrm{d}r)\mathrm{d}\theta-M_r r\mathrm{d}\theta+Q_r\mathrm{d}\theta\mathrm{d}r+\frac{1}{2}pr\mathrm{d}\theta\mathrm{d}r\mathrm{d}r-M_\theta\mathrm{d}\theta\mathrm{d}r=0$$

将此方程展开,并略去高阶微量,得

$$r\frac{\mathrm{d}M_r}{\mathrm{d}r}+(M_r-M_\theta)+Q_r r=0 \tag{6.2}$$

式(6.1)及式(6.2)即为圆平板在轴对称载荷作用下的微元体"内力平衡方程"。两个方程包含三个未知内力 Q_r,M_r 及 M_θ,故仅利用平衡条件不能求解出内力,即薄圆平板的内力分析是一个超静定问题,必须同时考虑几何条件及物理条件才能求出内力的数值。

2. 几何条件

在横向载荷作用下,平板将产生横向位移——挠度 W。设平板各点的径向应变为 ε_r,环向应变为 ε_θ。当平板较薄时,可以认为平板中性面的法线在变形后仍保持直线——"直法线假定",如图 6.2 所示。

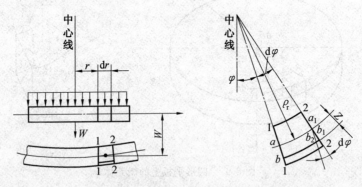

图 6.2　平板弯曲后径向截面的变形

(1)径向应变。

圆平板在均布压力作用下弯曲变形后,圆平板中面以上的部分压缩了,以下的部分则伸长了,而中面既未压缩,也未伸长,称为"中性面"。

单元体左右两个面在变形后相互转动一个角度 $\mathrm{d}\varphi$,研究 $\mathrm{d}r$ 段的应变情况。中性面变形后长度不变,求距中性面 Z 处的径向应变为

$$\varepsilon_r=\frac{b_1b_2}{aa_1}=\frac{(\rho_r+Z)\mathrm{d}\varphi-\rho_r\mathrm{d}\varphi}{\rho_r\mathrm{d}\varphi}=\frac{Z}{\rho_r}$$

式中　ρ_r——圆平板变形后中性面的径向曲率半径;

Z——b 点离圆平板中性面 aa_1 的距离。

在小挠度情况下,也就是小挠度远远小于圆平板的厚度。根据任一平面曲线的曲率方程可求出曲率半径与挠度的关系为

$$\frac{1}{\rho} = -\frac{\mathrm{d}^2 W}{\mathrm{d}r^2}$$

则

$$\varepsilon_r = -Z\frac{\mathrm{d}^2 W}{\mathrm{d}r^2} \tag{6.3}$$

(2)环向应变。

圆平板弯曲后,除产生径向应变外,还将产生环向应变。如图 6.3 所示,圆平板上半径为 r 的各层周长变化,可以得到环向应变与挠度之间的关系。当圆平板产生横向位移时,中性面没有环向应变。但是,中性面的弯曲,使各环向截面转动了角度 φ,其 φ 为 r 坐标处圆平板直法线的转角,此转角与挠度存在一定关系,即

$$\varphi = -\frac{\mathrm{d}W}{\mathrm{d}r}$$

因此,离中性面 Z 处的周长将发生变化,环向应变为(参见图 6.3)

$$\varepsilon_\theta = \frac{2\pi(r+Z\varphi)-2\pi r}{2\pi r} = \frac{Z\varphi}{r} = -\frac{Z}{r}\frac{\mathrm{d}W}{\mathrm{d}r} \tag{6.4}$$

式(6.3)及式(6.4)为"几何方程"。由此两式可见,ε_r 与 ε_θ 通过 W 联系在一起,消去 W 所得 ε_r 与 ε_θ 关系式即为"变形协调方程"。

3. 物理条件

根据平面应力状态广义胡克定律作为物理条件,应力与应变之间存在如下关系

$$\sigma_r = \frac{E}{1-\mu^2}(\varepsilon_r + \mu\varepsilon_\theta) \tag{6.5}$$

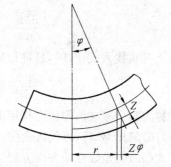

图 6.3　平板弯曲后环向截面的转角

$$\sigma_\theta = \frac{E}{1-\mu^2}(\varepsilon_\theta + \mu\varepsilon_r) \tag{6.6}$$

式中　σ_r,σ_θ——分别为各点的径向和环向应力;

E,μ——分别为圆平板材料的弹性模量及泊松比。

由平衡、几何及物理条件得六个方程:式(6.1)～式(6.6),但其中未知量有八个:M_r,M_θ,Q_r,ε_r,ε_θ,W,σ_r,σ_θ。为了求解,尚需建立两个补充方程。由于平衡条件式(6.1)与式(6.2)是通过内力之间的关系表达的,故尚需将式(6.5)及式(6.6)中的应力与挠度之间的关系转化为内力与挠度之间的关系。根据内力的定义,圆平板的弯矩为微内力沿厚度的合力矩,故可得

$$M_r = \int_{-\frac{S}{2}}^{\frac{S}{2}} \sigma_r Z\,\mathrm{d}Z = \int_{-\frac{S}{2}}^{\frac{S}{2}} \frac{E}{1-\mu^2}\left(\frac{\mathrm{d}^2 W}{\mathrm{d}r^2} + \frac{\mu}{r}\frac{\mathrm{d}W}{\mathrm{d}r}\right)Z^2\,\mathrm{d}Z = -D\left(\frac{\mathrm{d}^2 W}{\mathrm{d}r^2} + \frac{\mu}{r}\frac{\mathrm{d}W}{\mathrm{d}r}\right) \tag{6.7}$$

$$M_\theta = \int_{-\frac{S}{2}}^{\frac{S}{2}} \sigma_\theta Z\,\mathrm{d}Z = -D\left(\frac{1}{r}\frac{\mathrm{d}W}{\mathrm{d}r} + \mu\frac{\mathrm{d}^2 W}{\mathrm{d}r^2}\right) \tag{6.8}$$

式中　S——圆平板的厚度。

而

$$D = \frac{ES^3}{12(1-\mu^2)}$$

称为圆平板抗弯刚度,它表示圆平板抵抗弯曲变形的能力。

这样,就可以求解内力了。

将式(6.1)和式(6.2)合并为一式。为此,将式(6.2)对 r 求一次导数,有

$$r\frac{d^2M_r}{dr^2} + 2\frac{dM_r}{dr} - \frac{dM_\theta}{dr} + \frac{d(Q_r r)}{dr} = 0$$

将式(6.1)代入此式,得

$$r\frac{d^2M_r}{dr^2} + 2\frac{dM_r}{dr} - \frac{dM_\theta}{dr} + pr = 0 \tag{6.9}$$

将式(6.7)及式(6.8)代入此式,就可得到只包含未知数 W 的微分方程。

为此,先计算下列导数

$$\frac{dM_r}{dr} = -D\left(\frac{d^3W}{dr^3} + \frac{\mu}{r}\frac{d^2W}{dr^2} - \frac{\mu}{r^2}\frac{dW}{dr}\right)$$

$$\frac{d^2M_r}{dr^2} = -D\left(\frac{d^4W}{dr^4} + \frac{\mu}{r}\frac{d^3W}{dr^3} - \frac{2\mu}{r^2}\frac{d^2W}{dr^2} + \frac{2\mu}{r^3}\frac{dW}{dr}\right)$$

$$\frac{dM_\theta}{dr} = -D\left(\frac{1}{r}\frac{d^2W}{dr^2} - \frac{1}{r^2}\frac{dW}{dr} + \mu\frac{d^2W}{dr^2}\right)$$

将以上三式代入式(6.9),且进行整理后,得

$$\frac{d^4W}{dr^4} + \frac{2}{r}\frac{d^3W}{dr^3} - \frac{1}{r^2}\frac{d^2W}{dr^2} + \frac{1}{r^3}\frac{dW}{dr} = \frac{p}{D} \tag{6.10}$$

此式称为圆平板在均匀压力作用下轴对称变形时的"挠度微分方程"或"位移微分方程"。由式(6.10)解出 W 后,再代入式(6.7)及式(6.8),即可求得弯矩,然后进而求得弯曲应力。

式(6.10)是线性非齐次方程,它的通解为

$$W = \frac{pr^4}{64D} + A_1\ln r + A_2 r^2\ln r + A_3 r^2 + A_4 \tag{6.11}$$

积分常数 A_1,A_2,A_3 及 A_4 可由圆平板的边界条件确定。

对于中心无孔的圆平板,在圆平板中心 $r=0$ 处,其挠度为有限值,故 A_1 及 A_2 必须为零,否则中心处的挠度将为无限大。这样,挠度微分方程的通解变为

$$W = \frac{Pr^4}{64D} + A_3 r^2 + A_4 \tag{6.12}$$

其中,A_3 及 A_4 可由实心圆平板的支撑条件(边界条件)来确定。

下面讨论周边铰支及周边固支两种边界条件下的解。

(1)周边铰支的圆平板(图 6.4)。

设圆平板的半径为 R,其边界条件为

当 $r=R$ 时
$$W = 0$$
$$M_r = 0$$

将式(6.12)及式(6.7)代入以上边界条件,并联立求解,得

$$A_3 = \frac{3+\mu}{32(1+\mu)}\frac{PR^2}{D}$$

$$A_4 = \frac{5+\mu}{64(1+\mu)} \frac{pR^4}{D}$$

将以上 A_3，A_4 代入式(6.12)，得

$$W = \frac{p}{64D}(R^2 - r^2)\left(\frac{5+\mu}{1+\mu}R^2 - r^2\right)$$

将上式代入式(6.7)及式(6.8)，得到弯矩方程式为

$$M_r = \frac{3+\mu}{16}(R^2 - r^2)p$$

$$M_\theta = \frac{1}{16}\left[(3+\mu)R^2 - (1+3\mu)r^2\right]p$$

M_r 及 M_θ 针对周边铰支的圆平板的分布如图 6.4 所示，经分析最大弯矩在其中心处。

(2)周边固支的圆平板(图 6.5)。

设圆平板的半径为 R，其边界条件为

当 $r = R$ 时 $\qquad W = 0$

$$\frac{dW}{dr} = 0$$

将式(6.12)代入以上边界条件，有

$$\frac{pR^4}{64D} + A_3 R^2 + A_4 = 0$$

$$\frac{pR^3}{16D} + 2A_3 R = 0$$

解以上联立方程，得

$$A_3 = -\frac{pR^2}{32D}$$

$$A_4 = \frac{pR^4}{64D}$$

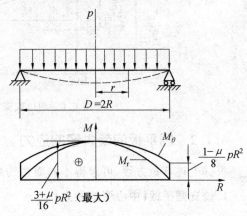

图 6.4 周边铰支时的弯矩分布图

将以上 A_3，A_4 代入式(6.12)，得

$$W = \frac{p}{64D}(R^2 - r^2)^2$$

将上式代入式(6.7)及式(6.8)，得到弯矩方程式为

$$M_r = \frac{1}{16}\left[(1+\mu)R^2 - (3+\mu)r^2\right]p$$

$$M_\theta = \frac{1}{16}\left[(1+\mu)R^2 - (1+3\mu)r^2\right]p$$

M_r 及 M_θ 针对周边固支的圆平板的分布如图 6.5 所示，经分析最大弯矩在周边。

(3)弹性约束的圆平板。

周边约束应根据集箱与平端盖的相对刚度确定。若集箱厚度比平端盖小得多，集箱只能限制平端盖的轴向位移而对平端盖连接处的转动约束不大，则平端盖周边的约束可视为铰支。若集箱的厚度很大会对平端盖连接处的转

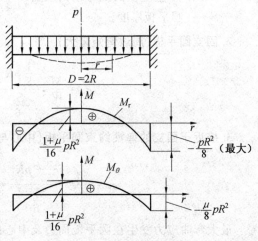

图 6.5 周边固支时的弯矩分布图

动约束很大,则平端盖周边的约束可视为固支。实际上平端盖在连接处的约束介于上述二者之间,属于弹性约束状态,即集箱对平端盖在连接处的转动有一定约束作用,但又不能约束住。

　　如将图 6.5 所示曲线绘在图 6.4 中,并将曲线纵向坐标上移 $pR^2/8$,则固支约束和铰支约束的曲线重合在一起,如图 6.6 所示。最合理的周边约束应是圆平板中心及边缘的弯矩相等,如图 6.6 中虚线坐标所示。可见,接近于固支的此种约束——"弹性约束"最好。锅炉中圆筒形集箱平端盖的周边约束情况与此相近。

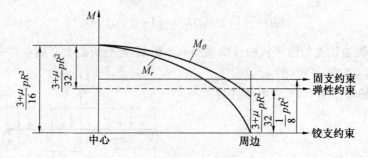

图 6.6　周边铰支、固支和弹性约束对比

6.1.2　圆平板的最大弯曲应力

根据上述弯矩方程,可求得不同周边约束情况下的最大弯曲应力。

1. 铰支圆平板(中心弯矩最大)

$$\sigma_w = \frac{M}{W} = \frac{\dfrac{3+\mu}{16}pR^2}{\dfrac{S^2}{6}} = \frac{3(3+\mu)}{8}\frac{pR^2}{S^2} = \alpha\frac{pR^2}{S^2}$$

式中　μ——波松比,取 0.3;

　　　W——单位宽度的抗弯断面系数;

　　　S——圆平板厚度。

2. 固支圆平板(周边弯矩最大)

$$\sigma_w = \frac{M}{W} = \frac{\dfrac{1}{8}pR^2}{\dfrac{S^2}{6}} = \frac{3}{4}\frac{pR^2}{S^2} = \alpha\frac{pR^2}{S^2}$$

3. 接近于固支的弹性约束圆平板(中心与周边弯矩相等)

$$\sigma_w = \frac{M}{W} = \frac{\dfrac{3+\mu}{32}pR^2}{\dfrac{S^2}{6}} = \frac{3(3+\mu)}{16}\frac{pR^2}{S^2} = \alpha\frac{pR^2}{S^2}$$

最大弯曲应力发生在圆平板周边及中心的上下壁面处。剪力 Q_r 引起的剪力要比弯矩引起的正应力小得多,故强度计算中不予考虑。

按最大剪应力强度理论,并设垂直于壁面的应力为零,建立强度条件为

$$\alpha \frac{pR^2}{S^2} \leqslant [\sigma]$$

由此,得

$$S = KD_n \sqrt{\frac{p}{[\sigma]}} \tag{6.13}$$

式中　$D_n \approx 2R$——集箱内直径。

$$K = \sqrt{\alpha}/2$$

式(6.13)即圆形平端盖的基本计算公式。

　　由以上推导可见,式(6.13)是根据局部表面应力并考虑距屈服限还有 1.5 倍裕度(基本许用应力的修正系数 $\eta = 1.0$,安全系数 $n_s = 1.5$)而导出的。此种计算方法含有较大的安全裕度。

　　不同约束情况下的 K 值见表 6.1。可见,对于锅炉圆筒形集箱无孔平端盖,$K = 0.393 \approx 0.4$。

表 6.1　圆形平板周边不同约束情况下的 K 值

周边约束情况	α	K
铰支约束	$\dfrac{3(3+\mu)}{8} = 1.238$	0.556
固支约束	$\dfrac{3}{4} = 0.75$	0.433
弹性约束	$\dfrac{3(3+\mu)}{16} = 0.619$	0.393

　　理论分析表明,承受均布压力作用的双向受弯圆形平板随着压力升高先是平板中心的表面达到屈服,进而该处全截面屈服,此时变为环板承载;然后全截面屈服区域扩大,直至平板全部都进入全截面屈服状态才失去承载能力。对于周边固支的圆平板,从表面中心点屈服至丧失承载能力,约需增大八倍载荷。大量实验也证实了上述结论。

　　电站锅炉 $\varphi 325 \times 26$ mm 集箱平端盖的常温爆破压力 $p \approx 87$ MPa,超过最高允许工作压力 10 倍以上。

　　工业锅炉 $\varphi 219 \times 8$ mm 和 $\varphi 219 \times 12$ mm 集箱不同结构形式平端盖的大量常温爆破实验得到爆破压力超过最高允许工作压力的 $7 \sim 11$ 倍,中心最大塑性挠度达到 27 mm,破口多发生在周界焊缝上。

　　工业锅炉拉撑平板专门实验表明,工作压力为 0.8 MPa,有六块对称布置角撑板的试验锅炉,当压力升至 4.6 MPa 时,一块角撑板与平板的焊缝处产生了穿透性裂纹,泄漏压力约为工作压力的八倍。拉撑平板的残余变形状态如图 6.7 所示,中部凸起约 9 mm。

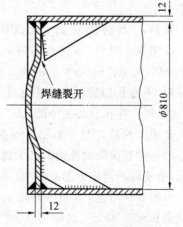

图 6.7　拉撑平板变形示意图

6.1.3　环板的应力分析

中心有圆孔的圆平板称为"环板"。当环板的宽度与它的外直径相比较不太小时,环板主要仍是弯曲变形。另外,厚度太大时,便不再是薄板问题,圆板的挠度微分方程式(6.10)不再适用。对于厚度不很大,$S<(R-0.5d)/3$ 的环板(R 为环板半径,d 为中心孔直径),仍可按式(6.10)求解弯矩。式(6.10)包含四个积分常数,环板外周边与中心孔边界各有两个边界条件,足以确定四个积分常数,它的求解过程与无中心孔的实心圆平板相似,但应力推导过程较复杂,下面仅给出其应力变化曲线。

对于有孔的平端盖其受力模型如图 6.8 所示。此时有孔的平端盖除承受均布内压力 p 作用外,在中心孔边缘处还承受孔盖传递来的集中线性分布载荷

$$q=\frac{\frac{\pi}{4}d^2 p}{\pi d}=\frac{pd}{4}$$

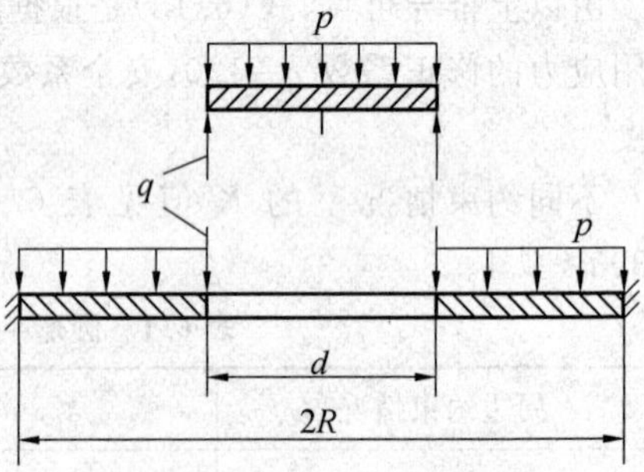

如有孔平端盖周边约束为固支,中心孔边缘无补强措施,则径向及环向弯曲应力可表述为

有孔平端盖周边处

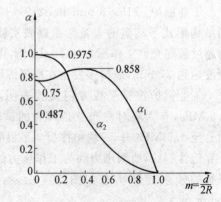

图 6.8　有孔平端盖受力模型

$$\sigma_r=\alpha_1\frac{pR^2}{S^2}\ ,\quad \sigma_\theta=\mu\alpha_1\frac{pR^2}{S^2}$$

$$\alpha_1=0.75\left[1+m^2\frac{1+\mu-m^2(3+\mu)}{1-\mu+m^2(1-\mu)}\right]$$

中心孔边缘处

$$\sigma_r=0,\quad \sigma_\theta=\alpha_2\frac{pR^2}{S^2}$$

$$\alpha_2=0.75(1-\mu^2)\frac{(m^2-1)^2}{1-\mu+m^2(1+\mu)}$$

式中

$$m=d/2R$$

系数 α_1 及 α_2 随 m 而变化如图 6.9 所示($\mu=0.3$)。

由图 6.9 可见,m 接近零时 α_2 最大,可达到 0.975,但无孔时($m=0$)$\alpha_2=0.487$,即 m 接近零时,中心孔边的环向应力比无孔时要大得多,这是因为存在直径很小的孔时,中心孔边的胀大量很大所致。对于集箱平端盖,当中心有很小的孔时管接头对孔边的胀大量起明显约束作用,故实际环向应力不会很大。

由图 6.9 可见,当 $m=0.42$ 时 α_1 值最大,可达到 0.858,与无孔时的 $\alpha_1=0.75$ 比较,使径向应力增大 $0.858/0.75=1.15$ 倍,相当于式(6.13)中的系数 K 增加 $\sqrt{1.15}=1.07$ 倍。基

图 6.9　系数 α_1 及 α_2 随 m 值的变化曲线

于以上情况,我国锅炉强度标准规定有孔平端盖的 $K=0.45$。

当平端盖上开孔的 d 很大时,由图 6.9 可见,α_1 及 α_2 都很小,则弯曲应力也很小。这是因为有孔平板已变成宽度很小的环板,其受力情况大为改善。

6.1.4 椭圆形平板的应力分析

锅筒的人孔盖或集箱的手孔盖一般是椭圆形的平板,其周边约束属于铰支形式。它的中心应力最大,其值如下列公式所示(参见图 6.10):

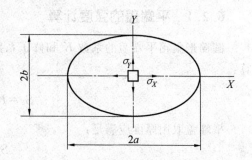

$$\sigma_X = \beta_X \frac{p(2b)^2}{S^2} \quad , \quad \sigma_Y = \beta_Y \frac{p(2b)^2}{S^2}$$

式中 β_X、β_Y——系数,见表 6.2。

图 6.10 椭圆形平板受力示意图

表 6.2 系数 β_X 与 β_Y

a/b	1.0	1.1	1.2	1.3	1.4	1.5	2.0	5.0
b/a	1.0	0.91	0.83	0.77	0.71	0.67	0.5	0.2
β_X	0.31	0.33	0.33	0.34	0.34	0.33	0.32	0.26
β_Y	0.31	0.35	0.39	0.42	0.46	0.48	0.57	0.72

由表 6.2 及前述两式可见,$\sigma_Y \geqslant \sigma_X$,则强度条件为

$$\sigma_Y = \beta_Y \frac{p(2b)^2}{S^2} \leqslant [\sigma]$$

由此,得

$$S = \sqrt{\beta_Y}\, 2b \sqrt{\frac{p}{[\sigma]}} = K 2b \sqrt{\frac{p}{[\sigma]}}$$

圆形孔盖 $\quad K = \sqrt{\beta_{YO}} = \sqrt{0.31} = 0.557 \approx 0.55$

椭圆形孔盖 $\quad K = \sqrt{\beta_Y} = \sqrt{\beta_{YO}} \sqrt{\frac{\beta_Y}{\beta_{YO}}} = 0.55 \sqrt{\frac{\beta_Y}{0.31}} = 0.55 K_1$

式中 K_1——形状系数,$K_1 = \sqrt{\dfrac{\beta_Y}{0.31}}$,可按表 6.2 换算出。

常用的椭圆形孔盖见表 6.3。

表 6.3 椭圆形孔盖的形状系数 K_1

b/a	1.0	0.75	0.5
$K_1 = \sqrt{\dfrac{\beta_Y}{0.31}}$	1.0	1.17	1.35
我国锅炉强度标准中规定的 K_1	1.0	1.15	1.30

6.2　平端盖及盖板的强度计算

6.2.1　平端盖的强度计算

圆筒形集箱平端盖的系数 K 和修正系数 η 见表 6.4。平端盖的设计厚度按如下公式计算：

$$S_\mathrm{s} = KD_\mathrm{n}\sqrt{\frac{p}{[\sigma]}} \tag{6.14}$$

平端盖取用厚度应满足：

$$S_1 \geqslant S_\mathrm{s}$$

校核计算时，圆形平端盖的最高允许工作压力按下式计算：

$$[p] = \left(\frac{S_1}{KD_\mathrm{n}}\right)^2 [\sigma] \tag{6.15}$$

平端盖的水压试验最高允许压力按下式计算：

$$[p_\mathrm{sw}] = 0.9 \left(\frac{S_1}{KD_\mathrm{n}}\right)^2 \sigma_\mathrm{s} \tag{6.16}$$

式(6.14)、式(6.15)、式(6.16)及表 6.4 中

S_s——平端盖的设计厚度，mm；

S_1——平端盖的实取厚度，mm；

S_2——平端盖环形凹槽处的最小厚度，mm；

S——平端盖直段部分厚度，与平端盖相连接处的集箱筒体厚度，mm；

D_n——与平端盖相连接处的集箱筒体内径，mm；

d——平端盖开孔直径，mm；

p——计算压力，MPa；

$[p]$——校核计算最高允许工作压力，MPa；

$[p_\mathrm{sw}]$——水压试验最高允许压力，MPa；

$[\sigma]$——许用应力，MPa；

σ_s——材料在 20 ℃时的屈服点或规定非比例伸长应力($\sigma_{0.2}$)，MPa；

η——基本许用应力的修正系数(取自表 6.4)；

K——结构特性系数(取自表 6.4)；

L——平端盖直段部分的长度，mm；

r——平端盖内转角过渡圆弧半径，mm。

平端盖上中心孔的直径或长轴尺寸与集箱筒体(与平端盖相连接处)的内径之比值不应大于 0.8；孔边缘至平端盖外边缘之间的距离不应小于 $2S_1$；孔不应开在内转角圆弧处；平端盖上任意两孔边缘之间的距离不应小于其中小孔的直径。这样规定可防止两个高应力区重叠在一起。

表 6.4 基本许用应力的修正系数与结构特性系数

序号	平端盖形式	结构要求	K 无孔	有孔	η $l \geqslant 2S$	$2S > l \geqslant S$	备注
1		$r \geqslant \dfrac{2}{3}S$ $l \geqslant S$	0.40	0.45	1.05	1.00	推荐优先采用的结构形式
2		$r \geqslant 1.5S$ $S_2 \geqslant 0.8S_1$	0.40	0.45	0.90		
3		$r \geqslant 3S$ $l \geqslant S$	0.40	0.45	1.00	0.95	
4		$r \geqslant \dfrac{1}{3}S$ 和 $r \geqslant 5$ mm $S_2 \geqslant 0.8S_1$	0.40	0.45	0.90		用于额定压力小于 6.28 MPa 的集箱端盖

续表 6.4

序号	平端盖形式	结构要求	K 无孔	有孔	η l≥2S	2S>l≥S	备注
5	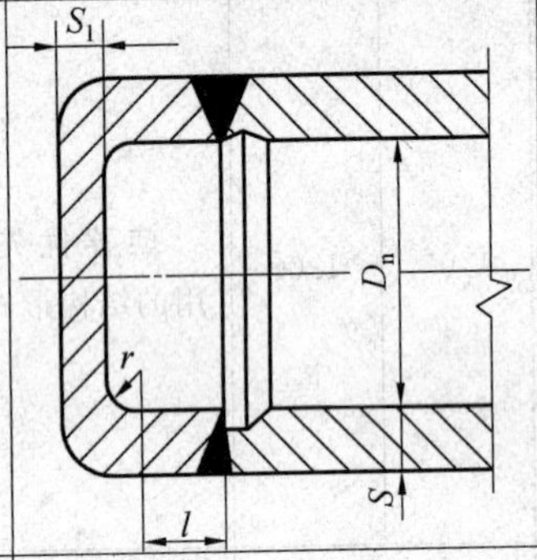	$r \geqslant 3S$ $l \geqslant S$	0.40	0.45	1.00	0.95	用于额定压力小于 2.45 MPa 的集箱端盖
6	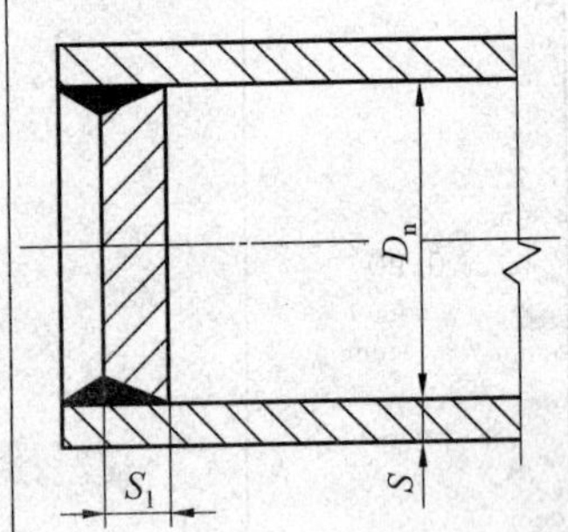		0.60	0.70	0.85		用于额定压力不大于 1.27 MPa 和集箱外径不大于 219 mm 的集箱端盖
			0.40	0.45	1.05		用于水压试验

6.2.2 盖板的强度计算

圆形或椭圆形人孔盖(图 6.11)、用法兰压紧的管道平盲板(图 6.12)、凸面法兰式盖板(图 6.13)、平面法兰式盖板(图 6.14),这些盖板在均布压力作用下,主要产生双向弯曲变形,均属双向受弯问题。

盖板设计厚度按下式计算:

$$S_s = K K_1 D_C \sqrt{\frac{p}{[\sigma]}} \tag{6.17}$$

盖板取用厚度应满足:

$$S_1 \geqslant S_s$$

校核计算时,盖板的最高允许工作压力按下式计算:

$$[p] = 3.3 \left(\frac{S_1}{K_1 D_c}\right)^2 [\sigma] \tag{6.18}$$

形状系数 K_1 按表 6.3 选取。

结构特性系数 K 和计算尺寸 D_c 按以下规定选取:

(1)承受内压的孔盖板(图 6.11),$K=0.55$,圆形盖板 D_c 取孔圈密封接触面的中心线尺寸;椭圆形盖板 D_c 取孔圈短轴密封接触面的中心线尺寸。

(2)两法兰间加平盲板(图 6.12),$K=0.50$,D_c 取法兰密封面的中心线尺寸。

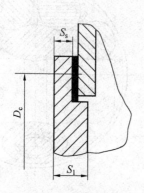

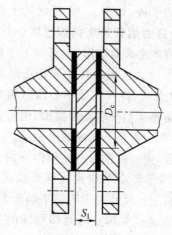

图 6.11　承受内压的孔盖板　　　　　　　　图 6.12　平盲板

（3）凸面法兰式盖板（图 6.13），$K=0.55$，D_c 取法兰螺栓中心线尺寸。

（4）平面法兰式盖板（图 6.14），$K=0.45$，D_c 取法兰螺栓中心线尺寸。

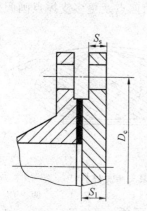

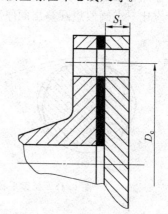

图 6.13　凸面法兰式盖板　　　　　　　　图 6.14　平面法兰式盖板

（5）盖板的连接处的厚度 S_s 应满足：

$$S_s \geqslant 0.8S_1$$

6.3　有拉撑件的平板的强度计算方法及结构要求

平板结构在锅壳锅炉中应用较多。前面所介绍的承受内压力作用的筒壳（锅壳筒体、集箱筒体、管子等）和回转壳（凸形封头、凸形管板等）在介质压力作用下将向外膨胀，主要产生拉伸应力；承受外压力作用的筒壳（炉胆、冲天管等）和回转壳（炉胆顶、半球形炉胆等）在介质压力作用下，将向内收缩，主要产生压缩应力，除强度外还存在失稳问题。而平板结构在介质压力下将要弯曲，产生弯曲应力；为防止产生明显弯曲变形及过大的弯曲应力，凡面积较大的平板结构均用拉撑件予以加固，故称为有拉撑的平板；烟管管板也属于有拉撑的平板，其拉撑件即烟管本身。有拉撑的平板常称为"拉撑平板"。

有拉撑的平板,如图 6.15 所示的上部有拉撑件
(角撑板)、中部为烟管管束的烟管锅炉管板,在介质
压力作用下将产生弯曲变形,上部与下部斜线所示为
向外弯曲变形较大区域。其变形特点是具有几个不
变形点(支撑点)。斜线区域中心凸起相对最高。其
变形情况与集箱圆形平端盖相类似,但后者支撑点是
连续的外圆,而前者是不连续的个别点。二者同属于
双向受弯平板,而一般梁只产生单向弯曲变形。因此
均采用与圆筒形集箱平端盖同样形式的计算公式。
公式中的平板定性尺寸对于圆形平端盖为直径,而对
于拉撑平板为通过支撑点所画假想圆的直径。由图
6.16 可见,假想圆直径 d_j 能近似表征平板变形的特

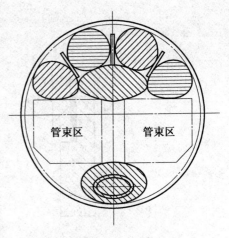

图 6.15　有拉撑的平板

点,三个支撑点画假想圆(图 6.16(a))已基本接近周
边连续支撑的圆形平端盖变形情况,两个支撑点(图 6.16(b))不如三个支撑点,可以想象四
个或更多支撑点会更接近于圆形平端盖状态。因此,GB/T 16508 标准规定,两点画假想圆
算出的厚度应比三点画假想圆算出的厚度增加 10%,而四点及更多支撑点画假想圆算出的
厚度降低 10%。

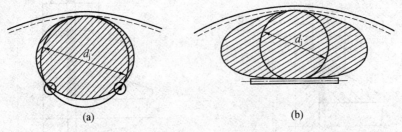

图 6.16　拉撑平板的变形(斜线所示为凸起部分)

6.3.1　有拉撑的平板和烟管管束区以外的平板

有拉撑的平板和烟管管束区以外的平板如图 6.17 所示,由于也是平板结构,故强度计
算和前述平端盖一样处理,并认为周边位于通过支撑点所画出的假想圆上,如图 6.18 所示。
有拉撑的平板和烟管管束区以外的平板最小需要厚度按下式计算:

$$S_{\min} = K d_j \sqrt{\frac{p}{[\sigma]}} + 1 \qquad (6.19)$$

校核计算时,最高允许工作压力按下式计算:

$$[p] = \left(\frac{S-1}{K d_j}\right)^2 [\sigma] \qquad (6.20)$$

式中　$S_{\min}$——最小需要厚度,mm;

　　　　S——取用厚度、实际测量厚度,mm;

　　　　K——考虑不同支撑结构影响的系数,见表 6.5;

　　　　d_j——假想圆直径,mm,为经过三个或三个以上支撑点所画圆的直径,假想圆画法见
　　　　　　图 6.18;

p——计算压力(表压),MPa。

$[p]$——最高允许工作压力(表压),MPa;

$[\sigma]$——许用应力,MPa。

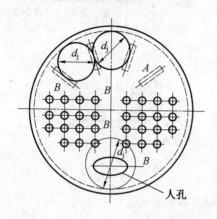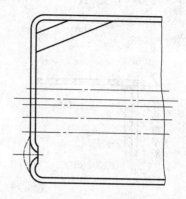

图 6.17　拉撑平板和烟管区域以外的平板

A—拉撑平板;B—烟管区域以外的平板

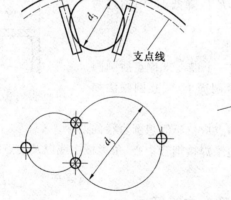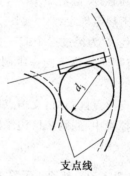

图 6.18　假想圆画法

表 6.5　考虑不同支撑结构影响的系数 K

支撑形式	K
平板或管板与锅壳筒体、炉胆或冲天管连接(支点线):	
板边连接(图 6.19(a))	0.35
坡口型角焊连接并有内部封焊(图 6.19(b))	0.37
内部无法封焊的单面坡口型角焊(支点线)(图 6.20)①	0.50
直拉杆、拉撑管、角撑板、斜拉杆	0.43
带垫板的拉杆	0.38
焊接烟管(包括螺纹烟管)	0.45

注:①如氩弧焊打底,且 100% 无损检测,K 可取 0.4;如采用垫板,且 100% 无损检测,K 可取 0.45

系数 K 按以下规定确定:

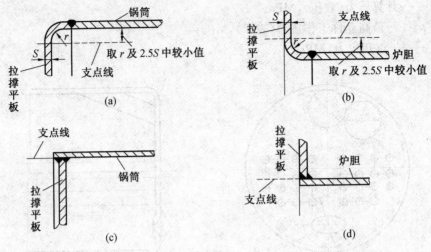

图 6.19　支点线确定方法

①如支撑点形式不同,则系数 K 取各支撑点相应值的
算术平均值。

②通过三个支撑点画假想圆时,K 按表 6.5 确定;通过
四个或四个以上支撑点画假想圆时,K 值降低 10%;通过两
个支撑点画假想圆时,K 值增加 10%。

假想圆按以下规定确定:

①假想圆直径 d_j 为经过三个或三个以上支撑点所画圆
的直径,但支撑点不应都位于同一半圆周上,假想圆画法如
图 6.18 所示。

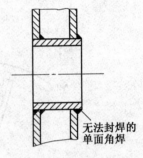

图 6.20　单面角焊支点线

②如为两个支撑点画圆时,支撑点应位于假想圆直径的两端。

③拉杆及拉撑管中心、管束区边缘焊接烟管中心、角撑板中线以及支点线上的各点都视
为支撑点。

6.3.2　包含人孔、头孔、手孔在内的平板

人孔、头孔、手孔的板边或加强圈不应视为支撑点,因为在压力作用下,它们连同孔盖一
起向外变形,起不到拉撑作用。

包含人孔、头孔在内的平板(图 6.21)的最小需要厚度及最高允许工作压力按下列公式
计算:

$$S_{\min} = 0.62 \sqrt{\frac{p}{\sigma_b}(Cd_j^2 - d_h^2)} \tag{6.21}$$

$$[p] = 2.6\sigma_b \frac{S^2}{Cd_j^2 - d_h^2} \tag{6.22}$$

式中　σ_b——常温抗拉强度,MPa;

　　　d_h——人孔或头孔计算直径(a 与 b 之和),mm;

　　　C——平板系数,按表 6.6 确定。

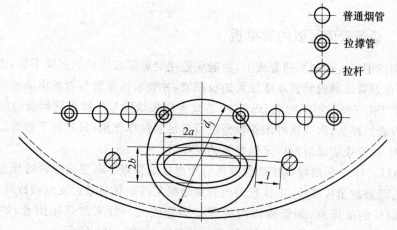

图 6.21　包含人孔在内的平板

表 6.6　包含人孔或头孔在内的平板系数

结构形式	C
无拉撑或两侧有拉撑但 $l>\dfrac{d_\mathrm{j}}{10}$	1.64
两侧有拉撑且 $l=0\sim\dfrac{d_\mathrm{j}}{10}$	1.19

注：l 为拉杆外缘至假想圆的最小距离(图 6.21)

式(6.21)来源于日本锅炉构造规格,是按周边固支,孔边缘受加强圈的加强作用而不弯曲推导出来的。此时,最大弯曲应力同时发生在周边及孔边,为径向弯曲应力,可表述为

$$\sigma_\mathrm{w}=\frac{3}{16}\frac{p(Cd^2-d_\mathrm{h}^2)}{S^2}$$

由于假想圆上的支撑点不是连续的,受力较差,故上式中的 d 不能简单用假想圆直径 d_j 代替,而用 κd_j 代替。κ 为大于 1 的系数,由对比实验测得,$\kappa=1.28$ 时,$C=1.64$,$\kappa=1.09$ 时,$C=1.19$。则上式变为

$$\sigma_\mathrm{w}=\frac{3}{16}\frac{p(\kappa^2 d_\mathrm{j}^2-d_\mathrm{h}^2)}{S^2}=\frac{3}{16}\frac{p(Cd_\mathrm{j}^2-d_\mathrm{h}^2)}{S^2}$$

式中　$C=\kappa^2$,见表 6.6。

日本锅炉构造规格规定拉伸许用应力 $[\sigma]=\sigma_\mathrm{s}^\mathrm{t}/n_\mathrm{s}$,根据对不同种类应力的限制原则,弯曲许用应力应放大 1.5 倍,另外,取 $n_\mathrm{s}=2$,$\sigma_\mathrm{s}^\mathrm{t}=0.65\sigma_\mathrm{b}$,按最大剪应力强度理论,强度条件为

$$\sigma_\mathrm{w}\leqslant 1.5[\sigma]$$

则　　　　　　$\dfrac{3}{16}\dfrac{p(Cd_\mathrm{j}^2-d_\mathrm{h}^2)}{S^2}\leqslant 1.5\dfrac{0.65\sigma_\mathrm{b}}{2}$

此式经整理即得式(6.21)。

为了减小扳边处的应力升高值,对扳边半径有一定的要求:如平板或管板是扳边的,则扳边内半径不应小于两倍板厚,且至少为 38 mm;如回燃室板是扳边的,则扳边内半径不应小于板厚,且至少应为 25 mm。

为避免高应力区重叠,扳边起点与人孔圈或孔圈焊缝边缘之间的净距离不应小于

6 mm。

6.3.3　烟管管束区以内的平板

锅壳式锅炉烟管连接到平的管板上,为避免连接处焊缝或胀口的强度不够,也为提高管板刚度,通常在烟管区域内装置厚度较大的拉撑管,并要求拉撑管与管板牢固地焊在一起。

国际标准 ISO 5730、英国标准 BS 2790 皆规定焊接烟管与胀接后管端扳边的烟管管束无需再专门设置拉撑管,因为这种烟管本身已具有足够拉撑作用;只是由于管束边缘的烟管所受拉力较大,故管束边缘应配以足够数量的拉撑管。

我国 GB/T 16508 标准对焊接烟管束仍沿用焊接烟管束不布置拉撑管的规定;另外,对边缘管排应有足够数量拉撑管,则体现为当管束边缘某些烟管与最近支点线或最近支点(支点指烟管束以外的支撑点、烟管束以内的焊接烟管或另一管束的焊接烟管)的距离大于250 mm时,其焊缝尺寸应满足拉撑管焊缝尺寸的要求,如图 6.22 所示。

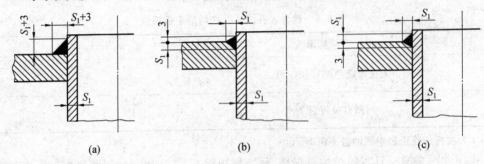

图 6.22　拉撑管与平管板的连接

(1) 烟管管束以内的平板最小需要厚度及最高允许工作压力按式(6.19)式(6.20)计算。

(2) 如烟管管束区内装有拉撑管,系数 K 按规定处理,d_i 为按拉撑管所画假想圆直径。

(3) 当烟管与管板采用焊接连接时,式(6.19)和式(6.20)中 d_i 取为烟管最大节距,并取 $K = 0.47$。

(4) 拉撑管与管板连接的焊缝高度(含深度)应为管子厚度加 3 mm(图 6.22),拉撑管厚度按式(6.23)计算。除烟管与管板采用胀接连接外,管束区以内不需要装拉撑管。

(5) 胀接管直径不大于 51 mm 时,管板取用厚度不应小于 12 mm,胀接管直径大于51 mm时,管板取用厚度不应小于 14 mm。

如管子与管板连接全部采用焊接,管板取用厚度不应小于 8 mm;如管板内径大于1 000 mm,则管板取用厚度不应小于 10 mm。

(6) 胀接管板孔桥不应小于 $0.125d + 12.5$ mm。焊接管板孔桥应使相邻焊缝边缘的净距离不小于 6 mm,若进行焊后热处理,可不受此限制。

(7) 管孔焊缝边缘至扳边起点的距离不应小于 6 mm。对胀接管,管孔中心至扳边起点的距离不应小于 $0.8d$,且不小于 $0.5d + 12$ mm。

(8) 对于与 600 ℃ 以上烟气接触的管板,焊接连接的烟管或拉撑管应采取消除间隙的措施,而且管端还满足:当用于烟温大于 600 ℃ 的部位时,管端超出焊缝的长度不应大于1.5 mm;当用于烟温不大于 600 ℃ 的部位时,管端超出焊缝的长度可放大至 5 mm。

6.4　拉撑件的强度

　　锅壳锅炉中平板上的拉撑件有：斜拉杆（图 6.23）、角撑板（图 6.24）、直拉杆和拉撑管。这些元件必须十分可靠，如果拉撑件断裂会导致平板破坏，其后果十分严重（锅壳筒体较大，则水容量也较多）。因此，拉撑件的安全裕度取得较大，另外对拉撑件两端连接焊缝提出了严格要求。

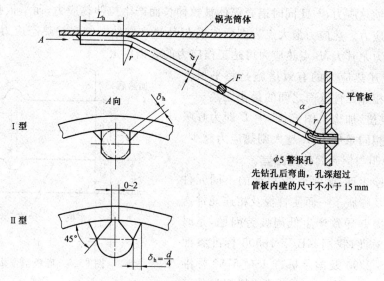

图 6.23　斜拉杆与平管板及锅壳筒体的连接

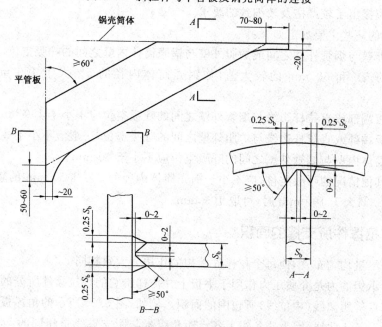

图 6.24　角撑板与平管板及锅壳筒体的连接

6.4.1　呼吸空位

锅壳锅炉的特点是将主要受热面(炉胆、烟管)置于锅壳以内,锅壳筒体的两端一般采用拉撑平板(烟管管板)将锅壳筒体、炉胆、烟管连在一起,如图1.3所示。由于锅炉运行时炉胆、烟管、锅壳筒体的轴向膨胀量不一,则平板必然产生附加的弯曲变形与弯曲应力。

以图6.25所示炉胆与锅壳筒体相连为例,锅炉运行时由于炉胆壁温高于锅壳筒体,若无平板的约束,二者轴向变形的差值 Δl 较大。由于平板连接的约束使炉胆不能得到充分伸长而产生压缩热应力,与此同时锅壳筒体被拉伸长而产生拉伸热应力,而平板必然因弯曲而产生弯曲热应力。热应力最大点为图示连接点 B、A。燃油燃气锅炉热态应力实测表明,点炉时的热应力尤其大,B 点热应力可达工作应力的3倍以上。

降低上述热应力的有效措施是将平板上温度不同的相邻元件壁面之间的最小距离——称为"呼吸空位"加大。图6.25中 L 即为呼吸空位,在 Δl 相同条件下,L 越大则热应力越少。Δl 值取决炉胆与锅壳筒体的温差。

实际经验表明,因平管板相连的不同元件温度有差异及膨胀不一而使管板及相连元件产生过大热应力并导致产生低周疲劳问题,是时有发生的。对此,我国 GB/T 16508 标准参照英国标准 BS 2790 及国际标准 ISO 5730 标准并充分考虑了我国长期生产卧式内燃锅炉的经验,对呼吸空位提出了较严格及较细致的要求。

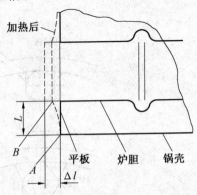

图6.25　呼吸空位 L

呼吸空位的一些主要规定如下:

(1)炉胆外壁与烟管外壁之间或炉胆外壁与锅壳筒体内壁之间的呼吸空位,应不小于锅壳筒体内径的5%和50 mm的较大值,如锅壳筒体内径的5%大于100 mm时,可取100 mm。

(2)角撑板端部或直拉杆边缘与烟管外壁之间的呼吸空位应不小于100 mm。

(3)角撑板端部或直拉杆边缘与炉胆外壁之间的呼吸空位,一般应不小于200 mm。

(4)锅壳筒体内壁与烟管外壁之间的呼吸空位应不小于40 mm。

(5)所有其他情况的呼吸空位,应不小于锅壳筒体内径的3%和50 mm的较大值,如锅壳筒体内径的3%大于100 mm时,可取100 mm。

6.4.2　拉撑件所支撑的面积

拉撑件应尽量均匀布置,使每个拉撑件承担的作用力大致相同。

拉撑件所承担的力是介质压力作用于平板上并传递给它的。拉撑件所分的支撑面积应该是距各支撑点等距离线(中位线)所包围的面积。例如,图6.26所示的角撑板与支点线之间的中位线为 $bcdef$ 曲线,因为这条线上各点距角撑板与距支点线是相同的: $b2=b2''$,$c3=c3'$,$d4=d4'$,$e4=e4''$,$f4=f4'''$。可以证明:def 段为椭圆线(点与圆弧的中位线),而 bcd 段为抛物线(直线与圆弧的中位线)。为简化计算,可用 bf 直线代替上述曲线,二者偏离不大。

　　基于以上简化,中位线可以近似地取三个相邻支撑点切圆的中心和两个相邻支撑点切圆的中心之间的最近连线,如图 6.27 和图 6.28 所示。

　　对于斜拉杆、直拉杆、拉撑管或烟管应将上述中位线包围的面积减去直拉杆、斜拉杆、拉撑管或烟管所占据的面积作为支撑面积 A,因被减去的面积上并无压力作用。

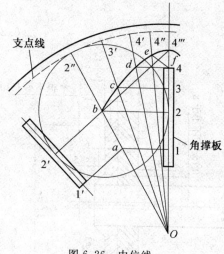

图 6.26　中位线

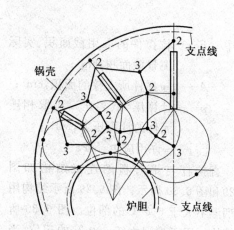

图 6.27　中位线画法 1
2—两个相邻支撑点切圆的中心;3—三个相邻支撑点切圆的中心

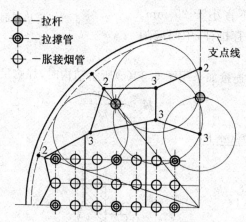

图 6.28　中位线画法 2

6.4.3　拉撑件的强度计算

　　拉撑件的最小需要截面积和最高允许工作压力的计算公式以及拉撑件与平管板的连接焊缝的焊角尺寸计算公式都十分简单,无需专门推导。但是拉撑件的基本许用应力修正系数 $\eta = 0.55$ 取得很低。这是因为拉撑件是十分重要的元件,若拉撑件失去了拉撑作用,例如某一拉撑件的焊缝裂断,则附近拉撑件的承载立即加大,很可能随之裂断,继而使被拉的平板破坏;另外,凡是设置拉撑件的容器的容积一般均较大,破坏的后果十分严重。爆破实验证实,一个拉撑件失去拉撑作用后随之整个容器很快就破坏。

1. 直拉杆与拉撑管

直拉杆与拉撑管的最小需要截面积和校核计算时的最高允许工作压力按下列公式计算：

$$F_{min} = \frac{pA}{[\sigma]} \tag{6.23}$$

$$[p] = \frac{F[\sigma]}{A} \tag{6.24}$$

式中　F——拉撑件的取用截面积、实际
　　　　测量截面积，cm^2；
　　　A——拉撑件所支撑的面积，cm^2；
　　　p——计算压力（表压），可取相连
　　　　元件的计算压力，MPa；
　　　$[\sigma]$——许用应力，MPa。

直拉杆与平管板的连接结构如图
6.29 和图 6.30 所示。图 6.29 所示结构用
于烟温不大于 600 ℃ 的部位。图 6.30 所
示结构可用于烟温大于 600 ℃ 的部位，当
用于烟温不大于 600 ℃ 的部位时，直拉杆
端部超出焊缝的长度可放大至 5 mm。用
于平管板的直拉杆的不宜小于 25 mm。
长度大于 4 000 mm 的直拉杆，中间应加
支撑点。

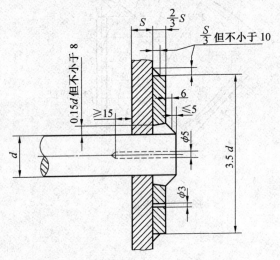

图 6.29　有垫板的拉杆与平管板的连接

直拉杆与平管板的连接如采用图 6.30(c) 所示结构时，焊脚尺寸 K_h 应满足下列要求：

$$K_h \geqslant \frac{125 F_{min}}{\pi d} \tag{6.25}$$

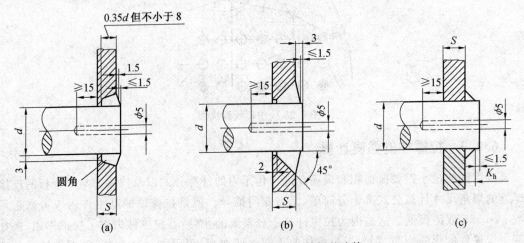

图 6.30　无垫板的拉杆与平管板的连接

2. 斜拉杆

斜拉杆的最小需要截面积和最高允许工作压力的计算公式是按图 6.31 所示计算模型导出的。斜拉杆两端焊在平管板与筒壳上，并非铰支而是接近于固支，则斜拉杆上除拉力 $pA/\sin \alpha$ 以外还存在弯矩。实验也表明斜拉杆中确实存在弯曲应力成分。此外也存在一定剪力。计算公式仅根据拉力导出，但许用应力取得很小（$\eta=0.55$）。几十年经验表明，这样处理是安全可行的。

前期曾对斜拉杆进行了大量实验研究和理论分析工作。这些工作给《锅壳锅炉受压元件强度计算》标准的修订提供了依据。

斜拉杆两端与平管板、筒体连接部位存在明显应力集中现象，焊缝质量不佳时尤甚。静压爆破实验只能表征强度相对好坏，而低周疲劳实验则能表征强度的大小。

通过实验得出如下结论：

（1）斜拉杆最薄弱处为斜拉杆与平管板连接部位。疲劳裂纹均在图 6.32 所示位置。

（2）疲劳裂纹破裂后内部介质经警报孔而喷出，警报孔的确具有报警作用。

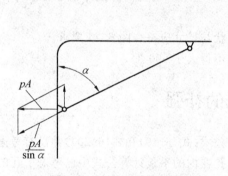

图 6.31　斜拉杆计算模型

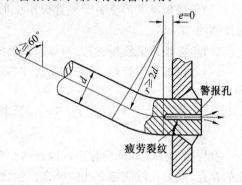

图 6.32　斜拉杆与平板的连接结构

（3）疲劳裂纹处的弯曲应力最大，为减小该处弯曲应力，建议去掉斜拉杆与平板连接处的直段，即取 $e=0$。

（4）为改善斜拉杆转弯处的应力状态，建议转角半径（r）不应小于两倍斜拉杆直径（$2r$）。

（5）斜拉杆与平管板的夹角 α 不应小于60°，否则斜拉杆对平板的拉撑力要减小，另外斜拉杆对筒壳的拉力过大。

以上内容基本上均已纳入现行的《锅壳锅炉受压元件强度计算》标准中。

斜拉杆的最小需要截面积和校核计算时的最高允许工作压力按下列公式计算：

$$F_{\min} = \frac{pA}{[\sigma]\sin \alpha} \tag{6.26}$$

$$[p] = \frac{F[\sigma]}{A}\sin \alpha \tag{6.27}$$

式中　α——斜拉杆与平管管板的夹角，（°）。

其他符号说明见式（6.23）和式（6.24）。

计算压力 p 取相连元件的计算压力，计算壁温按不受热元件选取。斜拉杆与平管板及锅壳筒体的连接结构如图 6.23 所示。插入平管板的端头的焊接结构应符合图 6.30 要求，端头伸出平管板的长度应符合图 6.29 及图 6.30 的要求。斜拉杆的直径不宜小于 25 mm。

斜拉杆与锅壳筒体连接部位的烟温不得大于 600 ℃。

3. 角撑板

(1)角撑板的最小需要截面积按式(6.26)计算,校核计算时的最高允许计算压力按式(6.27)计算。

(2)角撑板在平管板上宜辐射布置,两块角撑板之间的夹角宜在 15°～30°。应优先采用斜拉杆或当空间允许时,采用直拉杆。

(3)角撑板与平管板、锅壳筒体的焊缝长度 L_h 应满足下式要求:

$$L_h \geqslant \frac{100pA}{t_b \eta_h [\sigma] \sin \alpha} + 20 \tag{6.28}$$

式中　p——计算压力取相连元件的计算压力,MPa;

t_b——计算壁温,℃,按不受热元件选取;

η_h——焊缝系数,取 0.6。

(4)角撑板与平管板的夹角 α 不应小于 60°。

(5)角撑板厚度不应小于平管板厚度的 70%,也不应小于锅壳筒体的厚度和不大于锅壳筒体的 1.7 倍。

(6)角撑板与平管板、锅壳筒体连接处的结构形状与尺寸应符合图 6.24 要求。

(7)角撑板与平管板、锅壳筒体连接部位的烟温不得大于 600 ℃。

6.5　平板上孔的补强

有拉撑的平板和烟管管束区以外的平板的计算公式(式(6.19)和式(6.20))并没有考虑孔的存在,故有孔时应考虑孔的补强。包含人孔、头孔在内的平板计算公式中已考虑了孔的存在(式(6.21)和式(6.22)),故不必再考虑孔的补强问题。

平板上孔的补强原则与锅壳或凸形封头不同,不再采用"等面积补强"方法,因为平板以受弯为主,而锅壳或凸形封头则以受拉为主。

若平板上人孔采用加强板补强时(图 6.33),截取平板上包含人孔及加强板在内的一长条,如图中虚线所示。

无人孔时,ab 截面的抗弯断面系数为

$$W_0 = \frac{d_1 S^2}{6}$$

有人孔时且用加强板补强后的抗弯断面系数为

$$W = \frac{d_1 (S+S_2)^2}{6} - \frac{d (S+S_2)^2}{6}$$

为了使补强后的弯曲应力与无孔时的弯曲应力相同,则必须使 $W = W_0$,于是,得

$$(d_1 - d)(S+S_2)^2 = d_1 S^2$$

或

$$\frac{d_1}{d} = \frac{(S+S_2)^2}{2SS_2 + S_2^2} \tag{6.29}$$

设加强板截面积为 F_2,孔的截面积为 F,则有

$$\frac{F_2}{F} = \frac{(d_1 - d)S_2}{dS} = \frac{S_2}{S}\left(\frac{d_1}{d} - 1\right)$$

将式(6.29)代入上式后,得

$$\frac{F_2}{F}=\frac{S_2}{S}\frac{S^2}{2SS_2+S_2^2}=\frac{S}{2S+S_2}=\frac{1}{2+\dfrac{S_2}{S}}<\frac{1}{2}$$

可见,加强板所需截面积 F_2 不到孔截面积的一半,即受弯时不必按等面积补强原则考虑,而等面积补强原则是按受拉应力不变考虑的。

图 6.34(a)、图 6.34(b)和图 6.35 所示的结构,即采用了上述"1/2 面积补强"方法。如果平板上焊以补强管接头,由于管接头可起补强高度 h_1(图 6.36)较上述其他结构为大,故采用"1/4 面积补强"方法。

若平板的取用厚度 S 大于最小需要厚度 S_{min},表明孔边缘附近已有多余截面积起补强作用,根据 1/2 和 1/4 面积补强原则,可以导出 $S\geqslant1.5S_{min}$(图 6.34 和图 6.35)和 $S\geqslant1.25S_{min}$(图 6.36)时,平板自身的多余截面积已满足了补强要求,说明自身得到补强,无需再设置补强元件。

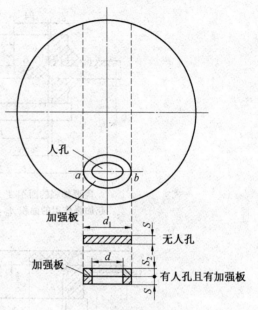

图 6.33 平板上孔的补强

图 6.34、图 6.35、图 6.36 中孔的补强的有效范围为:有效补强高度 h_1 取 $2.5S_1$ 和 $2.5S$ 中的最小值;有效补强宽度 B 取 $2d$。

能够起补强作用的截面积 A_p 及需要补强的截面积 A 如图 6.34、图 6.35、图 6.36 所示。要求:

$$A_p\geqslant A$$

图 6.34 中,焊接圈或孔扳边的高度 h 应满足下式要求:

$$h\geqslant\sqrt{Sd}$$

式中 d——孔径或孔圈的内径,如为椭圆孔,则为短轴内尺寸。

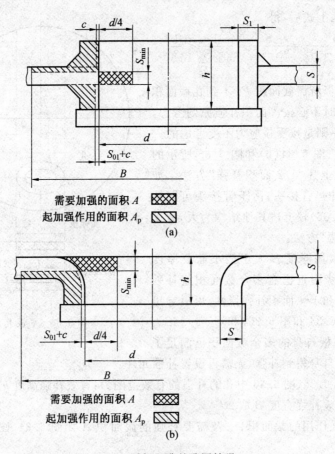

需要加强的面积 A ▨

起加强作用的面积 A_p ▨

(a)

需要加强的面积 A ▨

起加强作用的面积 A_p ▨

(b)

图 6.34　平板上孔的孔圈补强

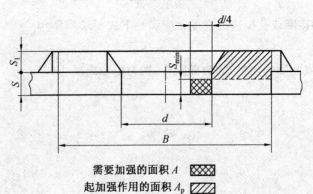

需要加强的面积 A ▨

起加强作用的面积 A_p ▨

图 6.35　平板上孔的垫板补强

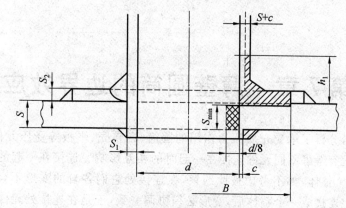

需要加强的面积 A　▨

起加强作用的面积 A_p　▧

图 6.36　平板上孔的垫板与管接头补强

第7章 薄壁圆筒的边界效应

在前几章中,分析了承受介质压力作用的圆筒、回转壳、平板等受压元件的应力状态。在这些分析中,没有考虑不同元件连接在一起时的相互影响。连接在一起的圆筒和回转壳或平板将成为一个整体,如不考虑彼此约束,在连接处它们各自的变形不会一致——称为"变形不连续";但连接成一个整体后,变形必须协调一致,于是在连接处元件的变形彼此制约,将产生局部弯曲现象。由于此现象只发生在连接处的边界区域里,故称为"边界效应"。由边界效应引起的应力称为"不连续应力"。此不连续应力就是第 1.9 节中所述的"二次应力"或"局部弯曲应力"。薄壁圆筒的厚度较薄,抗弯能力较弱,因此,这种局部弯曲应力较大,有时要比由于内压力产生的膜应力大得多。

7.1 薄壁圆筒端部作用弯矩及剪力时的边界效应

圆筒与回转壳或平板承压工作时,如不考虑彼此影响,二者在连接处的变形并不一致。但实际上二者构成一个整体,在连接处的变形必须协调一致。这样,在圆筒的端部就产生沿圆周均匀分布的弯矩 M_0 及剪力 Q_0,如图 7.1 所示。

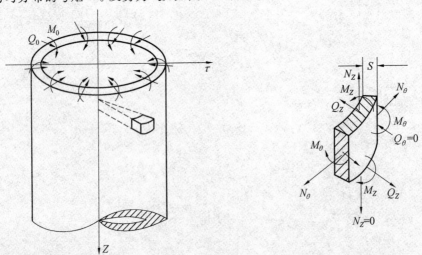

图 7.1 圆筒端部受力示意图

根据受力及几何形状轴对称的特点,按图 7.1 所示方法截取一微元体并加以放大表示。下面分析圆筒端部的弯矩 M_0 及剪力 Q_0 所引起的内力特点。

圆筒端部的弯矩 M_0 及剪力 Q_0 除在微元体的横向截面上引起径向弯矩 M_Z 及径向剪力 Q_Z 以外,在纵向截面上还引起环向弯矩 M_θ 及环向力 N_θ。

弯矩 M_Z 使微元体纵向截面的内侧缩短,外侧伸长;由于泊松横向变形关系,必须使微元体横向截面的内侧伸长,外侧缩短。如果这种变形是自由的,就不会产生内力,但微元体是处在整个壳体之中,使得这种变形受到限制,于是产生环向弯矩 M_θ。环向力 N_θ 也是圆筒弯曲引起的:圆筒端部弯曲时,会使弯曲部分中面的周长有所改变,与此相应就产生环向力 N_θ。根据轴对称的特点,在微元体纵向截面上,不会产生径向剪力,即 $Q_\theta=0$,如图 7.1 中的右部分。这样,只存在四个内力:M_z,M_θ,Q_z 及 N_θ。

设在横向截面 Z 内的弯矩为 M_z,剪力为 Q_z,则在横向截面 $Z+\mathrm{d}Z$ 内的弯矩及剪力可写成 $M_z+\mathrm{d}M_z$,$Q_z+\mathrm{d}Q_z$。根据轴对称的特点,各纵向截面内的内力 M_θ 及 N_θ 均彼此相等,如图 7.2 所示。

和厚壁圆筒及圆平板的内力分析一样,仍需借助平衡、几何及物理条件来确定以上内力。

7.1.1　平衡条件

根据在法线 n 方向上力的平衡条件,如图 7.3 所示,得

$$(Q_z+\mathrm{d}Q_z)R_\mathrm{p}\mathrm{d}\theta-Q_zR_\mathrm{p}\mathrm{d}\theta-2N_\theta\mathrm{d}Z\sin\frac{\mathrm{d}\theta}{2}=0$$

式中　Q_z,N_θ——单位长度上的内力。

取 $\sin(\mathrm{d}\theta/2)=\mathrm{d}\theta/2$,则上式变为

$$\frac{\mathrm{d}Q_z}{\mathrm{d}Z}=\frac{N_\theta}{R_\mathrm{p}} \qquad (7.1)$$

根据对 t 轴的力矩平衡条件,如图 7.2 所示,得

$$-M_zR_\mathrm{p}\mathrm{d}\theta+(M_z+\mathrm{d}M_z)R_\mathrm{p}\mathrm{d}\theta-Q_zR_\mathrm{p}\mathrm{d}\theta\mathrm{d}Z-$$
$$2N_\theta\mathrm{d}Z\sin\frac{\mathrm{d}\theta}{2}\frac{\mathrm{d}Z}{2}=0$$

式中　M_z——单位长度的内力。

将上式展开,略去高阶微量,得

$$\frac{\mathrm{d}M_z}{\mathrm{d}Z}=Q_z \qquad (7.2)$$

式(7.1)及式(7.2)为"内力平衡方程",只靠此两式无法求解 M_z,M_θ,Q_z 及 N_θ 四个未知量。

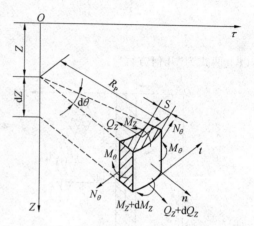

图 7.2　圆筒边界效应引起的内力

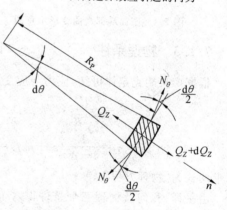

图 7.3　微元体横向截面

7.1.2　几何条件

一般情况下,当圆筒端部弯曲变形后,中面 A 点变形至 A' 点时,将同时产生径向位移 W 及纵向位移 u,如图 7.4 所示。由材料力学可知,若中面的径向位移为 $W=W(Z)$,则在小变形情况下,距中间 ξ 处的纵向应变为

$$\varepsilon'_z=-\xi\frac{\mathrm{d}^2W}{\mathrm{d}Z^2}$$

此外,对于圆筒体,中面有径向位移 W 时,圆筒的周长将改变,因此,将同时产生环向应

变

$$\varepsilon'_\theta = \frac{2\pi(R_p + W) - 2\pi R_p}{2\pi R_p} = \frac{W}{R_p}$$

除以上应变外，圆筒纵向位移 $u = u(Z)$ 还要导致纵向应变，如图 7.5 所示。

$$\varepsilon''_z = \frac{(u + du) - u}{dZ} = \frac{du}{dZ}$$

故圆筒变形后总的纵向应变及环向应变为

$$\left.\begin{array}{l} \varepsilon_Z = \varepsilon'_z + \varepsilon''_z = -\xi\dfrac{d^2 W}{dZ^2} + \dfrac{du}{dZ} \\[3mm] \varepsilon_\theta = \varepsilon'_\theta = \dfrac{W}{R_p} \end{array}\right\} \tag{7.3}$$

以上两式为"几何方程"。

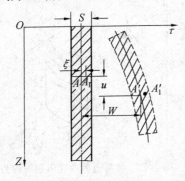

图 7.4　圆筒端部弯曲变形示意图

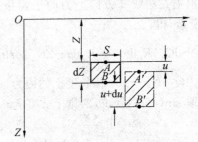

图 7.5　圆筒端部纵向变形示意图

7.1.3　物理条件

根据广义胡克定律可知，应力与应变之间存在如下关系：

$$\left.\begin{array}{l} \sigma_Z = \dfrac{E}{1-\mu^2}(\varepsilon_Z + \mu\varepsilon_\theta) = \dfrac{E}{1-\mu^2}\left(-\xi\dfrac{d^2 W}{dZ^2} + \dfrac{du}{dZ} + \mu\dfrac{W}{R_p}\right) \\[4mm] \sigma_\theta = \dfrac{E}{1-\mu^2}(\varepsilon_\theta + \mu\varepsilon_Z) = \dfrac{E}{1-\mu^2}\left(\dfrac{W}{R_p} - \xi\mu\dfrac{d^2 W}{dZ^2} + \mu\dfrac{du}{dZ}\right) \end{array}\right\} \tag{7.4}$$

以上两式为"物理方程"。

由平衡、几何及物理三个条件得六个方程：式(7.1)～式(7.4)，但其中未知量有九个：$M_Z, Q_Z, N_\theta, W, u, \varepsilon_Z, \varepsilon_\theta, \sigma_Z$ 及 σ_θ，另外，待求未知量 M_θ 尚未包含进去。为了求解，尚需建立四个补充方程：

$$\left.\begin{array}{l} N_\theta = \displaystyle\int_{-S/2}^{S/2} \sigma_\theta \, d\xi = \dfrac{ES}{1-\mu^2}\left(\dfrac{W}{R_p} + \mu\dfrac{du}{dZ}\right) \\[4mm] N_Z = \displaystyle\int_{-S/2}^{S/2} \sigma_Z \, d\xi = \dfrac{ES}{1-\mu^2}\left(\dfrac{du}{dZ} + \mu\dfrac{W}{R_p}\right) \\[4mm] M_\theta = \displaystyle\int_{-S/2}^{S/2} \sigma_\theta \xi \, d\xi = -\dfrac{ES^3}{12(1-\mu^2)}\mu\dfrac{d^2 W}{dZ^2} \\[4mm] M_Z = \displaystyle\int_{-S/2}^{S/2} \sigma_Z \xi \, d\xi = -\dfrac{ES^3}{12(1-\mu^2)}\dfrac{d^2 W}{dZ^2} \end{array}\right\} \tag{7.5}$$

当没有内压作用时，$N_Z = 0$，故由式(7.5)中第二式，得

$$\frac{ES}{1-\mu^2}\left(\frac{\mathrm{d}u}{\mathrm{d}Z}+\mu\,\frac{W}{R_\mathrm{p}}\right)=0$$

或
$$\frac{\mathrm{d}u}{\mathrm{d}Z}=-\mu\,\frac{W}{R_\mathrm{p}}$$

将此式代入式(7.5),得

$$\left.\begin{aligned}
N_\theta&=\frac{ESW}{R_\mathrm{p}}\\[4pt]
M_\theta&=-\mu D\,\frac{\mathrm{d}^2W}{\mathrm{d}Z^2}\\[4pt]
M_Z&=-D\,\frac{\mathrm{d}^2W}{\mathrm{d}Z^2}
\end{aligned}\right\} \tag{7.6}$$

式中　D——筒壳的"抗弯刚度",$D=\dfrac{ES^3}{12(1-\mu^2)}$,N·cm。

　　将式(7.6)与内力平衡方程式(7.1)及式(7.2)联立,即可求出位移 W 及未知内力 M_Z,M_θ,Q_Z,N_θ。

　　将式(7.1)及式(7.2)中的剪力 Q_Z 消去,得

$$\frac{\mathrm{d}^2M_Z}{\mathrm{d}Z^2}=\frac{N_\theta}{R_\mathrm{p}}$$

　　将式(7.6)中的 N_θ 及 M_Z 代入上式,得

$$D\,\frac{\mathrm{d}^4W}{\mathrm{d}Z^4}+\frac{ES}{R_\mathrm{p}^2}W=0$$

或
$$\frac{\mathrm{d}^4W}{\mathrm{d}Z^4}+4\lambda^4W=0 \tag{7.7}$$

式中　λ——衰减系数,$1/\mathrm{cm}$,$\lambda=\sqrt[4]{\dfrac{3(1-\mu^2)}{R_p^2S^2}}$。

　　式(7.7)是 W 的四阶常系数齐次微分方程,它的通解为
$$W(Z)=\mathrm{e}^{-\lambda Z}(A_1\cos\lambda Z+A_2\sin\lambda Z)+\mathrm{e}^{\lambda Z}(A_3\cos\lambda Z+A_4\sin\lambda Z)$$
式中 A_1,A_2,A_3 及 A_4 为待定常数,可由圆筒的边界条件确定。

　　由上式可见,当 Z 增大时,$\mathrm{e}^{\lambda Z}$ 项很快增加;$Z\to\infty$ 时,$\mathrm{e}^{\lambda Z}\to\infty$,显然,这与实际情况不符。实际情况是 $Z\to\infty$ 时,$W\to0$,为满足此条件,常数 A_3 及 A_4 必须等于零,故有
$$W(Z)=\mathrm{e}^{-\lambda Z}(A_1\cos\lambda Z+A_2\sin\lambda Z) \tag{7.8}$$
将式(7.8)代入式(7.6)及式(7.2),即可求出各内力的表达式:

$$\left.\begin{aligned}
N_\theta&=\frac{ES}{R_\mathrm{p}}\mathrm{e}^{-\lambda Z}(A_1\cos\lambda Z+A_2\sin\lambda Z)\\[4pt]
M_Z&=-2D\lambda^2\mathrm{e}^{-\lambda Z}(A_1\cos\lambda Z+A_2\sin\lambda Z)\\[4pt]
M_\theta&=\mu M_Z\\[4pt]
Q_Z&=-D\,\frac{\mathrm{d}^3W}{\mathrm{d}Z^3}=-2D\lambda^3\mathrm{e}^{-\lambda Z}\big[A_1(\cos\lambda Z-\sin\lambda Z)+\\
&\qquad A_2(\cos\lambda Z+\sin\lambda Z)\big]
\end{aligned}\right\} \tag{7.9}$$

系数 A_1 及 A_2 应根据圆筒端部的弯矩 M_0 及剪力 Q_0 来确定:

　　当 $Z=0$ 时　　　　　　　　$M_Z=M_0$　,　$Q_Z=Q_0$

将它们代入式(7.9),得

$$-2D\lambda^2(-A_2)=M_0$$
$$-2D\lambda^3(A_1+A_2)=Q_0$$

解得

$$A_2=\frac{M_0}{2D\lambda^2}\quad,\quad A_1=-\frac{M_0}{2D\lambda^2}-\frac{Q_0}{2D\lambda^3}$$

将它们代入式(7.9),就得到了当圆筒端部有弯矩 M_0 及剪力 Q_0 作用时所引起的各项内力值:

$$\left.\begin{array}{l}N_\theta=2R_p\lambda e^{-\lambda Z}\left[\lambda M_0(\sin\lambda Z-\cos\lambda Z)-Q_0\cos\lambda Z\right]\\[2mm]M_Z=e^{-\lambda Z}\left[M_0(\sin\lambda Z+\cos\lambda Z)+\dfrac{Q_0}{\lambda}\sin\lambda Z\right]\\[2mm]M_\theta=\mu M_Z\\[2mm]Q_Z=e^{-\lambda Z}\left[-2\lambda M_0\sin\lambda Z+Q_0(\cos\lambda Z-\sin\lambda Z)\right]\end{array}\right\}\qquad(7.10)$$

在以上内力中,起主要作用的是径向弯矩 M_0。它沿圆筒纵向的变化规律,如图 7.6 所示。由图中所示的曲线可见,M_Z 是以 $\lambda Z=\pi$ 为半周期正负变化的,每经半个周期,弯矩 M_Z 的绝对值减小 $e^{-\pi}(=0.043\,2)$。例如,端部在 M_0 的作用下,在 $\lambda Z=\pi$ 处($Z=\pi/\lambda=2.45\sqrt{R_pS}=1.73\sqrt{D_pS}$,取 $\mu=0.3$),弯矩 $M_Z=0.043\,3M_0$,已衰减至端部弯矩的 5% 以下。在 $Z=\sqrt{D_pS}$ 处($\lambda Z=1.82$),$M_Z=0.117M_0$。由此可见,薄壁圆筒在端部作用弯矩 M_0 或剪力 Q_0 时,它们的影响只是在端部较大,离端部稍远处就很快地衰减,故称之为"边界效应"。

在受压元件计算中,常取 $Z=\sqrt{D_pS}$ 作为衡量边界效应的影响范围,超出此范围,即认为端部影响可以忽略不计,其误差约为 10%。

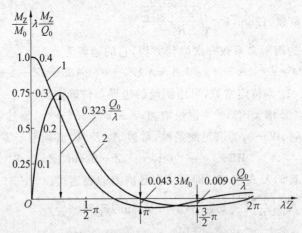

图 7.6　径向弯矩 M_Z 衰减规律

1—端部 M_0 作用下的 M_Z 变化曲线;2—端部 Q_0 作用下的 M_Z 变化曲线

7.2　圆筒体与凸形封头连接处的应力分析

在介质压力作用下,圆筒体与凸形封头连接处的变形一般并不相同。求出圆筒体与凸形封头的各自变形后,根据连接处的变形连续条件,可求得在端头上所产生的弯矩 M_0 及剪力 Q_0。再根据所求得的 M_0 及 Q_0 即可解出发生在端部区域的附加应力值。

7.2.1 膜应力产生的位移 W

对于薄壁圆筒,已知纵向应力 σ_Z 及环向应力 σ_θ 为(见式(3.16)及式(3.18))

$$\sigma_Z = \frac{PD_p}{4S} \quad , \quad \sigma_\theta = \frac{PD_p}{2S}$$

根据广义胡克定律,环向应变为

$$\varepsilon_\theta = \frac{1}{E}(\sigma_\theta - \mu\sigma_Z) = \frac{PD_p}{4SE}(2-\mu)$$

圆筒的径向位移 W 与环向应变 ε_θ 的关系为

$$\varepsilon_\theta = \frac{\pi(D_p + 2W) - \pi D_p}{\pi D_p} = 2\frac{W}{D_p}$$

故圆筒的径向位移

$$W = \frac{1}{2}\varepsilon_\theta D_p = \frac{1}{8}\frac{PD_p^2}{SE}(2-\mu) \tag{7.11}$$

同理,可求出凸形封头在与圆筒连接处的位移 W_1(下角码"1"表示封头的量,下同)。已知经向应力 σ_m 及环向应力 $\sigma_{\theta 1}$ 为(见第5.1.1节)

$$\sigma_m = \frac{pD_p}{4S_1}, \quad \sigma_{\theta 1} = \frac{pD_p}{2S_1}\left(1 - \frac{1}{2}Y^2\right)$$

式中
$$Y = D_p/2h_p$$

根据广义胡克定律,环向应变为

$$\varepsilon_{\theta 1} = \frac{1}{E_1}(\sigma_{\theta 1} - \mu_1\sigma_m) = \frac{pD_p}{4S_1 E_1}(2 - Y^2 - \mu_1)$$

故相应的位移

$$W_1 = \frac{1}{2}\varepsilon_{\theta 1}D_p = \frac{1}{8}\frac{pD_p^2}{S_1 E_1}(2 - Y^2 - \mu_1) \tag{7.12}$$

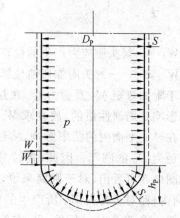

图 7.7 标准椭球形封头与圆筒的位移

对于球形封头,$Y=1$,$W_1 > 0$,但小于圆筒的 W;对于标准椭球形封头,$Y=2$,$W_1 < 0$,在封头与圆筒连接处封头的位移是向内的,与圆筒的位移 W 方向相反,如图 7.7 所示。

7.2.2 连接处的变形连续条件

圆筒与封头在连接处由膜应力所产生的位移 W 及 W_1 不相同,但此处的实际位移应该是连续的。为了保持位移的连续性,在圆筒及封头的连接处将产生附加弯矩 M_0 及剪力 Q_0。变形连续条件为:在连接处,圆筒及封头由附加弯矩及剪力所产生的位移及转角,再加上前述的由膜应力所产生的位移应彼此相等。

设附加弯矩 M_0 及剪力 Q_0 在连接处使圆筒产生的位移及转角分别为 W' 及 θ',则圆筒在连接处($Z=0$)的总位移 W^* 及转角 θ^* 为

$$\left.\begin{matrix} W^* = W' + W \\ \theta^* = \theta' \end{matrix}\right\} \qquad (7.13)$$

式中 W——膜应力产生的位移,见式(7.11)。

附加弯曲位移 W' 及转角 θ',可由式(7.8)求得

$$\left.\begin{aligned} W' &= \frac{1}{2D\lambda^3} e^{-\lambda Z} \left[(\sin \lambda Z - \cos \lambda Z)\lambda M_0 - Q_0 \cos \lambda Z \right]_{Z=0} = \\ &\quad -\frac{1}{2D\lambda^3}(\lambda M_0 + Q_0) \\ \theta' &= \frac{\mathrm{d}W'}{\mathrm{d}Z} = \frac{1}{2D\lambda^2} e^{-\lambda Z} \left[(2\lambda \cos \lambda Z)M_0 + (\cos \lambda Z + \sin \lambda Z)Q_0 \right]_{Z=0} = \\ &\quad \frac{1}{2D\lambda^2}(2\lambda M_0 + Q_0) \end{aligned}\right\} \qquad (7.14)$$

式中

$$D = \frac{ES^3}{12(1-\mu^2)}$$

$$\lambda = \sqrt[4]{\frac{12(1-\mu^2)}{D_p^2 S^2}}$$

同理,封头在连接处的总位移 W_1^* 及转角 θ_1^* 为

$$\left.\begin{matrix} W_1^* = W'_1 + W_1 \\ \theta_1^* = \theta'_1 \end{matrix}\right\} \qquad (7.15)$$

式中 W_1——封头膜应力产生的位移,见式(7.12);

W'_1, θ'_1——封头附加弯曲位移及转角。

由于附加弯矩 M_0 及剪力 Q_0 在封头壁中所产生的弯曲影响是局部性质的,故在求 W'_1 及 θ'_1 时可忽略封头在经向平面内的曲率影响,将封头近似地看成平均直径为 D_p 的圆筒。因此,式(7.14)对封头也适用。由图 7.8 可看出,对于圆筒来说,Q_0 所产生的位移 W' 向内;而对于封头,Q_0 所产生的位移 W'_1 向外,两者相差一个正负号。另外,Q_0 在筒体和封头上所产生的转角 θ' 及 θ'_1 也相差一个正负号。故应将 $-Q_0$ 作为 Q_0 代入式(7.14),则得

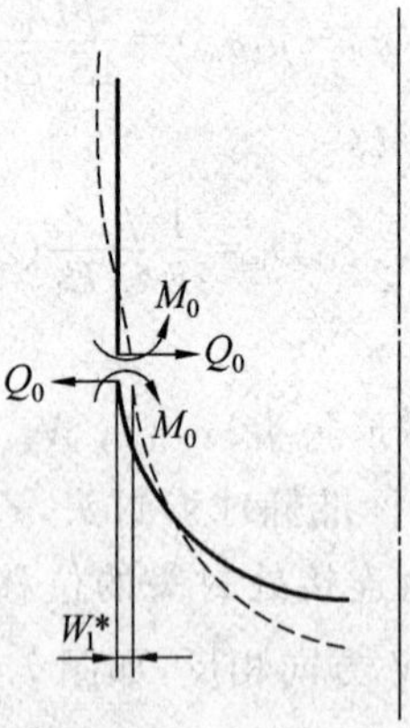

$$\left.\begin{aligned} W'_1 &= -\frac{1}{2D_1\lambda_1^3}(\lambda_1 M_0 - Q_0) \\ \theta'_1 &= \frac{1}{2D_1\lambda_1^2}(2\lambda_1 M_0 - Q_0) \end{aligned}\right\} \qquad (7.16)$$

图 7.8　圆筒与封头连接处的变形

式中

$$D_1 = \frac{ES_1^3}{12(1-\mu_1^2)} \quad , \quad \lambda_1 = \sqrt[4]{\frac{12(1-\mu_1^2)}{D_p^2 S_1^2}}$$

变形连续条件为

$$W_1^* = W^* \quad , \quad \theta_1^* = -\theta^*$$

将式(7.11)~式(7.16)代入以上公式,并整理后,得

$$-(1-\bar{D}\bar{\lambda}^2)\lambda_1 M_0 + (1+\bar{D}\bar{\lambda}^3)Q_0 = \bar{p}$$

$$2(1+\bar{D}\bar{\lambda})\lambda_1 M_0 - (1-\bar{D}\bar{\lambda}^2)Q_0 = 0$$

式中

$$\bar{D} = \frac{D_1}{D} \quad , \quad \bar{\lambda} = \frac{\lambda_1}{\lambda}$$

$$\bar{p} = \frac{1}{4}D_1\lambda_1^3 D_p^2 \left[\frac{1}{SE}(2-\mu) - \frac{1}{S_1 E_1}(2-Y^2-\mu_1) \right]p$$

解上述方程组后,得

$$\left. \begin{array}{l} M_0 = \dfrac{1-\bar{D}\bar{\lambda}^2}{\lambda_1 \left[1+2\bar{D}\bar{\lambda}(1+\bar{\lambda}+\bar{\lambda}^2)+\bar{D}^2\bar{\lambda}^4 \right]}\bar{p} \\[4mm] Q_0 = \dfrac{2(1+\bar{D}\bar{\lambda})}{1+2\bar{D}\bar{\lambda}(1+\bar{\lambda}+\bar{\lambda}^2)+\bar{D}^2\bar{\lambda}^4}\bar{p} \end{array} \right\} \tag{7.17}$$

若圆筒与封头在连接处附近的厚度相同($S_1 + S$),且两者的材料亦相同($E_1 = E, \mu_1 = \mu$),则 $D_1 = D, \lambda_1 = \lambda$,得

$$\bar{D} = 1 \quad , \quad \bar{\lambda} = 1 \quad , \quad \bar{p} = \frac{p}{4\lambda}Y^2$$

代入式(7.17),得

$$\left. \begin{array}{l} M_0 = 0 \\[2mm] Q_0 = \dfrac{p}{8\lambda}Y^2 \end{array} \right\} \tag{7.18}$$

7.2.3　应力计算

将式(7.18)代入式(7.10)中的 N_θ 式,可求出圆筒的最大附加环向力为

$$N'_{\theta\max} = -\frac{pR_p}{4}Y^2 = -\frac{pD_p}{8}Y^2$$

它发生在 $\lambda Z = 0$ 处(连接处),则最大附加环向平均应力为

$$\sigma'_\theta = \frac{N'_{\theta\max}}{S} = -\frac{pD_p}{8S}Y^2$$

而圆筒的环向膜应力为(见式(3.18))

$$\sigma_\theta = \frac{pD_p}{2S}$$

故总的平均环向应力为

$$\sigma_\theta^* = \sigma'_\theta + \sigma_\theta = \frac{pD_p}{2S}\left(1-\frac{1}{4}Y^2\right) \tag{7.19}$$

封头的附加环向力 $N'_{\theta 1\max}$ 与圆筒的数值相同,但相差一个正负号(Q_0 方向相反),即

$$N'_{\theta 1\max} = \frac{pD_p}{8}Y^2$$

相应的最大附加环向平均应力为

$$\sigma'_{\theta 1} = \frac{pD_p}{8S} Y^2$$

而封头在连接处($Z=0$)的环向膜应力为(见第 5.1.1 节)

$$\sigma_{\theta 1} = \frac{pD_p}{2S}\left(1 - \frac{1}{2}Y^2\right)$$

封头总的平均环向应力 $\sigma^*_{\theta 1} = \sigma'_{\theta 1} + \sigma_{\theta 1}$ 与式(7.19)所示圆筒的 σ^*_θ 相同。

孤立考虑圆筒及封头时,两者环向膜应力是不相同的,$\sigma_{\theta 1} > \sigma_\theta$。当圆筒与封头连接在一起变形时,在连接处圆筒的附加环向平均应力 σ'_θ 使圆筒环向应力减少;而封头的附加环向平均应力 $\sigma'_{\theta 1}$ 使封头环向应力增大。因此,连接处的实际环向应力 $\sigma^*_\theta = \sigma^*_{\theta 1}$ 应介于 σ_θ 及 $\sigma_{\theta 1}$ 之间。

将式(7.18)代入式(7.10)中的 M_Z 式,可求出圆筒的最大径向附加弯矩为

$$M'_{Z\max} = \frac{\sqrt{2}}{2} e^{-\frac{\pi}{4}} \frac{Q_0}{\lambda} = 0.040\ 3\frac{p}{\lambda^2}Y^2$$

它发生在 $\lambda Z = \pi/4$ 处,则最大附加径向弯曲应力为

$$\sigma'_{ZW} = \frac{M'_{Z\max}}{W} = \frac{0.040\ 3pY^2 D_p S}{\sqrt{12(1-\mu^2)}} \frac{1}{\frac{1}{6}S^2} = 0.073\frac{pD_p}{S}Y^2$$

式中取 $\mu = 0.3$。

按式(7.10)中的 M_θ 式,同样可得最大附加环向弯曲应力为

$$\sigma'_{\theta W} = \mu\sigma'_{ZW} = 0.022\frac{pD_p}{S}Y^2$$

封头的最大附加弯曲应力亦与上述圆筒的相同。

根据上述结果,对于球形封头($Y=1$),在连接区域的应力最大值为

环向应力 $\qquad \sigma^*_\theta = \sigma^*_{\theta 1} = \dfrac{3pD_p}{8S}$ (在 $\lambda Z = 0$ 处)

纵向(经向)应力 $\qquad \sigma_Z = \sigma_m = \dfrac{pD_p}{4S}$

环向弯曲应力 $\qquad \sigma_{\theta W} = 0.022\dfrac{pD_p}{S}$ (在 $\lambda Z = \pi/4$ 处)

纵向(经向)弯曲应力 $\quad \sigma_{ZW} = 0.073\dfrac{pD_p}{S}$ (在 $\lambda Z = \pi/4$ 处)

对于标准椭球形封头($Y=2$),为

环向应力 $\qquad \sigma^*_\theta = \sigma^*_{\theta 1} = 0$ (在 $\lambda Z = 0$ 处)

纵向(经向)应力 $\qquad \sigma_Z = \sigma_m = \dfrac{pD_p}{4S}$

环向弯曲应力 $\qquad \sigma_{\theta W} = 0.088\dfrac{pD_p}{S}$ (在 $\lambda Z = \pi/4$ 处)

纵向(经向)弯曲应力 $\quad \sigma_{ZW} = 0.292\dfrac{pD_p}{S}$ (在 $\lambda Z = \pi/4$ 处)

7.3　圆筒体与平端盖连接处的应力分析

如果平端盖的厚度很大,则圆筒在与平端盖的连接处的位移和转角均可认为等于零,如图 7.9 所示。

圆筒体膜应力产生的位移 W 如式(7.11)所示。附加弯曲位移 W' 及转角 θ' 见式(7.14)。考虑到上述边界条件,则连接处($Z=0$)的总位移及转角为

$$W^* = W + W' = \frac{1}{8} \frac{pD_p^2}{SE}(2-\mu) - \frac{1}{2D\lambda^3}(\lambda M_0 + Q_0) = 0$$

$$\theta' = \frac{1}{2D\lambda^2}(2\lambda M_0 + Q_0) = 0$$

解上述方程组,得

$$\left.\begin{array}{l} M_0 = -\dfrac{D\lambda^2}{4} \dfrac{pD_p^2}{SE}(2-\mu) \\[3mm] Q_0 = \dfrac{D\lambda^3}{2} \dfrac{pD_p^2}{SE}(2-\mu) \end{array}\right\} \tag{7.20}$$

将式(7.20)代入式(7.10)中的 N_θ 式,可求出圆筒的最大附加环向力为

$$N'_{\theta\max} = -\frac{pD_p}{4}(2-\mu)$$

它发生在 $\lambda Z = 0$ 处(连接处),则最大附加环向平均应力为

$$\sigma'_\theta = \frac{N'_{\theta\max}}{S} = -\frac{pD_p}{4S}(2-\mu) = -\frac{pD_p}{2S}(1-0.5\mu)$$

而圆筒的环向膜应力为(见式(3.18))

$$\sigma_\theta = \frac{pD_p}{2S}$$

故总的平均环向应力为

$$\sigma_\theta^* = \sigma'_\theta + \sigma_\theta = 0.5\mu \frac{pD_p}{2S} \tag{7.21}$$

将式(7.20)代入式(7.10)中的 M_Z 式,可求出圆筒的最大径向附加弯矩为

$$M'_{Z\max} = \frac{2-\mu}{8\sqrt{3(1-\mu^2)}} pD_pS$$

它也发生在 $\lambda Z = 0$ 处(连接处),则最大附加径向弯曲应力为

$$\sigma'_{zw} = \frac{M'_{Z\max}}{W} = \frac{2-\mu}{8\sqrt{3(1-\mu^2)}} \frac{pD_pS}{\frac{1}{6}S^2} = \frac{\sqrt{3}(1+0.5\mu)}{2\sqrt{1-\mu^2}} \frac{pD_p}{S} \tag{7.22}$$

按式(7.10)中的 M_θ 式,同样可得出最大附加环向弯曲应力

$$\sigma'_{\theta W} = \mu\sigma'_{zw} = \frac{\sqrt{3}\mu(1+0.5\mu)}{2\sqrt{1-\mu^2}} \frac{pD_p}{S} \tag{7.23}$$

以上结果是当平板厚度很大,认为是绝对刚体不发生变形情况下得出的。

实际上,平板在介质压力作用下总要发生一定弯曲,如图 7.10 所示,此时,在连接处的变形情况与前述的不一样,因此,边界条件也不相同。计算分析结果表明,S_1/S 及 S/D_n 越

小(S_1 为平端盖厚度),连接处的应力越大。

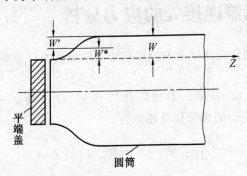 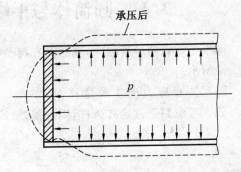

图 7.9　圆筒体与平端盖连接处的变形　　图 7.10　圆筒体与平端盖连接处的实际变形情况

第8章 锅炉受压元件最高允许工作压力的验证法

随着锅炉制造业的发展,不断产生新结构,必然会出现一些现行锅炉受压元件强度计算标准中所未包括的受压元件或未考虑到的局部结构。这些元件或局部结构中如不存在明显应力集中,则可采用决定元件最高允许工作压力的验证试验和有限元计算方法,这些方法包括:应力验证法、屈服验证法、爆破验证法、应力分析验证法。

靠静载验证性水压试验方法确定最高允许工作压力的元件,其所有转角处必须有适当的圆角:内转角的圆角半径应取 10 mm 及圆角处 1/4 壁厚中的较小值。

为了降低试验费用,有些验证性水压试验在缩小模型上进行。但应注意在原型(实物)和缩小尺寸的模型里,焊接加热对金属性能的影响以及焊后的残余应力,在一般情况下难以做到完全相似:另外,有时也难以保证关键部件的完全相似,这些都会影响试验结果的可靠性。

有些元件或局部结构在现行锅炉受压元件强度计算标准中虽然未包括,但在其他相应标准或权威性专著中有合适的计算公式或明确的规定,当参照这些标准或专著时,必须弄清应用条件是否一致。

有些元件或局部结构尽管无法计算,但在已有锅炉中广为采用,而且已经经受锅炉设计寿命(一般定为 30 年)的长期考验并证明是安全可靠的。采用这种"传统安全结构"时,则无需进行计算或试验,但必须确认其应用条件是不劣于已有锅炉。

通过验证性水压试验确定锅炉受压元件最高允许工作压力时,要求能够准确提供符合相关标准的试验元件的强度特性值,对于成批生产的元件,要求试验元件具有代表性。

8.1 应力验证法

应力验证法所测得的应力分为以下几种。

1. 低应力区域的应力

(1)内外壁平均应力,即膜应力;

(2)壁面最大应力,即一般弯曲应力。

2. 高应力区域平均应力

(1) 内外壁平均应力,即局部膜应力;

(2) 壁面最大应力,即二次应力,也称局部弯曲应力。

以上这些不同种类应力,按应力分类原则(详见第 1.9 节)确定其允许值:

膜应力:$[\sigma]$;一般弯曲应力:$1.5[\sigma]$;局部膜应力:$1.5[\sigma]$;二次应力:$3[\sigma]$。

这种应力验证法要求对元件内外壁进行应力测量,然后对不同部位的各类应力做不同限制。达到这些允许值所对应的验证压力 p_{ys} 再考虑必要的试验精度修正,即得到相当于校核计算的不同元件最高允许工作压力 $[p]$。由于上述许用应力 $[\sigma]$ 已考虑了元件的计算壁温,故对所得试验压力不做温度修正。

对低应力区域,其应力成分是膜应力、弯曲应力或它们的组合。因此,要求限制此区域各点内外壁平均应力的当量应力的最大值 σ'_{pdmax} 不超过工作温度下元件材料的许用应力 $[\sigma]$(用以控制膜应力);同时,要求此区域各点的最大当量应力 σ'_{dmax} 不超过工作温度下元件材料的许用应力的 1.5 倍(用以控制弯曲应力)。这样,就可保证不发生大面积屈服及全深度屈服。

对高应力区域,其应力成分除了膜应力及弯曲应力外,一般还包含二次应力、峰值应力和局部膜应力。此时,高应力区域中当量应力最大值 σ_{dmax},从防止产生"不安定状态"及不发生低周疲劳破坏的要求考虑,应不超过工作温度下元件材料的许用应力的三倍。除满足这一要求外,还规定高应力区域中内外壁平均应力的当量应力最大值 σ_{dmax} 不应超过工作温度下元件材料的许用应力的 1.5 倍(用以控制局部膜应力)。

应力验证法可按下列程序进行(当量应力按最大剪应力强度理论计算):

(1) 在元件可能出现高应力的区域的内外壁对应部位粘贴应变片,在元件其他部位的内外壁对应点也应粘贴应变片。

(2) 按一定压力分级升压和降压,并记录每级压力值及其相应的每个测点的应变值。试验最高压力以内外壁都不出现屈服为准。反复几次升压和降压(一般不少于三次),直至测量数据重现性满足为止。

(3) 将测得的应变值按胡克定律换算成应力(超过屈服限时,则为虚拟应力),并按最大剪应力理论计算出内外壁各点的当量应力及内外壁平均的当量应力。

(4)根据验证试验获得的应力值及其分布,按如下规定将应力区分为一次应力、二次应力和一次局部膜应力:

①一次应力。试验元件上没有受到结构不连续影响的区域中的应力。

②二次应力。试验元件上结构不连续部位为满足变形协调条件在其邻近区域引起的局部弯曲应力。

③一次局部薄膜应力。当应力值及其分布满足如下条件:在元件上内、外壁平均应力的当量应力值不小于 $1.1[\sigma]$ 的范围,在回转壳体经线方向上的尺寸不大于 $\sqrt{R_p S'_{min}}$(R_p 为回转壳体结构不连续部位的平均曲率半径,mm;S'_{min} 为结构不连续处的最小厚度,mm),并且相邻两个这样的区域的边缘间距不小于 $2.5\sqrt{R_{pp}S'_{pmin}}$($R_{pp}$ 为回转壳体上相邻两高应力区的平均曲率半径的平均值,mm;S'_{pmin} 为相邻两高应力区的最小厚度的平均值,mm),则这种性质的应力属于一次局部薄膜应力。

为方便起见,将只有一次应力的区域称为低应力区;将有一次局部薄膜应力或二次应力的区域称为高应力区。

(5)作出低应力区域中内外壁平均应力的当量应力最大点的 σ'_{pdmax} 与压力 p 的关系直线,从该直线上定出相应于 $[\sigma]$ 的压力 p_{ys1},如图 8.1 所示。

(6)作出低应力区域中当量应力最大点的 σ'_{dmax} 与压力 p 的关系直线,从该直线上定出相应于 $1.5[\sigma]$ 的压力 p_{ys2},如图 8.2 所示。

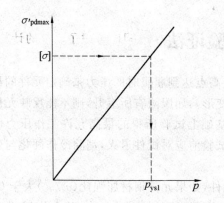

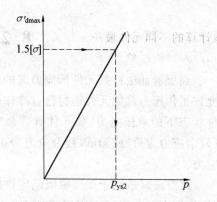

图 8.1　低应力区域中内外壁平均应力的当量应　　图 8.2　低应力区域中当量应力最大点的
　　　　力最大点的 $\sigma'_{pdmax}-p$ 直线　　　　　　　　　$\sigma'_{dmax}-p$ 直线

　　(7)作出高应力区域中内外壁平均应力的当量应力最大点的 σ_{pdmax} 与压力 p 的关系直线,从该直线上定出相应于 $1.5[\sigma]$ 的压力 p_{ys3},如图 8.3 所示。

　　(8)作出高应力区域中当量应力最大点的 σ_{dmax} 与压力 p 的关系直线,从该直线上定出相应于 $3[\sigma]$ 的压力 p_{ys4},如图 8.4 所示。

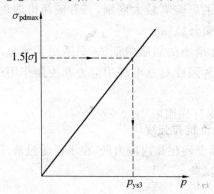

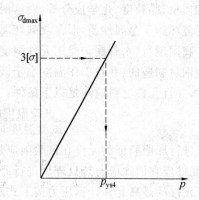

图 8.3　高应力区域中内外壁平均应力的当量应　　图 8.4　高应力区域中当量应力最大点的
　　　　力最大点的 $\sigma_{pdmax}-p$ 直线　　　　　　　　$\sigma_{dmax}-p$ 直线

　　(9)取 p_{ys1},p_{ys2},p_{ys3},p_{ys4} 中的最小值为 p_{ysmin}。

　　(10)对应变测量的相对误差作出估计。如相对误差为 $\pm\Delta$,则按下式确定元件的最高允许工作压力:

$$[p]=\frac{p_{ysmin}}{1+\Delta} \tag{8.1}$$

式中　p_{ysmin}——试验温度时的最小验证压力,MPa;

　　　　Δ——应变测量的相对误差。

　　按式(8.1)确定的最高允许工作压力 $[p]$ 用于未经试验验证的相同元件时,应按实际情况考虑温度和厚度差异,进行修正。

8.2　屈服验证法

屈服验证法根据元件低应力区的外壁应力最高点达到屈服时的压力来确定元件的最高允许工作压力。如元件钢材已有冷作硬化(塑性变形),屈服限有所上升,则不能反映元件正常状态下的承压能力;如元件有残余应力,在此基础上试验所得的最高允许工作压力偏高(残余应力为负)或偏低(残余应力为正)。因此,试验前应对试件退火,消除冷作硬化与残余应力。

此方法只适用于按屈服限确定许用应力的元件,如果元件钢材屈强比(σ_s^t/σ_b)大于 0.56 时,许用应力已不按屈服限确定(因为 $\sigma_s^t/\sigma_b > 0.56$ 时,$\sigma_b/2.7 < \sigma_s^t/1.5$,基本许用应力取 $\sigma_b/2.7$)。此时不能应用屈服验证法。因此,采用此方法的条件是:

钢材的屈强比

$$\frac{\sigma_s^t}{\sigma_b} \leqslant 0.56$$

工作温度达到以持久强度确定许用应力的温度时也不能应用此方法,因为持久强度(蠕变强度)的性质与屈服验证试验温度条件下的常规强度有明显区别。例如,许多因素(钢材金相质量、晶粒度、化学成分等)对这两种强度的影响有较大区别,二者破坏机理也不相同;蠕变破坏属于晶间性质,而常规破坏属于晶体裂开性质。

我国现行《水管锅炉受压元件强度计算》标准中的屈服验证法,只适用于该标准允许的各种钢材制造的,并且工作温度小于该钢材持久强度对基本许用应力起控制作用的温度的元件,并且元件材料应满足以下条件:

$$\frac{试验温度时最小保证屈服限}{试验温度时最小保证抗拉强度} \leqslant 0.6$$

进行屈服验证的元件在试验前应是没有形变硬化和内应力的,也不得受过液压试验,否则,元件应在消除应力热处理后进行此项验证试验。

元件的最高允许计算压力按下式确定:

$$[p] = 0.75 \frac{p_{ss}[\sigma]_j \varphi_h}{\sigma_{sls}} \qquad (8.2)$$

式中　$[\sigma]_j$——应取元件材料在工作温度时的基本许用应力,MPa;

p_{ss}——试验温度时最薄弱部位达到屈服时的压力,MPa;

φ_h——焊缝减弱系数;

σ_{sls}——试验元件材料在试验温度时的实际屈服点或规定非比例伸长应力($\sigma_{0.2}$),MPa。

对于投入运行后内外壁能做定期严格检查的元件,必要时最高允许工作压力可放大至 1.25[p],即取式(8.2)所确定的值的 1.25 倍。

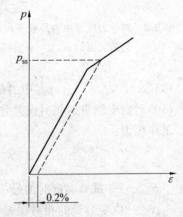

图 8.5　根据应变最大点的 $p-\varepsilon$ 曲线确定 p_{ss} 的方法

按式(8.2)确定的最高允许工作压力用于未经验证试验的相同元件时,应根据实际情况考虑厚度差异进行修正。

元件的屈服压力 p_{ss} 可用应变测量确定:

在可能发生高应力部位的外壁粘贴应变片,然后缓慢分级升压,记录每级压力值及相应的每个测点的应变值,作出应变值最大点的 $p-\varepsilon$ 曲线,取相应残余应变为 0.2% 的压力为 p_{ss},如图 8.5 所示。

8.3　爆破验证法

爆破验证法是长期以来一直应用的确定元件最高允许工作压力的方法。此方法简单易行,能够综合反映元件的结构合理性与承载能力。在有条件的情况下,爆破验证法常与应力验证法或屈服验证法同时进行,以便于分析比较及得出更加确切的最高允许工作压力。单靠爆破验证法确定最高允许工作压力时,一般要求不少于三个爆破元件,取爆破压力的最低值作为确定最高允许工作压力的依据。

爆破验证法在常温下进行,因此,我国现行《水管锅炉受压元件强度计算》标准规定,此方法只适用于在蠕变温度(持久强度起控制作用的温度)以下工作的元件,其原因如前所述。

爆破试验尽管一般以冷水作为介质,但当材料的强度特性较高或爆破压力很高时,则有一定危险性,故必须在专门爆破间进行。

考虑温度修正、厚度修正、材料性能修正及一定安全裕度后(有焊缝时,还应考虑焊缝减弱;如为铸件,还应考虑铸件元件质量),元件的最高允许工作压力按下式确定:

$$[p]=\frac{p_{bs}}{4}\frac{S_{yz}}{S_{ys}}\frac{[\sigma]_j}{[\sigma]_{js}}\frac{\sigma_b}{\sigma_{b1}}\varphi_h f \tag{8.3}$$

式中　p_{bs}——试验温度时的爆破压力,MPa;

S_{yz}——实用元件对应于试验元件 S_{ys} 处的实际厚度,mm;

S_{ys}——经受验证试验的元件最薄弱处的实际厚度,mm;

$[\sigma]_j$——工作温度时的基本许用应力,MPa;

$[\sigma]_{js}$——试验温度时的基本许用应力,MPa;

σ_b——材料在 20 ℃时的抗拉强度,MPa;

σ_{b1}——试验元件材料在 20 ℃度时的实际抗拉强度,MPa;

f——铸件的质量系数:对于铸钢元件,f 取为 0.7;对于其他元件,均取 $f=1.0$。

式(8.3)中,S_{yz}/S_{ys} 为考虑元件实际厚度(S_{yz})与试验件厚度(S_{ys})差异的修正;σ_b/σ_{b1} 为考虑钢材抗拉强度保证值(σ_b)与试验件抗拉强度(σ_{b1})差异的修正;$[\sigma]_j/[\sigma]_{js}$ 为考虑实际壁温与试验件壁温差异的修正。

8.4　应力分析验证法

随着工业生产的不断发展,对锅炉受压元件的结构形状、受力条件及安全性等提出了很多新的要求。这些问题往往都是较为复杂及综合性较强的,没有现成、简单的计算方法,必须通过详细的了解它们的应力分析情况后,才能较确切地进行强度计算。

随着计算机技术的发展,数值分析方法逐步应用于锅炉受压元件的应力分析中。

目前广泛采用基于离散化模型的有限元法。借助计算机,利用有限元法,现已能解决各种复杂结构及受力条件下元件的应力分布问题。以前由于数学上的困难,采用经典力学理论无法解决的问题,利用有限元法可以得到满意的数值分析解,为确切地了解元件的应力分布规律提供了有效的手段。目前有限元法的发展水平已达到可以替代很多模型试验的程度。

有限元法是求解形状及受力状态较复杂元件的应力及变形的一种数值计算近似方法。随着计算机在工程中的广泛应用,在锅炉受压元件的强度计算中,有限元法逐渐成为分析元件及变形的重要手段。

有限元法的主要原理是将元件"离散"成一系列由节点相连接的"单元",在假设单元的"变位模式"的基础上,利用经典理论中的能量定理求出各节点的变位,从而求出元件的应力分布。相关有限元法的基本原理详见第 10 章。

我国的现行《水管锅炉受压元件强度计算》标准中应力分析计算应符合下列规定:

(1) 所采用的有限元计算分析程序应具有完整的程序说明文件、用户手册、标准考题。计算结果应与已有的解析解、数值解或实验结果相比较,以证明计算程序的可靠性,也可应用国际通用的结构分析计算程序。

(2) 应力按虚拟线弹性或弹性理论计算,当量应力按最大剪应力理论整理。

(3) 应力分类和确定最高允许工作压力的方法按应力验证法(第 8.1 节)的原则进行。

第 9 章　断裂力学基础

锅筒一旦破裂,后果异常严重,因此,按传统观念,锅筒壁上不允许存在裂纹这样危险性较大的缺陷。近代锅炉构架上悬吊着几千吨、甚至上万吨重的整台锅炉,如果大梁断裂,会使锅炉坍塌,因而,从人员安全考虑,也不会允许大梁上存在裂纹。

随着探伤技术的发展,过去认为一直无缺陷的产品,现在可能会发现存在一些细小裂纹;已交付用户使用多年的产品,在复查时,有时也可能发现原制造中残留下来的缺陷。我国有的电厂由 16MnNiMo 钢制造的高压锅筒经多年运行后,出现了多处裂纹,最深达到十余毫米;有些高压锅筒集中下水管口焊缝经运行后,也发现了裂纹。因而,近年来,在锅炉行业中,常提出这样的实际问题:有裂纹的元件可否出厂,可否继续使用? 如果可以,那么,允许存在多大尺寸的裂纹? 20 世纪 60 年代发展起来的一门新的力学分支——"断裂力学"给出了解决这些问题的方法,澄清了过去的一些不够确切的、甚至是错误的概念。另外,断裂力学是从研究塑性较低的高强度钢出现在低应力破坏问题而发展起来的,锅炉元件常遇到的一些脆性破坏也属于低应力破坏问题,因而,了解断裂力学对于加深这些问题的认识也会有所帮助。

根据拉伸实验得出的强度特性(σ_b,σ_s,σ_b^t,σ_s^t,σ_b^D 等)进行强度计算,对于中、低强度材料以及应用现有探伤手段及对缺陷的控制标准,是可以做到安全可靠的。但只用这种传统强度计算办法,对于高强度钢及对于带有较大缺陷的中、低强度材料,就有可能产生断裂事故,此时,应利用断裂力学方法核算强度。

9.1　用线弹性断裂力学校验元件强度的方法

图 9.1 表示一块"无限大"(相对于裂纹尺寸而言)的平板,其中存在长度为 $2c$ 的穿透性裂纹,在裂纹的垂直方向上作用着均布拉应力 σ。由分析或实验可知,裂纹尖端前缘区域由无裂纹时的单向应力状态变成两向应力状态:σ_x,σ_y 和 τ_{xy}(板较薄时),或三向应力状态:σ_x,σ_y,τ_{xy} 和 σ_z(板较厚时),而且越接近裂纹尖端,应力越大。各应力分量为

$$\sigma_x = \frac{K_{\mathrm{I}}}{\sqrt{2\pi r}} F_1$$

$$\sigma_y = \frac{K_{\mathrm{I}}}{\sqrt{2\pi r}} F_2$$

$$\sigma_z = \begin{cases} 0 & \text{(板较薄,平面应力状态)} \\ \mu(\sigma_x + \sigma_y) & \text{(板较厚,三向应力状态)} \end{cases}$$

$$\tau_{xy} = \frac{K_{\mathrm{I}}}{\sqrt{2\pi r}} F_3$$

式中　F_1,F_2,F_3——与角度 θ 有关的函数;

r——裂纹尖端至所求应力点的距离；

K_{I}——与所加应力 σ 和裂纹形状、尺寸有关的量。对于图 9.1 所示情况：

$$K_{\mathrm{I}}=\sigma\sqrt{\pi c} \tag{9.1}$$

式中　c——裂纹长度的一半（见图 9.1）。

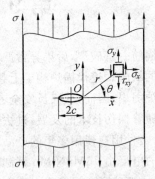

可见，若应力 σ 已定，K_{I} 与 $\sqrt{c}$ 成正比，即 c 越大，K_{I} 也越大，应力 $\sigma_x,\sigma_y,\sigma_z,\tau_{xy}$ 也越大。由于裂纹的存在使裂纹尖端区域的应力有所增强，K_{I} 越大表示应力增强的越厉害，故 K_{I} 称为"应力强度因子"。由式 (9.1) 可见，K_{I} 的单位为 $\mathrm{N\cdot mm^{-3/2}}$。

对于不同的受力形式、不同的裂纹形状和尺寸，则裂纹尖端前缘的应力增强程度也不一样，因而，K_{I} 值也不相同。

随着应力 σ 增大，K_{I} 值增大，裂纹将随之扩张；

图 9.1　裂纹前缘应力状态

K_{I} 大到一定程度时，裂纹扩张速度突然加快（称为失稳扩张），并发生断裂，此时，所对应的 K_{I} 值用 K_{Ic} 表示，称为"断裂韧性"。

如果将应力强度因子 K_{I} 比作一般强度计算中的应力 σ，那么，断裂韧性 K_{Ic} 就可比作强度特性（σ_s,σ_b 等）。故断裂韧性是在有裂纹情况下，衡量材料强度的新指标。

不发生断裂的条件是

$$K_{\mathrm{I}}<K_{\mathrm{Ic}}$$

式 (9.1) 中 K_{I} 与外加载荷、裂纹形状和尺寸有关，c 与材料性质有关，K_{Ic} 可由实验测得。

由式 (9.1) 可得

$$K_{\mathrm{Ic}}=\sigma_c\sqrt{\pi c}$$

式中 σ_c 为对应裂纹失稳扩张时的应力，称为临界应力。则不发生断裂的条件也可表示为

$$\sigma<\sigma_c=\frac{K_{\mathrm{Ic}}}{\sqrt{\pi c}}$$

即元件中的裂纹尺寸 c 一定时，元件中的应力 σ 若小于临界应力 σ_c 则不发生断裂。

当应力 σ 不变时，裂纹尺寸 c 越大，K_{I} 也越大。当裂纹尺寸达到某一临界值 c_c 时，则发生裂纹失稳扩张，故有

$$K_{\mathrm{Ic}}=\sigma\sqrt{\pi c_c}$$

则不发生断裂的条件又可表示为

$$c<c_c=\frac{1}{\pi}\left(\frac{K_{\mathrm{Ic}}}{\sigma}\right)^2$$

式中　c_c——临界裂纹尺寸。

即在元件中的应力 σ 一定时，元件中的裂纹尺寸 c 若小于临界裂纹尺寸 c_c 则不发生断裂。

根据裂纹和外力的取向关系（即所谓裂纹受力模型），可分为三种类型（图 9.2）。

Ⅰ型为张开型，裂纹表面沿着垂直于裂纹的 y 方向分裂。它一般是由 y 方向作用的正应力所产生的。

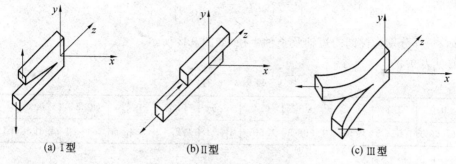

(a) I 型	(b) II 型	(c) III 型

图 9.2　裂纹受力模型

II 型为滑移型或称面内剪切型,裂纹表面沿着平行于裂纹的 z 方向相对滑移。它一般是由平行于 z 方向的切应力所产生的。

III 型为撕裂型或称面外剪切型,裂纹表面沿着垂直于裂纹的 x 方向相对滑移。它一般是由平行于 x 方向的切应力所产生的。

前面所述内容适用于张开型。张开型受力情况对裂纹扩展的危害性最大,大量的实验研究工作都集中在张开型上。实际结构中的低应力脆性断裂,绝大部分属于张开型。对于滑移型和撕裂型,应力强度因子及断裂韧性分别用 K_{II} 及 K_{IIc} 和 K_{III} 及 K_{IIIc} 表示。

对于压力容器,常见的裂纹有椭圆形表面裂纹及代表夹渣、气孔等缺陷的深埋椭圆形裂开面(图 9.3)。不同形式裂纹的应力强度因子用下式表示:

$$K_I = Y\sigma\sqrt{\pi c} \tag{9.2}$$

式中 Y 称为裂纹形状系数,见表 9.1。

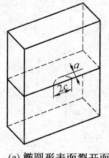 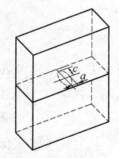

(a) 椭圆形表面裂开面	(b) 深埋的椭圆形裂开面

图 9.3　裂纹类型

表 9.1　张开型裂纹形式与形状系数

裂纹形式	形状系数 Y
无限大平板的穿透性裂纹	1.0
深埋的圆形裂纹	$2/\pi$
深埋的椭圆形裂纹	$1/\varphi$
长的(深度很浅的)表面裂纹	1.1
半椭圆形及半圆形表面裂纹	$1.1/\varphi$

表 9.1 中的 φ 值按下式计算:

$$\varphi = \int_0^{\pi/2} \left(1 - \frac{c^2 - a^2}{c^2} \sin^2\theta\right)^{1/2} d\theta$$

式中　a,c——分别为椭圆的短轴及长轴半径,如图 9.3 所示。

φ 值见表 9.2。

表 9.2　φ 值

a/c	0.0	0.1	0.2	0.3	0.4	0.5	0.6	0.7	0.8	0.9	1.0
φ	1.000 0	1.014 8	1.505	1.096 5	1.507	1.211	1.276	1.345 6	1.418 1	1.493 5	1.570 8

以上给出的应力强度因子求法适用于裂纹附近区域完全处于弹性状态,这与实际情况有一定差别,但对于大多数工程实际问题,这样算还是可以的。若需精确计算,就需要考虑裂纹尖端前缘局部塑性变形对应力分布的影响。以表面椭圆形裂纹为例,修正后的应力强度因子为

$$K_I = \frac{1.1\sigma\sqrt{\pi c}}{\left[\varphi^2 - 0.212\left(\dfrac{\sigma}{\sigma_s}\right)^2\right]^{1/2}}$$

材料的断裂韧性 K_{Ic} 值在有关手册中可以查到。高强度钢的 K_{Ic} 值较小,不允许的裂纹尺寸也较小。

【例 9.1】　某工件由 $\sigma_{0.2} = 2\ 000$ MPa 的高强度钢制造,它的 $K_{Ic} = 2\ 000$ N·$mm^{-\frac{3}{2}}$,另一工件由 $\sigma_{0.2} = 500$ MPa 的一般钢材制造,它的 $K_{Ic} = 6\ 000$ N·$mm^{-\frac{3}{2}}$。试求它们的裂纹临界尺寸(假设裂纹都是表面半圆形的)。

解　由式(9.2)可得

$$c_c = \frac{1}{\pi}\left(\frac{K_{Ic}}{Y\sigma}\right)^2$$

对于半圆形表面裂纹,由表 9.1 及表 9.2,得

$$Y = \frac{1.1}{\varphi} = \frac{1.1}{\dfrac{\pi}{2}} = \frac{2.2}{\pi}$$

工件 1 的设计应力取为 1 500 MPa,则裂纹临界尺寸为

$$c_c = \frac{1}{\pi}\left\{\frac{2\ 000}{\dfrac{2.2}{\pi} \times 1\ 500}\right\}^2 \text{mm} = 1.15 \text{ mm}$$

工件 2 的设计应力为 400 MPa,则裂纹临界尺寸为

$$c_c = \frac{1}{\pi}\left\{\frac{6\ 000}{\dfrac{2.2}{\pi} \times 400}\right\}^2 \text{mm} = 146 \text{ mm}$$

这样的裂纹是不会漏检的。

【例 9.2】　某材料的 $\sigma_{0.2} = 2\ 100$ MPa,它的 $K_{Ic} = 1\ 500$ N·$mm^{-\frac{3}{2}}$,另一种材料的 $\sigma_{0.2} = 1\ 700$ MPa,它的 $K_{Ic} = 2\ 500$ N/$mm^{3/2}$。试求它们的断裂应力(假设都存在 $c = 1$ mm 的表面半圆裂纹)。

解　由式(9.2)与表 9.1 及表 9.2,得

$$\sigma_c = \frac{K_{Ic}}{\frac{2.2}{\pi}\sqrt{\pi c}}$$

第 1 种材料的断裂应力为

$$\sigma_c = \frac{1\ 500}{\frac{2.2}{\pi}\sqrt{\pi \times 1}}\ \text{MPa} = 1\ 208\ \text{MPa}$$

第 2 种材料的断裂应力为

$$\sigma_c = \frac{2\ 500}{\frac{2.2}{\pi}\sqrt{\pi \times 1}}\ \text{MPa} = 2\ 014\ \text{MPa}$$

可见,屈服限高的材料,反而断裂应力小。对于高强度材料,从断裂力学角度考虑,并非屈服限越高越好。

以上所述的线弹性断裂力学,是在裂纹尖端前缘没有明显塑性变形区,并且处于平面应力状态(在裂纹宽度方向上没有应变)的前提下推导的。因此,它适用于高强度和超高强度材料。另外,对于中、低强度材料,当元件断裂面很厚或在很低温度条件下,也基本满足上述条件,故也可用线弹性断裂力学解决有关工程问题。

9.2　用弹塑性断裂力学校验元件强度的方法

对于中、低强度材料,在裂纹尖端前缘会形成较大塑性变形区域,而且在宽度方向也要产生塑性变形。如仍用线弹性断裂力学计算,必然要产生较大误差。20 世纪 60 年代初,得出适用于中、低强度材料的关系式:

$$\delta = \frac{8\sigma_s c'}{\pi E} \ln\left[\sec\left(\frac{\pi\sigma}{2\sigma_s}\right)\right] \tag{9.3}$$

式中　δ——裂纹张开位移,mm(图 9.4);

　　　c'——裂纹长度的一半(贯穿于全厚度或近于全厚度的裂纹),mm;

　　　σ_s——屈服极限,MPa;

　　　E——弹性模量,MPa;

　　　σ——应力,MPa。

此式把应力、裂纹尺寸及裂纹尖端的张开尺寸联系起来。

如应力增加,裂纹张开位移也加大,当裂纹张开位移达到某临界值 δ_c 时,裂纹即开始裂开,此 δ_c 称为临界张开位移。

式(9.3)应用于受压容器时,应注意以下问题:

(1)式(9.3)是从平板推导出来的。受压容器一般为曲面,受内压力作用时,裂纹处将产生附加弯曲应力,使有效应力增大(称为膨胀效应)。为此,应在工作应力 σ 上乘以大于 1 的修正系数 M。对于圆筒形容器存在轴向穿透性裂纹时:

$$M = \left[1 + 1.61\left(\frac{c'^2}{R_p S}\right)\right]^{1/2}$$

对于圆筒形容器的环向穿透型裂纹:

$$M=\left[1+0.32\left(\frac{c'^2}{R_p S}\right)\right]^{1/2}$$

对于球形容器：

$$M=\left[1+1.93\left(\frac{c'^2}{R_p S}\right)\right]^{1/2}$$

式中　R_p——容器平均半径，mm；

　　　　S——容器厚度，mm。

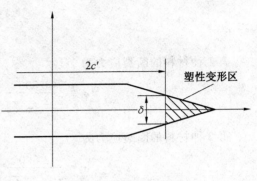

图 9.4　裂纹受力张开

（2）式（9.3）是对穿透性裂纹导出的，如为表面裂纹或深埋裂开面，需将裂纹尺寸换算成当量贯穿裂纹尺寸。换算方法是以线弹性断裂力学为基础，要求当量贯穿裂纹的应力强度因子和实际裂纹相同。按上述可见，应力强度因子的一般表达式为

$$K_I=Y\sigma\sqrt{\pi c}$$

设穿透性裂纹的半长为 c'，则

$$K'_I=\sigma\sqrt{\pi c'}$$

令 $K'_I=K_I$，得

$$\sigma\sqrt{\pi c'}=Y\sigma\sqrt{\pi c}$$
$$c'=Y^2 c \tag{9.4}$$

即式（9.3）中的 c' 应以式（9.4）代入。

（3）当工作应力 $\sigma\rightarrow\sigma_s$ 时，由式（9.3）知，$\sigma\rightarrow\infty$，显然不合理，故式（9.3）只适用于工作应力小于屈服极限情况。

如将式（9.3）中的 δ 以 δ_c，σ 以 σ_c 代入，并考虑膨胀效应的修正系数 M，则得压力容器的开裂应力为

$$\sigma_c=\frac{2\sigma_s}{M\pi}\cos^{-1}\exp\left(\frac{\pi E\delta_c}{8\sigma_s c'}\right)$$

开裂压力为

$$p_c=\frac{S}{R_p}\sigma_c$$

此式与实验结果较符合。通常塑性材料的开裂压力比爆破压力小得多。例如，对于 15MnV 钢，开裂压力仅为爆破压力的 1/3 左右。这是因为塑性破坏大致包括三个阶段：①塑性撕裂开始（开裂），②稳定的裂纹扩展，③失稳断裂。一般 δ_c 都是根据开裂状态测定的。

材料的断裂韧性 K_{Ic} 及临界张开位移 δ_c 都由专门试验求得。

求 K_{Ic} 时，对于中、低强度钢，为做到平面应变状态，需用厚度达数百毫米的试件，需千吨以上的拉力机，显然，这是不易办到的；而对于高强度钢，用厚度大于 5 mm 的试件，数十吨拉力机即可。

小尺寸试样试验时，一般锅炉钢板的临界张开位移 δ_c 达 100 μm 以上，而高强度钢仅有几微米，难以测量。

因此，对于高强度材料常采用线弹性断裂力学，而对于中、低强度材料采用弹塑性断裂力学来解决工程问题。

材料的 δ_c 与 K_{Ic} 之间存在如下近似关系：

$$\delta_c = \frac{K_{Ic}^2}{E\sigma_s}$$

9.3　有裂纹容器寿命的估计

传统的疲劳(高周疲劳或低周疲劳)设计方法是针对没有裂纹的工件，在脉动应力(或启停应力)作用下，由孕育形成裂纹、裂纹不断扩展直至裂纹急剧扩展(失稳扩展)的总寿命(应力波动或启停的次数)而言的。

本章前两节所介绍的是有裂纹的工件在静载作用下裂纹的失稳断裂问题。

下面介绍有裂纹的工件在启停应力作用下，裂纹的不断扩展直至断裂的寿命(启停的次数)问题。

带有裂纹的工件，经过一次应力循环后，裂纹的扩张量用如下经验公式表述：

$$\frac{dc}{dN} = C_0 \ (\Delta K_I)^n \tag{9.5}$$

式中　c——裂纹尺寸，mm；

ΔK_I——应力强度因子的波动范围，$N \cdot mm^{-\frac{3}{2}}$；

C_0、n——与材料性能有关的常数(见表 9.3)。

表 9.3　各种钢的 C_0 及 n 值

钢种	C_0	n
马氏体钢	2.07×10^{-7}	2.25
铁素体—珠光体钢	1.21×10^{-8}	3.0
奥氏体不锈钢	1.04×10^{-8}	3.25

表 9.3 中的数据均在室温空气中得出，且为数据分散带的上限值。

按式(9.5)可进行寿命估算。

由式(9.5)得

$$dN = \frac{dc}{C_0 \ (\Delta K_I)^n}$$

由式(9.2)可写成

$$\Delta K_I = Y\Delta\sigma \sqrt{\pi c}$$

则

$$dN = \frac{dc}{C_0 \ (Y\Delta\sigma \sqrt{\pi c})^n}$$

积分得

$$N = \int_{c_0}^{c_c} \frac{dc}{C_0 \ (Y\Delta\sigma)^n \ (\pi c)^{n/2}}$$

当 $n \neq 2$ 时，

$$N = \frac{2}{(n-2) C_0 \pi^{n/2} \ (Y\Delta\sigma)^n} \left(\frac{1}{c_0^{(n-2)/2}} - \frac{1}{c_c^{(n-2)/2}} \right) \tag{9.6}$$

当 $n = 2$ 时，

$$N = \frac{1}{C_0 \pi \ (Y\Delta\sigma)^2} \ln \frac{c_c}{c_0} \tag{9.7}$$

式中　c_0——初试裂纹尺寸；

　　　c_c——临界裂纹尺寸；

　　　$\Delta\sigma$——应力波动范围；

　　　N——裂纹尺寸由 c_0 扩展至 c_c 所经历的循环次数。

裂纹初始尺寸 c_0 可根据探伤灵敏度并考虑一定裕度来决定，若工件实际存在的缺陷尺寸大于探伤灵敏度，则应取最大缺陷尺寸作为裂纹初始尺寸 c_0。

临界裂纹尺寸 c_c 应按材料的韧性性能来确定。对于高韧性、低（中）强度材料，c_c 值应按工件净截面应力达到材料抗拉强度条件来确定；对于低韧性、高强度材料，可按材料的断裂韧度 K_{Ic} 由式（9.2）所得的 c_c 作为临界裂纹尺寸。

【例 9.3】 某压力容器内直径 $D_n = 1\ 600$ mm，厚度 $S = 80$ mm，工作压力为 $0\sim15$ MPa，所用材料为 BHW-35 钢，其性能为 $\sigma_s = 530$ MPa，$E = 2.1\times10^5$ MPa，$\delta_c = 0.112$ mm，$C_0 = 6.3\times10^{-11}$，$n = 2.28$。该容器上有轴向分布的表面半椭圆裂纹，深度 a 与长度 $2c$ 之比为 $1:4$。试求该容器的工作寿命（设初始裂纹半长 $c_0 = 2$ mm，4 mm 及 8 mm）。

解 工作应力为

$$\sigma = \frac{pD_p}{2S} = \frac{15\times(1\ 600+80)}{2\times80}\ \text{MPa} = 157.5\ \text{MPa}$$

考虑到圆筒直径很大，取曲率修正系数 $M = 1$，由式（9.3）得贯穿性裂纹的临界尺寸

$$c'_c = \frac{\pi E\delta_c}{8\sigma_s\ln\left[\sec\left(\frac{\pi\sigma}{2\sigma_s}\right)\right]} = \frac{\pi\times2.1\times10^5\times0.112}{8\times530\times\ln\left[\sec\left(\frac{\pi\times157.5}{2\times530}\right)\right]}\ \text{mm} = 154\ \text{mm}$$

由式（9.4）可知，对于非贯穿性裂纹，有

$$c_c = \frac{c'_c}{Y^2}$$

对于半椭圆形表面裂纹，由表 9.1 可知

$$Y = \frac{1.1}{\varphi}$$

当 $a:2c = 1:4$ 时，由表 9.2 可知

$$\varphi = 1.21$$

所以

$$c_c = \frac{c'_c\varphi^2}{1.1^2} = \frac{154\times1.21^2}{1.1^2}\ \text{mm} = 186\ \text{mm}$$

而相应的裂纹深度 $a_c = 186$ mm$/2 = 93$ mm，它已大于容器的厚度。说明此容器失稳断裂发生在泄漏之后，属于泄漏型容器（非爆破型容器）。

如取裂纹尺寸安全系数为 4（相当于 K_{Ic} 的安全系数为 2），则临界裂纹尺寸为

$$c_c = \frac{186\ \text{mm}}{4} = 46.5\ \text{mm}$$

代入式（9.6），有

$$N = \frac{2}{(n-2)C_0\pi^{n/2}(Y\Delta\sigma)^n}\left(\frac{1}{c_0^{(n-2)/2}} - \frac{1}{c_c^{(n-2)/2}}\right) =$$

$$\frac{2}{0.28\times6.3\times10^{-11}\times\pi^{1.14}\times\left(\frac{1.1}{1.21}\times157.5\right)^{2.28}}\times$$

$$\left(\frac{1}{c_0^{0.14}}-\frac{1}{47^{0.14}}\right)=3.77\times10^5\left(\frac{1}{c_0^{0.14}}-0.584\right)$$

若 $c_0=2$ mm，则　　　　　　　　　$N=1.219\times10^5$ 次

若 $c_0=4$ mm，则　　　　　　　　　$N=9.033\times10^4$ 次

若 $c_0=8$ mm，则　　　　　　　　　$N=6.161\times10^4$ 次

可见，初始裂纹尺寸对工作寿命有明显影响，因此，应严格控制及检查初始裂纹。

第 10 章　有限元法基本原理

以前各章在材料力学基础上,应用弹性力学某些分析方法,讨论了锅炉基本元件的应力分析与强度计算问题。这些基本元件,如圆筒、回转壳、平板等,形状都较简单,但在锅炉结构中,有些元件或局部结构,如热挤压三通、鳍片管、膜式水冷壁、锅筒或集箱的翻边管接头等,形状则比较复杂,前述分析方法已不能奏效。

为了解决这些问题,通常有两种途径:一是引入简化假设,把方程和边界条件简化为可以处理的问题,得到他在简化状态的解。此种方法只能解决有限的情况,因为过多的简化可能导致不精确,甚至错误的解。另一条途径就是数值解法,如有限差分法,边界元法,有限元法和离散元法等。对于非线性问题,有限元法更有效,并且已经出现了许多通用程序,使其应用更加广泛。

20 世纪 50 年代中期,人们提出了有限元法,把连续介质离散成一组单元,使无限自由度问题转化为有限自由度问题,再用计算机求解。这种方法可用以分析形状十分复杂的结构,它最先应用于结构力学领域,并很快从结构力学扩展到流体力学、热传导学、电磁学等各个领域,发展为一种十分重要的工程计算方法。

在锅炉强度问题中,有限元法也日益得到推广应用,较好地解决了复杂形状元件的机械应力及热应力分析问题,在保证锅炉安全性方面起到了重要作用。

10.1　有限元法基本概念

求图 10.1(a)所示圆(半径为 1)的周长是一个很简单的问题。为了说明问题,用内接的多边形代替圆,即用简单的分段直线取代"复杂的"圆弧线来计算圆的周长。为了准确对比,将圆周率取到 14 位(3.141 592 653 589 79)。当采用内接等边五边形时(图 10.1(b)),周长计算误差为 6.451%;当采用内接等边八边形时(图 10.1(c)),周长计算误差为 2.55%。随着多边形边数的增加,计算结果会越来越精确,见表 10.1。

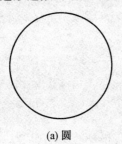
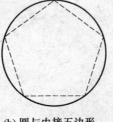

(a) 圆　　　　　(b) 圆与内接五边形　　　　　(c) 圆与内接八边形

图 10.1　圆与内接多边形

表 10.1　计算结果

多边形边数	5	8	10
单段长度	1.755 705 045 849 5	0.765 366 864 730 18	0.618 033 988 749 90
多边形周长	5.877 852 522 924 73	6.122 934 91784144	6.180 339 887 498 95
误差/%	−6.451	−2.550	−1.637
多边形边数	20	30	50
单段长度	0.312 868 930 080 46	0.209 056 926 535 31	0.125 581 039 058 63
多边形周长	6.259 398 601 609 23	6.271 707 796 059 21	6.279 051 952 931 34
误差/%	−0.411	−0.183	−0.066

这种在圆周的小的区域内用相对简单的直线段"强行"取代曲线的思想被认为是有限元法的萌芽。

有限元法的基本概念是用较简单的问题代替复杂问题后再求解。它将求解域看成由许多称为有限元的小单元组成,对一单元假定一个合适的近似解,然后推到求解域总体需满足的条件(如结构的平衡条件),从而得到问题的解。这个解不是准确解,而是近似解。由于大多数实际问题难以甚至不可能得到准确解,而有限元不仅计算精度高,而且能适应各种复杂求解域形状,因而成为行之有效的工程分析手段。

有限元法的理论基础是变分原理,常用的变分原理有最小势能原理、最小余能原理和混合变分原理。采用不同的变分原理,可以得到不同的未知场变量。位移法以位移作为未知量,采用最小势能原理,需要假设单元内位移场函数的形式;应力法以应力作为未知位置变量,采用最小余能原理,需要假设应力场的形式;混合法采用混合变分原理时,需要同时假设某些位移和某些应力。进行静力分析时,对大多数问题,一般都使用位移法。

有限元法的重要思想是将整个积分区域划分为一系列有规则的小区域,并配置区域节点,各小区域在节点上相联系。在这些小区域上,对未知函数和权函数采用简单函数进行插值,并以节点上的物理量来表示插值函数,进而完成积分,得到与未知量相匹配的线性方程组,求解方程组获得节点上的物理量。

有限元法的特点是,无需写出全部弹性力学方程,只需解出成百、成千甚至上万个线性方程组成的方程组,因而包含了大量的线性代数运算。当采用矩阵代数建立的公式后,最适宜在电子计算机上求解。可以说,有限元法的发展借助于两个工具:在公式指导中采用矩阵方法,在实际运算中采用电子计算机。

有限元法以电子计算机为手段,以复杂问题为对象,可以用更符合实际的复杂计算模型代替过去常采用的过于简化的计算模型;有限元法使某些实验手段开始过时,有限元法为最优化设计提供了理想手段。

有限元法分三个步骤:

(1)离散化:将一个受外力作用的连续弹性体离散成一定数量的有限小的单元集合体。单元之间只在结点上互相联系,即只有结点才能传递力。

(2)单元分析:根据弹性力学的基本方程和变分原理建立单元结点力和结点位移之间的关系。

（3）整体分析：根据结点力的平衡条件建立有限元方程、引入边界条件、解线性方程组以及计算单元应力。

10.1.1　离散化

离散化包含两项任务：一是将弹性连续体（图10.2）划分成节点为铰接的有限个单元，使之成为离散体（图10.3，由于对称性，只取连续体的1/4）；二是将单元上所受的载荷向节点简化。

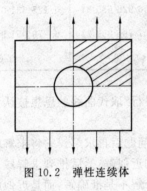

图 10.2　弹性连续体

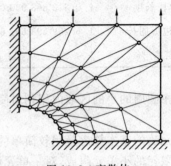

图 10.3　离散体

1. 单元的划分

单元形状和单元大小是划分单元的两个重要问题。如形状合理、大小得当，则既可节省计算工作量，又能得到较好的精度。

锅炉元件一般为平板结构与壳体结构。平板结构常采用三角形平板单元，有时也采用矩形平板单元和四边形平板单元（图10.4）。壳体结构也可采用上述平板单元（图10.5），回转壳也可采用截顶圆锥单元（图10.6）。

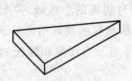 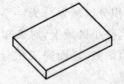

图 10.4　平板结构的单元形状

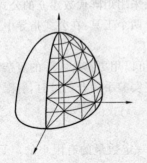

图 10.5　壳体结构离散化模型

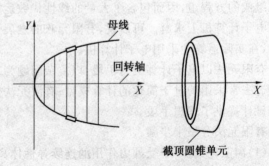

图 10.6　回转壳的截顶圆锥单元

单元的大小主要取决于计算精度要求和计算机容量。单元划分得越细小，离散化结构越接近于实际结构,则计算结果就越接近于实际情况。但是,计算准备工作和计算工作量也就越大,而且有可能超出计算机的容量。

因此,应根据结构形状和受力特点,合理地划分单元的大小。例如,在集中载荷作用区域的附近、截面突变及结构不连续处,由于应力梯度较大,则单元要尽量细小一些;在应力较均匀的区域,单元就可以大一些。

各单元之间在节点处用铰相连;在位移为零或小到可以忽略不计的节点处,可设置链杆支座(图 10.3)。

2. 载荷向节点的简化

在有限元法中是以节点为主要研究对象的。因此,作用在节点以外的载荷必须向节点简化。均布载荷、自重、离心力等都是作用在节点之外的载荷。另外,单元之间的作用力(正应力和剪应力)也应简化成节点力来考虑。

载荷向节点的简化应按弹性体静力等效原则进行。

如边界 ij 上作用均布载荷,集度(单位长度载荷)为 q(图 10.7(a)),则转移到节点 i 和 j 的载荷各为 $ql/2$(l 为 ij 边的长度)。

如边界 ij 上作用三角形分布载荷,j 点的集度为 q(图 10.7(b)),则转移到节点 i 的载荷为 $ql/6$,节点 j 的载荷为 $ql/3$。

如三角形单元所受重力总和为 G,则转移到每个节点的载荷各为 $G/3$(图 10.7(c))。

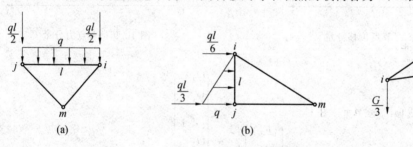

图 10.7　载荷向节点转移

10.1.2　单元分析

结构离散化之后,应对每个单元进行分析。图 10.8 所示为一个三角形平板单元。三个节点按反时针方向的顺序编码为 1,2,3。节点坐标分别为 (x_1, y_1),(x_2, y_2),(x_3, y_3)。

在弹性力学平面问题中,每个节点有两个位移分量,因此,三角形单元共有六个自由度:$u_1, v_1, u_2, v_2, u_3, v_3$,如图 10.8 所示。节点 1 的位移向量可写成

$$\boldsymbol{\delta}_1 = \begin{Bmatrix} u_1 \\ v_1 \end{Bmatrix}$$

则三角形单元的节点位移向量 $\boldsymbol{\delta}^{(e)}$ 可写成

$$\boldsymbol{\delta}^{(e)} = \begin{Bmatrix} \boldsymbol{\delta}_1 \\ \boldsymbol{\delta}_2 \\ \boldsymbol{\delta}_3 \end{Bmatrix}^{(e)} = \begin{Bmatrix} u_1 \\ v_1 \\ \cdots \\ u_2 \\ v_2 \\ \cdots \\ u_3 \\ v_3 \end{Bmatrix}^{(e)}$$

上述六个节点位移分量为基本未知量。与它们对应的是六个节点力分量,如图 10.9 所示。节点力向量可写成

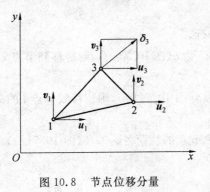

图 10.8　节点位移分量　　　　　　　图 10.9　节点力分量

$$\boldsymbol{F}^{(e)} = \begin{Bmatrix} \{F_1\} \\ \{F_2\} \\ \{F_3\} \end{Bmatrix}^{(e)} = \begin{Bmatrix} U_1 \\ V_1 \\ \cdots \\ U_2 \\ V_2 \\ \cdots \\ U_3 \\ V_3 \end{Bmatrix}^{(e)}$$

单元分析的主要任务是导出基本未知量(单元节点位移 $\boldsymbol{\delta}^{(e)}$)与其对应量(单元节点力 $\boldsymbol{F}^{(e)}$)之间的转换关系:

$$\boldsymbol{F}^{(e)} = \boldsymbol{k}^{(e)} \, \boldsymbol{\delta}^{(e)} \tag{10.1}$$

式中的转换矩阵 $\boldsymbol{k}^{(e)}$ 称为单元刚度矩阵,它是 6×6 阶矩阵。

单元分析的步骤如图 10.10 所示。

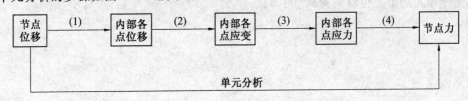

图 10.10　单元分析的步骤

即为了得出节点位移 $\pmb{\delta}^{(e)}$ 与节点力 $\pmb{F}^{(e)}$ 之间的关系,须经过中间四步来完成。

10.1.3　整体分析

单元分析后,建立了各单元节点位移与节点力的关系。对于结构整体来说,各单元是联系在一起的,每个节点联系着若干个单元,每个节点的位移及受力是相邻各单元的位移与作用力叠加的结果,因此,必须对全部节点的受力及位移加以综合平衡,即建立所有节点的节点力与节点位移关系的方程组。然后,引入边界条件,并相应地修改方程组。求出各节点位移之后,再根据单元分析中给出的节点位移与内部应力的关系,从而得出元件内的应力分布近似解。以上就是整体分析的内容。

因此,整体分析的首要任务是把单元分析时得出的各单元节点位移与节点力关系式(式(10.1))综合成结构整体的各节点位移与各节点力的关系式:

$$F = K\delta \tag{10.2}$$

式中　　$\pmb{\delta}$——结构中各节点位移向量;

　　　　$\pmb{F}$——结构中各节点力向量;

　　　　$\pmb{K}$——整体刚度矩阵,如结构整体共有六个节点(图 10.14),共 12 个节点位移分量和 12 个节点力分量,则 $\pmb{K}$ 是 12×12 阶矩阵。

式(10.2)就是结构整体所有节点的节点位移与节点力的方程组。这是一组尚未给出边界条件的普遍方程组。为了求解还必须根据结构的已知支点位移及所受的外载情况给出支承条件(边界条件)。

整体分析的步骤如图 10.11 所示。

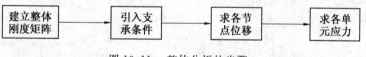

图 10.11　整体分析的步骤

有限元法的运算过程包含着大量的线性代数计算,即使是比较简单的问题,靠人工手算也是难以完成的,只有靠电子计算机才能完成。

10.2　单元分析

弹性平面问题是有限元法中最基本、最典型的问题。下面,通过弹性平面问题来介绍有限元法的基本原理。

如前一节所述,单元分析的任务是求出节点位移 $\pmb{\delta}^{(e)}$ 与节点力 $\pmb{F}^{(e)}$ 之间的关系。为达到此目的,须按如下四步完成。

10.2.1　由节点位移求内部各点位移

1. 内部位移表达式

由于单元较小,可以用简单的线性函数关系来描述单元内任一点位移 u,v 随坐标 x,y 的变化(线性位移模式),即

$$u(x,y) = \alpha_1 + \alpha_2 x + \alpha_3 y \left.\right\}$$
$$v(x,y) = \alpha_4 + \alpha_5 x + \alpha_6 y$$
(10.3a)

也可写成矩阵形式:

$$\boldsymbol{\delta}(x,y) = \begin{Bmatrix} u(x,y) \\ v(x,y) \end{Bmatrix} = \begin{bmatrix} 1 & x & y & 0 & 0 & 0 \\ 0 & 0 & 0 & 1 & x & y \end{bmatrix} \begin{Bmatrix} \alpha_1 \\ \alpha_2 \\ \alpha_3 \\ \alpha_4 \\ \alpha_5 \\ \alpha_6 \end{Bmatrix}$$
(10.3b)

或简写成

$$\boldsymbol{\delta}(x,y) = \boldsymbol{f}(x,y)\boldsymbol{\alpha}$$
(10.3c)

式中　$\boldsymbol{\alpha}$—— 称为位移参数。

2. 求位移参数与节点位移的关系

将式(10.3a)中第一式用于三个节点(x_1,y_1),(x_2,y_2),(x_3,y_3),得

$$u_1 = \alpha_1 + \alpha_2 x_1 + \alpha_3 y_1 \left.\right\}$$
$$u_2 = \alpha_1 + \alpha_2 x_2 + \alpha_3 y_2$$
$$u_3 = \alpha_1 + \alpha_2 x_3 + \alpha_3 y_3$$

利用克拉默法则可解出 $\alpha_1,\alpha_2,\alpha_3$:

$$\alpha_1 = \frac{|A_1|}{|A|} \quad , \quad \alpha_2 = \frac{|A_2|}{|A|} \quad , \quad \alpha_3 = \frac{|A_3|}{|A|}$$

式中

$$|A| = \begin{vmatrix} 1 & x_1 & y_1 \\ 1 & x_2 & y_2 \\ 1 & x_3 & y_3 \end{vmatrix} \quad , \quad |A_1| = \begin{vmatrix} u_1 & x_1 & y_1 \\ u_2 & x_2 & y_2 \\ u_3 & x_3 & y_3 \end{vmatrix}$$

$$|A_2| = \begin{vmatrix} 1 & u_1 & y_1 \\ 1 & u_2 & y_2 \\ 1 & u_3 & y_3 \end{vmatrix} \quad , \quad |A_3| = \begin{vmatrix} 1 & x_1 & u_1 \\ 1 & x_2 & u_2 \\ 1 & x_3 & u_3 \end{vmatrix}$$

由此,得

$$\alpha_1 = \frac{1}{2\Delta}(a_1 u_1 + a_2 u_2 + a_3 u_3)$$

$$\alpha_2 = \frac{1}{2\Delta}(b_1 u_1 + b_2 u_2 + b_3 u_3)$$

$$\alpha_3 = \frac{1}{2\Delta}(c_1 u_1 + c_2 u_2 + c_3 u_3)$$

式中　Δ—— 三角形单元的面积,表述为

$$\Delta = \frac{1}{2}(x_1 y_2 + x_2 y_3 + x_3 y_1) - \frac{1}{2}(x_2 y_1 + x_3 y_2 + x_1 y_3)$$
(10.4)

$$
\left.
\begin{aligned}
a_1 &= x_2 y_3 - x_3 y_2 \\
a_2 &= x_3 y_1 - x_1 y_3 \\
a_3 &= x_1 y_2 - x_2 y_1 \\
b_1 &= y_2 - y_3 \\
b_2 &= y_3 - y_1 \\
b_3 &= y_1 - y_2 \\
c_1 &= x_3 - x_2 \\
c_2 &= x_1 - x_3 \\
c_3 &= x_2 - x_1
\end{aligned}
\right\}
\tag{10.5}
$$

同样方法，可得

$$
\alpha_4 = \frac{1}{2\Delta}(a_1 v_1 + a_2 v_2 + a_3 v_3)
$$

$$
\alpha_5 = \frac{1}{2\Delta}(b_1 v_1 + b_2 v_2 + b_3 v_3)
$$

$$
\alpha_6 = \frac{1}{2\Delta}(c_1 v_1 + c_2 v_2 + c_3 v_3)
$$

将上述 $\alpha_1, \alpha_2, \alpha_3, \alpha_4, \alpha_5, \alpha_6$ 公式综合起来表示，得

$$
\boldsymbol{\alpha} = \boldsymbol{A} \boldsymbol{\delta}^{(e)}
\tag{10.6}
$$

式中

$$
\boldsymbol{A} = \frac{1}{2\Delta}
\begin{bmatrix}
a_1 & 0 & a_2 & 0 & a_3 & 0 \\
b_1 & 0 & b_2 & 0 & b_3 & 0 \\
c_1 & 0 & c_2 & 0 & c_3 & 0 \\
0 & a_1 & 0 & a_2 & 0 & a_3 \\
0 & b_1 & 0 & b_2 & 0 & b_3 \\
0 & c_1 & 0 & c_2 & 0 & c_3
\end{bmatrix}
\tag{10.7}
$$

式(10.6)就是节点位移 $\boldsymbol{\delta}^{(e)}$ 与位移参数 $\boldsymbol{\alpha}$ 的关系式。

3. 求节点位移与内部任一点位移的关系

将式(10.6)代入式(10.3c)，得

$$
\boldsymbol{\delta}(x, y) = \boldsymbol{f}(x, y) \boldsymbol{A} \boldsymbol{\delta}^{(e)}
$$

式中 $\boldsymbol{f}(x, y)$ 可对比式(10.3c)及式(10.3b)得出，$\boldsymbol{A}$ 由式(10.7)得出，代入后，得

$$
\begin{Bmatrix} u(x,y) \\ v(x,y) \end{Bmatrix} =
\begin{bmatrix}
N_1(x,y) & 0 & \vdots & N_2(x,y) & 0 & \vdots & N_3(x,y) & 0 \\
0 & N_1(x,y) & \vdots & 0 & N_2(x,y) & \vdots & 0 & N_3(x,y)
\end{bmatrix} \cdot
$$

$$\begin{Bmatrix} u_1 \\ v_1 \\ \cdots \\ u_2 \\ v_2 \\ \cdots \\ u_3 \\ v_3 \end{Bmatrix} \tag{10.8a}$$

式中
$$\left. \begin{aligned} N_1(x,y) &= \frac{1}{2\Delta}(a_1 + b_1 x + c_1 y) \\ N_2(x,y) &= \frac{1}{2\Delta}(a_2 + b_2 x + c_2 y) \\ N_3(x,y) &= \frac{1}{2\Delta}(a_3 + b_3 x + c_3 y) \end{aligned} \right\} \tag{10.8b}$$

式(10.8a)也可简写成

$$\boldsymbol{\delta}(x,y) = \boldsymbol{N}(x,y)\boldsymbol{\delta}^{(e)} \tag{10.9}$$

式(10.8a)或(10.8b)就是节点位移$\boldsymbol{\delta}^{(e)}$与内部各点位移$\boldsymbol{\delta}(x,y)$之间的关系式。

10.2.2　由节点位移求内部各点应变

由式(10.8a)得
$$\left. \begin{aligned} u(x,y) &= N_1(x,y)u_1 + N_2(x,y)u_2 + N_3(x,y)u_3 \\ v(x,y) &= N_1(x,y)v_1 + N_2(x,y)v_2 + N_3(x,y)v_3 \end{aligned} \right\} \tag{10.10}$$

式中N_1, N_2, N_3由式(10.8b)给出,它们的偏导数为

$$\left. \begin{aligned} \frac{\partial N_1}{\partial x} &= \frac{b_1}{2\Delta}, \quad \frac{\partial N_1}{\partial y} = \frac{c_1}{2\Delta} \\ \frac{\partial N_2}{\partial x} &= \frac{b_2}{2\Delta}, \quad \frac{\partial N_2}{\partial y} = \frac{c_2}{2\Delta} \\ \frac{\partial N_3}{\partial x} &= \frac{b_3}{2\Delta}, \quad \frac{\partial N_3}{\partial y} = \frac{c_3}{2\Delta} \end{aligned} \right\} \tag{10.11}$$

为了由位移求应变,将式(10.10)代入几何方程,并考虑到式(10.11),得

$$\left. \begin{aligned} \varepsilon_x &= \frac{\partial u}{\partial x} = \frac{1}{2\Delta}(b_1 u_1 + b_2 u_2 + b_3 u_3) \\ \varepsilon_y &= \frac{\partial v}{\partial y} = \frac{1}{2\Delta}(c_1 v_1 + c_2 v_2 + c_3 v_3) \\ \gamma_{xy} &= \frac{\partial u}{\partial y} + \frac{\partial v}{\partial x} = \frac{1}{2\Delta}\left[(c_1 u_1 + c_2 u_2 + c_3 u_3) + (b_1 v_1 + b_2 v_2 + b_3 v_3)\right] \end{aligned} \right\} \tag{10.12a}$$

如用矩阵形式表示,则为

$$\left\{\begin{matrix} \varepsilon_x \\ \varepsilon_y \\ \gamma_{xy} \end{matrix}\right\} = \frac{1}{2\Delta}\begin{bmatrix} b_1 & 0 & \vdots & b_2 & 0 & \vdots & b_3 & 0 \\ 0 & c_1 & \vdots & 0 & c_2 & \vdots & 0 & c_3 \\ c_1 & b_1 & \vdots & c_2 & b_2 & \vdots & c_3 & b_3 \end{bmatrix}\left\{\begin{matrix} u_1 \\ v_1 \\ \cdots \\ u_2 \\ v_2 \\ \cdots \\ u_3 \\ v_3 \end{matrix}\right\} \tag{10.12b}$$

或简写成

$$\boldsymbol{\varepsilon} = \boldsymbol{B}\boldsymbol{\delta}^{(e)} \tag{10.12c}$$

式中

$$\boldsymbol{B} = \frac{1}{2\Delta}\begin{bmatrix} b_1 & 0 & \vdots & b_2 & 0 & \vdots & b_3 & 0 \\ 0 & c_1 & \vdots & 0 & c_2 & \vdots & 0 & c_3 \\ c_1 & b_1 & \vdots & c_2 & b_2 & \vdots & c_3 & b_3 \end{bmatrix} \tag{10.13}$$

式(10.12a)、式(10.12b) 或式(10.12c) 就是节点位移 $\boldsymbol{\delta}^{(e)}$ 与内部各点应变 $\boldsymbol{\varepsilon}$ 的关系式。$\boldsymbol{B}$ 称为几何矩阵。

由式(10.12a) 可以看出,单元内各点的应变分量都是与 x,y 无关的常量,这是由于采用了线性位移模式的缘故。这种单元称为常应变三角形单元。

10.2.3　由内部各点应变求应力

为了由应变求应力,对于平面应力问题,将应变代入如下弹性方程:

$$\sigma_x = \frac{E}{1-u^2}(\varepsilon_x + \mu\varepsilon_y)$$

$$\sigma_y = \frac{E}{1-u^2}(\mu\varepsilon_x + \varepsilon_y)$$

$$\tau_{xy} = \frac{E}{2(1+\mu)}\gamma_{xy} = \frac{E}{1-\mu^2}\frac{1-\mu}{2}\gamma_{xy}$$

或写成

$$\boldsymbol{\sigma} = \boldsymbol{D}\boldsymbol{\varepsilon} \tag{10.14}$$

式中

$$\boldsymbol{D} = \frac{E}{1-\mu^2}\begin{bmatrix} 1 & \mu & 0 \\ \mu & 1 & 0 \\ 0 & 0 & \dfrac{1-\mu}{2} \end{bmatrix}$$

式中　$\boldsymbol{D}$—— 弹性矩阵。

对于平面应变问题,弹性矩阵为

$$\boldsymbol{D} = \frac{E(1-\mu)}{(1+\mu)(1-2\mu)}\begin{bmatrix} 1 & \dfrac{\mu}{1-\mu} & 0 \\ \dfrac{\mu}{1-\mu} & 1 & 0 \\ 0 & 0 & \dfrac{1-2\mu}{2(1-\mu)} \end{bmatrix}$$

由以上分析可见，D 与 ε 都是与 x，y 坐标无关的常量数组，因此，σ 亦与 x，y 无关。这表明单元内各点的应力是相同的，这显然是近似的。

在工程计算中，一般是将所得的单元应力作为该单元中心（如三角形单元的形心）处的应力值，以便与实验结果或其他计算结果进行比较。

10.2.4　由内部各点应力求节点力

由应力推算节点力，需要平衡方程。在有限元法中，通常用虚功方程代替平衡方程。

虚位移原理可表述为：在外力作用下处于平衡状态的弹性体，当发生约束所允许的任意微小虚位移时，外力在虚位移上所做的虚功等于弹性体内的应力在虚应变上做的虚功。两种虚功彼此相等的方程即虚功方程。（所谓虚位移是指为了解决问题的需要，人为虚设的位移，而不属于原来力系作用所产生的位移。）

下面应用上述虚位移原理得出 $F^{(e)}$ 与 σ 的关系。

设单元节点的虚位移为 $\delta^{*(e)}$，即

$$\delta^{*(e)} = \begin{Bmatrix} u_1^* \\ v_1^* \\ u_2^* \\ v_2^* \\ u_3^* \\ v_3^* \end{Bmatrix}$$

单元内的虚应变为 ε^*，即

$$\varepsilon^* = \begin{Bmatrix} \varepsilon_x^* \\ \varepsilon_y^* \\ \gamma_{xy}^* \end{Bmatrix}$$

图 10.12(a) 及图 10.10(b) 所示为三角形单元的实际力系与虚设位移的情形。由此，可得出如下虚功方程：

$$U_1 u_1^* + V_1 v_1^* + U_2 u_2^* + V_2 v_2^* + U_3 u_3^* + V_3 v_3^* = \iint (\sigma_x \varepsilon_x^* + \sigma_y \varepsilon_y^* + \tau_{xy} \gamma_{xy}^*) S \mathrm{d}x \mathrm{d}y$$

式中　S——单元厚度。

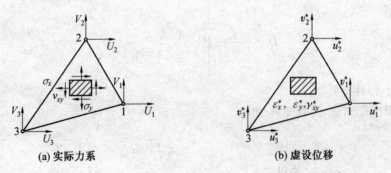

(a) 实际力系　　　　　　　　　　　　　(b) 虚设位移

图 10.12　实际力系与虚设位移

如写成矩阵形式，则为

$$\boldsymbol{\delta}^{*\,(e)\mathrm{T}} \boldsymbol{F}^{(e)} = \iint \{\boldsymbol{\varepsilon}^*\}^{\mathrm{T}} \{\boldsymbol{\sigma}\} S \mathrm{d}x \mathrm{d}y \tag{10.15}$$

$\boldsymbol{\delta}^{*\,(e)\mathrm{T}}$——前述节点虚位移列矩阵 $\boldsymbol{\delta}^{*\,(e)}$ 的转置矩阵,即

$$\boldsymbol{\delta}^{*\,(e)\mathrm{T}} = \begin{bmatrix} u_1^* & v_1^* & u_2^* & v_2^* & u_3^* & v_3^* \end{bmatrix}$$

$\boldsymbol{F}^{(e)}$——节点力的列矩阵,即

$$\boldsymbol{F}^{(e)} = \begin{Bmatrix} U_1 \\ V_1 \\ U_2 \\ V_2 \\ U_3 \\ V_3 \end{Bmatrix}$$

$\boldsymbol{\varepsilon}^{*\,\mathrm{T}}$——前述单元内虚应变列矩阵 $\boldsymbol{\varepsilon}^*$ 的转置矩阵,即

$$\boldsymbol{\varepsilon}^{*\,\mathrm{T}} = \begin{bmatrix} \varepsilon_x^* & \varepsilon_y^* & \gamma_{xy}^* \end{bmatrix}$$

$\boldsymbol{\sigma}$——单元内应力列矩阵,即

$$\boldsymbol{\sigma} = \begin{Bmatrix} \sigma_x \\ \sigma_y \\ \tau_{xy} \end{Bmatrix}$$

由式(10.12c)可知,$\boldsymbol{\varepsilon}^* = \boldsymbol{B}\boldsymbol{\delta}^{*\,(e)}$,则 $\boldsymbol{\varepsilon}^{*\,\mathrm{T}} = \boldsymbol{\delta}^{*\,(e)\mathrm{T}} \boldsymbol{B}^{\mathrm{T}}$,代入式(10.15),得

$$\boldsymbol{\delta}^{*\,(e)\mathrm{T}} \boldsymbol{F}^{(e)} = \boldsymbol{\delta}^{*\,(e)\mathrm{T}} \iint \boldsymbol{B}^{\mathrm{T}} \boldsymbol{\sigma} S \mathrm{d}x \mathrm{d}y$$

由于虚位移是任意的,故得

$$\boldsymbol{F}^{(e)} = \iint \boldsymbol{B}^{\mathrm{T}} \boldsymbol{\sigma} S \mathrm{d}x \mathrm{d}y$$

在常应变三角形单元中,$\boldsymbol{B}$ 和 $\boldsymbol{\sigma}$ 都是常量,积分 $\iint \mathrm{d}x \mathrm{d}y$ 等于单元面积 Δ,故得

$$\boldsymbol{F}^{(e)} = \boldsymbol{B}^{\mathrm{T}} \boldsymbol{\sigma} S \Delta \tag{10.16}$$

式(10.16)就是内部各点应力与节点力的关系式。

以上按照

$$\boldsymbol{\delta}^{(e)} \rightarrow \boldsymbol{\varepsilon} \rightarrow \boldsymbol{\sigma} \rightarrow \boldsymbol{F}^{(e)}$$

的次序对上述四个量之间的三个转换关系进行了讨论,得出式(10.12c)、式(10.14)及式(10.16)。下面加以综合,从而最终得出单元节点位移 $\boldsymbol{\delta}^{*\,(e)}$ 与节点力 $\boldsymbol{F}^{(e)}$ 之间的关系。

由式(10.12c)和式(10.14)综合,得单元节点位移与应力的关系式:

$$\boldsymbol{\sigma} = \boldsymbol{D}\boldsymbol{\varepsilon} = \boldsymbol{D}\boldsymbol{B}\boldsymbol{\delta}^{(e)} \tag{10.17a}$$

或写成

$$\boldsymbol{\sigma} = \boldsymbol{S}\boldsymbol{\delta}^{(e)} \tag{10.17b}$$

式中　$\boldsymbol{S}$——应力矩阵,表述为

$$\boldsymbol{S} = \boldsymbol{D}\boldsymbol{B} = \begin{bmatrix} \boldsymbol{S}_1 & \boldsymbol{S}_2 & \boldsymbol{S}_3 \end{bmatrix} \tag{10.18}$$

对于平面应力问题,上式中的子矩阵为

$$S_i = \frac{E}{2(1-\mu^2)\Delta} \begin{bmatrix} b_i & \mu c_i \\ \mu b_i & c_i \\ \frac{1-\mu}{2}c_i & \frac{1-\mu}{2}b_i \end{bmatrix} \quad (i = 1,2,3) \tag{10.19}$$

对于平面应变问题，只需以 $E/(1-\mu^2)$ 代替 E，以 $\mu/(1-\mu)$ 代替 μ 即可。

由式（10.17a）与式（10.16）综合，即得到单元节点位移与节点力的关系式：

$$\boldsymbol{F}^{(e)} = \boldsymbol{B}^{\mathrm{T}} \boldsymbol{\sigma} S\Delta = \boldsymbol{B}^{\mathrm{T}} \boldsymbol{DB}\,\boldsymbol{\delta}^{(e)} S\Delta \tag{10.20a}$$

或写成式（10.1a）的形式

$$\boldsymbol{F}^{(e)} = \boldsymbol{k}^{(e)} \boldsymbol{\delta}^{(e)}$$

式中的单元刚度矩阵为

$$\boldsymbol{k}^{(e)} = \boldsymbol{B}^{\mathrm{T}} \boldsymbol{DBS}\Delta$$

单元刚度矩阵 $\boldsymbol{k}^{(e)}$ 表示单元节点位移与节点力之间的关系。

上式也可以写成分块形式：

$$\left\{\begin{matrix} \boldsymbol{F}_1 \\ \boldsymbol{F}_2 \\ \boldsymbol{F}_3 \end{matrix}\right\}^{(e)} = \begin{bmatrix} \boldsymbol{k}_{11} & \boldsymbol{k}_{12} & \boldsymbol{k}_{13} \\ \boldsymbol{k}_{21} & \boldsymbol{k}_{22} & \boldsymbol{k}_{23} \\ \boldsymbol{k}_{31} & \boldsymbol{k}_{32} & \boldsymbol{k}_{33} \end{bmatrix}^{(e)} \left\{\begin{matrix} \boldsymbol{\delta}_1 \\ \boldsymbol{\delta}_2 \\ \boldsymbol{\delta}_3 \end{matrix}\right\}^{(e)} \tag{10.20b}$$

$\boldsymbol{k}^{(e)}$ 中的子块 $\boldsymbol{k}_{ij}$ 表示当单元的节点 j 产生单位位移 $\boldsymbol{\delta}_j = 1$（其他节点没有位移）时，$i$ 节点需加给单元的节点力为 $\boldsymbol{F}_i$。

由 10.2 节推导过程可知，式（10.1）中的 $\boldsymbol{k}_{ij} = \boldsymbol{k}_{ji}$，它表示：节点 j 产生单位位移时节点 i 需加的力 = 节点 i 产生单位位移时节点 j 需加的力。因此，单元刚度矩阵是对称矩阵。

子块 $\boldsymbol{k}_{ij}$ 均为 2×2 阶方阵，它表述为

$$\boldsymbol{k}_{ij} = \frac{ES}{4(1-\mu^2)\Delta} \begin{bmatrix} b_i b_j + \dfrac{1-\mu}{2}c_i c_j & \mu b_i c_j + \dfrac{1-\mu}{2}c_i b_j \\ \mu c_i b_j + \dfrac{1-\mu}{2}b_i c_j & c_i c_j + \dfrac{1-\mu}{2}b_i b_j \end{bmatrix} \tag{10.21a}$$

对于平面应变问题，只需以 $E/(1-\mu^2)$ 代替 E，以 $\mu/(1-\mu)$ 代替 μ 即可。

10.3　整体分析

10.3.1　整体刚度矩阵的形成

单元分析之后，得出如式（10.1）所示的单元节点位移 $\boldsymbol{\delta}^{(e)}$ 与节点力 $\boldsymbol{F}^{(e)}$ 的关系式：

$$\boldsymbol{F}^{(e)} = \boldsymbol{k}^{(e)} \boldsymbol{\delta}^{(e)}$$

对于整个结构来说，各单元是通过节点彼此联系在一起的。整个结构的节点位移与节点力之间的关系也可以表示成式（10.2）的形式：

$$\boldsymbol{F} = \boldsymbol{K}\boldsymbol{\delta}$$

式中　$\boldsymbol{K}$—— 整体刚度矩阵，它是由单元刚度矩阵根据单元在整体结构中的空间位置叠加得到的。

式（10.2）的分块形式为

$$\begin{Bmatrix} \boldsymbol{F}_1 \\ \boldsymbol{F}_2 \\ \vdots \\ \boldsymbol{F}_6 \end{Bmatrix} = \begin{bmatrix} \boldsymbol{k}_{11} & \boldsymbol{k}_{12} & \cdots & \boldsymbol{k}_{16} \\ \boldsymbol{k}_{21} & \boldsymbol{k}_{22} & \cdots & \boldsymbol{k}_{26} \\ \vdots & \vdots & & \vdots \\ \boldsymbol{k}_{61} & \boldsymbol{k}_{62} & \cdots & \boldsymbol{k}_{66} \end{bmatrix} = \begin{Bmatrix} \boldsymbol{\delta}_1 \\ \boldsymbol{\delta}_2 \\ \vdots \\ \boldsymbol{\delta}_6 \end{Bmatrix} \tag{10.21b}$$

$\boldsymbol{K}$ 中的子块 $\boldsymbol{k}_{ij}$ 表示当结构中节点 j 产生单位位移 $\boldsymbol{\delta}_j = 1$（其他节点没有位移）时，$i$ 节点上的节点力 $\boldsymbol{F}_i$。

整体分析的第一步是求整体刚度矩阵 $\boldsymbol{K}$。整体刚度矩阵 $\boldsymbol{K}$ 可由单元刚度矩阵 $\boldsymbol{k}^{(e)}$ 用下述的刚度集成法形成。

为了求得结构整体的各节点位移与各节点力的关系，应按各单元所在的空间位置，将各单元的节点位移与节点力各自叠加，这样，就可得出整体刚度矩阵。下面结合图 10.13 所示简例加以具体说明。

图 10.14 给出了节点的两种编码：一是节点总编码，六个节点统一编码为 1,2,3,4,5,6；二是节点局部编码，每个单元的三个节点按反时针方向各自编为 1,2,3。

四个单元的局部码与总码的对应关系为：

单元 ①：1,2,3——1,2,3；

单元 ②：1,2,3——2,4,5；

单元 ③：1,2,3——5,3,2；

单元 ④：1,2,3——3,5,6。

单元 ⓔ 的刚度矩阵 $[k]^{(e)}$ 是 6×6 阶矩阵，它的分块形式如式（10.1）所示，其中的九个子块是按节点局部码排列的。

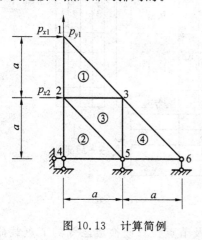

图 10.13　计算简例

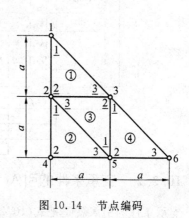

图 10.14　节点编码

整体刚度矩阵 $\boldsymbol{K}$ 是 12×12 阶矩阵，它的分块形式如式（10.2）所示，其中 36 个子块是按节点总码排列的。

刚度集成法分两步进行。

第一步是把单元刚度矩阵 $\boldsymbol{k}^{(e)}$ 扩大成单元的贡献矩阵 $\boldsymbol{K}^{(e)}$。这一步包含两个内容：

① 阶数扩大，由 6×6 阶（$\boldsymbol{k}^{(e)}$）扩大成 12×12 阶（$\boldsymbol{K}^{(e)}$）；

② 子块迁移，把 $\boldsymbol{k}^{(e)}$ 中按局部码排列的九个子块迁移，变成 $\boldsymbol{K}^{(e)}$ 中按总码排列的九个子块。$\boldsymbol{K}^{(e)}$ 中的其余 27 个子块，则用零子块来填充。

以单元 ② 为例,局部码 <u>1</u>,<u>2</u>,<u>3</u> 对应于总码 2,4,5,按照这个对应关系搬家后,可得出单元 ② 的贡献矩阵 $\boldsymbol{K}^{(2)}$ 如下:

$$
\begin{array}{c}
\text{总码} \longrightarrow \quad 1 \quad 2 \quad 3 \quad 4 \quad 5 \quad 6 \\
\begin{array}{cc}
1 \\
2 \\
3 \\
4 \\
5 \\
6
\end{array}
\left[
\begin{array}{cccccc}
\bullet & \bullet & \bullet & \bullet & \bullet & \bullet \\
\bullet & [k_{11}]^{(2)} & \bullet & [k_{12}]^{(2)}\,[k_{13}]^{(2)} & \bullet \\
\bullet & \bullet & \bullet & \bullet & \bullet & \bullet \\
\bullet & [k_{21}]^{(2)} & & [k_{22}]^{(2)}\,[k_{23}]^{(2)} & \bullet \\
\bullet & [k_{31}]^{(2)} & & [k_{32}]^{(2)}\,[k_{33}]^{(2)} & \bullet \\
\bullet & \bullet & \bullet & \bullet & \bullet & \bullet
\end{array}
\right]
\begin{array}{l}
\\
\underline{1} \\
\\
\underline{2} \\
\underline{3} \\
\end{array}
\end{array}
$$

$$\bullet \quad \underline{1} \quad \bullet \quad \underline{2} \quad \underline{3} \quad \bullet \longleftarrow \text{局部码}$$

用同样的方法可得出其他单元的贡献矩阵 $\boldsymbol{K}^{(1)}$,$\boldsymbol{K}^{(3)}$,$\boldsymbol{K}^{(4)}$。

第二步是把各单元的贡献矩阵进行叠加,从而得出整体矩阵 $\boldsymbol{K}$。即

$$[K] = \sum_{e=1}^{4} \boldsymbol{K}^{(e)} =$$

总码→	1	2	3	4	5	6
1	$[k_{11}]^{(1)}$	$[k_{12}]^{(1)}$	$[k_{13}]^{(1)}$			
2	$[k_{21}]^{(1)}$	$[k_{22}]^{(1)}+$ $[k_{11}]^{(2)}+$ $[k_{33}]^{(3)}$	$[k_{23}]^{(1)}+$ $[k_{32}]^{(3)}$	$[k_{12}]^{(2)}$	$[k_{13}]^{(2)}+$ $[k_{31}]^{(3)}$	
3	$[k_{31}]^{(1)}$	$[k_{32}]^{(1)}+$ $[k_{23}]^{(3)}$	$[k_{33}]^{(1)}+$ $[k_{22}]^{(3)}+$ $[k_{11}]^{(4)}$		$[k_{21}]^{(3)}+$ $[k_{12}]^{(4)}$	$[k_{13}]^{(4)}$
4		$[k_{21}]^{(2)}$		$[k_{22}]^{(2)}$	$[k_{23}]^{(2)}$	
5		$[k_{31}]^{(2)}+$ $[k_{13}]^{(3)}$	$[k_{12}]^{(3)}+$ $[k_{21}]^{(4)}$	$[k_{32}]^{(2)}$	$[k_{33}]^{(2)}+$ $[k_{11}]^{(3)}+$ $[k_{22}]^{(4)}$	$[k_{23}]^{(4)}$
6			$[k_{31}]^{(4)}$		$[k_{32}]^{(4)}$	$[k_{33}]^{(4)}$

	1		
	2	1	3
	3	2	1
		2	
	3	1	2
			3

①②③④

←局部码

	1	2	3				
		1		2	3		②
	3	2		1			③
		1			2	3	④

①

10.3.2　支承条件的引入

支承条件的引入就是把式(10.2)中的部分节点力及节点位移改换成已知的节点载荷及已知的支承位移。

下面讨论一般情况,并结合电算特点说明支承条件的引入方法。

1. 支承条件的引入

节点 n 的水平位移 $u_n = 0$ 时,在整体刚度矩阵 $\boldsymbol{K}$ 中,对位移 u_n 对应的行码与列码是 $2n-1$。此时,应对式(10.2a)做如下修改:

在矩阵 $\boldsymbol{K}$ 中的第 $2n-1$ 行与列中,行列相交元素改为 1,其他元素改为 0;

在向量 $\boldsymbol{F}$ 中,第 $2n-1$ 个元素改为 0。

经过以上修改后,式(10.2) 变为

$$\boldsymbol{K}_0 \boldsymbol{\delta} = \boldsymbol{F}_0$$

或

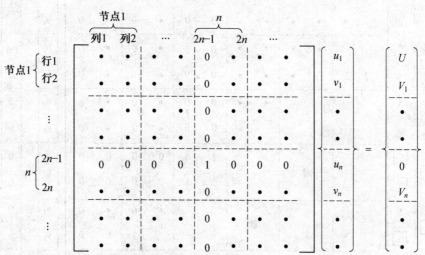

未修改之前,式(10.2) 中的第 $2n-1$ 个方程为

$$(K_{2n-1,1} u_1 + K_{2n-1,2} v_2) + \cdots + (K_{2n-1,2n-1} u_n + K_{2n-1,2n} v_n) + \cdots = U_n$$

修改后,此方程变为

$$(0 \cdot u_1 + 0 \cdot v_2) + \cdots + (1 \cdot u_n + 0 \cdot v_n) + \cdots = 0$$

即

$$u_n = 0$$

因此,原来的第 $2n-1$ 个方程就改为给定的支承条件 $u_n = 0$。

矩阵 $\boldsymbol{K}_0$ 中第 $2n-1$ 列全部非相交元素也都改为 0,其目的是保持 $[K]_0$ 的对称性,以简化以后的计算工作。

节点 n 的竖向位移 $v_n = 0$ 时,应对第 $2n$ 行和列做同样的修改。

2. 节点载荷条件的引入

对于整个结构来说,各单元是彼此联系在一起的。每个节点直接相邻各单元所受的节点力之和应等于节点所受的外载荷,以图 10.14 中节点 2 为例(图 10.15),有

$$U_2^{(1)} + U_2^{(2)} + U_2^{(3)} = p_{x2}$$

$$V_2^{(1)} + V_2^{(2)} + V_2^{(3)} = 0$$

如节点上无外载荷,则与节点直接相邻各单元所受的节点力之和为零。

因此,把 $\boldsymbol{F}_0$ 中的各节点力用已知的外加载荷代入,如节点上无外加载荷,则用零代入。

图 10.13 所示简列引入支承条件后的方程组为

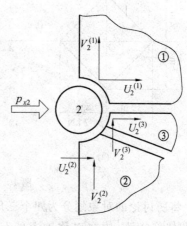

图 10.15 单元与节点受力

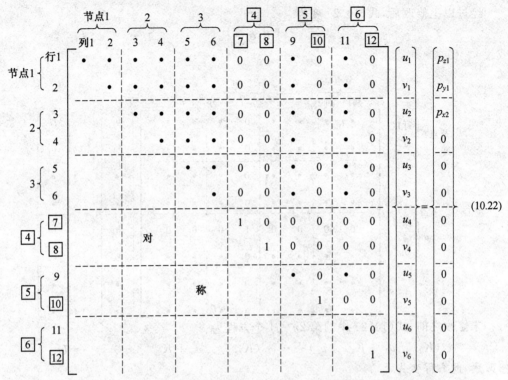

$$(10.22)$$

由式(10.22)求得各节点位移后,代入式(10.16)即可得到各单元的应力。

【例10.1】　设有一正方形薄平板,如图10.16(a)所示。在对角顶上作用有沿对角线方向的载荷$p=2$ kN,板厚$S=0.1$ m。试用有限元法计算板内应力值。

　　解　由于载荷与板的对称性,故只需取其1/4来分析,如图10.16(b)所示。根据板的几何条件及受力情况,故按平面应力问题处理。为便于说明问题,姑且取$\mu=0$。

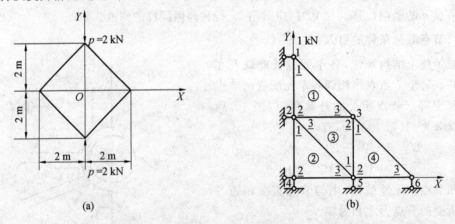

图10.16　薄板的离散体

　　(1)将所讨论的对象划分为四个三角形单元。由于在对称轴上的结点不存在与对称轴相垂直的位移分量,故在对称轴上的节点处设置链杆支座。各单元及节点的编号如图10.16(b)所示。

（2）选取对称轴为坐标轴，则各节点的坐标值见表 10.2。

表 10.2　节点坐标

节点	1	2	3	4	5	6
x	0	0	1	0	1	2
y	2	1	1	0	0	0

按图 10.16(b) 所示的单元局部编码，由式(10.5)可知，单元 ①、②、④ 的系数 b、c 皆彼此相等，即对于单元 ①、②、④ 有

$$b_1 = y_2 - y_3 = 0 \quad , \quad c_1 = x_3 - x_2 = 1$$
$$b_2 = y_3 - y_1 = -1 \quad , \quad c_2 = x_1 - x_3 = -1$$
$$b_3 = y_1 - y_2 = 1 \quad , \quad c_3 = x_2 - x_1 = 0$$

对于单元 ③ 有

$$b_1 = 0 \quad , \quad c_1 = -1$$
$$b_2 = 1 \quad , \quad c_2 = 1$$
$$b_3 = -1 \quad , \quad c_3 = 0$$

由式(10.4)得各三角形单元的面积为

$$\Delta = \frac{1}{2}(x_1 y_2 + x_2 y_3 + x_3 y_1) - \frac{1}{2}(x_2 y_1 + x_3 y_2 + x_1 y_3) = \frac{1}{2}$$

（3）按图 10.16(b) 所示的单元局部编码，由式(10.1)及式(10.21a)得各单元的刚度矩阵 $k^{(e)}$ 皆为

$$k^{(e)} = \frac{E \times 0.1}{4 \times \frac{1}{2}} \frac{1}{2}
\begin{bmatrix}
1 & 0 & -1 & -1 & 0 & 1 \\
0 & 2 & 0 & -2 & 0 & 0 \\
-1 & 0 & 3 & 1 & -2 & -1 \\
-1 & -2 & 1 & 3 & 0 & -1 \\
0 & 0 & -2 & 0 & 2 & 0 \\
1 & 0 & -1 & -1 & 0 & 1
\end{bmatrix}
\quad (e=1,2,3,4)$$

扩大成单元贡献矩阵：以单元 ② 为例，有

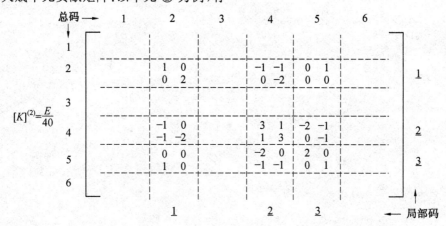

同样,可求出 $K^{(1)}$, $K^{(3)}$, $K^{(4)}$。

将各单元的贡献矩阵叠加,得整体刚度矩阵为

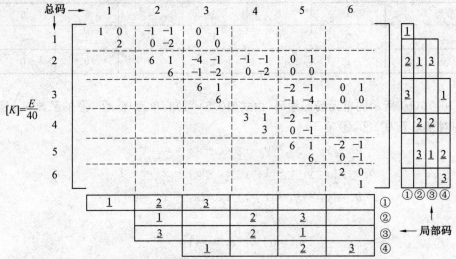

(4) 根据已知的节点载荷及支承位移:

$$V_1 = -1 \text{ kN}$$

$$u_1 = u_2 = u_4 = v_4 = v_5 = v_6 = 0$$

由式(10.22) 得引入支承条件后的方程组为

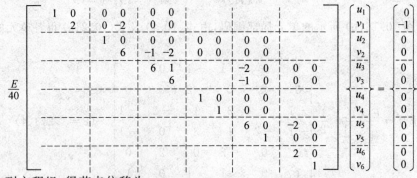

解上列方程组,得节点位移为

$$
\begin{Bmatrix} u_1 \\ v_1 \\ u_2 \\ v_2 \\ u_3 \\ v_3 \\ u_4 \\ v_4 \\ u_5 \\ v_5 \\ u_6 \\ v_6 \end{Bmatrix} = \frac{1}{E} \begin{Bmatrix} 0 \\ -32.56 \\ 0 \\ -12.52 \\ -0.88 \\ -3.72 \\ 0 \\ 0 \\ 1.76 \\ 0 \\ 1.76 \\ 0 \end{Bmatrix}
$$

(5) 由式(10.18) 及式(10.19)，得各单元的应力矩阵为

对于单元 ①、②、④ 有

$$
\boldsymbol{S} = \frac{E}{2 \times \frac{1}{2}} \frac{1}{2} \begin{bmatrix} 0 & 0 & \vdots & -2 & 0 & \vdots & 2 & 0 \\ 0 & 2 & \vdots & 0 & -2 & \vdots & 0 & 0 \\ 1 & 0 & \vdots & -1 & -1 & \vdots & 0 & 1 \end{bmatrix}
$$

对于单元 ③ 有

$$
\boldsymbol{S} = \frac{E}{2} \begin{bmatrix} 0 & 0 & \vdots & 2 & 0 & \vdots & -2 & 0 \\ 0 & -2 & \vdots & 0 & 2 & \vdots & 0 & 0 \\ -1 & 0 & \vdots & 1 & 1 & \vdots & 0 & -1 \end{bmatrix}
$$

由式(10.17b) 得各单元的应力为

$$
\begin{Bmatrix} \sigma_x \\ \sigma_y \\ \tau_{xy} \end{Bmatrix}^{(1)} = \frac{1}{2} \begin{bmatrix} 0 & 0 & -2 & 0 & 2 & 0 \\ 0 & 2 & 0 & -2 & 0 & 0 \\ 1 & 0 & -1 & -1 & 0 & 1 \end{bmatrix} \begin{Bmatrix} 0 \\ -32.56 \\ 0 \\ -12.52 \\ -0.88 \\ -3.72 \end{Bmatrix} = \begin{Bmatrix} -0.88 \\ -20.0 \\ 4.40 \end{Bmatrix} \quad \mathrm{kN/m^2}
$$

$$
\begin{Bmatrix} \sigma_x \\ \sigma_y \\ \tau_{xy} \end{Bmatrix}^{(2)} = \frac{1}{2} \begin{bmatrix} 0 & 0 & -2 & 0 & 2 & 0 \\ 0 & 2 & 0 & -2 & 0 & 0 \\ 1 & 0 & -1 & -1 & 0 & 1 \end{bmatrix} \begin{Bmatrix} 0 \\ -12.52 \\ 0 \\ 0 \\ 1.76 \\ 0 \end{Bmatrix} = \begin{Bmatrix} 1.76 \\ 12.52 \\ 0 \end{Bmatrix} \quad \mathrm{kN/m^2}
$$

$$
\left\{\begin{array}{c} \sigma_x \\ \sigma_y \\ \tau_{xy} \end{array}\right\}^{(3)} = \frac{1}{2}\left[\begin{array}{cccccc} 0 & 0 & 2 & 0 & -2 & 0 \\ 0 & -2 & 0 & 2 & 0 & 0 \\ -1 & 0 & 1 & 1 & 0 & -1 \end{array}\right]\left\{\begin{array}{c} 1.76 \\ 0 \\ -0.88 \\ -3.72 \\ 0 \\ -12.52 \end{array}\right\} = \left\{\begin{array}{c} -0.88 \\ -3.72 \\ 3.08 \end{array}\right\} \ \mathrm{kN/m^2}
$$

$$
\left\{\begin{array}{c} \sigma_x \\ \sigma_y \\ \tau_{xy} \end{array}\right\}^{(4)} = \frac{1}{2}\left[\begin{array}{cccccc} 0 & 0 & -2 & 0 & 2 & 0 \\ 0 & 2 & 0 & -2 & 0 & 0 \\ 1 & 0 & -1 & -1 & 0 & 1 \end{array}\right]\left\{\begin{array}{c} -0.88 \\ -3.72 \\ 1.76 \\ 0 \\ 1.76 \\ 0 \end{array}\right\} = \left\{\begin{array}{c} 0 \\ -3.72 \\ -1.32 \end{array}\right\} \ \mathrm{kN/m^2}
$$

以上就是根据有限元法算得的各三角形单元形心处的应力值。如单元尺寸减小、单元数目增加,则可得到接近于实际的应力分布值。

利用有限元法解决工程实际问题时,最后要落实到框图设计和程序编制上,可参见有关文献。目前,许多常用基本问题已被编制成标准程序,只要根据元件形状和计算精度的要求,准备必要的原始数据(如节点数目、坐标位置等)输入计算机就可以了。

下面利用有限元软件 ANSYS®12.1 进行求解,结果如图 10.17 所示。

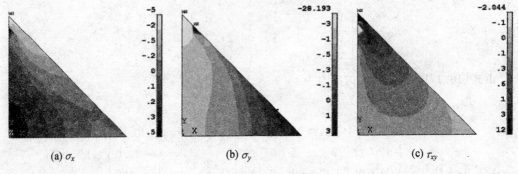

(a) σ_x　　　　　　　(b) σ_y　　　　　　　(c) τ_{xy}

图 10.17　应力结果图

命令流文件:

```
/PREP7
ET,1,PLANE82                          ！定义单元类型
MPTEMP,1,0
MPDATA,EX,1,,1e6
MPDATA,PRXY,1,,0                      ！定义材料属性
FLST,3,1,8
FITEM,3,0,0,0
K, ,P51X
FLST,3,1,8
FITEM,3,2,0,0
K, ,P51X
```

```
FLST,3,1,8
FITEM,3,0,2,0
K, ,P51X
FLST,2,3,3
FITEM,2,1
FITEM,2,2
FITEM,2,3
A,P51X                          ! 建立模型
FLST,5,3,4,ORDE,2
FITEM,5,1
FITEM,5,-3
CM,_Y,LINE
LSEL, , , ,P51X
CM,_Y1,LINE
CMSEL,,_Y
LESIZE,_Y1, , ,10, , , , ,1
MSHAPE,0,2D
MSHKEY,1
CM,_Y,AREA
ASEL, , , ,        1
CM,_Y1,AREA
CHKMSH,'AREA'
CMSEL,S,_Y
AMESH,_Y1                       ! 划分网格
FINISH
/SOL
FLST,2,1,4,ORDE,1
FITEM,2,3
/GO
DL,P51X, ,UX,
FLST,2,1,4,ORDE,1
FITEM,2,1
/GO
DL,P51X, ,UY,
FLST,2,1,1,ORDE,1
FITEM,2,22                      ! 施加节点约束
/GO
F,P51X,FY,-1                    ! 施加载荷
/STATUS,SOLU
SOLVE                           ! 求解
```

　　本章所介绍的是有限元法中以节点位移作为基本未知量的位移法基本原理。此外,还有以节点力作为基本未知量的力法,以及以一部分节点位移和一部分节点力作为基本未知量的混合法,由于位移法可选取简单的位移函数,在数学上容易处理等优点,故在有限元法中,位移法得到广泛应用。

　　另外,以上所介绍的仅是平面问题的有限元法基本原理。轴对称问题在锅炉受压元件中经常遇到,用有限元法求解轴对称问题,其方法与平面问题很类似。此时,可简化为以纵轴及半径为自变量的二维问题来求解。

附录 1　锅炉受压元件强度计算例题（仅供参考）

解题过程中所述按×××条、表、公式都引用自《锅壳锅炉受压元件强度计算》两个国标。

锅壳锅炉强度计算的依据为 GB/T 16508—96《锅壳锅炉受压元件强度计算》标准，水管锅炉强度计算的依据为 GB/T 9222—2008《水管锅炉受压元件强度计算》标准。

例题 1

某卧式水火管锅炉额定蒸汽压力为 1.25 MPa，锅壳筒体采用 Q345R 钢板制作，内径 $D_n = 1\,800$ mm，孔排布置如附图 1 所示，筒体采用双面自动焊，在锅壳筒体顶部设一个 300 mm×400 mm 的人孔，并使其不与其他孔构成孔桥，人孔圈采用 20 mm 厚的 Q245R 钢板冷压制作，并与锅壳筒体采用双面角焊连接，如附图 2 所示。试计算锅壳筒体厚度。

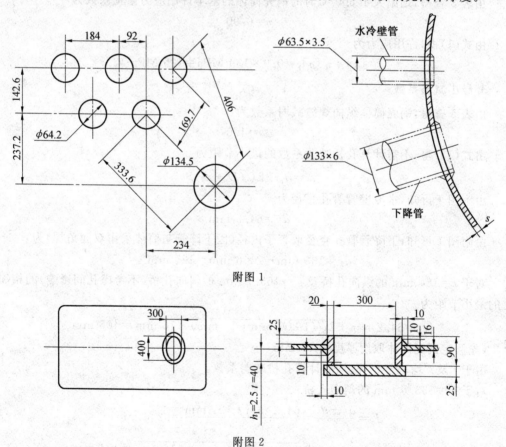

附图 1

附图 2

解题过程如下。

1. 计算压力

锅炉额定蒸汽压力为 $p_e=1.25$ MPa；因无过热器，锅壳筒体至锅炉出口之间的压力降为 $\Delta p_z=0$；水柱静压力为 $\Delta p_{sz}<0.03(p_e+\Delta p+\Delta p_z)$，按 3.5.1 条，取 $\Delta p_{sz}=0$；按 3.5.1 条，附加压力为

$$\Delta p=0.04(p_e+\Delta p_z+\Delta p_{sz})=0.04\times(1.25+0+0)\ \text{MPa}=0.05\ \text{MPa}$$

按 3.5.1 条，计算压力

$$P=p_e+\Delta p+\Delta p_z+\Delta p_{sz}=(1.25+0.05+0+0)\ \text{MPa}=1.30\ \text{MPa}$$

2. 许用应力

由附表 5 中的水蒸气表，计算压力为 1.4 MPa（绝对压力）下的饱和蒸汽温度为

$$t_j=195\ ℃$$

由表 4 查得，直接受火焰辐射锅壳筒体的计算壁温为

$$t_{bi}=t_j+90\ ℃=195\ ℃+90\ ℃=285\ ℃$$

由表 1 查得，Q345R 钢板在 285 ℃时的基本许用应力为

$$[\sigma]_j=139\ \text{MPa}$$

由表 3 查得，烟温大于 600 ℃时的锅壳筒体的基本许用应力修正系数为

$$\eta=0.90$$

由式(1)得，许用应力为

$$[\sigma]=\eta\ [\sigma]_j=0.9\times139\ \text{MPa}=125\ \text{MPa}$$

3. 最小减弱系数

由表 5 查得，锅壳筒体纵向焊缝减弱系数为

$$\varphi_h=1.0$$

由式(15)得，不需计算孔桥减弱系数的最小节距为

$$t_0=d_p+2\sqrt{(D_n+S)S}$$

由附图 1 可知，水冷壁管管孔直径为

$$d_1=64.2\ \text{mm}$$

由附图 1 可知，下降管管孔直径取管子内径（因下降管与筒体采用双面角焊）为

$$d_2=133\ \text{mm}-2\times6\ \text{mm}=121\ \text{mm}$$

对于 $t=184$ mm 的纵向孔桥及 $t''=169.7$ mm 的斜向孔桥（不考虑孔间影响）的相邻两孔的最小节距为

$$t_0=64.2\ \text{mm}+2\sqrt{(1\ 800\ \text{mm}+16\ \text{mm})\times16\ \text{mm}}=405\ \text{mm}$$

（先假定锅壳筒体取用厚度为 16 mm）

由于 t 及 t'' 均小于 t_0，故均应计算孔桥减弱系数。

对于 $t''=333.6$ mm 的斜向孔桥：

$$d_p=\frac{d_1+d_2}{2}=\frac{64.2\ \text{mm}+121\ \text{mm}}{2}=92.6\ \text{mm}$$

$$t_0=92.6\ \text{mm}+2\sqrt{(1\ 800\ \text{mm}+16\ \text{mm})\times16\ \text{mm}}=434\ \text{mm}$$

由于 t'' 小于 t_0，故应计算孔桥减弱系数。

由式(16)得，纵向孔桥减弱系数为

$$\varphi = \frac{t-d}{t} = \frac{184\ mm - 64.2\ mm}{184\ mm} = 0.651$$

对于 $t'' = 169.7\ mm$ 的斜向孔桥：

由式(20)得，斜向孔桥减弱系数为

$$\varphi'' = \frac{t''-d}{t''} = \frac{169.7\ mm - 64.2\ mm}{169.7\ mm} = 0.622$$

由式(19)得，斜向孔桥换算系数为

$$K = \frac{1}{\sqrt{1 - \dfrac{0.75}{(1+n^2)^2}}} = \frac{1}{\sqrt{1 - \dfrac{0.75}{(1+0.645^2)^2}}} = 1.26$$

式中

$$n = \frac{b}{a} = \frac{92\ mm}{142.6\ mm}\ mm = 0.645$$

由式(18)得，斜向孔桥当量减弱系数为

$$\varphi_d = K\varphi'' = 1.26 \times 0.622 = 0.784$$

对于 $t'' = 333.6\ mm$ 的斜向孔桥：

由式(20)得，斜向孔桥减弱系数为

$$\varphi'' = \frac{t''-d}{t''} = \frac{333.6\ mm - 92.6\ mm}{333.6\ mm} = 0.722$$

由式(19)得，斜向孔桥换算系数为

$$K = \frac{1}{\sqrt{1 - \dfrac{0.75}{(1+n^2)^2}}} = \frac{1}{\sqrt{1 - \dfrac{0.75}{(1+0.984^2)^2}}} = 1.11$$

式中

$$n = \frac{b}{a} = \frac{234\ mm}{237.7\ mm} = 0.984$$

由式(18)得，斜向孔桥当量减弱系数为

$$\varphi_d = K\varphi'' = 1.11 \times 0.722 = 0.801$$

斜向孔桥当量减弱系数亦可按图 4 直接查取。

按 4.3.1 条，最小减弱系数为

$$\varphi_{min} = \varphi = 0.651$$

4. 锅壳筒体厚度

按式(5)得，理论计算厚度为

$$S_1 = \frac{pD_n}{2\varphi_{min}[\sigma] - p} = \frac{1.3\ MPa \times 1\ 800\ mm}{2 \times 0.651 \times 125 - 1.3\ MPa} = 14.5\ MPa$$

按 4.4.1 条，腐蚀减薄的附加厚度为

$$C_1 = 0.5\ mm$$

按 GB709，$S = 16\ mm$ 的钢板下偏差（为负值）的附加厚度为

$$C_2 = 0.3\ mm$$

按 4.4.1 条，工艺减薄的附加厚度（冷卷冷校）为

$$C_3 = 0$$

按式(25)得，附加厚度为

$$C = C_1 + C_2 + C_3 = 0.5\ mm + 0.3\ mm + 0 = 0.8\ mm$$

按式(6)得,最小需要厚度为

$$S_l + C = 14.5 \text{ mm} + 0.8 \text{ mm} = 15.3 \text{ mm}$$

实取厚度为

$$S = 16 \text{ mm}$$

它满足 4.5.1 条锅壳筒体内径 D_n 大于 1 000 mm 时的取用厚度不宜小于 6 mm 的要求,也满足 4.5.3 条不绝热锅壳置于炉膛内的厚度不应大于 26 mm 的要求。

5. 未补强孔的最大允许直径

按式(10)得,有效厚度为

$$S_y = S - C = 16 \text{ mm} - 0.8 \text{ mm} = 15.2 \text{ mm}$$

按式(107)得,实际减弱系数为

$$\varphi_s = \frac{pD_n}{(2[\sigma] - p)S_y} = \frac{1.3 \text{ MPa} \times 1\ 800 \text{ mm}}{(2 \times 125 \text{ MPa} - 1.3 \text{ MPa}) \times 15.2 \text{ mm}} = 0.617$$

按图 55 未补强孔的最大允许直径为

$$[d] = 175 \text{ mm}$$

$$(D_n S_y = 1\ 800 \text{ mm} \times 15.25 \text{ mm} = 27.45 \times 10^3 \text{ mm}^2)$$

除了 300 mm × 400 mm 人孔外,其他孔均无需补强。

6. 人孔补强计算

校核人孔补强计算方法的适用范围

$$\frac{d}{D_n} = \frac{400 \text{ mm}}{1\ 800 \text{ mm}} = 0.22 < 0.8$$

$$d = 400 \text{ mm} < 600 \text{ mm}$$

满足 12.2.1 条的要求。

由表 4,不直接受烟气或火焰加热的人孔圈的计算壁温为

$$t_{bi} = t_j = 195 \ ℃$$

按 3.4.1 条,当计算壁温低于 250 ℃ 时,实取计算壁温为

$$t_{bi} = 250 \ ℃$$

由表 1,Q245R 钢板在 250 ℃ 时的基本许用应力为

$$[\sigma]_{j1} = 125 \text{MPa}$$

由表 3,人孔圈基本许用应力的修正系数为

$$\eta = 1.0$$

按式(1)得,人孔圈的许用应力为

$$[\sigma]_1 = \eta[\sigma]_{j1} = 1.0 \times 125 \text{ MPa} = 125 \text{ MPa}$$

按式(109)得,未减弱的锅壳筒体的理论计算厚度

$$S_0 = \frac{pD_n}{2[\sigma] - p} = \frac{1.3 \text{ MPa} \times 1\ 800 \text{ mm}}{2 \times 125 \text{ MPa} - 1.3 \text{ MPa}} = 9.4 \text{ mm}$$

按式(110)得,人孔圈的理论计算厚度为

$$S_0 = \frac{pd}{2[\sigma]_1 - p} = \frac{1.3 \text{ MPa} \times 400 \text{ mm}}{2 \times 125 \text{ MPa} - 1.3 \text{ MPa}} = 2.1 \text{ mm}$$

按式(10)得,人孔圈有效厚度为

$$S_{y1} = S_1 - C = S_1 - (C_1 + C_2 + C_3) = 20 \text{ mm} - (0.5 \text{ mm} + 0.3 \text{ mm} + 1.0 \text{ mm}) = 18.2 \text{ mm}$$

(人孔圈附加厚度 C 的取法与锅壳筒体相同。)

按 12.2.6 条,有效补强高度为

$$h_1 = 2.5S = 2.5 \times 16 \text{ mm} = 40 \text{ mm}$$

由表 19,需要补强的面积为

$$A = \left[d + 2S_{y1} \left(1 - \frac{[\sigma]_1}{[\sigma]} \right) \right] S_0 =$$

$$\left[300 \text{ mm} + 2 \times 18.2 \text{ mm} \left(1 - \frac{125 \text{ MPa}}{125 \text{ MPa}} \right) \right] \times 9.4 \text{ mm} =$$

$$2\,820 \text{ mm}$$

由表 19,焊缝面积为

$$A_1 = 2K_h^2 = 2 \times 10^2 \text{ mm}^2 = 200 \text{ mm}^2$$

由表 19,人孔圈多余面积为

$$A_2 = \left[2h_1(S_{y1} - S_{01}) + 2h_2 S_{y1} \right] \frac{[\sigma]_1}{[\sigma]} =$$

$$\left[2 \times 40 \text{ mm} \times (18.2 \text{ mm} - 2.1 \text{ mm}) + 2 \times 25 \text{ mm} \times 18.2 \text{ mm} \right] \times \frac{125 \text{ MPa}}{125 \text{ MPa}} =$$

$$2\,205 \text{ mm}^2$$

由表 19,锅壳筒体自身多余面积为

$$A_4 = \left[d - 2S_{y1} \left(1 - \frac{[\sigma]_1}{[\sigma]} \right) \right] (S_y - S_0) =$$

$$\left[300 \text{ mm} - 2 \times 18.2 \text{ mm} \times \left(1 - \frac{125 \text{ MPa}}{125 \text{ MPa}} \right) \right] \times (15.25 \text{ mm} - 9.4 \text{ mm}) =$$

$$1\,755 \text{ mm}^2$$

因

$$A_1 + A_2 + A_4 = 200 \text{ mm}^2 + 2\,205 \text{ mm}^2 + 1\,755 \text{ mm}^2 = 4\,160 \text{ mm}^2 > A = 2\,820 \text{ mm}^2$$

$$A_1 + A_2 + \frac{1}{2}A_4 = 200 \text{ mm}^2 + 2\,205 \text{ mm}^2 + \frac{1}{2} \times 1\,755 \text{ mm}^2 = 3\,283 \text{ mm}^2 > \frac{2}{3}A =$$

$$\frac{2}{3} \times 2\,820 \text{ mm}^2 = 1\,880 \text{ mm}^2$$

故满足 12.2.7 条的要求。

例题 2

一台卧式内燃回燃火管锅壳式燃油锅炉,额定蒸汽压力为 1.0 MPa,卧式平直炉胆用 Q245R 钢板制作,长度为 2 716 mm,外径为 800 mm。

(如附图 3 所示),试计算炉胆厚度。

1. 计算压力

锅炉额定蒸汽压力 $p_e = 1.0$ MPa;因无过热器,炉胆至锅炉出口之间的压力降 $\Delta p_z = 0$;水柱静压力 $\Delta p_{sz} < 0.03(p_e + \Delta p + \Delta p_z)$,按 3.5.1 条,取 $\Delta p_{sz} = 0$;按 3.5.1 条,附加压力 $\Delta p = 0.02$ MPa。

按 3.5.1 条,计算压力

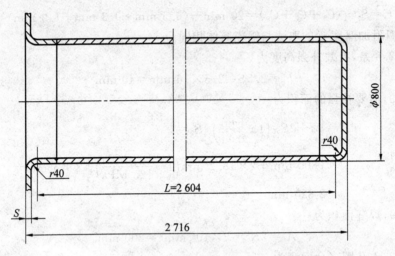

附图 3

$$P = p_e + \Delta p + \Delta p_z + \Delta p_{sz} = (1.0 + 0.02 + 0 + 0)\text{MPa} = 1.02 \text{ MPa}$$

2. 计算壁温

由附表 5 水蒸气表,计算压力为 1.12 MPa(绝对压力)下的饱和蒸汽温度为

$$t_j = 185 \text{ ℃}$$

由表 4 查得,直接受火焰辐射的炉胆的计算壁温为

$$t_{bi} = t_j + 90 \text{ ℃} = 185 \text{ ℃} + 90 \text{ ℃} = 275 \text{ ℃}$$

3. 计算壁温时的屈服点

由表 1 查得,Q245R 钢板常温下的抗拉强度为

$$\sigma_b = 400 \text{ MPa}$$

由表 2 查得,Q245R 钢板在 275 ℃时的屈服点为

$$\sigma_s^t = 0.38\sigma_b = 0.38 \times 400 \text{ MPa} = 152 \text{ MPa}$$

4. 炉胆厚度

按 5.2.1.5 条中 a,计算长度为

$$L = 2\ 604 \text{ mm}$$

由表 10 查得,强度安全系数为

$$n_1 = 2.5$$

由表 10 查得,稳定安全系数为

$$n_2 = 3.0$$

由表 11 查得,Q245R 钢板在 275 ℃时的弹性模量为

$$E^t = 193 \times 10^3 \text{ MPa}$$

按 5.2.1.7 条,卧式平直炉胆的圆度为

$$u = 1.5$$

按式(33),计算值

$$B = \frac{pD_p n_1}{2\sigma_s^t \left(1 + \dfrac{D_p}{15L}\right)} = \frac{1.02 \text{ MPa} \times 784 \times 2.5}{2 \times 152 \times \left(1 + \dfrac{784}{15 \times 2\ 604}\right)\text{MPa}} = 6.447$$

(现假定炉胆取用厚度为 16 mm。)

按式(32),炉胆最小需要厚度为

$$S_{min} = \frac{B}{2}\left[1+\sqrt{1+\frac{0.12D_p u}{B\left(1+\frac{D_p}{0.3L}\right)}}\right]+1=$$

$$\frac{6.447}{2}\times\left[1+\sqrt{1+\frac{0.12\times784\times1.5}{6.447\times\left(1+\frac{784}{0.3\times2\,604}\right)}}\right]mm+1=$$

15.4 mm

按式(34),炉胆最小需要厚度

$$S_{min} = D_p^{0.6}\left(\frac{PLn_2}{1.73E^t}\right)^{0.4}+1=784^{0.6}\times\left(\frac{1.02\text{ MPa}\times2\,604\times3}{1.73\times193\,000}\right)^{0.4}mm+1=13.2\text{ mm}$$

按 5.2.1.1 条,炉胆最小需要厚度为

$$S_{min} = 15.4\text{ mm}$$

实取厚度为

$$S = 16\text{ mm}$$

5. 考核

炉胆内径 D_n =768 mm,小于 1 800 mm,满足 5.2.5.1 条的要求。

炉胆实取厚度 S=16 mm,满足 5.2.5.2 条炉胆厚度不应小于 8 mm 和不应大于 22 mm的要求。

按 5.2.5.3 条,炉胆两端采用扳边连接,计算长度 L=2 604 mm,小于 3 000 mm 时,中间不加膨胀环或波形炉胆是可行的。

例题 3

一台立式无冲天管锅壳蒸汽锅炉,额定蒸汽压力为 0.7 MPa,水柱静压力为 0.03 MPa,立式平直炉胆采用 Q245R 钢板制作,内径为 1 000 mm,炉胆与 U 形下脚圈连接处至 U 形下脚圈弯曲起点的距离为 65 mm,炉胆上设一个 300×400 mm 的炉门孔和一个 300×500 mm的出烟孔,其他尺寸见附图 4,炉门圈和出烟孔圈均采用 14 mm 厚的 Q245R 钢板冷压制造,试计算炉胆厚度。

锅壳封头采用 Q245R 钢板热压制造,内径为 1 200 mm,内高度为 300 mm,封头上设一个 280 mm×380 mm 的人孔,人孔圈采用 20 mm 厚的 Q245R 的钢板冷压制造,人孔圈与封头采用双面角焊连接,试计算锅壳封头厚度。

炉胆顶采用 Q245R 钢板热压制造,内径为 1 000 mm,内高度为 250 mm,试计算炉胆顶厚度。

1. 计算压力

锅炉额定蒸汽压力 p_e =0.7 MPa;因无过热器,炉胆至锅炉出口之间的压力降 Δp_z =0;水柱静压力为 Δp_{sz} =0.03 MPa,按 3.5.1 条,它已经大于 0.03(p_e + Δp + Δp_z)=0.03×(0.7+0.02+0)MPa=0.02 MPa;按 3.5.1 条,附加压力 Δp =0.02 MPa。

按 3.5.1 条,计算压力

$$P = p_e + \Delta p + \Delta p_z + \Delta p_{sz} = (0.7+0.02+0+0.03)\text{MPa}=0.75\text{ MPa}$$

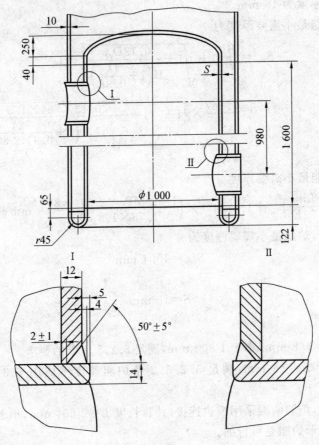

附图 4

2. 计算长度

按 5.2.1.5 条中 e 及图 12,计算长度

$$L=(X+40\ \text{mm}+1\ 600\ \text{mm}+65\ \text{mm})=(105+40+1\ 600+65)\ \text{mm}=1\ 810\ \text{mm}$$

式中:X 根据 $\dfrac{h_\text{w}}{D_\text{w}}=\dfrac{262}{1\ 024}=0.256$,由表 9 查得

$$X=0.102D_\text{w}=0.102\times1\ 024\ \text{mm}=105\ \text{mm}$$

3. 炉胆厚度

由表 1 查得,Q245R 钢板常温时的抗拉强度为

$$\sigma_\text{b}=400\ \text{MPa}$$

立式平直炉胆无孔排,最小减弱系数 $\varphi_{\min}=0$。

由式(37)得,炉胆最小需要厚度为

$$S_{\min}=1.5\ \frac{pD_\text{n}}{\varphi_{\min}\sigma_\text{b}}\left[1+\sqrt{1+\frac{4.4L}{p\,(L+d_\text{n})}}\right]\text{mm}+2\ \text{mm}=$$

$$1.5\ \frac{0.75\times1\ 000}{1.0\times400}\left[1+\sqrt{1+\frac{4.4\times1\ 810}{0.75\times(1\ 810+1\ 000)}}\right]\text{mm}+2\ \text{mm}=$$

$$10.96\ \text{mm}$$

实取厚度为

$$S=12 \text{ mm}$$

4. 孔的补强计算

(1)炉胆未补强孔的最大允许直径。

按12.3.2条和12.2.4条,未补强孔的最大允许直径为200 mm,炉胆上的炉门孔和出烟孔在炉胆上纵向截面的尺寸均为300 mm,故应进行补强。

(2)炉胆理论计算厚度和有效厚度。

由表4查得,计算壁温为

$$t_{bi}=t_j+90 \text{ ℃}=173 \text{ ℃}+90 \text{ ℃}=263 \text{ ℃}$$

式中介质饱和温度 t_j 按计算压力为0.85 MPa(绝对压力)查附表1水蒸气表而得。

由表1查得,Q245R钢板在263 ℃时的基本许用应力

$$[\sigma]_j=122 \text{ MPa}$$

由表3查得,基本许用应力的修正系数

$$\eta=0.90$$

由式(1)得,许用应力为

$$[\sigma]/\text{MPa}=\eta[\sigma]_j=0.9\times122 \text{ MPa}=110 \text{ MPa}$$

按12.3.3条和式(109),炉胆理论计算厚度为

$$S_0=\frac{pd_n}{2[\sigma]-p}=\frac{0.75\times1\,000}{2\times110-0.75} \text{ mm}=3.4 \text{ mm}$$

由式(37)中的附加厚度,取

$$C=2 \text{ mm}$$

由式(10)得,炉胆有效厚度为

$$S_y=S-C=(12-2) \text{ mm}=10 \text{ mm}$$

(3)出烟孔圈理论计算厚度和有效厚度。

许用应力按炉胆取为

$$[\sigma]_1=[\sigma]=110 \text{ MPa}$$

按12.3.4条和式(110),理论计算厚度为

$$S_{01}=\frac{pd}{2[\sigma]_1-p}=\frac{0.75\times500}{2\times110-0.75} \text{ mm}=1.7 \text{ mm}$$

按4.4.1条,腐蚀减薄的附加厚度为

$$C_1=0.5 \text{ mm}$$

按GB 709,$S=14$ mm的钢板下偏差(为负值)的附加厚度为

$$C_2=0.3 \text{ mm}$$

按4.4.1条,工艺减薄的附加厚度为

$$C_3=0$$

由式(25)得,附加厚度为

$$C=C_1+C_2+C_3=(0.5+0.3+0) \text{ mm}=0.80 \text{ mm}$$

由式(10)得,有效厚度为

$$S_{y1}=S_1-C=(14-0.8) \text{ mm}=13.2 \text{ mm}$$

(4)需要补强的面积。

由表 19 中得

$$A=\left[d+2S_{y1}\left(1-\frac{[\sigma]_1}{[\sigma]}\right)\right]S_0=$$

$$\left[300+2\times13.2\left(1-\frac{110}{110}\right)\right]\times3.4 \text{ mm}^2=$$

$$1\ 020 \text{ mm}^2$$

(5)起补强作用的面积。

焊缝面积为

$$A_1=(16\times4) \text{ mm}=64 \text{ mm}^2$$

按 12.2.6 条,有效补强高度

$$h_1=2.5S=(2.5\times12) \text{ mm}=30 \text{ mm}$$

由表 19 中得,出烟孔圈的多余面积

$$A_2=\left[2h_1(S_{y1}-S_{01})+2h_2S_{y1}\right]\frac{[\sigma]_1}{[\sigma]}=$$

$$\left[2\times30\times(13.2-1.7)+2\times5\times13.2\right] \text{ mm}^2\times\frac{110}{110}=$$

$$826 \text{ mm}^2$$

由表 19 中得,炉胆自身的多余面积为

$$A_4=\left[d-2S_{y1}\left(1-\frac{[\sigma]_1}{[\sigma]}\right)\right](S_y-S_0)=$$

$$\left[300-2\times13.2\times\left(1-\frac{110}{110}\right)\right](10-3.4) \text{ mm}^2=$$

$$1\ 980 \text{ mm}^2$$

起补强作用的多余面积为

$$A_1+A_2+A_4=(64+826+1\ 980) \text{ mm}^2=2\ 870 \text{ mm}^2$$

(6)考核。

按 12.3.2 条和 12.2.7 条

$$A_1+A_2+A_4=2\ 870 \text{ mm}^2>A=1\ 020 \text{ mm}^2$$

$$A_1+A_2+0.5A_4=(64+826+0.5\times1\ 980) \text{ mm}^2=$$

$$1\ 880 \text{ mm}^2>\frac{2}{3}A=\frac{2}{3}\times1\ 020=680 \text{ mm}^2$$

且满足 12.3.1 条,$\frac{d}{D_w}=\frac{500}{1\ 024}=0.49<0.6$ 的要求。

炉门孔圈除长轴尺寸为 400 mm 小于出烟孔圈 500 mm 外,其他尺寸均与出烟孔圈相同,故无需对炉门孔圈进行补强计算。

(7)校验炉胆结构尺寸。

炉胆内径为 1 000 mm,满足 5.2.5.1 条炉胆内径不得大于 1 800 mm 的要求。

炉胆取用厚度 $S=12$ mm,满足 5.2.5.2 条炉胆厚度不应小于 8 mm 和不应大于 22 mm的要求。

5. 锅壳封头厚度计算

(1)计算压力。

除水柱静压力 $\Delta p_{sz} < 0.03(p_e + \Delta p + \Delta p_z)$ 可不予考虑外,其余同炉胆相同为

$$p = 0.72 \text{ MPa}$$

(2)许用应力。

由附表 5 水蒸气表,计算压力为 0.82MPa(绝对压力)下的饱和蒸汽温度为

$$t_j = 171 \text{ ℃}$$

由表 4 查得,不直接受烟气或火焰加热的元件的计算壁温为

$$t_{bi} = t_j = 171 \text{ ℃}$$

按 3.4.1 条,当计算壁温低于 250 ℃时,实取计算壁温为

$$t_{bi} = 250 \text{ ℃}$$

由表 1 查得,Q245R 钢板在 250 ℃时的基本许用应力为

$$[\sigma]_j = 125 \text{ MPa}$$

由表 3 查得,立式无冲天管锅炉,凹面受压凸形封头基本许用应力的修正系数为

$$\eta = 1.00$$

按式(1),许用应力

$$[\sigma] = \eta [\sigma]_j = (1.00 \times 125) \text{ MPa} = 125 \text{ MPa}$$

(3)封头厚度。

由表 14 查得,有孔无拼接焊缝的减弱系数为

$$\varphi = 1 - \frac{d}{d_n} = 1 - \frac{380}{1\,200} = 0.683$$

(由于人孔圈与锅壳筒体封头是插入式双面角焊,故开孔尺寸取内径长轴尺寸。)

由式(57)得,形状系数为

$$Y = \frac{1}{6} \left[2 + \left(\frac{d_n}{2h_n} \right)^2 \right] = \frac{1}{6} \left[2 + \left(\frac{1\,200}{2 \times 300} \right)^2 \right] = 1.00$$

按 6.2.10 条,腐蚀减薄的附加厚度为

$$C_1 = 0.5 \text{ mm}$$

按 GB 709,$S = 8$ mm 的钢板下偏差(为负值)的附加厚度为

$$C_2 = 0.30 \text{ mm}$$

(先假定锅壳封头取用厚度为 8 mm。)

按 6.2.10 条,工艺减薄的附加厚度为

$$C_3 = 0.1S = (0.1 \times 8) \text{ mm} = 0.8 \text{ mm}$$

由式(59)得,附加厚度为

$$C_1 + C_2 + C_3 = (0.5 + 0.3 + 0.8) \text{ mm} = 1.6 \text{ mm}$$

由式(54)得,锅壳封头最小需要厚度为

$$S_{min} = \frac{p d_n Y}{2\varphi[\sigma] - 0.5p} + C = \left(\frac{0.72 \times 1\,200 \times 1.00}{2 \times 0.683 \times 125 - 0.5 \times 0.72} + 1.55 \right) \text{ mm} = 6.62 \text{ mm}$$

按 6.2.11 条、式(5)和式(6),封头圆筒形部分最小需要厚度为

$$S_{min} = \frac{p d_n}{2\varphi_{min}[\sigma] - p} + C = \left(\frac{0.72 \times 1\,200}{2 \times 1.00 \times 125 - 0.72} + 1.55 \right) \text{ mm} = 5.02 \text{ mm}$$

实取厚度为

$$S = 8 \text{ mm}$$

满足 6.2.11 条封头厚度不应小于 6 mm 的要求。

(4)校验封头几何尺寸。

$$\frac{h_n}{d_n} = \frac{300}{1\ 200} = 0.25 > 0.2$$

$$\frac{S_{min} - C}{d_n} = \frac{6.62 - 1.55}{1\ 200} = 0.004\ 2 < 0.1$$

$$\frac{d}{d_n} = \frac{380}{1\ 200} = 0.32 < 0.6$$

满足 6.2.3 条要求。

封头上除中心开有人孔外,虽然还开有安全阀管座孔、主蒸汽管座孔、付蒸汽管座孔各一个,但符合 6.2.12 条中的 a 和 c 的要求。

6. 炉胆顶厚度计算

(1)计算压力。

计算炉胆顶压力同上述锅壳筒体封头一致

$$p = 0.72 \text{ MPa}$$

(2)许用应力。

由附表 5 水蒸气表,计算压力为 0.82 MPa(绝对压力)下的饱和蒸汽温度为

$$t_j = 171 \ ℃$$

由表 4 查得,直接受火焰辐射的炉胆顶的计算壁温为

$$t_{bi} = t_j + 90 = (171 + 90) \ ℃ = 261 \ ℃$$

由表 1 查得,Q245R 钢板在 261 ℃时的基本许用应力为

$$[\sigma]_j = 123 \text{ MPa}$$

由表 3 查得,立式无冲天管锅炉凸面受压炉胆顶基本许用应力的修正系数为

$$\eta = 0.40$$

由式(1)得,许用应力为

$$[\sigma] = \eta [\sigma]_j = (0.40 \times 123) \text{ MPa} = 49.2 \text{ MPa}$$

(3)炉胆顶厚度。

由式(57)得,形状系数为

$$Y = \frac{1}{6} \left[2 + \left(\frac{d_n}{2h_n} \right)^2 \right] = \frac{1}{6} \left[2 + \left(\frac{1\ 000}{2 \times 250} \right)^2 \right] = 1.00$$

按 6.2.10 条,腐蚀减薄的附加厚度为

$$C_1 = 0.5 \text{ mm}$$

按 GB 709,$S = 10$ mm 的钢板下偏差(为负值)的附加厚度为

$$C_2 = 0.3 \text{ mm}$$

(先假定炉胆顶取用厚度为 10 mm。)

按 6.2.10 条,工艺减薄的附加厚度为

$$C_3 = 0.1S = (0.1 \times 10) \text{ mm} = 1.0 \text{ mm}$$

由式(59)得,附加厚度为

$$C_1 + C_2 + C_3 = (0.5 + 0.3 + 1.0) \text{ mm} = 1.8 \text{ mm}$$

由式(54)得,炉胆顶最小需要厚度为

$$S_{min} = \frac{pd_nY}{2\varphi[\sigma] - 0.5p} + C = \left(\frac{0.72 \times 1\,000 \times 1.00}{2 \times 1.0 \times 49.2 - 0.5 \times 0.72} + 1.8 \right) \text{ mm} = 9.1 \text{ mm}$$

按 6.2.11 条、式(5)和式(6),炉胆顶圆筒形部分最小需要厚度为

$$S_{min} = \frac{pd_n}{2\varphi_{min}[\sigma] - p} + C = \frac{0.72 \times 1\,000}{2 \times 1.00 \times 49.2 - 0.72} + 1.75 = 9.12 \text{ mm}$$

实取厚度为

$$S = 10 \text{ mm}$$

满足 6.2.11 条炉胆顶厚度不应小于 8 mm 的要求。

(4)校验炉胆顶几何尺寸。

$$\frac{h_n}{d_n} = \frac{250}{1\,000} = 0.25 > 0.2$$

$$\frac{S_{min} - C}{d_n} = \frac{9.1 - 1.8}{1\,000} = 0.007\,35 < 0.1$$

满足 6.2.3 条要求。

例题 4

一台卧式水火管热水锅壳式锅炉,锅炉额定出水压力为 1.0 MPa,额定出口水温为 95 ℃,其拱形管板结构如附图 5 所示,烟管区的烟温小于 900 ℃,管板采用 Q345R 钢板制造,人孔圈采用 20 mm 厚的 Q245R 钢板冷压制造,高度为 90 mm,并与管板采用双面角焊连接,烟管与管板采用焊接连接,试计算拱形管板厚度。

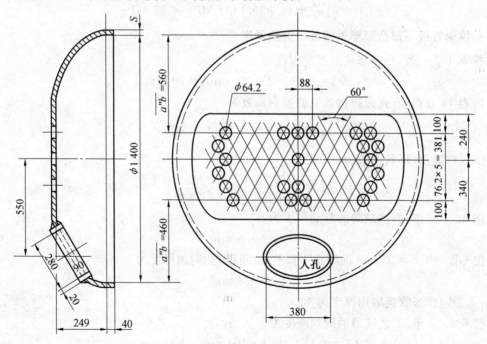

附图 5

1. 校验结构尺寸

烟管与管板全部采用焊接连接,满足 7.3.3 条不装拉撑管的要求。

管子焊缝间净距离为 88 mm－64.2 mm－9 mm＝14.8 mm,满足 7.3.5 条不应小于 6 mm 的要求。

2. 计算压力

锅炉额定出水压力 $p_e=1.0$ MPa;拱形管板至锅炉出口之间的压力降 $\Delta p_z=0$;水柱静压力 $\Delta p_{sz}<0.03(p_e+\Delta p+\Delta p_z)$,按 3.5.1 条,取 $\Delta p_{sz}=0$;

按 3.5.1 条,附加压力 $\Delta p=0.02$ MPa。

按 3.5.1 条,计算压力

$$p=p_e+\Delta p+\Delta p_z+\Delta p_{sz}=(1.0+0.02+0+0) \text{ MPa}=1.02 \text{ MPa}$$

3. 许用压力

由表 4 查得,与 600~900 ℃烟气接触的管板的计算壁温为

$$t_{bi}=t_j+50 \text{ ℃}=(95+50) \text{ ℃}=145 \text{ ℃}$$

按 3.4.1 条,当计算壁温低于 250 ℃时,实取计算壁温为

$$t_{bi}=250 \text{ ℃}$$

由表 1 查得,Q345R 钢板在 250 ℃时的基本许用应力为

$$[\sigma]_j=149 \text{ MPa}$$

由表 3 查得,凹面受压凸形管板基本许用应力的修正系数为

$$\eta=0.85$$

由式(1)得,许用应力为

$$[\sigma]=\eta[\sigma]_j=(0.85\times149) \text{ MPa}=127 \text{ MPa}$$

4. 拱形管板下部凸形部位的最小需要厚度

按 6.4.2.1 条,凸形部位的当量直径为

$$D_{nd}=2\overline{a''b}=2\times460 \text{ mm}=920 \text{ mm}$$

由表 14 查得,有孔无拼接焊缝的减弱系数为

$$\varphi=1-\frac{d}{d_{nd}}=1-\frac{380}{920}=0.587$$

由式(57)得,形状系数为

$$Y=\frac{1}{6}\left[2+\left(\frac{d_{nd}}{2h_n}\right)^2\right]=\frac{1}{6}\left[2+\left(\frac{920}{2\times249}\right)^2\right]=0.901$$

按 6.2.10 条,腐蚀减薄的附加厚度为

$$C_1=0.5 \text{ mm}$$

按 GB 709,$S=10$ mm 的钢板下偏差(为负值)的附加厚度为

$$C_2=0.3 \text{ mm}$$

(先假定拱形管板取用厚度为 10 mm。)

按 6.2.10 条,工艺减薄的附加厚度为

$$C_3=0.1S=(0.1\times10) \text{ mm}=1.0 \text{ mm}$$

由式(59)得,附加厚度为

$$C_1 + C_2 + C_3 = (0.5 + 0.3 + 1.0)\ mm = 1.8\ mm$$

按 6.4.2.1 条和式(54),最小需要厚度为

$$S_{min} = \frac{p d_{nd} Y}{2\varphi[\sigma] - 0.5p} + C = \left(\frac{1.02 \times 920 \times 0.901}{2 \times 0.587 \times 127 - 0.5 \times 1.02} + 1.8 \right)\ mm =$$

7.44 mm

校验管板凸形部位几何尺寸为

$$\frac{h_n}{d_{nd'}} = \frac{249}{720} = 0.346 > 0.2$$

$$\frac{S_{min} - C}{d_{nd'}} = \frac{7.44 - 1.8}{720} = 0.007\ 9 < 0.1$$

$$\frac{d}{d_{nd'}} = \frac{380}{720} = 0.53 < 0.6$$

满足 6.2.3 条要求。

5. 拱形管板上部凸形部位的最小需要厚度

按 6.4.2.1 条,凸形部位的当量直径为

$$D_{nd} = 2\overline{a''b} = (2 \times 560)\ mm = 1\ 120\ mm$$

由表 14 查得,无孔无拼接焊缝的减弱系数为

$$\varphi = 1.00$$

由式(57)得,形状系数为

$$Y = \frac{1}{6}\left[2 + \left(\frac{d_{nd}}{2h_n} \right)^2 \right] = \frac{1}{6}\left[2 + \left(\frac{1\ 120}{2 \times 249} \right)^2 \right] = 1.17$$

按 6.4.2.1 条和式(54),最小需要厚度为

$$S_{min} = \frac{p d_{nd} Y}{2\varphi[\sigma] - 0.5p} + C = \left(\frac{1.02 \times 1\ 120 \times 1.17}{2 \times 1.0 \times 127 - 0.5 \times 1.02} + 1.8 \right)\ mm =$$

7.07 mm

校验管板凸形部位几何尺寸为

$$\frac{h_n}{d_{nd'}} = \frac{249}{920} = 0.27 > 0.2$$

$$\frac{S_{min} - C}{d_{nd'}} = \frac{7.07 - 1.75}{920} = 0.005\ 73 < 0.1$$

满足 6.2.3 条要求。

6. 拱形管板圆筒形部位的最小需要厚度

按 6.4.3 条、式(5)和式(6),最小需要厚度为

$$S_{min} = \frac{p d_n}{2\varphi_{min}[\sigma] - p} + C = \left(\frac{1.02 \times 1\ 400}{2 \times 1.00 \times 127 - 1.02} + 1.8 \right)\ mm = 7.45\ mm$$

7. 校验人孔圈的高度和厚度

人孔圈的高度为

$$h = 90\ mm > \sqrt{Sd} = \sqrt{10 \times 280}\ mm = 52.9\ mm$$

人孔圈的厚度为

$$S_1 = 20 \text{ mm} > \frac{7}{8}S = \frac{7}{8} \times 10 \text{ mm} = 8.8 \text{ mm}$$

且

$$S_1 = 20 \text{ mm} > 19 \text{ mm}$$

人孔圈的高度 h 和厚度 S_1 均满足 12.7.1 条的要求。

8. 拱形管板平板部位最小需要厚度

按 7.3.2 条, 系数为

$$K = 0.47$$

按 7.3.2 条, 假想圆直径为

$$d_j = t_{\max} = 88 \text{ mm}$$

按 6.4.2.2 条和 7.3.1 条及式(62), 最小需要厚度为

$$S_{\min} = K d_j \sqrt{\frac{p}{[\sigma]}} + 1 = \left(0.47 \times 88 \sqrt{\frac{1.02}{127}}\right) \text{ mm} + 1 \text{ mm} = 4.7 \text{ mm}$$

9. 校验拱形管板最小需要厚度

取第 4、5、6、8 项中计算较大值为

$$S_{\min} = 7.44 \text{ mm}$$

实取厚度为

$$S = 10 \text{ mm}$$

满足 6.4.3.1 条和 7.3.4 条焊接管板厚度不应小于 10 mm 的要求。

例题 5

一台卧式水火管锅壳式锅炉, 额定蒸汽压力为 1.25 MPa, 前管板采用 Q345R 钢板热压制造, 内径 $d_n = 1\,800$ mm, 管板结构布置如附图 6 所示, 烟管区烟温小于 900 ℃, 管板下部设有一个 280 mm×380 mm 的人孔, 人孔圈采用 20 mm 厚的 Q245R 钢板冷压制造, 并且与管板采用双面角焊连接, 烟管与管板采用胀接连接, 烟管与拉撑管均采用 $\phi 63.5 \times 3.5$ mm 的 20 号无缝钢管, 直拉杆采用 $\phi 40$ mm 的 20 号圆钢, 角撑板采用 16 mm 厚的 Q345R 钢板, 试计算平管板厚度及拉撑件尺寸。

1. 校验结构尺寸

附图 6 中扳边内半径 $r = 40$ mm, 不小于 $2S = 2 \times 16 = 32$ mm, 也不小于 38 mm(先假定管板厚度为 16 mm), 满足 7.2.11 条的要求。

附图 6 中人孔加强圈焊缝边缘至扳边起点的最小距离为 10 mm, 不小于 6 mm, 也满足 7.2.11 条的要求。

附图 6 中胀接管板孔桥 $t - d = 88$ mm -64.2 mm $= 23.8$ mm, 不小于 $0.125d + 12.5$ mm $= (0.125 \times 64.2 + 12.5)$ mm $= 20.5$ mm, 满足 7.3.5 条的要求。

附图 6 中胀接管孔中心至扳边起点的最小距离为 128 mm, 不小于 $0.8d = 0.8 \times 64.2$ mm $= 51.4$ mm, 也不小于 $0.5d + 12$ mm $= 0.5 \times 64.2$ mm $+ 12$ mm $= 44.1$ mm, 满足 7.3.6 条的要求。

附图 6 中直拉杆边缘至烟管外壁间的最小距离为 108.6 mm, 角撑板端部至烟管外壁间的最小距离为 123 mm, 都不小于 100 mm, 满足 8.2.3 条的要求。

附图 6 中锅壳内壁至烟管外壁的最小距离为 136 mm,不小于 40 mm,满足 8.2.4 条的要求。

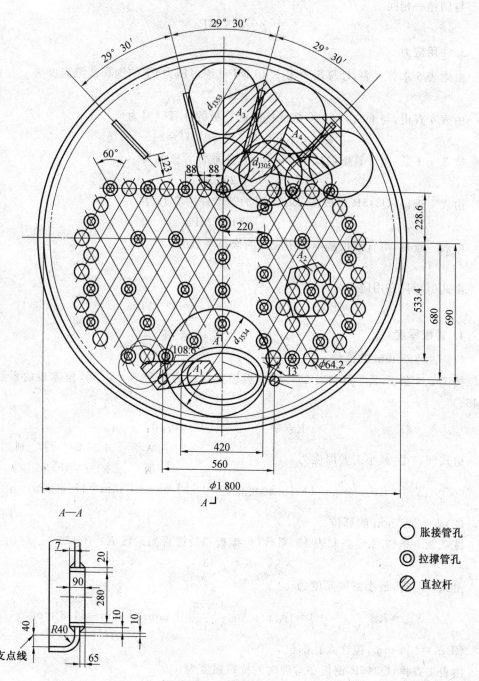

A—A

○ 胀接管孔

◎ 拉撑管孔

▨ 直拉杆

直拉杆最大支撑面积 A_1=382 cm²

拉撑管最大支撑面积 A_2=334 cm²

角撑板支撑面积 A_3=1 220 cm²

A_4=787 cm²

附图 6

2. 计算压力

与例题一相同

$$p = 1.3 \text{ MPa}$$

3. 许用应力

由附表 5 水蒸气表,计算压力为 1.40 MPa(绝对压力)下的饱和蒸汽温度为

$$t_j = 195 \text{ ℃}$$

由表 4 查得,与 600~900 ℃烟气接触的管板的计算壁温为

$$t_{bi} = t_j + 50 = (195 + 50) \text{ ℃} = 245 \text{ ℃}$$

按 3.4.1 条,当计算壁温低于 250 ℃时,实取计算壁温为

$$t_{bi} = 250 \text{ ℃}$$

由表 1 查得,Q345R 钢板在 250 ℃时的基本许用应力为

$$[\sigma]_j = 149 \text{ MPa}$$

由表 3 查得,烟管管板基本许用应力的修正系数为

$$\eta = 0.85$$

由式(1)得,许用应力为

$$[\sigma] = \eta [\sigma]_j = 0.85 \times 149 = 127 \text{ MPa}$$

4. 管板厚度

(1)$d_j = 353 \text{ mm}$ 的部位。

按 7.2.4 条、7.2.5 条和表 15,系数(扳边支点线的系数 $K = 0.35$,角撑板的系数 $K = 0.43$。)

$$K = \frac{0.35 + 2 \times 0.43}{3} = 0.40$$

由式(62)得,最小需要厚度为

$$S_{\min} = K d_j \sqrt{\frac{p}{[\sigma]}} + 1 = \left(0.40 \times 353 \sqrt{\frac{1.30}{127}}\right) \text{ mm} + 1 \text{ mm} = 15.3 \text{ mm}$$

(2)$d_j = 305 \text{ mm}$ 的部位。

按 7.2.4 条、7.2.5 条和表 15,系数(角撑板和拉撑管的系数 $K = 0.43$)
$$K = 0.43$$

由式(62)得,最小需要厚度为

$$S_{\min} = K d_j \sqrt{\frac{p}{[\sigma]}} + 1 = \left(0.43 \times 305 \sqrt{\frac{1.30}{127}}\right) \text{ mm} + 1 \text{ mm} = 14.3 \text{ mm}$$

(3)$d_j = 534 \text{ mm}$,包含人孔部位。

由表 1 查得,Q345R 钢板在常温时的抗拉强度为

$$\sigma_b = 510 \text{ MPa}$$

人孔计算直径

$$d_h = a + b = (190 + 140) \text{ mm} = 330 \text{ mm}$$

由表 16 查得,系数(图 6 中 $l = 13 \text{ mm} < \dfrac{d_j}{10} = 53.4 \text{ mm}$)。

$$C = 1.19$$

由式(64)得，最小需要厚度为

$$S_{min} = 0.62\sqrt{\frac{p}{\sigma_b}(Cd_j^2 - d_h^2)} = 0.62\sqrt{\frac{1.3}{510} \times (1.19 \times 534^2 - 330^2)} \text{ mm} = 15 \text{ mm}$$

(4)管板最小需要厚度取(1)，(2)，(3)中最大值。

管板最小需要厚度为　　　　　　　$S_{min} = 15.3 \text{ mm}$

(5)实取厚度。

实取厚度为　　　　　　　　　　$S = 16 \text{ mm}$

满足 7.3.4 条，胀接管直径大于 51 mm 的管板厚度不应小于 14 mm 的要求。

5. 校验人孔圈的高度和厚度

人孔圈的高度为

$$h = 90 \text{ mm} > \sqrt{Sd} = \sqrt{16 \times 280} \text{ mm} = 66.9 \text{ mm}$$

人孔圈的厚度为

$$S_1 = 20 \text{ mm} > \frac{7}{8}S = \frac{7}{8} \times 16 \text{ mm} = 14 \text{ mm}$$

且

$$S_1 = 20 \text{ mm} > 19 \text{ mm}$$

人孔圈的高度 h 和厚度 S_1 均满足 12.7.1 条的要求。

6. 直拉杆的最小需要直径

(1)计算壁温。

由表 4 查得，不直接受烟气或火焰加热的元件的计算壁温为

$$t_{bi} = t_j = 195 \text{ ℃}$$

按 3.4.1 条，当计算壁温低于 250 ℃时，实取计算壁温为

$$t_{bi} = 250 \text{ ℃}$$

(2)许用应力。

由表 1 查得，GB 699，20 号圆钢在 250 ℃时的基本许用应力为

$$[\sigma]_j = 125 \text{ MPa}$$

由表 3 查得，拉撑件基本许用应力的修正系数为

$$\eta = 0.55$$

由式(1)得，许用应力为

$$[\sigma] = \eta [\sigma]_j = (0.55 \times 125) \text{ MPa} = 68.8 \text{ MPa}$$

(3)被拉撑面积。

由附图 6 可知，直拉杆最大支撑面积为

$$A_1 = 382 \text{ mm}$$

(4)直拉杆的最小需要截面积。

由式(74)得，最小需要截面积为

$$F_{min} = \frac{pA_1}{[\sigma]} = \left(\frac{1.3 \times 382}{68.8}\right) \text{ cm}^2 = 7.22 \text{ cm}^2$$

(5)直拉杆的最小需要直径。

直拉杆的最小需要直径为

$$d_{min} = \sqrt{\frac{4F_{min}}{\pi}} = \left(\sqrt{\frac{4 \times 7.22}{3.14}}\right) \text{ cm} = 3.03 \text{ cm} = 30.3 \text{ mm}$$

(6)考核。

直拉杆取用直径(考虑后管板的需要)为

$$d = 40 \text{ mm}$$

满足 8.4.6 条直拉杆的直径不宜小于 25 mm 的要求和直拉杆的长度不大于 4 000 mm 中间不需要加支撑的规定。

7. 拉撑管的最小需要厚度

(1)计算壁温。

由表 4 查得,拉撑管的计算壁温为

$$t_{bi} = t_j + 25 \text{ ℃} = (195 + 25) \text{ ℃} = 220 \text{ ℃}$$

按 3.4.1 条,当计算壁温低于 250 ℃时,实取计算壁温

$$t_{bi} = 250 \text{ ℃}$$

(2)许用应力。

与直拉杆相同拉撑管许用应力为

$$[\sigma] = 68.8 \text{ MPa}$$

(3)被拉撑面积。

由附图 6 可知,拉撑管的最大支撑面积为

$$A_2 = 334 \text{ cm}^2$$

(4)拉撑管的最小需要截面积。

拉撑管的最小需要截面积为

$$F_{min} = \frac{pA_2}{[\sigma]} = \left(\frac{1.3 \times 334}{68.8}\right) \text{cm}^2 = 6.31 \text{ cm}^2$$

(5)拉撑管的最大允许内径。

拉撑管的最大允许内径为

$$d_n = \sqrt{d_w^2 - \frac{4F_{min}}{\pi}} = \left(\sqrt{6.35^2 - \frac{4 \times 6.31}{3.14}}\right) \text{cm} = 5.69 \text{ cm} = 56.9 \text{ mm}$$

(6)拉撑管的最小需要厚度。

拉撑管的最小需要厚度为

$$S_{1min} = \frac{d_w - d_n}{2} = \left(\frac{63.5 - 56.9}{2}\right) \text{ mm} = 3.3 \text{ mm}$$

(7)拉撑管的取用厚度。

拉撑管的取用厚度为

$$S_1 = 3.5 \text{ mm}$$

满足要求。

8. 角撑板的最小需要宽度

(1)角撑板的结构如附图 7 所示。

(2)计算壁温。

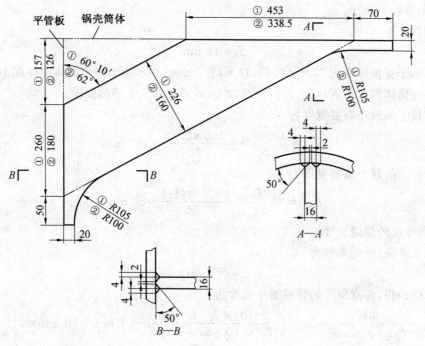

附图 7

与直拉杆相同角撑板壁温为

$$t_{bi} = 250 \ ℃$$

(3)许用应力。

由表 1 查得,Q345R 钢板在 250 ℃时的基本许用应力为

$$[\sigma]_j = 149 \ \text{MPa}$$

由表 3 查得,角撑板基本许用应力的修正系数为

$$\eta = 0.55$$

由式(1)得,许用应力为

$$[\sigma] = \eta [\sigma]_j = (0.55 \times 149) \ \text{MPa} = 82.0 \ \text{MPa}$$

(4)角撑板的最小需要截面积。

由附图 6 可知,角撑板①的支撑面积为

$$A_3 = 1 \ 220 \ \text{cm}^2$$

由附图 6 可知,角撑板②的支撑面积为

$$A_4 = 787 \ \text{cm}^2$$

由式(77)得,角撑板①的最小需要截面积为

$$F_{1min} = \frac{pA_3}{[\sigma] \sin \alpha_1} = \left(\frac{1.3 \times 1 \ 220}{82 \times \sin 60°10'} \right) \ \text{cm}^2 = 22.3 \ \text{cm}^2$$

(角撑板与管板的夹角 $\alpha_1 = 60°10'$)

由式(77)得,角撑板②的最小需要截面积为

$$F_{2min} = \frac{pA_4}{[\sigma] \sin \alpha_2} = \frac{1.3 \times 787}{82 \times \sin 62°} = 14.1 \ \text{cm}^2$$

(角撑板与管板的夹角 $\alpha_2 = 62°$)

(5)角撑板的尺寸。

取用厚度为

$$S_b = 16 \text{ mm}$$

它不小于管板厚度的 $70\% = 0.7 \times 16 = 11.2$ mm,亦不小于锅壳筒体的厚度 16 mm,且不大于锅壳筒体的 1.7 倍 $= 16 \times 1.7 = 27.2$ mm,满足 8.6.8 条的要求。

角撑板①的最小需要宽度为

$$b_{1min} = \frac{100 F_{1min}}{S_b} = \frac{100 \times 22.3}{16} = 139 \text{ mm}$$

角撑板②的最小需要宽度为

$$b_{2min} = \frac{100 F_{2min}}{S_b} = \frac{100 \times 14.1}{16} = 88 \text{ mm}$$

(6)角撑板的焊缝长度。

按 8.6.6 条,焊缝系数为

$$\eta_h = 0.60$$

由式(81)得,角撑板①的焊缝最小长度为

$$L_{b1min} = \frac{100 p A_3}{S_b \eta_h [\sigma] \sin \alpha_1} + 20 = \left(\frac{100 \times 1.3 \times 1\,220}{16 \times 0.60 \times 82 \times \sin 60°10'} \right) \text{ mm} + 20 \text{ mm} = 252 \text{ mm}$$

由式(81)得,角撑板②的焊缝最小长度为

$$L_{b2min} = \frac{100 p A_4}{S_b \eta_h [\sigma] \sin \alpha_2} + 20 \text{ mm} = \left(\frac{100 \times 1.3 \times 787}{16 \times 0.60 \times 82 \times \sin 62°} \right) \text{ mm} + 20 \text{ mm} = 167 \text{ mm}$$

(7)按焊缝长度校核角撑板的宽度。

角撑板①的最小需要宽度为

$$b_{1min} = (L_{h1min} - 50) \sin \alpha_1 = (252 - 50) \text{ mm} \times \sin 60°10' = 175 \text{ mm}$$

角撑板②的最小需要宽度为

$$b_{2min} = (L_{h2min} - 50) \sin \alpha_2 = (167 - 50) \text{ mm} \times \sin 62° = 103 \text{ mm}$$

角撑板①的取用宽度 $b_1 = 226$ mm。

角撑板②的取用宽度 $b_2 = 160$ mm。

实取数值均满足要求。

例题 6

一台单锅筒纵置式 6 t/h 水管锅炉,锅炉额定蒸汽压力为 1.6 MPa。上锅筒采用 Q245R 钢板焊制而成。锅筒内径 $D_n = 900$ mm,锅筒受到如附图 8 所示管孔减弱。锅筒纵焊缝采用熔剂层下的双面自动焊。锅筒置于炉膛内。锅筒与管子全部采用焊接连接。试计算该锅筒筒体厚度。

1. 计算压力

由按式(16)和式(17)得,锅筒筒体的计算压力为

$$p = p_e + \Delta p_z + \Delta p_{sz} + \Delta p_a$$

锅炉额定压力为

$$p_e = 1.6 \text{ MPa}$$

按 6.3 条,设计附加压力(锅炉出口安全阀较低始启压力与锅炉工作压力下的差值)为

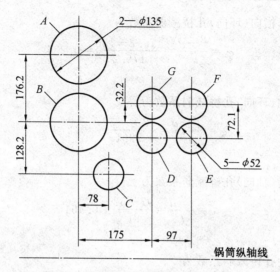

附图8　筒体管孔布置图(按中径展开)

$$\Delta p_a = 0.04 p_e = (0.04 \times 1.6) \text{ MPa} = 0.064 \text{ MPa}$$

锅炉介质流动阻力附加压力(锅炉最大流量时锅筒至锅炉出口之间的压力降)为

$$\Delta p_z = 0$$

按6.3条,锅炉筒体所受液柱静压力为

$$\Delta p_{sz} = 0$$

故,计算压力为

$$p = p_e + \Delta p_z + \Delta p_{sz} + \Delta p_a = (1.6 + 0 + 0 + 0.064) \text{ MPa} = 1.664 \text{ MPa}$$

2. 许用应力

由附表5水蒸气表查得 $p = 1.764$ MPa(绝对压力)下水的饱和温度为

$$t_b = 206 \text{ ℃}$$

由附表4查得,锅筒置于炉膛内受热锅筒筒体的计算壁温为

$$t_{bi} = t_b + 90 \text{ ℃} = 206 \text{ ℃} + 90 \text{ ℃} = 296 \text{ ℃}$$

由附表2查得,查得 Q245R 钢板在 296 ℃的基本许用应力为

$$[\sigma]_j = 114 \text{ MPa}$$

由附表3查得,查得锅筒受热且烟温大于 600 ℃的修正系数为

$$\eta = 0.90$$

由式(1)得,锅筒筒体的许用应力为

$$[\sigma] = \eta [\sigma]_j = (0.90 \times 114) \text{ MPa} = 102.6 \text{ MPa}$$

3. 确定不考虑相邻两孔影响的最小节距

(假设筒体的厚度为 $S = 18$ mm),按式(18)计算最小节距,当两孔直径各为 $\varphi 52$ mm 时。

$$t_0 = d_p + 2\sqrt{(D_n + S)S} = 52 \text{ mm} + 2\sqrt{(900 + 18) \times 18} \text{ mm} = 309.1 \text{ mm}$$

由附图8可知,所有的节距都小于 t_0 值,故都应按孔桥处理。

4. 确定最小减弱系数

(1)AB 孔桥。

由按式(20)可得,横向(环向)孔桥减弱系数为

$$\varphi' = \frac{t'-d}{t'} = \frac{176.2-135}{176.2} = 0.234$$

(2)EF孔桥。

由式(20)得,横向(环向)孔桥减弱系数为

$$\varphi' = \frac{t'-d}{t'} = \frac{72.1-52}{72.1} = 0.279$$

(3)DE孔桥。

由式(19)得,纵向(轴向)孔桥减弱系数为

$$\varphi = \frac{t-d}{t} = \frac{97-52}{97} = 0.464$$

(4)BC孔桥。

由式(23)得,斜向孔桥减弱系数为

(其中斜向节距 $t'' = \sqrt{a^2+b^2} = \sqrt{128.2^2+78^2}$ mm $= 150.1$ mm)

$$\varphi'' = \frac{t''-d_p}{t''} = \frac{150.1-(135+52)/2}{150.1} = 0.377$$

系数 $n = \dfrac{b}{a} = \dfrac{78}{128.2} = 0.608$

由式(22)得,斜向孔桥换算系数为

$$K = \frac{1}{\sqrt{1-\dfrac{0.75}{(1+n^2)^2}}} = \frac{1}{\sqrt{1-\dfrac{0.75}{(1+0.608^2)^2}}} = 1.29$$

由式(21)得,斜向孔桥当量减弱系数为

$$\varphi_d = K\varphi'' = 1.29 \times 0.377 = 0.486$$

(5)BG孔桥。

(其中斜向节距 $t'' = \sqrt{a^2+b^2} = \sqrt{32.2^2+175^2}$ mm $= 177.9$ mm)

$$\varphi'' = \frac{t''-d_p}{t''} = \frac{177.9-(135+52)/2}{177.9} = 0.474$$

系数 $n = \dfrac{b}{a} = \dfrac{175}{32.2} = 5.44$

按6.4.7条规定,当 $n \geqslant 2.4$ 时,可取斜向孔桥换算系数为

$$K = 1$$

由式(21)得,斜向孔桥当量减弱系数为

$$\varphi_d = K\varphi'' = 1 \times 0.474 = 0.474$$

(6)焊缝减弱系数。

由表7查得,熔剂层下双面自动焊对接焊缝减弱系数为

$$\varphi_d = 1.00$$

(7)最小减弱系数。

按6.4.1条规定,最小减弱系数 $\varphi_{\min}$ 取 φ_h、φ、$2\varphi'$ 及 φ_d 中最小值为

$$\varphi_{\min} = \varphi_{DE} = 0.464$$

5. 计算筒体厚度

由式(9)得,筒体理论计算厚度为

$$S_L = \frac{PD_n}{2\varphi_{min}[\sigma]-p} = \frac{1.664 \times 900}{2 \times 0.464 \times 102.6 - 1.664} \text{ mm} = 16.01 \text{ mm}$$

按6.5.2条规定,取筒体腐蚀减薄的附加厚度为

$$C_1 = 0.5 \text{ mm}$$

按6.5.3条及表8规定,取筒体卷制工艺减薄值(冷卷冷校,$S \leqslant 20$ mm)为

$$C_2 = 0$$

按6.5.4条及GB 709规定,取钢板厚度负偏差的附加厚度为

$$C_3 = 0.3 \text{ mm}$$

由式(27)得,筒体的附加厚度为

$$C = C_1 + C_2 + C_3 = (0.5 + 0 + 0.3) \text{ mm} = 0.8 \text{ mm}$$

由式(10)得,筒体成品最小需要厚度

$$S_{min} = S_L + C_1 = (16.01 + 0.5) \text{ mm} = 16.51 \text{ mm}$$

由式(11)得,筒体设计计算厚度

$$S_s = S_L + C = (16.01 + 0.8) \text{ mm} = 16.81 \text{ mm}$$

按6.2.1条,锅炉筒体取用厚度应满足

$$S \geqslant S_s$$

锅炉筒体取用厚度 $S = 18$ mm,满足强度要求。

6. 确定未补强孔的最大允许直径

由式(13)得,筒体的有效厚度为

$$S_y = S - C = (18 - 0.8) \text{ mm} = 17.2 \text{ mm}$$

由式(94)得,系数为

$$K = \frac{pd_n}{(2[\sigma]-p)S_y} = \frac{1.664 \times 900}{(2 \times 102.6 - 1.664) \times 17.2} = 0.432$$

$$d_n S_y = 900 \times 17.2 = 15.53 \times 10^3 \text{ mm}^2$$

根据系数 $K = 0.432$ 和 $d_n S_y = 15.53 \times 10^3$ mm²,由GB/T 9222—2008标准中的图19查得未补强孔最大允许开孔直径为

$$[d] = 169 \text{ mm}$$

而锅炉筒体最大开孔直径 $d = 135$ mm,故开孔不需要补强。

7. 弯曲应力的校核

按6.8.1条规定,锅筒筒体支点间距小于10 m且 $2\varphi'$ 不小于最小 φ 或 φ_d 时,不需要校核弯曲应力。

例题7

一台水管蒸汽锅炉,额定压力为9.8 MPa(表压),锅筒工作压力为11.37MPa(表压),其水冷壁下集箱筒体采用材料为20 G的 $\phi 273 \times 30$ mm 无缝钢管制造,位于锅筒中心线以下40 m的炉膛外,集箱筒体上焊有管接头,开孔布置如附图9所示,试校核集箱筒体的强度。

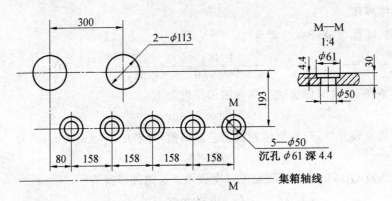

附图 9　集箱筒体开孔布置图(按中径展开)

1. 确定集箱筒体的计算压力

按 6.3 条,设计附加压力为

$$\Delta p_a = 0.05 p_e = 0.05 \times 9.8 \text{ MPa} = 0.49 \text{ MPa}$$

按 6.3 条,集箱筒体承受的液柱静压力为

$$\Delta p_{sz} = 0.01 H = 0.01 \times 40 \text{ MPa} = 0.40 \text{ MPa}$$

按 6.3 条,其值已超过 $0.03 \times (11.37 + 0.49)$ MPa = 0.36 MPa。

按 7.3 条和式(16),集箱筒体的计算压力为

$$p = p_g + \Delta p_a + \Delta p_{sz} = (11.37 + 0.49 + 0.40) \text{ MPa} = 12.26 \text{ MPa}$$

2. 确定许用应力

由附表 5 水蒸气表查得,$p = 12.36$ MPa(绝对压力)下的饱和蒸汽温度为

$$t_b = 327 \text{ ℃}$$

由表 5 查得,在烟道外(不受热)集箱筒体的计算壁温为

$$t_{bi} = t_b = 327 \text{ ℃}$$

由表 1 查得,当 $t_{bi} = 327$ ℃时,20G 钢管的基本许用应力为

$$[\sigma]_j = 106.9 \text{ MPa}$$

由表 3 查得,不受热(在烟道外或绝热)集箱筒体的修正系数为

$$\eta = 1.00$$

由式(1)得,集箱筒体的许用应力为

$$[\sigma] = \eta [\sigma]_j = 1.00 \times 106.9 \text{ MPa} = 106.9 \text{ MPa}$$

3. 确定未补强孔最大允许直径

对于 $\phi 273 \times 30$ mm 的无缝钢管,其下偏差(为负值时)与厚度的百分比值 $m = 10$。

按 7.6.2 条,集箱筒体腐蚀减薄的附加厚度为

$$C_1 = 0.5 \text{ mm}$$

按 7.6.3 条,对于由钢管制成的直集箱筒体,考虑工艺减薄的附加厚度为

$$C'_2 = 0$$

按 7.6.3 条和式(44),集箱筒体厚度的负偏差的附加厚度为

$$C'_3 = \frac{m}{100} S = \frac{10}{100} \times 30 \text{ mm} = 3 \text{ mm}$$

由式(43)得,集箱筒体的附加厚度为

$$C' = C_1 + C'_2 + C'_3 = (0.5 + 0 + 3)\ \text{mm} = 3.5\ \text{mm}$$

由式(36)得,集箱的有效厚度为

$$S_y = S - C' = (30 - 3.5)\ \text{mm} = 26.5\ \text{mm}$$

集箱筒体的内径为

$$d_n = D_w - 2S = 273\ \text{mm} - 2 \times 30\ \text{mm} = 213\ \text{mm}$$

集箱筒体内径与有效厚度的乘积为

$$d_n S_y = 213 \times 26.5\ \text{mm}^2 = 5.64 \times 10^3\ \text{mm}^2$$

由式(95)得,未补强孔的系数为

$$k = \frac{p(D_w - 2S_y)}{(2[\sigma] - p)S_y} = \frac{12.26 \times (273 - 2 \times 26.5)}{(2 \times 106.9 - 12.26) \times 26.5} = 0.505$$

由 GB/T 9222—2008 标准中图 18,当 $k = 0.505$;$d_n S_y = 5.64 \times 10^3\ \text{mm}^2$,查得未补强孔的最大允许直径为

$$[d] = 116\ \text{mm}$$

由附图 9 可知,最大开孔直径为 $\phi113\ \text{mm}$,小于$[d]$,故不必补强。

4. 确定不考虑相邻两孔的最小节距

对于两个 $\phi113\ \text{mm}$ 的孔,按式(18)

$$t_0 = d_p + 2\sqrt{(D_n + S)S} = \left(\frac{113 + 113}{2}\right)\ \text{mm} + 2\sqrt{(213 + 30) \times 30}\ \text{mm} = 284\ \text{mm}$$

由图 9,实际节距为 300 mm,已大于 t_0,故不必按孔桥处理。

按式(25),具有凹座的 $\phi50\ \text{mm}$ 开孔

$$d_d = d_1 + \frac{h}{S}(d'_1 - d_1) = 50\ \text{mm} + \frac{4.4}{30}(61 - 50)\ \text{mm} = 51.61\ \text{mm}$$

对于两个 $d_d = 51.61\ \text{mm}$ 的开孔的孔桥,由式(25)得

$$t_0 = \frac{51.61 + 51.61}{2} + 2\sqrt{(213 + 30) \times 30} = 222\ \text{mm}$$

实际节距为 158 mm,小于 t_0,故应按孔桥处理。

对于 $d_d = 51.61\ \text{mm}$ 与 $d = 113\ \text{mm}$ 的孔桥,由式(25)得

$$t_0 = \frac{51.61 + 113}{2} + 2\sqrt{(213 + 30) \times 30} = 253\ \text{mm}$$

由计算可知,左边两个 $d_d = 51.61\ \text{mm}$ 的孔与 $d = 113\ \text{mm}$ 的孔的斜向节距小于 t_0,它们应按孔桥处理。

5. 确定孔桥最小减弱系数

(1)由式(19)得,对于由两个 $d_d = 51.61\ \text{mm}$ 开孔组成的孔桥,纵向孔桥减弱系数为

$$\varphi = \frac{t - d_d}{t} = \frac{158 - 51.61}{158} = 0.673$$

(2)计算斜向孔桥当量减弱系数。

按 6.4.7 条和 6.4.8 条,斜向孔桥减弱系数为

$$\varphi''=\frac{t''-d_p}{t''}=\frac{a\sqrt{1+n^2}-\frac{d_1+d_2}{2}}{a\sqrt{1+n^2}}=\frac{62\times\sqrt{1+\left(\frac{62}{193}\right)^2}-\frac{51.61+113}{2}}{62\times\sqrt{1+\left(\frac{62}{193}\right)^2}}=0.594$$

由式(22)得,斜向孔桥的换算系数为

$$K=\frac{1}{\sqrt{1-0.75/(1+n^2)^2}}=\frac{1}{\sqrt{1-0.75/(1+0.32^2)^2}}=1.62$$

由式(21)得,斜向孔桥当量减弱系数为

$$\varphi_d=K\varphi''=1.62\times0.594=0.96$$

按6.4.1条,最小减弱系数 φ_{min} 取 φ、φ_d 中的最小值为

$$\varphi_{min}=\varphi=0.673$$

6.集箱筒体强度校核

由式(32)得,集箱筒体的理论计算厚度为

$$S_L=\frac{Pd_w}{2\varphi_{min}[\sigma]+P}=\frac{12.26\times273}{2\times0.673\times106.9+12.26}\text{ mm}=21.43\text{ mm}$$

按7.5.2条,集箱筒体腐蚀减薄的附加厚度为

$$C_1=0.5\text{ mm}$$

按7.5.3条,由钢管制成的直集箱筒体,工艺减薄的附加厚度为

$$C_2=0$$

由式(40)得,考虑钢管厚度负偏差的附加厚度为

$$C_3=\frac{m}{100-m}(S_L+C_1)=\frac{10}{100-10}(21.43+0.5)\text{ mm}=2.2\text{ mm}$$

由式(39)得,集箱筒体的附加厚度为

$$C=C_1+C_2+C_3=(0.5+0+2.2)\text{ mm}=2.7\text{ mm}$$

由式(33)得,直集箱筒体成品最小需要厚度为

$$S_{min}=S_L+C_1=(21.43+0.5)\text{ mm}=21.93\text{ mm}$$

由式(34)得,集箱筒体设计计算厚度为

$$S_s=S_L+C=(21.43+2.2)\text{ mm}=23.63\text{ mm}$$

集箱筒体的实取厚度为30 mm,故集箱筒体强度足够。

例题8

某 $\phi426\times45$ mm 的 12Cr1MoVG 过热器集箱,计算压力 $P=17.16$ MPa(表压),置于烟道外。集箱采用有孔平端盖,端盖结构型式及尺寸 如附图 10 所示。平端盖材料为12Cr1MoV(锻件)计算壁温 $t_{bi}=486$ ℃。试确定该平端盖尺寸。

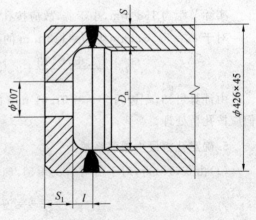

附图10 平端盖

1. 确定许用应力

由表 1 查得,查得 $t_{bi}=486$ ℃时 12Cr1MoVG(12Cr1MoV)钢的基本许用应力为

$$[\sigma]_j=122 \text{ MPa}$$

由表 17 查得,平端盖$(2S>l \geqslant S)$的修正系数

$$\eta=1.00$$

由式(1)得,平端盖的许用应力为

$$[\sigma]=\eta[\sigma]_j=1.00 \times 122 \text{ MPa}=122 \text{ MPa}$$

由表 3 查得,在烟道外(不受热)的集箱筒体的修正系数为

$$\eta=1.00$$

由式(1)得,在烟道外的集箱筒体的许用应力为

$$[\sigma]=\eta[\sigma]_j=1.00 \times 122 \text{ MPa}=122 \text{ MPa}$$

2. 确定集箱筒体车削部分的厚度

由式(32)得,集箱筒体车削部分的理论计算厚度为

$$S_L=\frac{pd_w}{2\varphi_{min}[\sigma]+p}=\frac{17.16 \text{ MPa} \times 426 \text{ mm}}{2 \times 1.00 \times 122 \text{ MPa}+17.16 \text{ MPa}}=28.0 \text{ mm}$$

对于集箱筒体的车削部分,厚度下偏差(为负值)与取用厚度的百分比值 m 可取为 0,故按 7.5.3 条 $C_3=0$;$C_2=0$,按 7.5.2 条 $C_1=0.5$ mm。

由式(39)得,集箱筒体车削部分的附加厚度为

$$C=C_1+C_2+C_3=(0.5+0+0) \text{ mm}=0.5 \text{ mm}$$

由式(33)得,直集箱筒体成品最小需要厚度为

$$S_{min}=S_L+C_1=(28+0.5) \text{ mm}=28.5 \text{ mm}$$

由式(34)得,集箱筒体设计计算厚度

$$S_s=S_L+C=(28+0.5) \text{ mm}=28.5 \text{ mm}$$

取集箱筒体车削部分的取用厚度为

$$S=30 \text{ mm}$$

3. 确定平端盖厚度和结构尺寸

平端盖的内径为

$$d_n=d_w-2S=426 \text{ mm}-2 \times 30 \text{ mm}=366 \text{ mm}$$

按 10.2.7 条规定

$$\frac{107}{d_n}=\frac{107}{366}=0.29<0.8$$

满足开孔结构要求。

由表 17 中序号 1,有孔平端盖的结构特性系数为

$$K=0.45$$

由式(88)得,平端盖的设计厚度为

$$S_s=Kd_n\sqrt{\frac{p}{[\sigma]}}=0.45 \times 366\sqrt{\frac{17.16}{122}} \text{ mm}=61.8 \text{ mm}$$

取平端盖的取用厚度为

$$S_1 = 62 \text{ mm}$$

由表 17 中序号 1 的规定为

$$r \geqslant \frac{2}{3} S$$

$$L \geqslant S$$

由以上计算得

$$S = 30 \text{ mm}$$

所以可取

$$r = 20 \text{ mm}, L = 30 \text{ mm}$$

例题 9

一台水管锅炉的出口过热蒸汽集箱($\phi 377 \times 45$ mm)上有一焊制异径三通,三通支管与 $\phi 325 \times 40$ mm 的过热蒸汽导管相连接。锅炉额定压力 $p_e = 13.7$ MPa(表压)。高温过热器出口集箱的介质温度 $t_j = 540 \, ℃$,集箱和三通的汽水阻力压力降 Δp_z 和液柱静压力 Δp_{sz} 均为零。集箱和三通均由 12Cr1MoVG 无缝钢管制成。试确定三通主管和支管的钢管规格。

1. 确定三通的计算压力

按 12.2.4 条,三通的计算压力

$$p = p_e + \Delta p_a + \Delta p_z + \Delta p_{sz} = (13.7 + 0.05 \times 13.7 + 0 + 0) \text{ MPa} = 14.4 \text{ MPa}$$

2. 确定许用应力

按 12.2.5 条、表 5 和 5.4.4 条的规定,焊制三通的计算壁温为

$$t_{bi} = t_j + X \Delta t = (540 + 10) \, ℃ = 550 \, ℃$$

由表 1 查得,t_{bi} 为 550 ℃ 时 12Cr1MoVG 钢的基本许用应力为

$$[\sigma]_j = 71 \text{ MPa}$$

由表 3 查得,许用应力的修正系数为

$$\eta = 1.00$$

由式(1)得,许用应力为

$$[\sigma] = \eta [\sigma]_j = 1.00 \times 71 \text{ MPa} = 71 \text{ MPa}$$

3. 结构选择

为保证介质在三通内的流速与相连接管道内的流速基本相同,三通应按内径与相连接集箱内径基本相等的原则进行设计。选择焊制三通主管及支管的管子规格的计算采用试算法进行。根据集箱的内径 $d'_n = 377$ mm $- 2 \times 45$ mm $= 287$ mm 和蒸汽导管内径 $d'_n = 325$ mm $- 2 \times 40$ mm $= 245$ mm,并假设焊制三通减弱系数 $\varphi'_y = 0.60$,则按式(106)及式(107)进行计算:

主管理论计算试算厚度为

$$S'_L = \frac{p d'_n}{2 \varphi'_y [\sigma] - p} = \frac{14.4 \times 287}{2 \times 0.6 \times 71 - 14.4} \text{ mm} = 58.4 \text{ mm}$$

支管理论计算试算厚度为

$$S'_{L1} = S'_L \frac{d'_n}{d'_n} = 58.4 \times \frac{245}{287} \text{ mm} = 49.9 \text{ mm}$$

按 $d'_n = 287$ mm 及 $d'_n = 245$ mm 选择管子外径。所选用的管子外径必须相应地大于

287 mm＋2×58.4 mm＝404 mm 及 245 mm＋2×49.9 mm＝345 mm。

根据管子相近规格,分别选用 $\phi426×70$ mm 和 $\phi377×63$ mm 的无缝钢管做为此三通的主管及支管。

按 7.6.1 条、7.6.2 条、7.6.3 条及式(36),计算附加厚度和有效厚度,另外取管子下偏差(为负值)与厚度的百分比值 $m=10$。

对于主管

$$C'=C_1+C'_2+C'_3=C_1+C'_2+\frac{m}{100}S=0.5\text{ mm}+0+\frac{10}{100}×70\text{ mm}=7.5\text{ mm}$$

$$S_y=S-C'=(70-7.5)\text{ mm}=62.5\text{ mm}$$

对于支管

$$C'=C_1+C'_2+C'_3=C_1+C'_2+\frac{m}{100}S=0.5\text{ mm}+0+\frac{10}{100}×63\text{ mm}=6.8\text{ mm}$$

$$S_{y1}=S_1-C'=(63-6.8)\text{ mm}=56.2\text{ mm}$$

按 12.2.3 条规定

$$d_w=426\text{ mm}<813\text{ mm}$$

$$\frac{d_n}{d_n}=\frac{d_w-2S_{y1}}{d_w-2S_y}=\frac{377-2×56.2}{426-2×62.5}=0.88>0.8$$

计算 β 及 β_L 时,由于实际三通的 φ_y 尚未确定,S_L 及 S_{L1} 的值暂用 S_y 及 S_{y1} 代替,算出 φ_y 后再进行验算。

按 12.2.6 条及式(46),β 值

$$\beta=\frac{d_w}{d_w-2S_y}=\frac{426}{426-2×62.5}=1.42$$

按 12.2.6 条及式(38),β_L 值

$$\beta_L=\frac{d_w}{d_w-2S_L}=\frac{426}{426-2×62.5}=1.42$$

结构尺寸满足表 20 中 $1.25<\beta$ 且 $\beta_L\leqslant2.00$ 的要求,而且计算壁温 t_{bi} 不小于该钢材持久强度对基本许用应力起控制作用的温度,因此三通可按厚度补强方法计算

4. 强度校核

三通主管平均直径为

$$d_p=d_w-S_y=(426-62.5)\text{ mm}=364\text{ mm}$$

三通支管平均直径

$$d_p=d_w-S_{y1}=(377-56.2)\text{ mm}=321\text{ mm}$$

三通支管内径

$$d_n=d_w-2S_{y1}=377\text{ mm}-2×56.2\text{ mm}=264\text{ mm}$$

按 12.2.7 条,系数

$$X=\frac{d_n^2}{d_pd_p}=\frac{264^2}{363×321}=0.598$$

$$Y=4.05\frac{S_y^3+S_{y1}^3}{S_y^2\sqrt{d_pS_y}}=4.05\frac{62.5^3+56.2^3}{62.5^2×\sqrt{363×62.5}}=2.91$$

由式(114)得,三通主管实际减弱系数为

$$\varphi_y = \frac{1}{1.20\left(1+\frac{X\sqrt{1+Y^2}}{2Y}\right)} = \frac{1}{1.20\times\left(1+\frac{0.6\times\sqrt{1+2.91^2}}{2\times2.91}\right)} = 0.63$$

由式(106)得,三通主管的理论计算厚度为

$$S_L = \frac{pd_w}{2\varphi_y[\sigma]+p} = \frac{14.4 \text{ MPa}\times426 \text{ mm}}{2\times0.63\times71 \text{ MPa}+14.4 \text{ MPa}} = 59.1 \text{ mm}$$

由式(107)得,三通支管的理论计算厚度为

$$S_{L1} = S_L\frac{d_w}{d_w} = 59.1\times\frac{377}{426} \text{ mm} = 52.3 \text{ mm}$$

按 7.5.1 条、7.5.2 条、7.5.3 条及式(39)和式(40),计算附加厚度,另外取管子下偏差(为负值)与厚度的百分比值 $m=10$。

对于主管

$$C = C_1+C_2+C_3 = C_1+C_2+\frac{m}{100-m}(S_L+C_1) =$$

$$0.5 \text{ mm}+0+\frac{10}{100-10}(59.1+0.5) \text{ mm} = 7.12 \text{ mm}$$

对于支管

$$C = C_1+C_2+C_3 = C_1+C_2+\frac{m}{100-m}(S_L+C_1) =$$

$$0.5 \text{ mm}+0+\frac{10}{100-10}(52.3+0.5) \text{ mm} = 6.37 \text{ mm}$$

由式(34)得,三通设计计算厚度为

对于主管

$$S_s = S_L+C = 59.1 \text{ mm}+7.12 \text{ mm} = 66.22 \text{ mm}$$

对于支管

$$S_{s1} = S_{L1}+C = 52.3 \text{ mm}+6.37 \text{ mm} = 58.77 \text{ mm}$$

按 7.2.1 条,三通实际取用厚度及有效厚度

对于主管

$$S = 70 \text{ mm} > S_s = 66.22 \text{ mm}$$

$$S_y = S-C = 70 \text{ mm}-7.12 \text{ mm} = 62.88 \text{ mm}$$

对于支管

$$S_1 = 63 \text{ mm} > S_{s1} = 58.77 \text{ mm}$$

$$S_{y1} = S_1-C = 63 \text{ mm}-6.37 \text{ mm} = 56.63 \text{ mm}$$

校核 β 和 β_L

$$\beta = \frac{d_w}{d_w-2S_y} = \frac{426}{426-2\times62.88} = 1.42$$

$$\beta_L = \frac{d_w}{d_w-2S_L} = \frac{426}{426-2\times59.1} = 1.384$$

满足表 20 中 $1.25 < \beta$ 且 $\beta_L \leqslant 2.00$ 的要求。

因此,选用主管规格 $\phi426\times70 \text{ mm}$ 和支管规格 $\phi377\times63 \text{ mm}$ 的焊接三通结构,强度满足要求。

例题 10

DZL7-1.0/95/70-AⅡ热水锅炉

强度计算书

计算：

校对：

审核：

批准：

单位：×××××××××××

×××× 年 ×× 月 ×× 日

目　　录

1. 锅炉规范

2. 锅壳强度计算

　　2.1 锅壳筒体强度计算

　　2.2 锅壳筒体未补强孔最大允许值计算

　　2.3 人孔补强计算

　　2.4 人孔加强圈高度和厚度校核

　　2.5 出水管接头开孔补强计算

3. 拱形管板强度计算

　　3.1 拱形管板上部凸形部位最小需要厚度计算

　　3.2 拱形管板下部凸形部位最小需要厚度计算

　　3.3 拱形管板圆筒形部位最小需要厚度计算

　　3.4 拱形管板平板部位最小需要厚度计算

　　3.5 校验拱形管板最小需要厚度

4. 螺纹烟管强度计算

5. 管子强度计算

　　5.1 $\phi51\times3$ mm 管子强度计算(水冷壁管)

　　5.2 $\phi159\times6$ mm 管子强度计算(下降管)

6. 集箱筒体强度计算

7. 人孔盖强度计算

8. 安全阀校核计算

9. 附图

计算依据：1. GB/T 16508—1996《锅壳锅炉受压元件强度计算》

　　　　　　2. TSG G0001—2012《锅炉安全技术监察规程》

名　　　称	符号	单位	公式来源及计算	数值
1. 锅炉规范				
额定热功率	Q	MW	设计确定	7
额定压力	p_e	MPa	设计确定	1.0
出水温度	t_{cs}	℃	设计确定	95
进水温度	t_{js}	℃	设计确定	70

续表

名　称	符号	单位	公式来源及计算	数值
2.锅壳强度计算				
2.1锅壳筒体强度计算				
锅壳筒体内径	D_n	mm	设计确定	1 800
锅壳筒体材质	—	—	设计确定 GB 713	Q245R
锅炉额定压力	p_e	MPa	设计确定	1.00
最大流量时计算元件至锅炉出口之间的压力降	Δp_z	MPa	设计确定(无过热器)	0
计算元件所受水柱静压力	Δp_{sz}	MPa	按 3.5.1 条	0
附加压力	Δp	MPa	按 3.5.1 条 $p_e < 1.25$ MPa	0.02
计算压力	p	MPa	按式(4)计算	1.02
计算壁温	t_{bi}	℃	按表 4 及 3.4.1 条 $t_j + 90$	250
基本许用应力	$[\sigma]_j$	MPa	查表 1	125
基本许用应力修正系数	η	—	查表 3,烟温＞600 ℃	0.9
许用应力	$[\sigma]$	MPa	式(1) $\eta[\sigma]_j$	112.5
纵向孔桥节距	t	mm	见附图 1	164
斜向孔桥节距	t''	mm	见附图 1,$\sqrt{a^2 + b^2}$	207.1
开孔直径	d	mm	见附图 1	52
纵向孔桥减弱系数	φ	—	式(16),$\dfrac{t-d}{t}$	0.683
斜向孔桥减弱系数	φ''	—	式(20),$t'' - d/t''$	0.749
比值	n	—	按 4.3.8 条及附图 1,b/a	0.432
斜向孔桥换算系数	K	—	式(19),$1/\sqrt{1 - \dfrac{0.75}{(1+n^2)^2}}$	1.46
斜向孔桥当量减弱系数	φ_d	—	式(18),$K\varphi''$	1.10
焊缝减弱系数	φ_h	—	查表 5,锅壳筒体双面焊	1.00
最小减弱系数	φ_{min}	—	按 4.3.1 条,取 $\varphi,\varphi_d,\varphi_h$ 最小值	0.683
锅壳筒体理论计算厚度	S_L	mm	式(5),$PD_n/(2\varphi_{min}[\sigma] - p)$	12.03
腐蚀减薄的附加厚度	C_1	mm	按 4.4.1 条,一般取 0.5	0.5
材料厚度下偏差(为负值)的附加厚度	C_2	mm	按 4.4.1 条及 GB/T 709	0.30
工艺减薄的附加厚度	C_3	mm	按 4.4.1 条,冷卷冷校	0
锅壳筒体的附加厚度	C	mm	式(25),$C_1 + C_2 + C_3$	0.8
锅壳筒体的最小需要厚度	S_{min}	mm	式(6),$S_1 + C$	12.83
锅壳筒体的取用厚度	S	mm	设计确定(按钢板规格)	14

续表

名　　　称	符号	单位	公式来源及计算	数值
锅壳筒体的有效厚度	S_y	mm	式(10),$S-C$	13.20
校核:按 4.5.1 条规定,$D_n=1\,800$ mm$>1\,000$ mm 时不应小于 6 mm				
按 4.5.3 条及表 8,锅壳筒体 $S=14$ mm<26 mm。满足强度要求				
2.2 锅壳筒体未补强孔的最大允许直径				
锅壳筒体有效厚度	S_y	mm	式(10),$S-C$	13.20
锅壳筒体实际减弱系数	φ_s	—	式(107),$PD_n/(2[\sigma]-p)S_y$	0.62
系数	D_nS_y	mm^2	图 55,D_nS_y	23 390
未补强孔最大允许直径	$[d]$	mm	按 12.2.4 条,查图 55	174
校核:实际锅壳筒体上,除了 300×400 mm 人孔和 ϕ219×12 mm 出水管接头以外,其他开孔都小于 $[d]$。按 12.2.5 条,$\varphi_s=0.62>0.4$ 则需要对 300 mm×400 mm 人孔和 ϕ219×12 mm 出水管接头开孔进行补强计算				
2.3　人孔补强计算				
人孔加强圈规格	—	mm×mm	设计确定椭圆人孔	400×300
人孔加强圈材质	—	—	设计确定　GB 713	Q245R
计算壁温	t_{bi}	℃	按 3.4.1 条及表 4 $t_j=95<250$	250
基本许用应力	$[\sigma]_j$	MPa	查表 1	125
基本许用应力修正系数	η	—	查表 3	1.00
许用应力	$[\sigma]$	MPa	式(1),$\eta[\sigma]_j$	125
计算压力	P	MPa	取锅壳筒体计算压力	1.02
人孔加强圈理论计算厚度	S_{01}	mm	式(110),$pd/(2[\sigma]_1-p)$,d 为长轴尺寸	1.64
人孔加强圈取用厚度	S_1	mm	设计确定	20
腐蚀减薄的附加厚度	C_1	mm	按 4.4.1 条,一般取 0.5	0.5
材料厚度下偏差(为负值)的附加厚度	C_2	mm	按 4.4.1 条及 GB/T 709	0.3
工艺减薄的附加厚度	C_3	mm	按 4.4.1 条,冷卷冷校	0
加强圈的附加厚度	C	mm	式(25),$C_1+C_2+C_3$	0.8
加强圈有效厚度	S_{y1}	mm	式(10),S_1-C	19.2
未减弱筒体的理论计算厚度	S_0	mm	式(109),$pD_n/(2[\sigma]-p)$	8.20
锅壳筒体的有效补强宽度	B	mm	按 12.2.6 条,$B=2d$,d 为短轴	600
加强圈有效补强高度	h_1	mm	按 12.2.6 条,取 $2.5S$ 和 $2.5S_1$ 中较小值	40
加强圈有效补强高度	h_2	mm	按 12.2.6 条及附图 2	20
焊角高度	K_h	mm	结构尺寸,见附图 2	10

续表

名　称	符号	单位	公式来源及计算	数值
补强需要面积	A	mm^2	表19，$[d+2S_{y1}(1-[\sigma]_1/[\sigma])]S_0$	2 424.2
焊缝面积	A_1	mm^2	表19，$2K_h^2$	200
加强圈多余面积	A_2	mm^2	表19，$[2h_1(S_{y1}-S_{01})+2h_2S_{y1}][\sigma]_1/[\sigma]$	2 414.3
筒体多余面积	A_4	mm^2	表19，$[d-2S_{y1}(1-[\sigma]_1/[\sigma])]$ (S_y-S_0)	1 522.2
起补强作用的多余面积	$\sum A_i$	mm^2	$A_1+A_2+A_4$	4 136.5
2/3补强需要面积	$2/3A$	mm^2	按12.2.7条，$2/3A$	1 616.1
1/4孔径内补强面积	$A_{d/4}$	mm^2	$A_1+A_2+1/2A_4$	3 375.4

校核：由于 $\sum A_i=4\ 136.5>A=2\ 424.2$ mm^2；$A_{d/4}=3\ 375.4>2/3A=1\ 616.1$ mm^2

故满足12.2.7条要求

由于 $d/D_n=400/1\ 800=0.222<0.8$；$d=400$ mm<600 mm

故满足12.2.1条要求。

2.4 校核人孔加强圈的高度和厚度

名称	符号	单位	公式来源及计算	数值
加强圈高度	h	mm	结构尺寸	90
加强圈厚度	S_1	mm	结构尺寸	20
锅壳筒体厚度	S	mm	由锅壳筒体强度计算确定	14
加强圈应满足的高度	H	mm	按12.5.5条及式(113)$\sqrt{Sd}$	64.81

校核：由于 $S_1=20>7/8S=12.3$ mm 且 $S_1=20$ mm>19 mm；满足12.7.1条要求

由于 $h=90$ mm$>H=64.81$ mm；满足12.5.5条要求

2.5 出水管接头开孔补强计算

名称	符号	单位	公式来源及计算	数值
出水管接头外径	D_w	mm	设计确定	219
出水管接头厚度	S	mm	设计确定	12
出水管接头内径	d	mm	D_w-2S	195
出水管接头材质	—	—	设计确定 GB 3087	20
计算压力	p	MPa	取锅壳筒体计算压力	1.02
计算壁温	t_{bi}	℃	按3.4.1条及表4 $t_j=95<250$	250
基本许用应力	$[\sigma]_j$	MPa	查表1	125
基本许用应力的修正系数	η	—	查表3	1.00
许用应力	$[\sigma]$	MPa	式(1)，$\eta[\sigma]_j$	125
出水管接头理论计算厚度	S_{01}	mm	式(110)，$pd/(2[\sigma]_1-p)$	0.80
出水管接头取用厚度	S_1	mm	设计确定	12
腐蚀减薄的附加厚度	C_1	mm	按4.4.1条，一般取0.5	0.5
钢管下偏差与厚度的百分比	m	%	查表6	10

续表

名　　　　称	符号	单位	公式来源及计算	数值
系数	A	—	查表 6	0.11
钢管厚度下偏差(为负值)的附加厚度	C_2	mm	按式(26),AS_{01}	0.088
钢管工艺减薄的附加厚度	C_3	mm	按 4.4.2.1 条	0
出水管接头的附加厚度	C	mm	式(25),$C_1+C_2+C_3$	0.588
出水管接头的有效厚度	S_{y1}	mm	式(10),S_1-C	11.41
未减弱锅壳筒体的理论计算厚度	S_0	mm	式(109),$pD_n/(2[\sigma]-p)$	8.20
锅壳筒体的有效补强宽度	B	mm	按 12.2.6 条,$B=2d$	390
出水管接头有效加强高度	h_1	mm	按 12.2.6 条,取 2.5S 和 $2.5S_1$ 中较小值	30
出水管接头有效加强高度	h_2	mm	按 12.2.6 条及附图 3,$h_2=36>30$ 取 30	30
出水管接头的焊角高度	K_h	mm	结构尺寸,见附图 3	8
补强所需要面积	A	mm²	表 19,$[d+2S_{y1}(1-[\sigma]_1/[\sigma])]S_0$	1 599
焊缝面积	A_1	mm²	表 19,$2K_h^2$	128
出水管接头多余面积	A_2	mm²	表 19,$[2h_1(S_{y1}-S_{01})+2h_2S_{y1}][\sigma]_1/[\sigma]$	1 321
锅壳筒体起补强作用的多余面积	A_4	mm²	表 19,$[d-2S_{y1}(1-[\sigma]_1/[\sigma])]$ (S_y-S_0)	975
起补强作用的多余面积	$\sum A_i$	mm²	$A_1+A_2+A_4$	2 424
2/3 补强需要面积	$2/3A$	mm²	按 12.2.7 条,$2/3A$	1 066
1/4 孔径内补强面积	$A_{d/4}$	mm²	$A_1+A_2+1/2A_4$	1 937

校核:由于 $\sum A_i=2\,424\ \text{mm}^2>A=1\,599\ \text{mm}^2$;$A_{d/4}=1\,937\ \text{mm}^2>2/3A=1\,066\ \text{mm}^2$

故满足 12.2.7 条要求

由于 $d/D_n=195/1\,800=0.108<0.8$;$d=195\ \text{mm}<600\ \text{mm}$

故满足 12.2.1 条要求

3.拱形管板强度计算

名称	符号	单位	公式来源及计算	数值
拱形管板内径	D_n	mm	设计确定	1 800
拱形管板材质	—	—	设计确定　GB 713	Q245R
拱形管板内高度	h_n	mm	设计确定	280
计算压力	p	MPa	取锅壳筒体计算压力	1.02
计算壁温	t_{bi}	℃	按 3.4.1 条及表 4 $t_j=95+25<250$	250
基本许用应力	$[\sigma]_j$	MPa	查表 1	125
基本许用应力的修正系数	η	—	查表 3	0.85
许用应力	$[\sigma]$	MPa	式(1),$\eta[\sigma]_j$	106.25

续表

名　称	符号	单位	公式来源及计算	数值
管板取用厚度	S	mm	设计确定(与锅壳筒体相同)	14
腐蚀减薄的附加厚度	C_1	mm	按 6.2.10 条,一般取 0.5	0.5
钢板厚度下偏差(为负值)的附加厚度	C_2	mm	按 6.2.10 条及 GB 709	0.30
管板工艺减薄的附加厚度	C_3	mm	按 6.2.10 条,0.1S	1.40
管板附加厚度 C	C	mm	式(59),$C_1+C_2+C_3$	2.2
3.1 拱形管板上部凸形部位最小需要厚度计算				
凸形部位当量内径	D_{nd}	mm	按 6.4.2.1 条及附图 5,$2a''b=2\times436$	872
凸形部位当量内径	D'_{nd}	mm	按 6.4.2.1 条及附图 5,$2a'b=2\times350$	700
形状系数	Y	—	按 6.2.5 条及式(57),$\frac{1}{6}\left[2+(\frac{D_{nd}}{2h_n})^2\right]$	0.737
减弱系数	φ	—	按 6.2.6 条表 14,无孔无拼接焊缝	1.00
最小需要厚度	S_{min}	mm	按 6.2.1 条及式(54),$\frac{PD_{nd}Y}{2\varphi[\sigma]-0.5P}+C$	5.29

校核:式(54)只有满足下列条件时才有效

$h_n/D'_{nd}=0.4>0.2$;$S_{min}-C/D'_{nd}=0.0044<0.1$,有效

3.2 拱形管板下部凸形部位最小需要厚度计算				
凸形部位当量内径	D_{nd}	mm	按 6.4.2.1 条及附图 5,$2a''b=2\times580$	1 160
凸形部位当量内径	D'_{nd}	mm	按 6.4.2.1 条及附图 5,$2a'b=2\times520$	1 040
人孔内直径	d	mm	按 6.2.6 条中注 2),取长轴尺寸	400
形状系数	Y	—	按 6.2.5 条及式(57),$\frac{1}{6}\left[2+(\frac{D_{nd}}{2h_n})^2\right]$	1.048
减弱系数	φ	—	按 6.2.6 条表 14,$1-d/D_{nd}$	0.655
最小需要厚度	S_{min}	mm	按 6.2.1 条及式(54),$\frac{PD_{nd}Y}{2\varphi[\sigma]-0.5P}+C$	11.14

校核:式(54)只有满足下列条件时才有效

$h_n/D'_{nd}=0.27>0.2$;$S_{min}-C/D'_{nd}=0.008\,6<0.1$;$d/D'_{nd}=0.385<0.6$,有效

续表

名　　称	符号	单位	公式来源及计算	数值
3.3 拱形管板圆筒部位（直段部分）最小需要厚度计算				
最小减弱系数	φ_{min}	—	按 6.4.3.1 条	1.00
圆筒理论计算厚度	S_l	mm	式(5)，$pD_n/(2\varphi_{min}[\sigma]-p)$	8.68
腐蚀减薄的附加厚度	C_1	mm	按 6.2.10 条，一般取 0.5	0.5
钢板厚度下偏差（为负值）的附加厚度	C_2	mm	按 6.2.10 条及 GB 709	0.30
圆筒工艺减薄的附加厚度	C_3	mm	按 6.2.10 条，0.1S	1.40
圆筒的附加厚度 C	C	mm	式(59)，$C_1+C_2+C_3$	2.2
最小需要厚度	S_{min}	mm	式(6)，S_L+C	10.88
3.4 拱形管板的平直部位（烟管管束区）最小需要厚度				
假想圆直径	d_j	mm	按 7.3.2 条及附图 5	98
系数	K	—	按 7.3.2 条确定	0.47
最小需要厚度	S_{min}	mm	式(62)，$Kd_j\sqrt{\dfrac{p}{[\sigma]}}+1$	5.5
3.5 校验拱形管板的最小需要厚度				
最小需要厚度	S_{min}	mm	取 3.1,3.2,3.3,3.4 中的最大值	11.14
结论：拱形管板实取厚度 $S=14$ mm，满足 6.4.3.1 条及 7.3.4 条要求				
4. 螺纹烟管最小需要厚度				
螺纹烟管外径	d_w	mm	设计确定	76
螺纹烟管材质	—	—	设计确定 GB 3087	20
计算压力	P	MPa	取锅壳筒体计算压力	1.02
最小需要厚度	S_{min}	mm	式(52)，$\dfrac{pd_w}{70}+1.5$	2.61
螺纹烟管实取厚度	S	mm	$S>S_{min}$	3.5
5. 管子强度计算				
5.1$\phi51\times3$ 管子强度计算（水冷壁管）				
管子外径	d_w	mm	设计确定	51
管子材质	—	—	设计确定 GB 3087	20
锅炉额定压力	p_e	MPa	设计确定	1.00
最大流量时计算元件至锅炉出口之间的压力降	Δp_z	MPa	设计确定（无过热器）	0
计算元件所受水柱静压力	Δp_{sz}	MPa	按 3.5.1 条	0
附加压力	Δp	MPa	按 3.5.1 条，$p_e<1.25$ MPa	0.02
计算压力	P	MPa	按式(4)计算	1.02
计算壁温	t_{bi}	℃	按表 4 及 3.4.1 条，t_j+50	250

续表

名　　　称	符号	单位	公式来源及计算	数值
基本许用应力	$[\sigma]_j$	MPa	查表 1	125
基本许用应力修正系数	η	—	查表 3	1.00
许用应力	$[\sigma]$	MPa	式(1)$\eta[\sigma]_j$	125
理论计算厚度	S_L	mm	式(11)，$\dfrac{pd_w}{2[\sigma]+p}$	0.21
腐蚀减薄的附加厚度	C_1	mm	按 4.4.2.1 条，一般取 0.5	0.5
管子弯曲半径	R	mm	设计确定	160
管子弯曲半径与管子外径的比值	n_1	—	R/d_w	3.14
钢管下偏差与厚度的百分比	m	%	查表 6	10
系数	A_1	—	按 4.4.3.1 条中 b 及表 7	0.15
管子下偏差(为负值)与工艺减薄的附加厚度	C_2+C_3	mm	式(29)，$A_1 S_1$	0.032
管子附加厚度	C	mm	按 4.4.3.1 条及式(25)，$C_1+C_2+C_3$	0.532
最小需要厚度	S_{min}	mm	按 4.2.4 条及式(6)，S_1+C	0.742
管子实取厚度	S	mm	$S>S_{min}$	3.0

5.2 $\phi159\times6$ mm 管子强度计算(下降管)

名　　　称	符号	单位	公式来源及计算	数值
管子外径	d_w	mm	设计确定，$\phi159\times6$ mm	159
管子材质	—	—	设计确定 GB 3087	20
锅炉额定压力	p_e	MPa	设计确定	1.00
最大流量时计算元件至锅炉出口之间的压力降	Δp_z	MPa	设计确定(无过热器)	0
计算元件所受水柱静压力	Δp_{sz}	MPa	按 3.5.1 条	0
附加压力	Δp	MPa	按 3.5.1 条，$p_e<1.25$ MPa	0.02
计算压力	p	MPa	按式(4)计算	1.02
计算壁温	t_{bi}	℃	按表 4 及 3.4.1 条，$t_j=95$ ℃	250
基本许用应力	$[\sigma]_j$	MPa	查表 1	125
基本许用应力修正系数	η	—	查表 3	1.00
许用应力	$[\sigma]$	MPa	式(1)$\eta[\sigma]_j$	125
理论计算厚度	S_1	mm	式(11)，$\dfrac{pd_w}{2[\sigma]+p}$	0.65
腐蚀减薄的附加厚度	C_1	mm	按 4.4.2.1 条，一般取 0.5	0.5
管子弯曲半径	R	mm	设计确定	500
管子弯曲半径与管子外径的比值	n_1	—	R/d_w	3.14
钢管下偏差与厚度的百分比	m	%	查表 6	10
系数	A_1	—	按 4.4.3.1 条中 b 及表 7	0.15

续表

名　　称	符号	单位	公式来源及计算	数值
管子下偏差(为负值)与工艺减薄的附加厚度	C_2+C_3	mm	式(29),A_1S_1	0.098
管子附加厚度	C	mm	按4.4.3.1条及式(25),$C_1+C_2+C_3$	0.598
最小需要厚度	S_{min}	mm	按4.2.4条及式(6),S_1+C	1.25
管子实取厚度	S	mm	$S>S_{min}$	6
6.集箱筒体强度计算($\phi219\times8$ mm)				
集箱筒体外径	D_w	mm	设计确定,$\phi219\times8$ mm	219
集箱筒体材质	—	—	设计确定 GB 3087	20
锅炉额定压力	p_e	MPa	设计确定	1.00
最大流量时计算元件至锅炉出口之间的压力降	Δp_z	MPa	设计确定(无过热器)	0
计算元件所受水柱静压力	Δp_{sz}	MPa	按3.5.1条	0
附加压力	Δp	MPa	按3.5.1条 ,$p_e<1.25$ MPa	0.02
计算压力	p	MPa	按式(4)计算	1.02
计算壁温	t_{bi}	℃	按表4及3.4.1条,t_j+110	250
基本许用应力	$[\sigma]_j$	MPa	查表1	125
基本许用应力修正系数	η	—	查表3	0.9
许用应力	$[\sigma]$	MPa	式(1)$\eta[\sigma]_j$	112.5
纵向节距	t	mm	见附图4中 t	82
斜向节距	t''_1	mm	见附图4中 t''_1(按中径展开)	68.79
斜向节距	t''_2	mm	见附图4中 t''_2(按中径展开)	305.3
开孔直径	d_1	mm	见附图4中 d_1	52
开孔直径	d_2	mm	见附图4中 d_2	161
斜向相邻两孔平均直径	d_p	mm	见附图4 $(d_1+d_2)/2$	106.5
纵向孔桥减弱系数	φ	—	式(16),$(S-d_1)/S$	0.366
斜向孔桥减弱系数	φ''_1	—	式(20),$(t'_1-d_1)/t'_1$	0.244
斜向孔桥减弱系数	φ''_2	—	式(20),$(t'_2-d_p)/t'_2$	0.651
纵向(环向)弧长	a_1	mm	见附图4中 a_1(按中径展开)	55.24
纵向(环向)弧长	a_2	mm	见附图4中 a_2(按中径展开)	27.6
横向(轴向)长度	b_1	mm	见附图4中 b_1	41
横向(轴向)长度	b_2	mm	见附图4中 b_2	304
比值	n_1	—	按4.3.8条　b_1/a_1	0.742
比值	n_2	—	按4.3.8条　b_2/a_2	5.5
斜向孔桥换算系数	K_1	—	式(19)$1/\sqrt{1-0.75/(1+n_1^2)^2}$	1.21

续表

名　　　称	符号	单位	公式来源及计算	数值
斜向孔桥换算系数	K_2	—	式(19)$1/\sqrt{1-0.75/(1+n_2^2)^2}$	1.0
斜向孔桥当量减弱系数	φ_{d1}	—	式(18)$K_1\varphi''_1$	0.295
斜向孔桥当量减弱系数	φ_{d2}	—	式(18)$K_1\varphi''_2$	0.65
最小孔桥减弱系数	$\varphi_{\min}$	—	按 4.3.1 条取 $\varphi,\varphi_{d1},\varphi_{d2}$ 中最小值	0.295
集箱筒体理论计算厚度	S_1	mm	式(7),$pD_w/(2\varphi_{\min}[\sigma]+p)$	3.31
腐蚀减薄的附加厚度	C_1	mm	按 4.4.2.1 条,一般取 0.5	0.5
钢管下偏差与厚度的百分比	m	%	查表 6	10
系数	A	—	按 4.4.2.1 条及表 6	0.11
集箱下偏差(为负值)附加厚度	C_2	mm	式(26),AS_1	0.364
工艺减薄附加厚度	C_3	mm	按 4.4.2.1 条	0
集箱附加厚度	C	mm	按 4.4.3.1 条及式(25),$C_1+C_2+C_3$	0.864
最小需要厚度	$S_{\min}$	mm	按 4.2.2 条及式(6),S_1+C	4.17
集箱实取厚度	S	mm	$S>S_{\min}$	8
集箱有效厚度	S_y	mm	式(10),$S-C$	7.14
集箱内径	D_n	mm	D_w-2S	203
实际减弱系数	φ_s	—	式(107)$pD_n/(2[\sigma]-p)S_y$	0.13

校核:按 12.2.3 条规定,$\varphi_s=0.13<0.4$ 无需另行补强

　　　按 12.2.1 条规定,$d/D_n=161/203=0.793<0.8$

　　　$d=161$ mm<600 mm,满足规定要求。

7. 人孔盖强度计算

人孔盖尺寸	$a\times b$	mm	设计确定 ;椭圆人孔	400×300
人孔盖材质	—	—	设计确定 GB 713	Q245R
计算压力	P	MPa	取锅壳筒体计算压力	1.02
计算壁温	t_{bi}	℃	查表 4,$t_i=95$ ℃<250 ℃	250
修正系数	η	—	查表 3	1.00
基本许用应力	$[\sigma]_j$	MPa	查表 1	125
许用应力	$[\sigma]$	MPa	式(1)$\eta[\sigma]_j$	125
系数	K_1	—	查表 18,b/a	1.15
人孔盖计算尺寸	l_1	mm	按 10.3.1 条,取短轴尺寸	300
最小需要厚度	$S_{1\min}$	mm	式(103)$0.55K_1l_1\sqrt{p/[\sigma]}$	18.6
实取厚度	S_1	mm	$S_1>S_{1\min}$	20

8.安全阀校核计算

锅炉额定热功率	Q	MW	设计确定	7

续表

名　　　称	符号	单位	公式来源及计算	数值
锅炉额定压力	p_e	MPa	设计确定	1.0
安全阀压力	p	MPa	按《锅炉安全技术监察规程》，$1.10p_e$	1.10
安全阀数量	n	个	设计确定	2
安全阀开启高度	h	mm	按全启式安全阀选取	$d/4$
安全阀排放系数	C	—	当 $h=d/4$ 时	70
锅炉额定出水压力下饱和蒸汽焓	i	$\dfrac{\text{kJ}}{\text{kg}}$	按 $p_s+0.1$（绝对压力）查附表1干饱和蒸汽表	2 784.3
锅炉进水的焓	i_j	$\dfrac{\text{kJ}}{\text{kg}}$	按 70 ℃ 及 $p=1.2$ MPa（绝对压力）查附表2	294
安全阀流道直径	d	mm	《锅炉安全技术监察规程》 $\sqrt{35.3\times Q\times 4\times 10^6/Cn(P+0.1)(i-i_j)}$	48.6
实取安全阀流道直径	d_s	mm	按 A48 型号的规格 $D_N=80$ mm	50

结论：由于 $d_s=50$ mm$>d=48.6$ mm，选用两个能够满足安全阀的泄放能力

9.附图

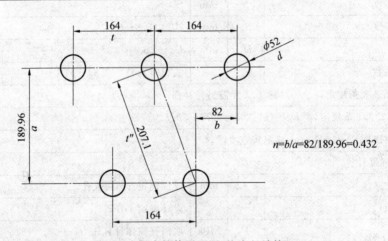

$n=b/a=82/189.96=0.432$

附图 1　锅壳筒体展开图（按中径计算）

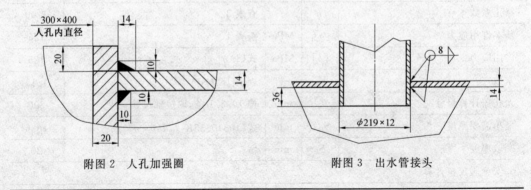

附图 2　人孔加强圈　　　　　　　　附图 3　出水管接头

续表

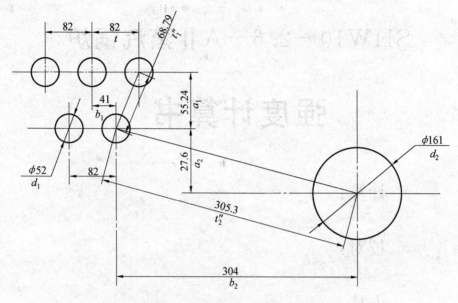

附图 4　集箱筒体展开图（按中径计算）

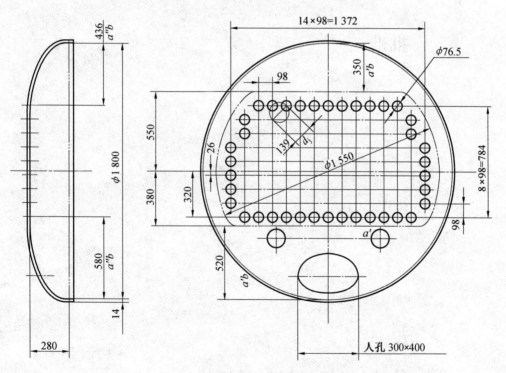

附图 5　拱形管板

例题 11

SHW10−2.6−AⅡ蒸汽锅炉

强度计算书

计算：

校对：

审核：

批准：

单位：××××××××××××

××××年××月××日

目　录

1. 锅炉规范

2. 上锅筒筒体强度计算

3. 下锅筒筒体强度计算

4. 上锅筒有孔封头强度计算

5. 下锅筒有孔封头强度计算

6. 左、右侧下集箱筒体强度计算

7. 前横集箱筒体强度计算

8. 后横集箱筒体强度计算

9. 左、右侧上集箱筒体强度计算

10. $\phi51\times3$　管子强度计算

11. $\phi76\times4$　管子强度计算

12. $\phi89\times4.5$　管子强度计算

13. $\phi108\times4.5$　管子强度计算

14. 人孔盖强度计算

15. 安全阀校核计算

16. 附图

计算依据：1. GB/T 9222—2008　《水管锅炉受压元件强度计算》

2. TSG G0001—2012《锅炉安全技术监察规程》

续表

名　　　称	符号	单位	公式来源及计算	数值
1.锅炉规范				
锅炉额定蒸发量	D	t/h	设计确定	10
锅炉额定压力	p_e	MPa	设计确定	2.6
锅炉饱和蒸汽温度	t_{bh}	℃	对应$(p_e+0.1)$绝对压力下	228
给水温度	t_{gs}	℃	设计确定	105
2.上锅筒筒体强度计算				
锅筒内径	D_n	mm	设计确定	1 200
锅筒材质	—	—	设计确定 GB 713	Q245R
锅炉额定压力	p_e	MPa	设计确定	2.6
最大流量时计算元件至锅炉出口之间的压力降	Δp_z	MPa	设计确定(无过热器)	0
计算元件所受水柱静压力	Δp_{sz}	MPa	按 6.3 条	0
设计附加压力	Δp_a	MPa	按 6.3 条 $0.04 p_e$	0.104
工作压力	p_g	MPa	式(17),$p_e+\Delta p_z+\Delta p_{sz}$	2.6
计算压力	p	MPa	按式(16),$p_g+\Delta p_a$	2.704
计算压力下的饱和蒸汽温度	t_b	℃	对应$(p+0.1)$绝对压力下,附表 1	230
计算壁温	t_{bi}	℃	按表 4 及 5.4.1 条 t_j+20	250
基本许用应力	$[\sigma]_j$	MPa	查表 2	125
基本许用应力修正系数	η	—	查表 3,透过管束	0.95
许用应力	$[\sigma]$	MPa	式(1),$\eta[\sigma]_j$	118.8
纵向(轴向)节距	t_1	mm	见附图 1 中 t_1	164
纵向(轴向)节距	t_2	mm	见附图 1 中 t_2	116
横向(环向)节距	t'_1	mm	见附图 1 中 t'_1(按中径计算)	160.7
横向(环向)节距	t'_2	mm	见附图 1 中 t'_2(按中径计算)	214.3
斜向节距	t''_1	mm	见附图 1 中 t''_1	229.6
斜向节距	t''_2	mm	见附图 1 中 t''_2	99.1
开孔直径	d_1	mm	见附图 1 中 d_1	77
开孔直径	d_2	mm	见附图 1 中 d_2	52
开孔直径	d_3	mm	见附图 1 中 d_3	110
相邻两孔开孔平均直径	d_p	mm	$(d_1+d_2)/2$	64.5
纵向孔桥减弱系数	φ_1	—	式(19),$(t_1-d_1)/t_1$	0.53
纵向孔桥减弱系数	φ_2	—	式(19),$(t_2-d_2)/t_2$	0.55

续表

名　　称	符号	单位	公式来源及计算	数值
横向孔桥减弱系数	φ'_1	—	式(20)，$(t'_1-d_p)/t'_1$	0.599
两倍横向孔桥减弱系数	$2\varphi'_1$	—	$2\varphi'_1$	1.20
横向孔桥减弱系数	φ'_2	—	式(20)，$(t'_2-d_3)/t'_2$	0.487
两倍横向孔桥减弱系数	$2\varphi'_2$	—	$2\varphi'_2$	0.97
斜向孔桥减弱系数	φ''_1	—	式(23)，$(t''_1-d_p)/t''_1$	0.72
环向(圆周方向)弧长	a_1	mm	见附图 1 中 a_1	160.7
轴向距离	b_1	mm	见附图 1 中 b_1	164
比值	n_1	—	按 6.4.7 条 b_1/a_1	1.02
斜向孔桥换算系数	K_1	—	式(22)，$1/\sqrt{1-\dfrac{0.75}{(1+n^2)^2}}$	1.10
斜向孔桥当量减弱系数	φ_{d1}	—	式(21)，$K_1\varphi''_1$	0.79
斜向孔桥减弱系数	φ''_2	—	式(23)，$(t''_2-d_3)/t''_2$	0.5
环向(圆周方向)弧长	a_2	mm	见附图 1 中 a_2(按中径计算)	80.4
轴向距离	b_2	mm	见附图 1 中 b_2	58
比值	n_2	—	按 6.4.7 条 b_2/a_2	0.722
斜向孔桥换算系数	K_2	—	式(22)，$1/\sqrt{1-\dfrac{0.75}{(1+n^2)^2}}$	1.22
斜向孔桥当量减弱系数	φ_{d2}	—	式(21)，$K_2\varphi''_2$	0.61
焊缝减弱系数	φ_h	—	查表 7，双面自动焊	1.00
最小孔桥减弱系数	φ_{min}	—	取 $\varphi_1,\varphi_2,2\varphi'_1,2\varphi'_2,\varphi_{d1}\,\varphi_{d2},\varphi_h$ 中最小值	0.53
筒体理论计算厚度	S_l	mm	式(9)，$pD_n/(2\varphi_{min}[\sigma]-p)$	26.33
腐蚀减薄附加厚度	C_1	mm	按 6.5.2 条，$S>20$ mm 时，可不必考虑	0
工艺减薄附加厚度	C_2	mm	按表 8，冷卷冷校	0
钢板厚度负偏差的附加厚度	C_3	mm	按 6.5.4 条，$S>20$ mm 时，可不必考虑。	0
筒体附加厚度	C	mm	式(27)，$C_1+C_2+C_3$	0
筒体成品最小需要厚度	S_{min}	mm	式(10)，S_l+C_1	26.33
筒体设计计算厚度	S_s	mm	式(11)，S_l+C	26.33
筒体取用厚度	S	mm	$S>S_s$	28
筒体有效厚度	S_y	mm	式(13)，$S-C$	28
系数	k	—	式(94)，$pD_n/(2[\sigma]-p)S_y$	0.5

续表

名　　称	符号	单位	公式来源及计算	数值
系数	$D_n S_y$	mm²	$D_n \times S_y = 1\ 200 \times 28$	33 600
未补强孔最大直径	$[d]$	mm	查图 19	200
实际最大开孔直径	d	mm	设计确定,蒸汽出口	135
筒体理论计算厚度算出的外径和内径的比值	β_l	—	式(15),$1+2S_l/D_n$	1.04

结论:按 11.2.3 条 $d<[d]$,未补强孔没有超出要求

　　由于 $\beta_l=1.04<1.30$,满足 6.2.4 条要求

3.下锅筒筒体强度计算

名　　称	符号	单位	公式来源及计算	数值
锅筒内径	D_n	mm	设计确定	900
锅筒材质	—	—	设计确定 GB 713	Q245R
锅炉额定压力	p_e	MPa	设计确定	2.6
最大流量时计算元件至锅炉出口之间的压力降	Δp_z	MPa	设计确定(无过热器)	0
计算元件所受水柱静压力	Δp_{sz}	MPa	按 6.3 条	0
设计附加压力	Δp_a	MPa	按 6.3 条 $0.04p_e$ MPa	0.104
工作压力	p_g	MPa	式(17),$p_e+\Delta p_z+\Delta p_{sz}$	2.6
计算压力	p	MPa	式(16),$p_g+\Delta p_a$	2.704
计算压力下的饱和蒸汽温度	t_b	℃	对应$(P+0.1)$绝对压力下	230
计算壁温	t_{bi}	℃	按表 4 及 5.4.1 条 t_j+20	250
基本许用应力	$[\sigma]_j$	MPa	查表 2	125
基本许用应力修正系数	η	—	查表 3,透过管束	0.95
许用应力	$[\sigma]$	MPa	式(1),$\eta[\sigma]_j$	118.8
纵向(轴向)节距	t	mm	见附图 2 中 t	116
斜向节距	t''	mm	见附图 2 中 t''	86.8
纵向孔桥减弱系数	φ	—	式(19),$(t-d)/t$	0.55
斜向孔桥减弱系数	φ''	—	式(23),$(t''-d)/t''$	0.4
环向(圆周方向)弧长	a	mm	见附图 2 中 a(按中径计算)	64.6
轴向距离	b	mm	见附图 2 中 b	58
比值	n	—	按 6.4.7 条 b/a	0.898
斜向孔桥换算系数	K	—	式(22),$1/\sqrt{1-\dfrac{0.75}{(1+n^2)^2}}$	1.14
斜向孔桥当量减弱系数	φ_d	—	式(21),$K\varphi''$	0.457
焊缝减弱系数	φ_h	—	查表 7,双面自动焊	1.00

续表

名　　称	符号	单位	公式来源及计算	数值
最小孔桥减弱系数	φ_{min}	—	取 φ, φ_d, φ_h 中最小值	0.457
筒体理论计算厚度	S_l	mm	式(9) $pD_n/(2\varphi_{min}[\sigma]-p)$	23.0
腐蚀减薄附加厚度	C_1	mm	按 6.5.2 条,$S>20$ mm 时,可不必考虑	0
工艺减薄附加厚度	C_2	mm	按表 8,冷卷冷校	0
钢板厚度负偏差的附加厚度	C_3	mm	按 6.5.4 条,$S>20$ mm 时,可不必考虑	0
筒体附加厚度	C	mm	式(27),$C_1+C_2+C_3$	0
筒体成品最小需要厚度	S_{min}	mm	式(10),S_l+C_1	23.0
筒体设计计算厚度	S_s	mm	式(11),S_l+C	23.0
筒体取用厚度	S	mm	$S>S_s$	25
筒体有效厚度	S_y	mm	式(13),$S-C$	25
系数	k	—	式(94),$pD_n/(2[\sigma]-p)S_y$	0.42
系数	$D_n S_y$	mm²	$D_n \times S_y = 900 \times 25$	22 500
未补强孔最大直径	$[d]$	mm	查图 19	193
实际最大开孔直径	d	mm	设计确定	110
筒体理论计算厚度算出的外径和内径的比值	β_l	—	式(15),$1+2S_l/D_n$	1.05

结论:按 11.2.3 条 $d<[d]$,未补强孔没有超出要求

　　由于 $\beta_l=1.05<1.30$,满足 6.2.4 条要求

4.上锅筒有孔封头强度计算

封头内径	D_n	mm	设计确定	1 200
计算压力	p	MPa	按 9.2.4 条取相连锅炉简体的计算压力	2.704
封头材质	—	—	设计确定,GB 713	Q245R
计算壁温	t_{bi}	℃	按表 4 及 5.4.1 条 $t_j=230$	250
基本许用应力	$[\sigma]_j$	MPa	查表 2	125
基本许用应力修正系数	η	—	查表 3	1.00
许用应力	$[\sigma]$	MPa	式(1),$\eta[\sigma]_j$	125
封头内高度	h_n	mm	设计确定,见附图 4	300
形状系数	Y	—	式(82),$\dfrac{1}{6}\left[2+\left(\dfrac{D_{nd}}{2h_n}\right)^2\right]$	1.00
封头人孔直径	d	mm	见附图 4,取长轴	400

续表

名　　　称	符号	单位	公式来源及计算	数值
封头减弱系数	φ	—	查表 15，$1-d/D_n$	0.667
封头理论计算厚度	S_l	mm	式(77)，$pD_nY/(2\varphi[\sigma]-p)$	19.78
腐蚀减薄附加厚度	C_1	mm	按 6.5.2 条，$S>20$ mm 时，可不必考虑	0
工艺减薄附加厚度	C_2	mm	按表 16，$0.10(S_1+C_1)$	2.04
钢板厚度负偏差的附加厚度	C_3	mm	按 6.5.4 条，$S>20$ mm 时，可不必考虑	0
封头附加厚度	C	mm	式(83)，$C_1+C_2+C_3$	2.04
封头成品最小需要厚度	S_{min}	mm	式(78)，S_1+C_1	19.78
封头设计计算厚度	S_s	mm	式(79)，S_1+C	21.82
封头取用厚度	S	mm	$S>S_s$	28
封头焊缝减弱系数	φ_h	—	按 9.2.9 条，无拼接焊缝	1.00
封头直段理论计算厚度	S_{zl}	mm	式(9)，$pD_n/(2\varphi_h[\sigma]-p)$	13.12
封头直段设计计算厚度	S_{zs}	mm	按 9.2.9 条，$S_{zl}+C_1+C_3$	13.12

结论：按 9.2.3 条规定，$h_n/D_n=0.25>0.2$；$S_1/D_n=0.017<0.15$

$d/D_n=0.333<0.6$。满足上述条件要求

5. 下锅筒有孔封头强度计算

名　　　称	符号	单位	公式来源及计算	数值
封头内径	D_n	mm	设计确定	900
计算压力	p	MPa	按 9.2.4 条取相连锅炉筒体的计算压力	2.704
封头材质	—	—	设计确定，GB 713	Q245R
计算壁温	t_{bi}	℃	按表 4 及 5.4.1 条 $t_j=230$	250
基本许用应力	$[\sigma]_j$	MPa	查表 2	125
基本许用应力修正系数	η	—	查表 3	1.00
许用应力	$[\sigma]$	MPa	式(1)，$\eta[\sigma]_j$	125
封头内高度	h_n	mm	设计确定，见附图 4	225
形状系数	Y	—	式(82)，$\frac{1}{6}\left[2+\left(\frac{D_{nd}}{2h_n}\right)^2\right]$	1.00
封头人孔直径	d	mm	见附图 4，取长轴	400
封头减弱系数	φ	—	查表 15，$1-d/D_n$	0.56
封头理论计算厚度	S_l	mm	式(77)，$pD_nY/(2\varphi[\sigma]-p)$	17.73
腐蚀减薄附加厚度	C_1	mm	按 6.5.2 条，$S>20$ mm 时，可不必考虑	0

续表

名　称	符号	单位	公式来源及计算	数值
工艺减薄附加厚度	C_2	mm	按表16，$0.10(S_1+C_1)$	1.77
钢板厚度负偏差的附加厚度	C_3	mm	按6.5.4条，$S>20$ mm 时，可不必考虑	0
封头附加厚度	C	mm	式(83)，$C_1+C_2+C_3$	1.77
封头成品最小需要厚度	S_{min}	mm	式(78)，S_1+C_1	17.73
封头设计计算厚度	S_s	mm	式(79)，S_1+C	19.5
封头取用厚度	S	mm	$S>S_s$	25
封头焊缝减弱系数	φ_h	—	按9.2.9条，无拼接焊缝	1.00
封头直段理论计算厚度	S_{zl}	mm	式(9)，$pD_n/(2\varphi_h[\sigma]-p)$	9.84
封头直段设计计算厚度	S_{zs}	mm	按9.2.9条，$S_{zL}+C_1+C_3$	9.84

结论：按9.2.3条规定，$h_n/D_n=0.25>0.2$；$S_1/D_n=0.019\,7<0.15$

$d/D_n=0.444<0.6$。满足上述条件要求

6. 左、右侧下集箱筒体强度计算

集箱筒体外径	D_w	mm	设计确定 $\phi219\times10$	219
集箱筒体取用厚度	S	mm	设计确定	10
集箱筒体内径	D_n	mm	D_w-2S	199
集箱筒体材质	—		设计确定 GB 3087	20
锅炉额定压力	p_e	MPa	设计确定	2.6
最大流量时计算元件至锅炉出口之间的压力降	Δp_z	MPa	设计确定（无过热器）	0
计算元件所受水柱静压力	Δp_{sz}	MPa	按6.3条	0
设计附加压力	Δp_a	MPa	按6.3条 $0.04p_e$	0.104
工作压力	p_g	MPa	式(17)，$p_e+\Delta p_z+\Delta p_{sz}$	2.6
计算压力	p	MPa	按式(16)，$p_g+\Delta p_a$	2.704
计算压力下的饱和蒸汽温度	t_b	℃	对应$(p+0.1)$绝对压力下，附表1	230
计算壁温	t_{bi}	℃	按表5及5.4.1条 t_j+110	340
基本许用应力	$[\sigma]_j$	MPa	查表1	102
基本许用应力修正系数	η	—	查表3	0.90
许用应力	$[\sigma]$	MPa	式(1)，$\eta[\sigma]_j$	91.8
纵向（轴向）节距	t	mm	见附图3中t	100
开孔直径	d_1	mm	见附图3中d_1	52
纵向孔桥减弱系数	φ	—	式(19)$t-d_1/t$	0.48

续表

名　　称	符号	单位	公式来源及计算	数值
焊缝减弱系数	φ_h	—	按表7，手工氩弧焊	0.90
最小减弱系数	φ_{min}	—	按6.4.1条，取φ、φ_h小值	0.48
筒体理论计算厚度	S_1	mm	式(32)，$pD_w/(2\varphi_{min}[\sigma]+p)$	6.52
腐蚀减薄附加厚度	C_1	mm	按7.5.2条	0.5
工艺减薄附加厚度	C_2	mm	按7.5.3条	0
钢管下偏差与厚度的百分比	m	%	查GB 3087	10
钢管厚度负偏差附加厚度	C_3	mm	式(40)，$\dfrac{m}{100-m}(S_1+C_1)$	0.78
集箱筒体设计计算时的附加厚度	C	mm	式(39)，$C_1+C_2+C_3$	1.28
集箱筒体成品最小需要厚度	S_{min}	mm	式(33)，S_1+C_1	7.02
集箱筒体设计计算厚度	S_s	mm	式(34)，S_1+C	7.8
集箱筒体理论计算厚度算出的外径和内径的比值	β_l	—	式(38)，$D_w/(D_w-2S_1)$	1.06
工艺减薄附加厚度	C'_2	mm	按7.6.3条	0
钢管厚度负偏差的附加厚度	C'_3	mm	式(44)，$mS/100$	1.00
集箱筒体附加厚度	C'	mm	式(43)，$C_1+C'_2+C'_3$	1.5
集箱筒体有效厚度	S_y	mm	式(36)，$S-C'$	8.5
系数	k	—	式(95)，$\dfrac{p(D_w-2S_y)}{(2[\sigma]-p)S_y}$	0.355

结论：按11.4.2条规定，$k=0.355<0.4$时，不必进行补强

按7.2.4条规定，$\beta_l=1.06<1.50$时，满足厚度计算公式适用范围

7. 前横集箱筒体强度计算

集箱筒体外径	D_w	mm	设计确定 $\phi159\times8$	159
集箱筒体取用厚度	S	mm	设计确定	8
集箱筒体内径	D_n	mm	D_w-2S	143
集箱筒体材质	—	—	设计确定 GB 3087	20
锅炉额定压力	p_e	MPa	设计确定	2.6
最大流量时计算元件至锅炉出口之间的压力降	Δp_z	MPa	设计确定（无过热器）	0
计算元件所受水柱静压力	Δp_{sz}	MPa	按6.3条	0
设计附加压力	Δp_a	MPa	按6.3条 $0.04p_e$	0.104
工作压力	p_g	MPa	式(17)，$p_e+\Delta p_z+\Delta p_{sz}$	2.6
计算压力	p	MPa	按式(16)，$p_g+\Delta p_a$	2.704

续表

名称	符号	单位	公式来源及计算	数值
计算压力下的饱和蒸汽温度	t_b	℃	对应$(p+0.1)$绝对压力下,附表1	230
计算壁温	t_{bi}	℃	按表5及5.4.1条 t_j+110	340
基本许用应力	$[\sigma]_j$	MPa	查表1	102
基本许用应力修正系数	η	—	查表3	0.90
许用应力	$[\sigma]$	MPa	式(1),$\eta[\sigma]_j$	91.8
纵向节距	t	mm	见附图5中 t	164
横向(环向)弧长	a_1	mm	见附图5中 a_1(按中径计算)	118.6
横向(环向)弧长	a_2	mm	见附图5中 a_2(按中径计算)	196.6
横向(环向)弧长	a_3	mm	见附图5中 a_3(按中径计算)	156
轴线方向距离	b_1	mm	见附图5中 b_1	252
轴线方向距离	b_2	mm	见附图5中 b_2	893
轴线方向距离	b_3	mm	见附图5中 b_3	50
斜向节距	t''_1	mm	见附图5中 $t''_1=\sqrt{a_1^2+b_1^2}$	278.5
斜向节距	t''_2	mm	见附图5中 $t''_2=\sqrt{a_2^2+b_2^2}$	914.4
斜向节距	t''_3	mm	见附图5中 $t''_3=\sqrt{a_3^2+b_3^2}$	163.9
开孔直径	d_1	mm	见附图5中 d_1	52
开孔直径	d_2	mm	见附图5中 d_2	32.5
开孔直径	d_3	mm	见附图5中 d_3	91
相邻两孔开孔直径平均值	d_{p1}	mm	见附图5中 $d_{p1}=\dfrac{d_1+d_2}{2}$	42.3
相邻两孔开孔直径平均值	d_{p2}	mm	见附图5中 $d_{p2}=\dfrac{d_2+d_3}{2}$	61.8
相邻两孔开孔直径平均值	d_{p3}	mm	见附图5中 $d_{p3}=\dfrac{d_3+d_2}{2}$	61.8
不考虑孔间影响最小节距	t_0	mm	式(18)$d_1+2\sqrt{(D_n+S)S}$	88.55
不考虑孔间影响最小节距	t_{01}	mm	式(18)$d_{p1}+2\sqrt{(D_n+S)S}$	115.4
不考虑孔间影响最小节距	t_{02}	mm	式(18)$d_{p2}+2\sqrt{(D_n+S)S}$	134.9
不考虑孔间影响最小节距	t_{03}	mm	式(18)$d_{p3}+2\sqrt{(D_n+S)S}$	134.9

由于:$t_0<t$,$t_{01}<t''_1$,$t_{02}<t''_2$,$t_{03}<t''_3$ 即实际相邻两孔间节距均大于可不考虑孔间影响的相邻两孔的最小节距t_0,故按6.4.3条规定,可不必计算孔桥减弱系数

名称	符号	单位	公式来源及计算	数值
焊缝减弱系数	φ_h	—	集箱端部缩口无焊缝	1.00
最小减弱系数	φ_{min}	—	取 φ_h	1.00
筒体理论计算厚度	S_l	mm	式(32),$pD_w/(2\varphi_{min}[\sigma]+p)$	2.33

续表

名　　　称	符号	单位	公式来源及计算	数值
腐蚀减薄附加厚度	C_1	mm	按 7.5.2 条	0.5
工艺减薄附加厚度	C_2	mm	按 7.5.3 条	0
钢管下偏差与厚度的百分比	m	%	查 GB 3087	10
钢管厚度负偏差附加厚度	C_3	mm	式(40)，$\frac{m}{100-m}(S_1+C_1)$	0.314
集箱筒体设计计算时的附加厚度	C	mm	式(39)，$C_1+C_2+C_3$	0.814
集箱筒体成品最小需要厚度	$S_{\min}$	mm	式(33)，S_1+C_1	2.83
集箱筒体设计计算厚度	S_s	mm	式(34)，S_1+C	3.14
集箱筒体理论计算厚度算出的外径和内径的比值	β_1	—	式(38)，$D_w/(D_w-2S_1)$	1.03
工艺减薄附加厚度	C'_2	mm	按 7.6.3 条	0
钢管厚度负偏差的附加厚度	C'_3	mm	式(44)，$mS/100$	0.8
集箱筒体附加厚度	C'	mm	式(43)，$C_1+C'_2+C'_3$	1.3
集箱筒体有效厚度	S_y	mm	式(36)，$S-C'$	6.7
系数	k	—	式(95)，$\dfrac{p(D_w-2S_y)}{(2[\sigma]-p)S_y}$	0.325

结论：按 11.4.2 条规定，$k=0.325<0.4$ 时，不必进行补强

按 7.2.4 条规定，$\beta_1=1.03<1.50$ 时，满足厚度计算公式适用范围

8.后横集箱筒体强度计算

名　　　称	符号	单位	公式来源及计算	数值
集箱筒体外径	D_w	mm	设计确定 $\phi 159\times 8$	159
集箱筒体取用厚度	S	mm	设计确定	8
集箱筒体内径	D_n	mm	D_w-2S	143
集箱筒体材质	—	—	设计确定 GB 3087	20
锅炉额定压力	p_e	MPa	设计确定	2.6
最大流量时计算元件至锅炉出口之间的压力降	Δp_z	MPa	设计确定(无过热器)	0
计算元件所受水柱静压力	Δp_{sz}	MPa	按 6.3 条	0
设计附加压力	Δp_a	MPa	按 6.3 条 $0.04p_e$	0.104
工作压力	p_g	MPa	式(17)，$p_e+\Delta p_z+\Delta p_{sz}$	2.6
计算压力	P	MPa	按式(16)，$p_g+\Delta p_a$	2.704
计算压力下的饱和蒸汽温度	t_b	℃	对应$(p+0.1)$绝对压力下，附表 1	230
计算壁温	t_{bi}	℃	按表 5 及 5.4.1 条 t_j+10	250
基本许用应力	$[\sigma]_j$	MPa	查表 1	125

续表

名　　称	符号	单位	公式来源及计算	数值
基本许用应力修正系数	η	—	查表 3	0.95
许用应力	$[\sigma]$	MPa	式(1)，$\eta[\sigma]_i$	118.8
纵向节距	t	mm	见附图 6 中 t	164
横向(环向)弧长	a_1	mm	见附图 6 中 a_1(按中径计算)	98.8
横向(环向)弧长	a_2	mm	见附图 6 中 a_2(按中径计算)	237.2
轴线方向距离	b_1	mm	见附图 6 中 b_1	612
轴线方向距离	b_2	mm	见附图 6 中 b_2	50
斜向节距	t''_1	mm	见附图 6 中 $t''_1 = \sqrt{a_1^2 + b_1^2}$	619.9
斜向节距	t''_2	mm	见附图 6 中 $t''_2 = \sqrt{a_2^2 + b_2^2}$	242.4
开孔直径	d_1	mm	见附图 6 中 d_1	52
开孔直径	d_2	mm	见附图 6 中 d_2	91
开孔直径	d_3	mm	见附图 6 中 d_3	45.5
相邻两孔开孔直径平均值	d_{p1}	mm	见附图 6 中 $d_{p1} = \dfrac{d_1 + d_2}{2}$	71.5
相邻两孔开孔直径平均值	d_{p2}	mm	见附图 6 中 $d_{p2} = \dfrac{d_2 + d_3}{2}$	68.3
不考虑孔间影响最小节距	t_0	mm	式(18)$d_1 + 2\sqrt{(D_n + S)S}$	88.55
不考虑孔间影响最小节距	t_{01}	mm	式(18)$d_{p1} + 2\sqrt{(D_n + S)S}$	144.6
不考虑孔间影响最小节距	t_{02}	mm	式(18)$d_{p2} + 2\sqrt{(D_n + S)S}$	141.4

由于：$t_0 < t$，$t_{01} < t''_1$，$t_{02} < t''_2$，即实际相邻两孔间节距均大于可不考虑孔间影响的相邻两孔的最小节距 t_0，故按 6.4.3 条规定，可不必计算孔桥减弱系数

名称	符号	单位	公式来源及计算	数值
焊缝减弱系数	φ_h	—	集箱端部缩口无焊缝	1.00
最小减弱系数	φ_{min}	—	取 φ_h	1.00
筒体理论计算厚度	S_l	mm	式(32)，$pD_w/(2\varphi_{min}[\sigma] + p)$	1.79
腐蚀减薄附加厚度	C_1	mm	按 7.5.2 条	0.5
工艺减薄附加厚度	C_2	mm	按 7.5.3 条	0
钢管下偏差与厚度的百分比	m	%	查 GB 3087	10
钢管厚度负偏差附加厚度	C_3	mm	式(40)，$\dfrac{m}{100-m}(S_l + C_1)$	0.254
集箱筒体设计计算时的附加厚度	C	mm	式(39)，$C_1 + C_2 + C_3$	0.754
集箱筒体成品最小需要厚度	S_{min}	mm	式(33)，$S_l + C_1$	2.29
集箱筒体设计计算厚度	S_s	mm	式(34)，$S_l + C$	2.54

续表

名　　　　称	符号	单位	公式来源及计算	数值
集箱筒体理论计算厚度算出的外径和内径的比值	β_1	—	式(38)，$D_w/(D_w-2S_1)$	1.02
工艺减薄附加厚度	C'_2	mm	按7.6.3条	0
钢管厚度负偏差的附加厚度	C'_3	mm	式(44)，$mS/100$	0.8
集箱筒体附加厚度	C'	mm	式(43)，$C_1+C'_2+C'_3$	1.3
集箱筒体有效厚度	S_y	mm	式(36)，$S-C'$	6.7
系数	k	—	式(95)，$\dfrac{p(D_w-2S_y)}{(2[\sigma]-p)S_y}$	0.254

结论：按11.4.2条规定，$k=0.254<0.4$ 时，不必进行补强

按7.2.4条规定，$\beta_1=1.02<1.50$ 时，满足厚度计算公式适用范围

9. 左、右侧上集箱筒体强度计算

名　　　　称	符号	单位	公式来源及计算	数值
集箱筒体外径	D_w	mm	设计确定 $\phi219\times10$	219
集箱筒体取用厚度	S	mm	设计确定	10
集箱筒体内径	D_n	mm	D_w-2S	199
集箱筒体材质	—	—	设计确定 GB 3087	20
锅炉额定压力	p_e	MPa	设计确定	2.6
最大流量时计算元件至锅炉出口之间的压力降	Δp_z	MPa	设计确定（无过热器）	0
计算元件所受水柱静压力	Δp_{sz}	MPa	按6.3条	0
设计附加压力	Δp_a	MPa	按6.3条 $0.04p_e$	0.104
工作压力	p_g	MPa	式(17)，$p_e+\Delta p_z+\Delta p_{sz}$	2.6
计算压力	p	MPa	按式(16)，$p_g+\Delta p_a$	2.704
计算压力下的饱和蒸汽温度	t_b	℃	对应 $(p+0.1)$ 绝对压力下，附表1	230
计算壁温	t_{bi}	℃	按表5及5.4.1条（在烟道外不受热）	250
基本许用应力	$[\sigma]_j$	MPa	查表1	125
基本许用应力修正系数	η	—	查表3	1.00
许用应力	$[\sigma]$	MPa	式(1)，$\eta[\sigma]_j$	125
纵向节距	t	mm	见附图7中 t	100
开孔直径	d	mm	见附图7中 d	52
纵向孔桥减弱系数	φ	—	式(19)，$(t-d)/t$	0.48
焊缝减弱系数	φ_h	—	按表7，手工氩弧焊	0.90
筒体理论计算厚度	S_1	mm	式(32)，$pD_w/(2\varphi_{min}[\sigma]+p)$	4.83
腐蚀减薄附加厚度	C_1	mm	按7.5.2条	0.5

续表

名　　称	符号	单位	公式来源及计算	数值
工艺减薄附加厚度	C_2	mm	按 7.5.3 条	0
钢管下偏差与厚度的百分比	m	%	查 GB 3087	10
钢管厚度负偏差附加厚度	C_3	mm	式(40),$\frac{m}{100-m}(S_1+C_1)$	0.59
集箱筒体设计计算时的附加厚度	C	mm	式(39),$C_1+C_2+C_3$	1.10
集箱筒体成品最小需要厚度	$S_{\min}$	mm	式(33),S_1+C_1	5.33
集箱筒体设计计算厚度	S_s	mm	式(34),S_1+C	5.93
集箱筒体理论计算厚度算出的外径和内径的比值	β_1	—	式(38),$D_w/(D_w-2S_1)$	1.05
工艺减薄附加厚度	C_2'	mm	按 7.6.3 条	0
钢管厚度负偏差的附加厚度	C_3'	mm	式(44),$mS/100$	1.00
集箱筒体附加厚度	C'	mm	式(43),$C_1+C_2'+C_3'$	1.5
集箱筒体有效厚度	S_y	mm	式(36),$S-C'$	8.5
系数	k	—	式(95),$\dfrac{p(D_w-2S_y)}{(2[\sigma]-p)S_y}$	0.26

结论:按 11.4.2 条规定,$k=0.26<0.4$ 时,不必进行补强

按 7.2.4 条规定,$\beta_1=1.05<1.50$ 时,满足厚度计算公式适用范围

10. $\phi51\times3$ 管子强度计算(水冷壁管)

名　　称	符号	单位	公式来源及计算	数值
管子外径	D_w	mm	设计确定	51
管子材质	—		GB 3087	20
锅炉额定压力	p_e	MPa	设计确定	2.6
最大流量时计算元件至锅炉出口之间的压力降	Δp_z	MPa	设计确定(无过热器)	0
计算元件所受水柱静压力	Δp_{sz}	MPa	按 6.3 条	0
设计附加压力	Δp_a	MPa	按 6.3 条,$0.04p_e$	0.104
工作压力	p_g	MPa	式(17)$p_e+\Delta p_z+\Delta p_{sz}$	2.6
计算压力	p	MPa	式(16)$p_g+\Delta p_a$	2.704
计算压力下饱和蒸汽温度	t_b	℃	对应$(p+0.1)$绝对压力下,附表 1	230
计算壁温	t_{bi}	℃	按表 6,t_b+60	290
基本许用应力	$[\sigma]_j$	MPa	查表 1	115
基本许用应力修正系数	η	—	查表 3	1.00
许用应力	$[\sigma]$	MPa	式(1)$\eta[\sigma]_j$	115
焊缝减弱系数	φ_h	—	按 8.4 条,无缝钢管	1.00

续表

名　　　称	符号	单位	公式来源及计算	数值
直管理论计算厚度	S_1	mm	式(48)，$\dfrac{pD_w}{2\varphi_h[\sigma]+p}$	0.6
弯管中心线半径	R	mm	设计确定(弯管半径)	200
弯管形状系数	k	—	式(50)，$\dfrac{4R+D_w}{4R+2D_w}$	0.94
弯管外侧的理论计算厚度	S_{w1}	mm	式(49)，kS_1	0.564
腐蚀减薄附加厚度	C_1	mm	按8.5.2条	0.5
弯管工艺系数	a	—	式(64)，$25D_w/R$	6.38
弯管工艺减薄附加厚度	C_2	mm	式(63)，$\dfrac{a}{100-a}(S_{w1}+C_1)$	0.072
厚度负偏差与取用厚度的百分比值	m	—	查 GB 3087	12.5
弯管厚度负偏差的附加厚度	C_3	mm	式(66)，$\dfrac{m}{100-m}(S_{w1}+C_1+C_2)$	0.162
弯管的附加厚度	C	mm	式(60)，$C_1+C_2+C_3$	0.74
弯管成品外侧的最小需要厚度	S_{wmin}	mm	式(52)，$S_{w1}+C_1$	1.064
弯管的设计厚度	S_{ws}	mm	式(54)，$S_{w1}+C$	1.3
弯管实取厚度	S	mm	$S>S_{ws}$	3.0
理论计算厚度算出的外径与内径的比值	β_1	—	按8.2.3条及式(38)，$D_w/(D_w-2S_1)$	1.02

结论：由于 $\beta_1=1.02<2.0$；满足 8.2.3 条要求

11. $\phi76\times4$ 管子强度计算

名　　　称	符号	单位	公式来源及计算	数值
管子外径	D_w	mm	设计确定	76
管子材质	—	—	GB 3087	20
锅炉额定压力	p_e	MPa	设计确定	2.6
最大流量时计算元件至锅炉出口之间的压力降	Δp_z	MPa	设计确定(无过热器)	0
计算元件所受水柱静压力	Δp_{sz}	MPa	按6.3条	0
设计附加压力	Δp_n	MPa	按6.3条 ，$0.04p_e$	0.104
工作压力	p_g	MPa	式(17)$p_e+\Delta p_z+\Delta p_{sz}$	2.6
计算压力	P	MPa	式(16)$p_g+\Delta p_a$	2.704
计算压力下饱和蒸汽温度	t_b	℃	对应$(p+0.1)$绝对压力下，附表1	230
计算壁温	t_{bi}	℃	按表6，t_b+60	290

续表

名　　称	符号	单位	公式来源及计算	数值
基本许用应力	$[\sigma]_j$	MPa	查表 1	115
基本许用应力修正系数	η	—	查表 3	1.00
许用应力	$[\sigma]$	MPa	式(1)$\eta[\sigma]_j$	115
焊缝减弱系数	φ_h	—	按 8.4 条,无缝钢管	1.00
直管理论计算厚度	S_l	mm	式(48),$\dfrac{pD_w}{2\varphi_h[\sigma]+p}$	0.883
弯管中心线半径	R	mm	设计确定(弯管半径)	300
弯管形状系数	k	—	式(50),$\dfrac{4R+D_w}{4R+2D_w}$	0.94
弯管外侧的理论计算厚度	S_{wl}	mm	式(49),kS_l	0.83
腐蚀减薄附加厚度	C_1	mm	按 8.5.2 条	0.5
弯管工艺系数	a	—	式(64),$25D_w/R$	6.33
弯管工艺减薄附加厚度	C_2	mm	式(63),$\dfrac{a}{100-a}(S_{wl}+C_1)$	0.09
厚度负偏差与取用厚度的百分比值	m	—	查 GB 3087	15
弯管厚度负偏差的附加厚度	C_3	mm	式(66),$\dfrac{m}{100-m}(S_{wl}+C_1+C_2)$	0.25
弯管的附加厚度	C	mm	式(60),$C_1+C_2+C_3$	0.84
弯管成品外侧的最小需要厚度	S_{wmin}	mm	式(52),$S_{wl}+C_1$	1.33
弯管的设计厚度	S_{ws}	mm	式(54),$S_{wl}+C$	1.67
弯管实取厚度	S	mm	$S>S_{ws}$	4.0
理论计算厚度算出的外径与内径的比值	β_l	—	按 8.2.3 条及式(38),$D_w/(D_w-2S_l)$	1.02

结论:由于 $\beta_l=1.02<2.0$;满足 8.2.3 条要求

12. $\phi89\times4.5$ 管子强度计算

管子外径	D_w	mm	设计确定	89
管子材质	—		GB 3087	20
锅炉额定压力	p_e	MPa	设计确定	2.6
最大流量时计算元件至锅炉出口之间的压力降	Δp_z	MPa	设计确定(无过热器)	0
计算元件所受水柱静压力	Δp_{sz}	MPa	按 6.3 条	0
设计附加压力	Δp_a	MPa	按 6.3 条,$0.04p_e$	0.104

续表

名　　称	符号	单位	公式来源及计算	数值
工作压力	p_g	MPa	式(17)$p_e + \Delta p_z + \Delta p_{sz}$	2.6
计算压力	p	MPa	式(16)$p_g + \Delta p_a$	2.704
计算压力下饱和蒸汽温度	t_b	℃	对应($p+0.1$)绝对压力下,附表1	230
计算壁温	t_{bi}	℃	按表6,$t_b + 60$	290
基本许用应力	$[\sigma]_j$	MPa	查表1	115
基本许用应力修正系数	η	—	查表3	1.00
许用应力	$[\sigma]$	MPa	式(1)$\eta[\sigma]_j$	115
焊缝减弱系数	φ_h	—	按8.4条,无缝钢管	1.00
直管理论计算厚度	S_l	mm	式(48),$\dfrac{pD_w}{2\varphi_h[\sigma]+p}$	1.034
弯管中心线半径	R	mm	设计确定(弯管半径)	350
弯管形状系数	k	—	式(50),$\dfrac{4R+D_w}{4R+2D_w}$	0.9
弯管外侧的理论计算厚度	S_{wl}	mm	式(49),kS_l	0.97
腐蚀减薄附加厚度	C_1	mm	按8.5.2条	0.5
弯管工艺系数	a	—	式(64),$25D_w/R$	6.36
弯管工艺减薄附加厚度	C_2	mm	式(63),$\dfrac{a}{100-a}(S_{wl}+C_1)$	0.1
厚度负偏差与取用厚度的百分比值	m	—	查 GB 3087	15
弯管厚度负偏差的附加厚度	C_3	mm	式(66),$\dfrac{m}{100-m}(S_{wl}+C_1+C_2)$	0.28
弯管的附加厚度	C	mm	式(60),$C_1+C_2+C_3$	0.88
弯管成品外侧的最小需要厚度	S_{wmin}	mm	式(52),$S_{wl}+C_1$	1.47
弯管的设计厚度	S_{ws}	mm	式(54),$S_{wl}+C$	1.85
弯管实取厚度	S	mm	$S > S_{ws}$	4.5
理论计算厚度算出的外径与内径的比值	β_l	—	按8.2.3条及式(38),$D_w/(D_w-2S_l)$	1.02

结论:由于$\beta_l = 1.02 < 2.0$;满足8.2.3条要求

13. ϕ108×4.5管子强度计算

名　　称	符号	单位	公式来源及计算	数值
管子外径	D_w	mm	设计确定	108
管子材质	—	—	GB 3087	20
锅炉额定压力	p_e	MPa	设计确定	2.6

续表

名　　称	符号	单位	公式来源及计算	数值
最大流量时计算元件至锅炉出口之间的压力降	Δp_z	MPa	设计确定(无过热器)	0
计算元件所受水柱静压力	Δp_{sz}	MPa	按 6.3 条	0
设计附加压力	Δp_a	MPa	按 6.3 条 ,$0.04p_e$	0.104
工作压力	p_g	MPa	式(17)$p_e + \Delta p_z + \Delta p_{sz}$	2.6
计算压力	p	MPa	式(16)$p_g + \Delta p_a$	2.704
计算压力下饱和蒸汽温度	t_b	℃	对应($p+0.1$)绝对压力下,附表 1	230
计算壁温	t_{bi}	℃	按表 6,$t_b + 60$	290
基本许用应力	$[\sigma]_j$	MPa	查表 1	115
基本许用应力修正系数	η	—	查表 3	1.00
许用应力	$[\sigma]$	MPa	式(1)$\eta[\sigma]_j$	115
焊缝减弱系数	φ_h	—	按 8.4 条,无缝钢管	1.00
直管理论计算厚度	S_l	mm	式(48),$\dfrac{pD_w}{2\varphi_h[\sigma]+p}$	1.255
弯管中心线半径	R	mm	设计确定(弯管半径)	350
弯管形状系数	k	—	式(50),$\dfrac{4R+D_w}{4R+2D_w}$	0.93
弯管外侧的理论计算厚度	S_{wl}	mm	式(49),kS_l	1.17
腐蚀减薄附加厚度	C_1	mm	按 8.5.2 条	0.5
弯管工艺系数	a	—	式(64),$25D_w/R$	7.714
弯管工艺减薄附加厚度	C_2	mm	式(63),$\dfrac{a}{100-a}(S_{wl}+C_1)$	0.14
厚度负偏差与取用厚度的百分比值	m	—	查 GB 3087	15
弯管厚度负偏差的附加厚度	C_3	mm	式(66),$\dfrac{m}{100-m}(S_{wl}+C_1+C_2)$	0.32
弯管的附加厚度	C	mm	式(60),$C_1+C_2+C_3$	0.96
弯管成品外侧的最小需要厚度	S_{wmin}	mm	式(52),$S_{wl}+C_1$	1.67
弯管的设计厚度	S_{ws}	mm	式(54),$S_{wl}+C$	2.13
弯管实取厚度	S	mm	$S > S_{ws}$	4.5
理论计算厚度算出的外径与内径的比值	β_l	—	按 8.2.3 条及式(38),$D_w/(D_w-2S_l)$	1.02

结论:由于 $\beta_l = 1.02 < 2.0$;满足 8.2.3 条要求

续表

名　　　称	符号	单位	公式来源及计算	数值
14. 人孔盖（盖板）强度计算				
人孔盖尺寸	$a \times b$	mm	设计确定	400×300
人孔盖材质	—	—	设计确定 GB 713	Q245R
计算压力	P	MPa	取锅壳筒体计算压力	2.704
计算壁温	t_{bi}	℃	查表 4 $t_j = 230$ ℃ < 250 ℃	250
修正系数	η	—	查表 3	1.00
基本许用应力	$[\sigma]_j$	MPa	查表 1	125
许用应力	$[\sigma]$	MPa	式(1) $\eta[\sigma]_j$	125
结构特性系数	K	—	按 10.3.4 条中 d)	0.55
形状系数	Y	—	表 18　b/a	1.15
人孔盖计算尺寸	D_c	mm	按 10.3.4 条中 d)	320
人孔盖设计厚度	S_s	mm	式(91) $KYD_c\sqrt{p/[\sigma]}$	29.8
实取厚度	S_1	mm	按 10.3.1 条, $S_1 \geqslant S_s$	30
15. 安全阀校核计算				
锅炉额定蒸发量	D	kg/h	设计确定	10000
锅炉工作压力	p_g	MPa	与上锅筒工作压力相同	2.6
安全阀进口处的蒸汽压力（表压）	P	MPa	按附录 2 表 2, $1.04 p_g$	2.704
安全阀数量	n	个	按《锅炉安全技术监察规程》6.1.2 条规定	2
压力修正系数	K_p	/	按附录 2 表 1	1
过热修正系数	K_g	—	按附录 2 表 1	1
安全阀进口处蒸汽比容修正系数	K	—	附录 2 式(2), $K_p \times K_g$	1
安全阀的流道直径	d	mm	选用全启式安全阀 A48Y 型；DN80	50
安全阀的流道总面积	A	mm²	$2 \times \pi/4 \times d^2$	3 925
安全阀的理论排放量	E	kg/h	附录 2 式(1), $0.235A(10.2p+1)K$	26 362
安全阀需要总排放量	$[E]$	kg/h	取锅炉额定蒸发量	10 000

结论：由于 $E > [E]$，选用 2 个安全阀能够满足安全阀的理论排放量

续表

16. 附图

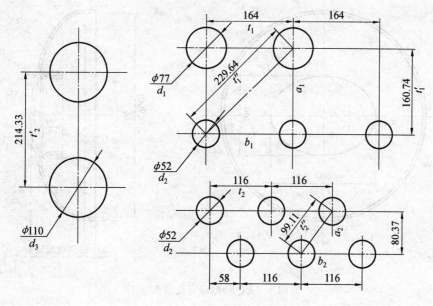

附图 1 上锅筒

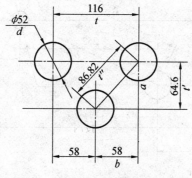

附图 2 下锅筒

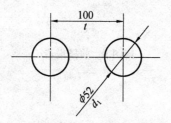

附图 3 左、右侧集箱

续表

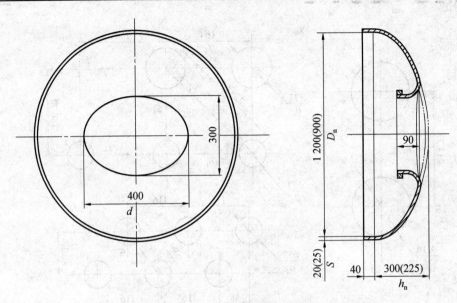

附图 4　上(下)锅筒有孔封头

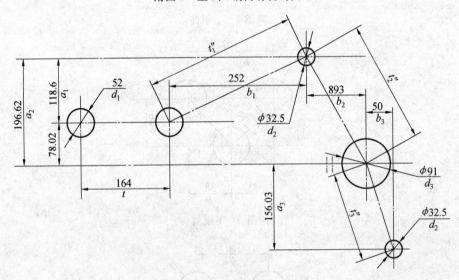

附图 5　前横集箱

续表

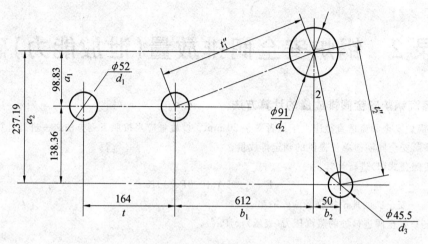

附图 6　后横集箱

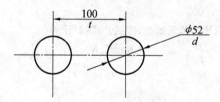

附图 7　左、右侧上集箱

附录 2　锅炉安全阀排放量(泄放能力)确定

1. 蒸汽锅炉安全阀排放量的计算方法

蒸汽锅炉安全阀流道直径应大于或者等于 20 mm。排放量应当按照下列方法之一进行计算:

(1)按照安全阀制造单位提供的额定排放量;

(2)按照公式(1)进行计算:

$$E = 0.235A(10.2P+1)K \tag{1}$$

式中　E——安全阀的理论排放量,kg/h;

　　　p——安全阀进口处的蒸汽压力(表压),MPa;

　　　A——安全阀的流道面积,mm^2;可用 $\dfrac{\pi d^2}{4}$ 计算;

　　　d——安全阀的流道直径,mm;

　　　K——安全阀进口处蒸汽比容修正系数,按照公式(2)计算:

$$K = K_p K_g \tag{2}$$

式中　K_p——压力修正系数;

　　　K_g——过热修正系数;

　　　K,K_p,K_g 按照附表 1 选用和计算。

附表 1　安全阀进口处各修正系数

p/MPa		K_p	K_g	$K = K_p K_g$
$p \leqslant 12$	饱和	1	1	1
	过热	1	$\sqrt{\dfrac{V_b}{V_g}}$ (注 1)	$\sqrt{\dfrac{V_b}{V_g}}$ (注 1)
$p > 12$	饱和	$\sqrt{\dfrac{2.1}{(10.2p+1)V_b}}$	1	$\sqrt{\dfrac{2.1}{(10.2p+1)V_b}}$
	过热	$\sqrt{\dfrac{2.1}{(10.2p+1)V_b}}$	$\sqrt{\dfrac{V_b}{V_g}}$ (注 1)	$\sqrt{\dfrac{2.1}{(10.2p+1)V_g}}$

注:$\sqrt{\dfrac{V_b}{V_g}}$ 亦可以用 $\sqrt{\dfrac{1\,000}{(1\,000+2.7T_g)}}$ 代替

表中:V_g——过热蒸汽比容,m^3/kg;V_b——饱和蒸汽比容,m^3/kg;T_g——过热度,℃

(3)按照 GB/T 12241《安全阀一般要求》或者 JB/T 9624《电站安全阀技术条件》中的公式进行计算。

(4)蒸汽锅炉安全阀整定压力按照附表 2 的规定进行调整和校验。

附表 2 蒸汽锅炉安全阀整定压力

额定工作压力/ /MPa	安全阀整定压力	
	最低值	最高值
$p \leqslant 0.8$	工作压力加 0.03 MPa	工作压力加 0.05 MPa
$0.8 < p \leqslant 5.9$	1.04 倍工作压力	1.06 倍工作压力
$p > 5.9$	1.05 倍工作压力	1.08 倍工作压力

注:表中的工作压力是指安全阀装置地点的工作压力,对于控制式安全阀是指控制源接出地点的工作压力

2. 热水锅炉安全阀的泄放能力计算方法

热水锅炉安全阀的泄放能力应当满足所有安全阀开启后锅炉内的压力不超过设计压力 1.1 倍。安全阀流道直径按照以下原则选取:

(1)额定出口水温小于 100 ℃的锅炉,可以按照附表 3 选取。

附表 3 低于 100 ℃的锅炉安全阀流道直径选取表

锅炉额定热功率/MW	$Q \leqslant 1.4$	$1.4 < Q \leqslant 7.0$	$Q > 7.0$
安全阀流道直径/mm	$\geqslant 20$	$\geqslant 32$	$\geqslant 50$

(2)额定出口水温大于或者等于 100 ℃的锅炉,其安全阀的数量和流道直径应当按照公式(3)计算:

$$ndh = \frac{35.3Q}{C(P+0.1)(i-i_j)} \times 10^6 \qquad (3)$$

式中 n——安全阀数量;

　　d——安全阀流道直径,mm;

　　h——安全阀阀芯开启高度,mm;

　　Q——锅炉额定热功率,MW;

　　C——排放系数,按照安全阀制造单位提供的数据,或者按照下列要求选取:当 $h \leqslant 20$ 时,$C=135$;当 $h \geqslant d/4$ 时,$C=70$;

　　p——安全阀的开启压力,MPa;

　　i——锅炉额定出水压力下饱和蒸汽焓,kJ/kg;

　　i_j——锅炉进水的焓,kJ/kg。

(3)热水锅炉上的安全阀按照附表 4 规定的压力进行整定或者校验。

附表 4 热水锅炉安全阀的整定压力

最低值	最高值
1.1 倍工作压力但是不小于工作压力加 0.07 MPa	1.12 倍工作压力但是不小于工作压力加 0.10 MPa

附表 5　饱和水和饱和蒸汽的热力性质(按压力排列)

v—比容;h—比焓;s—比熵;r—汽化潜热;s'—饱和水;s''—饱和蒸汽

p	t	v'	v''	i'	i''	r	s'	s''
MPa	℃	m³/kg		kJ/kg			kJ/(kg·K)	
0.001 0	6.949	0.001 000 1	129.185	29.21	2 513.29	2 484.1	0.105 6	8.973 5
0.001 5	12.975	0.001 000 7	87.957	54.47	2 524.36	2 469.9	0.194 8	8.825 6
0.002 0	17.540	0.001 001 4	67.008	73.58	2 532.71	2 459 1	0.261 1	8.722 0
0.002 5	21.101	0.001 002 1	54.253	88.47	2 539.20	2 450.7	0.312 0	8.641 3
0.003 0	24.114	0.001 002 8	45.666	101.07	2 544.68	2 443.6	0.354 6	8.575 8
0.003 5	26.671	0.001 003 5	39.473	111.76	2 549.32	2 437.6	0.390 4	8.520 3
0.004 0	28.953	0.001 004 1	34.796	121.30	2 553.45	2 432.2	0.422 1	8.472 5
0.004 5	31.053	0.001 004 7	31.141	130.08	2 557.26	2 427.2	0.451 1	8.430 8
0.005 0	32.879	0.001 005 3	28.191	137.72	2 560.55	2 422.8	0.476 1	8.393 0
0.005 5	34.614	0.001 005 9	25.770	144.98	2 563.68	2 418.7	0.499 7	8.359 4
0.006 0	36.166	0.001 006 5	23.738	151.47	2 566.48	2 415.0	0.520 8	8.328 3
0.006 5	37.627	0.001 007 0	22.013	157.58	2 569.10	2 411.5	0.540 5	8.300 0
0.007 0	38.997	0.001 007 5	20.528	163.31	2 571.56	2 408.3	0.558 9	8.273 7
0.007 5	40.275	0.001 008 0	19.236	168.65	2 573.85	2 405.2	0.576 0	8.249 3
0.008 0	41.508	0.001 008 5	18.102	173.81	2 576.06	2 402.3	0.592 4	8.226 6
0.008 5	42.649	0.001 008 9	17.097	178.58	2 578.10	2 399.5	0.607 5	8.205 2
0.009 0	43.790	0.001 009 4	16.204	183.36	2 580.15	2 396.8	0.622 6	8.185 4
0.009 5	44.817	0.001 009 9	15.399	187.65	2 581.98	2 394.3	0.636 2	8.166 3
0.010	45.799	0.001 010 3	14.673	191.76	2 583.72	2 392.0	0.649 0	8.148 1
0.011	47.693	0.001 011 1	13.415	199.68	2 587.10	2 387.4	0.673 8	8.114 8
0.012	49.428	0.001 011 9	12.361	206.94	2 590.18	2 383.2	0.696 4	8.084 4
0.013	51.049	0.001 012 6	11.465	213.71	2 593.05	2 379.3	0.717 3	8.056 5
0.014	52.555	0.001 013 4	10.694	220.01	2 595.71	2 375.7	0.736 7	8.030 6
0.015	53.971	0.001 014 0	10.022	225.93	2 598.21	2 372.3	0.754 8	8.006 5
0.016	55.340	0.001 014 7	9.433 4	231.66	2 600.62	2 369.0	0.772 3	7.984 3
0.017	56.596	0.001 015 4	8.910 7	236.91	2 602.82	2 365.9	0.788 3	7.963 1
0.018	57.805	0.001 016 0	8.445 0	241.97	2 604.95	2 363.0	0.803 6	7.943 3
0.019	58.969	0.001 016 6	8.027 2	246.84	2 606.99	2 360.1	0.818 3	7.924 6
0.020	60.065	0.001 017 2	7.649 7	251.43	2 608.90	2 357.5	0.832 0	7.906 8
0.021	61.138	0.001 017 7	7.307 6	255.91	2 610.77	2 354.9	0.845 5	7.890 0
0.022	62.142	0.001 018 3	6.995 2	260.12	2 612.52	2 352.4	0.858 0	7.873 9

续附表5

v—比容;h—比焓;s—比熵;r—汽化潜热;s'—饱和水;s''—饱和蒸汽

p	t	v'	v''	i'	i''	r	s'	s''
MPa	℃	m³/kg			kJ/kg		kJ/(kg·K)	
0.023	63.124	0.001 018 8	6.709 5	264.22	2 614.23	2 350.0	0.870 2	7.858 5
0.024	64.060	0.001 019 3	6.446 8	268.14	2 615.85	2 347.7	0.881 9	7.843 8
0.025	64.973	0.001 019 8	6.204 7	271.96	2 617.43	2 345.5	0.893 2	7.829 8
0.026	65.863	0.001 020 4	5.980 8	275.69	2 618.97	2 343.3	0.904 2	7.816 3
0.027	66.707	0.001 020 8	5.772 7	279.22	2 620.43	2 341.2	0.914 6	7.803 3
0.028	67.529	0.001 021 3	5.579 1	282.66	2 621.85	2 339.2	0.924 7	7.790 8
0.029	68.328	0.001 021 8	5.398 5	286.01	2 623.22	2 337.2	0.934 5	7.778 8
0.030	69.104	0.001 022 2	5.229 6	289.26	2 624.56	2 335.3	0.944 0	7.767 1
0.032	70.611	0.001 023 1	4.922 9	295.57	2 627.15	2 331.6	0.962 4	7.745 1
0.034	72.014	0.001 024 0	4.650 8	301.45	2 629.54	2 328.1	0.979 5	7.724 3
0.036	73.361	0.001 024 8	4.408 3	307.09	2 631.84	2 324.7	0.995 8	7.704 7
0.038	74.651	0.001 025 6	4.190 6	312.49	2 634.03	2 321.5	1.011 3	7.686 3
0.040	75.872	0.001 026 4	3.993 9	317.61	2 636.10	2 318.5	1.026 0	7.668 8
0.045	78.737	0.001 028 2	3.576 9	329.63	2 640.94	2 311.3	1.060 3	7.628 7
0.050	81.339	0.001 029 9	3.240 9	340.55	2 645.31	2 304.8	1.091 2	7.592 8
0.055	83.736	0.001 031 5	2.964 3	350.61	2 649.30	2 298.7	1.119 5	7.560 5
0.060	85.950	0.001 033 1	2.732 4	359.91	2 652.97	2 293.1	1.145 4	7.531 0
0.065	88.015	0.001 034 5	2.535 2	368.59	2 656.37	2 287.8	1.169 5	7.504 0
0.070	89.956	0.001 035 9	2.365 4	376.75	2 659.55	2 282.8	1.192 1	7.478 9
0.075	91.782	0.001 037 2	2.217 5	384.43	2 662.53	2 278.1	1.213 1	7.455 7
0.080	93.511	0.001 038 5	2.087 6	391.71	2 665.33	2 273.6	1.233 0	7.433 9
0.085	95.149	0.001 039 7	1.972 5	398.61	2 667.97	2 269.4	1.251 8	7.413 5
0.090	96.712	0.001 040 9	1.869 8	405.20	2 670.48	2 265.3	1.269 6	7.394 3
0.095	98.201	0.001 042 0	1.777 6	411.48	2 672.86	2 261.4	1.286 6	7.376 1
0.10	99.634	0.001 043 2	1.694 3	417.52	2 675.14	2 257.6	1.302 8	7.358 9
0.11	102.316	0.001 045 3	1.549 8	428.84	2 679.36	2 250.5	1.333 0	7.326 9
0.12	104.810	0.001 047 3	1.428 7	439.37	2 683.26	2 243.9	1.360 9	7.297 8
0.13	107.138	0.001 049 2	1.325 6	449.22	2 686.87	2 237.7	1.386 9	7.271 0
0.14	109.318	0.001 051 0	1.236 8	458.44	2 690.22	2 231.8	1.411 0	7.246 2

续附表 5

v—比容；h—比焓；s—比熵；r—汽化潜热；s'—饱和水；s''—饱和蒸汽

p	t	v'	v''	i'	i''	r	s'	s''
MPa	℃	m³/kg		kJ/kg			kJ/(kg·K)	
0.15	111.378	0.001 052 7	1.159 53	467.17	2 693.35	2 226.2	1.433 8	7.223 2
0.16	113.326	0.001 054 4	1.091 59	475.42	2 696.29	2 220.9	1.455 2	7.201 6
0.17	115.178	0.001 056 0	1.031 39	483.28	2 699.07	2 215.8	1.475 4	7.181 4
0.18	116.941	0.001 057 6	0.977 67	490.76	2 701.69	2 210.9	1.494 6	7.162 3
0.19	118.625	0.001 059 1	0.929 42	497.92	2 704.16	2 206.3	1.512 9	7.144 3
0.20	120.240	0.001 060 5	0.885 85	504.78	2 706.53	2 201.7	1.530 3	7.127 2
0.21	121.789	0.001 061 9	0.846 30	511.37	2 708.77	2 197.4	1.547 0	7.110 9
0 22	123.281	0.001 063 3	0.810 23	517.72	2 710.92	2 193.2	1.563 1	7.095 4
0.23	124.717	0.001 064 6	0.777 19	523.84	2 712.97	2 189.1	1.578 4	7.080 6
0.24	126.103	0.001 066 0	0.746 81	529.75	2 714.94	2 185.2	1.593 2	7.066 4
0.25	127.444	0.001 067 2	0.718 79	535.47	2 716.83	2 181.4	1.607 5	7.052 8
0.26	128.740	0.001 068 5	0.692 85	540.99	2 718.64	2 177.6	1.621 3	7.039 8
0.27	129.998	0.001 069 7	0.668 77	546.37	2 720.39	2 174.0	1.634 6	7.027 2
0.28	131.218	0.001 070 9	0.646 36	551.58	2 722.07	2 170.5	1.647 5	7.015 1
0.29	132.403	0.001 072 0	0.625 44	556.65	2 723.69	2 167.0	1.660 0	7.003 4
0.30	133.556	0.001 073 2	0.605 87	561.58	2 725.26	2 163.7	1.672 1	6.992 1
0.31	134.677	0.001 074 3	0.587 51	566.38	2 726.77	2 160.4	1.683 8	6.981 2
0.32	135.770	0.001 075 4	0.570 27	571.06	2 728.24	2 157.2	1.695 3	6.970 6
0.33	136.836	0.001 076 5	0.554 04	575.63	2 729.66	2 154.0	1.706 4	6.960 3
0.34	137.876	0.001 077 5	0.538 73	580.09	2 731.03	2 150.9	1.717 2	6.950 3
0.35	138.891	0.001 078 6	0.524 27	584.45	2 732.37	2 147.9	1.727 8	6.940 7
0.36	139.885	0.001 079 6	0.510 58	588.71	2 733.66	2 144.9	1.738 1	6.931 3
0.37	140.855	0.001 080 6	0.497 61	592.88	2 734.92	2 142.0	1.748 2	6.922 1
0.38	141.803	0.001 081 6	0.485 30	596.96	2 736.14	2 139.2	1.758 0	6.913 2
0.39	142.732	0.001 082 6	0.473 59	600.95	2 737.33	2 136.4	1.767 6	6.904 5
0.40	143.642	0.001 083 5	0.462 46	604.87	2 738.49	2 133.6	1.776 9	6.896 1
0.41	144.535	0.001 084 5	0.451 84	608.71	2 739.61	2 130.9	1.786 1	6.887 8
0.42	145.411	0.001 085 5	0.441 72	612.48	2 740.72	2 128.2	1.795 1	6.879 8
0.43	146.269	0.001 086 4	0.432 05	616.18	2 741.78	2 125.6	1.803 9	6.871 9

续附表 5

		v' — 比容;h — 比焓;s — 比熵;r — 汽化潜热;s' — 饱和水;s'' — 饱和蒸汽							
p	t	v'	v''	i'	i''	r	s'	s''
MPa	℃	m³/kg		kJ/kg			kJ/(kg·K)	
0.44	147.112	0.001 087 3	0.422 81	619.82	2 742.83	2 123.0	1.812 6	6.864 2
0.45	147.939	0.001 088 2	0.413 96	623.38	2 743.85	2 120.5	1.821 0	6.856 7
0.46	148.751	0.001 089 1	0.405 48	626.89	2 744.84	2 118.0	1.829 3	6.849 3
0.47	149.550	0.001 090 0	0.397 36	630.34	2 745.81	2 115.5	1.837 4	6.842 1
0.48	150.336	0.001 090 8	0.389 56	633.73	2 746.76	2 113.0	1.845 4	6.835 1
0.49	151.108	0.001 091 7	0.382 07	637.07	2 747.69	2 110.6	1.853 3	6.828 1
0.50	151.867	0.001 092 5	0.374 86	640.35	2 748.59	2 108.2	1.861 0	6.821 4
0.52	153.350	0.001 094 2	0.361 26	646.77	2 750.34	2 103.6	1.876 0	6.808 2
0.54	154.788	0.001 095 9	0.348 63	653.00	2 752.02	2 099.0	1.890 5	6.795 5
0.56	156.185	0.001 097 5	0.336 87	659.05	2 753.63	2 094.6	1.904 6	6.783 3
0.58	157.543	0.001 099 0	0.325 90	664.95	2 755.18	2 090.2	1.918 3	6.771 5
0.60	158.863	0.001 100 6	0.315 63	670.67	2 756.66	2 086.0	1.931 5	6.760 0
0.62	160.148	0.001 102 1	0.306 00	676.26	2 758.08	2 081.8	1.944 4	6.749 0
0.64	161.402	0.001 103 6	0.296 95	681.72	2 759.46	2 077.7	1.956 9	6.738 2
0.66	162.625	0.001 105 1	0.288 43	687.04	2 760.78	2 073.7	1.969 1	6.727 8
0.68	163.817	0.001 106 5	0.280 40	692.24	2 762.06	2 069.8	1.980 9	6.717 7
0.70	164.983	0.001 107 9	0.272 81	697.32	2 763.29	2 066.0	1.992 5	6.707 9
0.72	166.123	0.001 109 3	0.265 63	702.29	2 764.48	2 062.2	2.003 8	6.698 3
0.74	167.237	0.001 110 7	0.258 82	707.16	2 765.63	2 058.5	2.014 8	6.689 0
0.76	168.328	0.001 112 1	0.252 36	711.93	2 766.74	2 054.8	2.025 6	6.679 9
0.78	169.397	0.001 113 4	0.246 22	716.61	2 767.82	2 051.2	2.036 1	6.671 1
0.80	170.444	0.001 114 8	0.240 37	721.20	2 768.86	2 047.7	2.046 4	6.662 5
0.82	171.471	0.001 116 1	0.234 80	725.69	2 769.86	2 044.2	2.056 5	6.654 0
0.84	172.477	0.001 117 4	0.229 48	730.11	2 770.84	2 040.7	2.066 3	6.645 8
0.86	173.466	0.001 118 6	0.224 41	734.45	2 771.79	2 037.3	2.076 0	6.637 8
0.88	174.436	0.001 119 9	0.219 56	738.71	2 772.71	2 034.0	2.085 5	6.629 9
0.90	175.389	0.001 121 2	0.214 91	742.90	2 773.59	2 030.7	2.094 8	6.622 2
0.92	176.325	0.001 122 4	0.210 46	747.02	2 774.46	2 027.4	2.103 9	6.614 6
0.94	177.245	0.001 123 6	0.206 19	751.07	2 775.30	2 024.2	2.112 9	6.607 2

续附表 5

v—比容;h—比焓;s—比熵;r—汽化潜热;s'—饱和水;s''—饱和蒸汽

p	t	v'	v''	i'	i''	r	s'	s''
MPa	℃	m³/kg		kJ/kg			kJ/(kg · K)	
0.96	178.150	0.001 124 8	0.202 10	755.05	2 776.11	2 021.1	2.121 7	6.600 0
0.98	179.040	0.001 126 0	0.198 17	758.98	2 776.90	2 017.9	2.130 3	6.592 9
1.00	179.916	0.001 127 2	0.194 38	762.84	2 777.67	2 014.8	2.138 8	6.585 9
1.05	182.048	0.001 130 1	0.185 54	772.26	2 779.50	2 007.2	2.159 4	6.569 0
1.10	184.100	0.001 133 0	0.177 47	781.35	2 781.21	1 999.9	2.179 2	6.552 9
1.15	186.081	0.001 135 7	0.170 07	790.14	2 782.80	1 992.7	2.198 3	6.537 4
1.20	187.995	0.001 138 5	0.163 28	798.64	2 784.29	1 985.7	2.216 6	6.522 5
1.25	189.848	0.001 141 1	0.157 01	806.89	2 785.69	1 978 8	2.234 3	6.508 2
1.30	191.644	0.001 143 8	0.151 20	814.89	2 786.99	1 972.1	2.251 5	6.494 4
1.35	193.386	0.001 146 3	0.145 81	822.67	2 788.22	1 965.5	2.268 1	6.481 1
1.40	195.078	0.001 148 9	0.140 79	830.24	2 789.37	1 959.1	2.284 1	6.468 3
1.45	196.725	0.001 151 4	0.136 10	837.62	2 790.45	1 952.8	2.299 7	6.455 8
1.50	198.327	0.001 153 8	0.131 72	844.82	2 791.46	1 946.6	2.314 9	6.443 7
1.55	199.887	0.001 156 2	0.127 61	851.84	2 792.40	1 940.6	2.329 6	6.432 0
1.60	201.410	0.001 158 6	0.123 75	858.69	2 793.29	1 934.6	2.344 0	6.420 6
1.65	202.895	0.001 161 0	0.120 11	865.40	2 794.13	1 928.7	2.358 0	6.409 6
1.70	204.346	0.001 163 3	0.116 68	871.96	2 794.91	1 923.0	2.371 6	6.398 8
1.75	205.764	0.001 165 6	0.113 44	878.38	2 795.65	1 917.3	2.384 9	6.388 3
1.80	207.151	0.001 167 9	0.110 37	884.67	2 796.33	1 911.7	2.397 9	6.378 1
1.85	208.508	0.001 170 1	0.107 47	890.83	2 796.98	1 906.1	2.410 6	6.368 1
1.90	209.838	0.001 172 3	0.104 707	896.88	2 797.58	1 900.7	2.423 0	6.358 3
1.95	211.140	0.001 174 5	0.102 085	902.82	2 798.14	1 895.3	2.435 2	6.348 8
2.00	212.417	0.001 176 7	0.099 588	908.64	2 798.66	1 890.0	2.447 1	6.339 5
2.05	213.669	0.001 178 8	0.097 210	914.37	2 799.15	1 884.8	2.458 7	6.330 4
2.10	214.898	0.001 180 9	0.094 940	920.00	2 799.60	1 879.6	2.470 2	6.321 4
2.15	216.104	0.001 183 1	0.092 773	925.53	2 800.02	1 874.5	2.481 4	6.312 7
2.20	217.288	0.001 185 1	0.090 700	930.97	2 800.41	1 869.4	2.492 4	6.304 1
2.25	218.452	0.001 187 2	0.088 716	936.33	2 800.76	1 864.4	2.503 1	6.295 7
2.30	219.596	0.001 189 3	0.086 816	941.6	2 801.09	1 859.5	2.513 7	6.287 5

续附表 5

				v—比容;h—比焓;s—比熵;r—汽化潜热;s'—饱和水;s''—饱和蒸汽				
p	t	v'	v''	i'	i''	r	s'	s''
MPa	℃	m³/kg		kJ/kg			kJ/(kg·K)	
2.35	220.722	0.001 191 3	0.084 994	946.80	2 801.39	1 854.6	2.524 1	6.279 4
2.40	221.829	0.001 193 3	0.083 244	951.91	2 801.67	1 849.8	2.534 4	6.271 4
2.45	222.918	0.001 195 3	0.081 564	956.96	2 801.92	1 845.0	2.544 4	6.263 6
2.50	223.990	0.001 197 3	0.079 949	961.93	2 802.14	1 840.2	2.554 3	6.255 9
2.55	225.046	0.001 199 3	0.078 394	966.83	2 802.34	1 835.5	2.564 1	6.248 4
2.60	226.085	0.001 201 3	0.076 898	971.67	2 802.51	1 830.8	2.573 6	6.240 9
2.65	227.110	0.001 203 2	0.075 456	976.45	2 802.67	1 826.2	2.583 1	6.233 6
2.70	228.120	0.001 205 2	0.074 065	981.16	2 802.80	1 821.6	2.592 4	6.226 4
2.75	229.115	0.001 207 1	0.072 723	985.81	2 802.91	1 817.1	2.601 5	6.219 3
2.80	230.096	0.001 209 0	0.071 427	990.41	2 803.01	1 812.6	2.610 5	6.212 3
2.85	231.065	0.001 210 9	0.070 176	994.95	2 803.08	1 808.1	2.6194	6.205 5
2.90	232.020	0.001 212 8	0.068 965	999.43	2 803.13	1 803.7	2.628 2	6.198 7
2.95	232.962	0.001 214 7	0.067 795	1 003.9	2 803.17	1 799.3	2.636 8	6.192 0
3.0	233.893	0.001 216 6	0.066 662	1 008.2	2 803.19	1 794.9	2.645 4	6.185 4
3.1	235.718	0.001 220 3	0.064 501	1 016.9	2 803.18	1 786.3	2.662 1	6.172 5
3.2	237.499	0.001 224 0	0.062 471	1 025.3	2 803.10	1 777.8	2.678 4	6.159 9
3.3	239.238	0.001 227 6	0.060 560	1 033.6	2 802.96	1 769.4	2.694 3	6.147 6
3.4	240.936	0.001 231 2	0.058 757	1 041.6	2 802.76	1 761.1	2.709 8	6.135 6
3.5	242.597	0.001 234 8	0.057 054	1 049.6	2 802.51	1 752.9	2.725 0	6.123 8
3.6	244.222	0.001 238 4	0.055 441	1 057.4	2 802.21	1 744.8	2.739 8	6.112 4
3.7	245.812	0.001 241 9	0.053 913	1 065.0	2 801.86	1 736.8	2.754 4	6.101 1
3.8	247.370	0.001 245 4	0.052 462	1 072.4	2 801.46	1 728.9	2.768 6	6.090 1
3.9	248.897	0.001 248 9	0.051 083	1 079.9	2 801.02	1 721.1	2.782 5	6.079 3
4.0	250.394	0.001 252 4	0.049 771	1 087.2	2 800.53	1 713.4	2.796 2	6.068 8
4.1	251.862	0.001 255 8	0.048 520	1 094.3	2 800.00	1 705.7	2.809 5	6.058 4
4.2	253.304	0.001 259 2	0.047 326	1 101.4	2 799.44	1 698.1	2.822 7	6.048 2
4.3	254.719	0.001 262 7	0.046 186	1 108.3	2 798.83	1 690.5	2.835 6	6.038 2
4.4	256.110	0.001 266 1	0.045 096	1 115.1	2 798.19	1 683.1	2.848 3	6.028 3
4.5	257.477	0.001 269 4	0.044 052	1 121.8	2 797.51	1 675.7	2.860 7	6.018 7

续附表 5

		v—比容;h—比焓;s—比熵;r—汽化潜热;s'—饱和水;s''—饱和蒸汽						
p	t	v'	v''	i'	i''	r	s'	s''
MPa	℃	m³/kg		kJ/kg			kJ/(kg·K)	
4.6	258.820	0.001 272 8	0.043 053	1 128.5	2 796.80	1 668.3	2.873 0	6.009 1
4.7	260.141	0.001 276 2	0.042 094	1 135.0	2 796.06	1 661.0	2.885 0	5.999 7
4.8	261.441	0.001 279 5	0.041 173	1 141.5	2 795.28	1 653.8	2.896 9	5.990 5
4.9	262.721	0.001 282 8	0.040 289	1 147.9	2 794.48	1 646.6	2.908 6	5.981 4
5.0	263.980	0.001 286 2	0.039439	1154.2	2 793.64	1 639.5	2.920 1	5.972 4
5.1	265.221	0.001 289 5	0.038620	1160.4	2 792.78	1 632.4	2.931 4	5.963 5
5.2	266.443	0.001 292 8	0.037832	1166.5	2 791.88	1 625.4	2.942 5	5.954 8
5.3	267.648	0.001 296 1	0.037073	1172.6	2 790.96	1 618.4	2.953 5	5.946 1
5.4	268.835	0.001 299 4	0.036341	1178.6	2 790.02	1 611.4	2.964 4	5.937 6
5.5	270.005	0.001 302 6	0.035634	1184.5	2 789.04	1 604.5	2.975 1	5.929 2
5.6	271.159	0.001 305 9	0.034952	1190.4	2 788.05	1 597.6	2.985 7	5.920 9
5.7	272.298	0.001 309 2	0.034292	1196.2	2 787.03	1 590.8	2.996 1	5.912 6
5.8	273.422	0.001 312 5	0.033654	1202.0	2 785.98	1 584.0	3.006 4	5.904 5
5.9	274.530	0.001 315 7	0.033037	1207.7	2 784.91	1 577.2	3.016 6	5.896 4
6.0	275.625	0.001 319 0	0.032440	1213.3	2 783.82	1 570.5	3.026 6	5.888 5
6.1	276.706	0.001 322 2	0.031862	1218.9	2 782.70	1 563.8	3.036 5	5.880 6
6.2	277.773	0.001 325 5	0.031301	1224.4	2 781.57	1 557.2	3.046 3	5.872 8
6.3	278.827	0.001 328 7	0.030758	1229.9	2 780.41	1 550.5	3.056 0	5.865 1
6.4	279.868	0.001 332 0	0.030231	1235.3	2 779.23	1 543.9	3.065 6	5.857 4
6.5	280.897	0.001 335 3	0.029719	1240.7	2 778.03	1 537.3	3.075 1	5.849 8
6.6	281.914	0.001 338 5	0.029222	1246.0	2 776.81	1 530.8	3.084 5	5.842 3
6.7	282.920	0.001 341 8	0.028740	1251.3	2 775.56	1 524.2	3.093 8	5.834 9
6.8	283.914	0.001 345 0	0.028271	1256.6	2 774.30	1 517.7	3.102 9	5.827 5
6.9	284.897	0.001 348 3	0.027815	1261.8	2 773.02	1 511.2	3.112 0	5.820 1
7.0	285.869	0.001 351 5	0.027371	1266.9	2 771.72	1 504.8	3.121 0	5.812 9
7.1	286.830	0.001 354 8	0.026940	1272.1	2 770.40	1 498.3	3.1299	5.805 7
7.2	287.781	0.001 358 1	0.026519	1277.1	2 769.07	1 491.9	3.138 8	5.798 5
7.3	288.722	0.001 361 3	0.026110	1282.2	2 767.71	1 485.5	3.147 5	5.791 4
7.4	289.654	0.001 364 6	0.025712	1287.2	2 766.33	1 479.1	3.156 2	5.784 3

续附表 5

p	t	v'	v''	i'	i''	r	s'	s''
MPa	℃	m³/kg		kJ/kg			kJ/(kg · K)	
7.5	290.575	0.001 367 9	0.025323	1292.2	2 764.94	1 472.8	3.164 8	5.777 3
7.6	291.488	0.001 371 1	0.024944	1297.1	2 763.53	1 466.4	3.173 3	5.770 4
7.7	292.391	0.001 374 4	0.024575	1302.0	2 762.10	1 460.1	3.181 7	5.763 5
7.8	293.285	0.001 377 7	0.024215	1306.9	2 760.65	1 453.8	3.190 1	5.756 6
7.9	294.171	0.001 381 0	0.023863	1311.7	2 759.18	1 447.5	3.198 4	5.749 8
8.0	295.048	0.001 384 3	0.023520	1316.5	2 757.70	1 441.2	3.206 6	5.743 0
8.1	295.916	0.001 387 6	0.023184	1321.3	2 756.20	1 434.9	3.214 7	5.736 2
8.2	296.777	0.001 390 9	0.022857	1326.1	2 754.68	1 428.6	3.222 8	5.729 5
8.3	297.629	0.001 394 2	0.022537	1330.8	2 753.15	1 422.4	3.230 9	5.722 9
8.4	298.474	0.001 397 6	0.022224	1335.5	2 751.59	1 416.1	3.238 8	5.716 2
8.5	299.310	0.001 400 9	0.021918	1340.1	2 750.02	1 409.9	3.246 7	5.709 6
8.6	300.140	0.001 404 3	0.021619	1344.8	2 748.44	1 403.7	3.254 6	5.703 1
8.7	300.962	0.001 407 6	0.021326	1349.4	2 746.83	1 397.5	3.262 4	5.696 5
8.8	301.777	0.001 411 0	0.021040	1354.0	2 745.21	1 391.3	3.270 1	5.690 0
8.9	302.584	0.001 414 4	0.020760	1358.5	2 743.57	1 385.1	3.277 8	5.683 5
9.0	303.385	0.001 417 7	0.020485	1363.1	2 741.92	1 378.9	3.285 4	5.677 1
9.1	304.179	0.001 421 1	0.020217	1367.6	2 740.25	1 372.7	3.293 0	5.670 7
9.2	304.966	0.001 424 5	0.019953	1372.1	2 738.56	1 366.5	3.300 5	5.664 3
9.3	305.747	0.001 427 9	0.019696	3376.0	2 736.86	1 360.3	3.308 0	5.657 9
9.4	306.521	0.001 431 4	0.019443	1381.0	2 735.14	1 354.2	3.315 4	5.651 5
9.5	307.289	0.001 434 8	0.019 195	1 385.4	2 733.40	1 348.0	3.322 8	5.645 2
9.6	308.050	0.001 438 3	0.018 952	1 389.8	2 731.64	1 341.8	3.330 2	5.638 9
9.7	308.806	0.001 441 7	0.018 714	1 394.2	2 729.87	1 335.7	3.337 5	5.632 6
9.8	309.555	0.001 445 2	0.018 480	1 398.6	2 728.08	1 329.5	3.344 7	5.626 4
9.9	310.299	0.001 448 7	0.018 251	1 402.9	2 726.28	1 323.4	3.351 9	5.620 1
10.0	311.037	0.001 452 2	0.018 026	1 407.2	2 724.46	1 317.2	3.359 1	5.613 9
10.2	312.496	0.001 459 3	0.017 589	1 415.8	2 720.77	1 304.9	3.373 3	5.601 5
10.4	313.933	0.001 466 4	0.017 167	1 424.4	2 717.01	1 292.6	3.387 4	5.589 2
10.6	315 348	0.001 473 6	0.016 760	1 432.9	2 713.19	1 280.3	3.401 3	5.576 9

续附表 5

v—比容；h—比焓；s—比熵；r—汽化潜热；s′—饱和水；s″—饱和蒸汽

p	t	v′	v″	i′	i″	r	s′	s″
MPa	℃	m³/kg		kJ/kg			kJ/(kg·K)	
10.8	316.743	0.001 480 8	0.016 367	1 441.3	2 709.30	1 268.0	3.415 1	5.564 7
11.0	318.118	0.001 488 1	0.015 987	1 449.6	2 705.34	1 255.7	3.428 7	5.552 5
11.2	319.474	0.001 495 5	0.015 619	1 457.9	2 701.31	1 243.4	3.442 2	5.540 3
11.4	320.811	0.001 503 0	0.015 264	1 466.2	2 697.21	1 231.0	3.455 6	5.528 2
11.6	322.130	0.001 510 6	0.014 920	1 474.4	2 693.05	1 218.6	3.468 9	5.516 1
11.8	323.431	0.001 518 2	0.014 586	1 482.6	2 688.81	1 206.2	3.482 1	5.504 1
12.0	324.715	0.001 526 0	0.014 263	1 490.7	2 684.50	1 193.8	3.495 2	5.492 0
12.2	325.983	0.001 533 8	0.013 949	1 498.8	2 680.11	1 181.3	3.508 2	5.480 0
12.4	327.234	0.001 541 7	0.013 644	1 506.8	2 675.65	1 168.8	3.521 1	5.468 0
12.6	328.469	0.001 549 8	0.013 348	1 514.9	2671.11	1 156.3	3.534 0	5.455 9
12.8	329.689	0.001 558 0	0.013 060	1 522.8	2 666.50	1 143.7	3.546 7	5.443 9
13.0	330.894	0.001 566 2	0.012 780	1 530.8	2 661.80	1 131.0	3.559 4	5.431 8
13.2	332.084	0.001 574 7	0.012 508	1 538.8	2 657.03	1 118.3	3.572 0	5.419 7
13.4	333.260	0.001 583 2	0.012 242	1 546.7	2 652.17	1 105.5	3.584 6	5.407 6
13.6	334.422	0.001 591 9	0.011 984	1 554.6	2 647.23	1 092.6	3.597 1	5.395 5
13.8	335.571	0.001 600 7	0.011 732	1 562.5	2 642.19	1 079.7	3.609 6	5.383 3
14.0	336.707	0.001 609 7	0.011 486	1 570.4	2 637.07	1 066.7	3.622 0	5.371 1
14.2	337.829	0.001 618 8	0.011 246	1 578.3	2 631.86	1 053.6	3.634 4	5.358 8
14.4	338.939	0.001 628 1	0.011 011	1 586.1	2 626.55	1 040.4	3.646 7	5.346 5
14.6	340.037	0.001 637 6	0.010 783	1 594.0	2 621.14	1 027.1	3.659 0	5.334 1
14.8	341.122	0.001 647 3	0.010 559	1 601.9	2 615.63	1 013.7	3.671 3	5.321 7
15.0	342.196	0.001 657 1	0.010 340	1 609.8	2 610.01	1 000.2	3.683 6	5.309 1
15.2	343.258	0.001 667 2	0.010 126	1 617.7	2 604.29	986.6	3.695 9	5.296 5
15.4	344.309	0.001 677 5	0.009 916	1 625.6	2 598.45	972.9	3.708 2	5.283 8
15.6	345.349	0.001 688 1	0.009 710	1 633.5	2 592.49	959.0	3.720 5	5.271 0
15.8	346.378	0.001 698 9	0.009 509	1 641.4	2 586.41	945.0	3.732 7	5.258 1
16.0	347.396	0.001 709 9	0.009 311	1 649.4	2 580.21	930.8	3.745 1	5.245 0
16.2	348.404	0.001 721 2	0.009 117	1 657.4	2 573.86	916.4	3.757 4	5.231 8
16.4	349.401	0.001 732 9	0.008 926	1 665.5	2 567.38	901.9	3.769 8	5.218 5

续附表 5

p	t	v'	v''	i'	i''	r	s'	s''
MPa	℃	m³/kg		kJ/kg			kJ/(kg · K)	
16.6	350.389	0.001 745 1	0.008 739	1 673.6	2 560.75	887.1	3.782 3	5.205 0
16.8	351.366	0.001 757 4	0.008 555	1 681.8	2 553.98	872.2	3.794 8	5.191 4
17.0	352.334	0.001 770 1	0.008 373	1 690.0	2 547.01	857.1	3.807 3	5.177 6
17.2	353.293	0.001 783 2	0.008 195	1 698.2	2 539.93	841.7	3.820 0	5.163 6
17.4	354.242	0.001 796 7	0.008 019	1 706.5	2 532.62	826.1	3.832 7	5.149 4
17.6	355.181	0.001 810 7	0.007 845	1 714.9	2 525.10	810.2	3.845 5	5.134 9
17.8	356.112	0.001 825 2	0.007 673	1 723.4	2 517.39	794.0	3.858 4	5.120 1
18.0	357.034	0.001 840 2	0.007 503	1 732.0	2 509.45	777.4	3.871 5	5.105 1
18.2	357.947	0.001 855 9	0.007 336	1 740.7	2 501.35	760.6	3.884 7	5.089 9
18.4	358.851	0.001 872 2	0.007 170	1 749.6	2 492.89	743.3	3.898 1	5.074 2
18.6	359.747	0.001 889 2	0.007 005	1 758.5	2 484.21	725.7	3.911 6	5.058 2
18.8	360.635	0.001 907 1	0.006 842	1 767.6	2 475.23	707.6	3.925 4	5.041 9
19.0	361.514	0.001 925 8	0.006 679	1 776.9	2 465.87	688.9	3.939 5	5.025 0
19.2	362.385	0.001 945 6	0.006 517	1 786.5	2 456.22	669.8	3.953 9	5.007 7
19.4	363.248	0.001 966 5	0.006 356	1 796.2	2 446.20	650.0	3.968 6	4.989 9
19.6	364.103	0.001 988 7	0.006 195	1 806.2	2 435.68	629.5	3.983 6	4.971 5
19.8	364.950	0.002 012 4	0.006 033	1 816.5	2 424.62	608.1	3.999 2	4.952 2
20.0	365.789	0.002 037 9	0.005 870	1 827.2	2 413.05	585.9	4.015 3	4.932 2
20.2	366.620	0.002 065 4	0.005 705	1 838.3	2 400.71	562.4	4.032 0	4.911 1
20.4	367.444	0.002 095 4	0.005 539	1 849.9	2 387.66	537.8	4.049 5	4.889 0
20.6	368.260	0.002 128 5	0.005 369	1 862.1	2 373.60	511.5	4.067 9	4.865 3
20.8	369.068	0.002 165 4	0.005 194	1 875.2	2 358.42	483.2	4.087 6	4.840 0
21.0	369.868	0.002 207 3	0.005 012	1 889.2	2 341.67	452.4	4.108 8	4.812 4
21.2	370.661	0.002 256 0	0.004 821	1 904.7	2 322.97	418.3	4.132 0	4.781 8
21.4	371.447	0.002 314 6	0.004 614	1 922.0	2 301.28	379.3	4.158 3	4.746 6
21.6	372.224	0.002 389 1	0.004 381	1 942.4	2 274.83	332.5	4.189 1	4.704 2
21.8	372.993	0.002 494 7	0.004 090	1 968.5	2 238.46	270.0	4.228 8	4.646 6
22.0	373.752	0.002 704 0	0.003 684	2 013.0	2 084.02	71.0	4.296 9	4.406 6
22.064	373.99	0.003 106	0.003 106	2 085.9	2 085.87	0.0	4.409 2	4.409 2

Header note row: v—比容; h—比焓; s—比熵; r—汽化潜热; s'—饱和水; s''—饱和蒸汽

附表 6　水的比容和焓

t /℃	v/ ($m^3 \cdot kg^{-1}$)	i/ ($kJ \cdot kg^{-1}$)	v/ ($m^3 \cdot kg^{-1}$)	i/ ($kJ \cdot kg^{-1}$)	v/ ($m^3 \cdot kg^{-1}$)	i/ ($kJ \cdot kg^{-1}$)
	$p=0.10$ MPa		$p=0.20$ MPa		$p=0.3$ MPa	
0	0.0010002	0.05	0.0010001	0.15	0.0010001	0.3
10	0.0010003	42.10	0.0010003	42.10	0.0010001	42.3
20	0.0010018	83.96	0.0010018	84.05	0.0010016	84.1
30	0.0010044	125.77	0.0010043	125.86	0.0010042	125.9
40	0.0010078	167.59	0.0010078	167.67	0.0010077	167.7
50	0.0010121	209.40	0.0010121	209.49	0.0010120	209.5
60	0.0010171	251.22	0.0010170	251.31	0.0010170	251.3
70	0.0010227	293.07	0.0010227	293.15	0.0010227	293.2
80	0.0010290	334.97	0.0010290	335.05	0.0010291	335.1
90	0.0010359	376.96	0.0010359	377.04	0.0010360	377.1
100			0.0010434	419.14	0.0010436	419.2
110			0.0010515	461.37	0.0010518	461.4
120			0.0010603	503.76	0.0010606	503.8
					0.0010700	546.3
	$p=0.4$ MPa		$p=0.6$ MPa		$p=0.8$ MPa	
0	0.0010000	0.4	0.0009999	0.6	0.0009998	0.8
10	0.0010001	42.4	0.0010000	42.6	0.0009999	42.8
20	0.0010015	84.2	0.0010014	84.4	0.0010014	84.6
30	0.0010041	126.0	0.0010040	126.2	0.0010040	126.4
40	0.0010076	167.8	0.0010075	168.0	0.0010075	168.2
50	0.0010119	209.6	0.0010118	209.8	0.0010118	209.9
60	0.0010170	251.4	0.0010169	251.6	0.0010168	251.7
70	0.0010227	293.3	0.0010226	293.4	0.0010225	293.6
80	0.0010290	335.2	0.0010289	335.4	0.0010288	335.5
90	0.0010360	377.2	0.0010359	377.3	0.0010358	377.5
100	0.0010436	419.3	0.0010434	419.4	0.0010433	419.6
110	0.0010517	461.5	0.0010516	461.6	0.0010515	461.8
120	0.0010605	503.9	0.0010604	504.0	0.0010603	504.5
130	0.0010699	546.4	0.0010698	546.5	0.0010697	546.7
140	0.0010800	589.1	0.0010799	589.3	0.0010798	589.4
150			0.0010907	632.2	0.0010906	632.4
160					0.0011021	675.6

续附表 6

t /℃	v/ $(m^3 \cdot kg^{-1})$	i/ $(kJ \cdot kg^{-1})$	v/ $(m^3 \cdot kg^{-1})$	i/ $(kJ \cdot kg^{-1})$	v/ $(m^3 \cdot kg^{-1})$	i/ $(kJ \cdot kg^{-1})$
170					0.0011144	719.1
	$p=1.00$ MPa		$p=1.50$ MPa		$p=2.00$ MPa	
0	0.0009997	1.0	0.0009995	1.5	0.0009992	2.0
10	0.0009998	43	0.0009995	43.5	0.0009993	43.9
20	0.0010013	84.8	0.0010010	85.3	0.0010008	35.7
30	0.0010039	126.6	0.0010036	127.0	0.0010034	127.5
40	0.0010074	168.3	0.0010071	168.8	0.0010069	169.2
	$p=1.00$ MPa		$p=1.50$ MPa		$p=2.00$ MPa	
50	0.0010117	210.1	0.0010114	210.6	0.0010112	211.0
60	0.0010067	251.9	0.0010165	252.3	0.0010162	252.7
70	0.0010224	293.8	0.0010222	294.2	0.0010219	294.6
80	0.0010287	335.7	0.0010285	336.1	0.0010282	336.5
90	0.0010357	377.7	0.0010354	378.0	0.0010352	378.4
100	0.0010432	419.7	0.0010430	420.1	0.0010427	420.5
110	0.0010514	461.9	0.0010511	462.3	0.0010508	462.7
120	0.0010602	504.3	0.0010599	504.6	0.0010596	505.0
130	0.0010696	546.8	0.0010693	547.1	0.0010690	547.5
140	0.0010796	589.5	0.0010793	589.8	0.0010790	590.2
150	0.0010904	632.5	0.0010901	632.8	0.0010897	633.1
160	0.0011019	675.7	0.0011016	676.0	0.0011012	676.3
170	0.0011143	719.2	0.0011139	719.5	0.0011135	719.8
180			0.0011271	763.4	0.0011266	763.6
190			0.0011413	807.6	0.0011408	807.9
200					0.0011560	852.6
210					0.0011725	897.8
	$p=3.0$ MPa		$p=4.0$ MPa		$p=5.0$ MPa	
0	0.0009987	3.0	0.0009982	4.0	0.0009977	5.1
10	0.0009988	44.9	0.0009984	45.9	0.0009979	46.9
20	0.0010004	86.7	0.0009999	87.6	0.0009995	88.6
30	0.0010030	128.4	0.0010025	129.3	0.0010021	130.2
40	0.0010065	170.1	0.0010060	171.0	0.0010056	171.9
50	0.0010108	211.8	0.0010103	212.7	0.0010099	213.6
60	0.0010158	253.6	0.0010153	254.4	0.0010149	255.3

续附表 6

t /℃	$v/$ $(m^3 \cdot kg^{-1})$	$i/$ $(kJ \cdot kg^{-1})$	$v/$ $(m^3 \cdot kg^{-1})$	$i/$ $(kJ \cdot kg^{-1})$	$v/$ $(m^3 \cdot kg^{-1})$	$i/$ $(kJ \cdot kg^{-1})$
70	0.0010215	295.4	0.0010210	296.2	0.0010205	297.0
80	0.0010278	337.3	0.0010273	338.1	0.0010268	338.8
90	0.0010347	379.2	0.0010342	380.0	0.0010337	380.7
100	0.0010422	421.2	0.0010417	422.0	0.0010412	422.7
110	0.0010503	463.4	0.0010498	464.1	0.0010492	464.8
120	0.0010590	505.7	0.0010584	506.4	0.0010579	507.1
130	0.0010684	548.2	0.0010677	548.8	0.0010671	549.5
140	0.0010783	590.8	0.0010777	591.5	0.0010771	592.1
150	0.0010890	633.7	0.0010883	634.3	0.0010877	635.0
160	0.0011005	676.9	0.0010997	677.5	0.0010990	678.0
170	0.0011127	720.3	0.0011119	720.9	0.0011111	721.4
180	0.0011258	764.1	0.0011249	764.6	0.0011241	765.2
190	0.0011399	808.3	0.0011389	808.8	0.0011380	809.3
200	0.0011550	853.0	0.0011540	853.4	0.0011530	853.8
	$p=3.0$ MPa		$p=4.0$ MPa		$p=5.0$ MPa	
210	0.0011714	898.1	0.0011702	898.5	0.0011691	898.8
220	0.0011891	943.9	0.0011878	944.2	0.0011866	944.4
230	0.0012084	990.3	0.0012070	990.5	0.0012056	990.7
240			0.0012280	1037.7	0.0012264	1037.8
250			0.0012514	1085.3	0.0012496	1085.2
260					0.0012750	1135.0
	$p=6.0$ MPa		$p=7.0$ MPa		$p=8.0$ MPa	
0	0.0009977	5.04	0.0009967	7.07	0.0009962	8.08
10	0.0009979	46.87	0.0009970	48.80	0.0009965	49.77
20	0.0009996	88.55	0.0009986	90.42	0.0009982	91.36
40	0.0010057	171.92	0.0010048	173.69	0.0010044	174.57
50	0.0010099	213.63	0.0010091	215.35	0.0010086	216.21
60	0.0010149	255.34	0.0010140	257.01	0.0010136	257.85
80	0.0010267	338.87	0.0010258	340.46	0.0010253	341.26
100	0.0010410	422.75	0.0010399	424.25	0.0010395	425.01
120	0.0010576	507.14	0.0010565	508.55	0.0010560	509.26
140	0.0010768	592.23	0.0010756	593.54	0.0010750	594.19
150	0.0010874	635.09	0.0010861	636.34	0.0010855	636.96

续附表 6

t /℃	v/ $(\mathrm{m^3 \cdot kg^{-1}})$	i/ $(\mathrm{kJ \cdot kg^{-1}})$	v/ $(\mathrm{m^3 \cdot kg^{-1}})$	i/ $(\mathrm{kJ \cdot kg^{-1}})$	v/ $(\mathrm{m^3 \cdot kg^{-1}})$	i/ $(\mathrm{kJ \cdot kg^{-1}})$
160	0.0010988	678.19	0.0010974	679.37	0.0010967	679.97
180	0.0011240	765.25	0.0011223	766.28	0.0011215	766.80
200	0.0011529	853.75	0.0011510	854.59	0.0011500	855.02
250	0.0012496	1085.2	0.0012460	1085.2	0.0012443	1085.2
$p=9.0$ MPa			$p=10.0$ MPa		$p=15.0$ MPa	
0	0.0009957	9.08	0.0009952	10.09	0.0009928	15.10
10	0.0009961	50.74	0.0009956	51.70	0.0009933	56.51
20	0.0009977	92.29	0.0009973	93.22	0.0009951	97.87
40	0.0010039	175.46	0.0010035	176.34	0.0010014	180.74
50	0.0010082	217.07	0.0010078	217.93	0.0010056	222.22
60	0.0010131	258.69	0.0010127	259.53	0.0010105	263.72
80	0.0010248	342.06	0.0010244	342.85	0.0010221	346.84
100	0.0010390	425.76	0.0010385	426.51	0.0010360	430.29
120	0.0010554	509.97	0.0010549	510.68	0.0010522	514.23
140	0.0010744	594.85	0.0010738	595.50	0.0010708	598.80
150	0.0010848	637.59	0.0010842	638.22	0.0010810	641.37
160	0.0010960	680.56	0.0010953	681.16	0.0010919	684.16
180	0.0011207	767.32	0.0011199	767.84	0.0011159	770.49
200	0.0011490	855.44	0.0011481	855.88	0.0011434	858.08
250	0.0012425	1085.3	0.0012408	1085.3	0.0012327	1085.6
300	0.0014018	1343.5	0.0013975	1342.3	0.0013777	1337.3
$p=20.0$ MPa						
0	0.0009904	20.08				
10	0.0009911	61.29				
20	0.0009929	102.50				
40	0.0009992	185.13				
50	0.0010035	226.50				
60	0.0010084	267.90				
80	0.0010199	350.82				
100	0.0010336	434.06				
120	0.0010496	517.79				
140	0.0010679	602.12				
150	0.0010779	644.56				

续附表 6

t /℃	v/ (m³ · kg⁻¹)	i/ (kJ · kg⁻¹)	v/ (m³ · kg⁻¹)	i/ (kJ · kg⁻¹)	v/ (m³ · kg⁻¹)	i/ (kJ · kg⁻¹)
160	0.0010886	687.20				
180	0.0011121	773.19				
200	0.0011389	860.36				
250	0.0012251	1086.2				
300	0.0013605	1333.4				
350	0.0016645	1645.3				

附表 7　过热蒸汽的比容和焓

t /℃	v/ (m³ · kg⁻¹)	i/ (kJ · kg⁻¹)	v (m³ · kg⁻¹)	i (kJ · kg⁻¹)	v (m³ · kg⁻¹)	i (kJ · kg⁻¹)
	$p=0.1$ MPa		$p=0.2$ MPa		$p=0.4$ MPa	
110	1.584	2695.6				
120	1.628	2715.8				
130	1.672	2735.9	0.9104	2727.6		
140	1.716	2755.8	0.9353	2748.4		
150	1.759	2775.7	0.9598	2769.0	0.4708	2752.9
160	1.802	2795.6	0.9842	2789.5	0.4839	2775.1
170	1.845	2815.4	1.0085	2809.9	0.4967	2796.9
180	1.888	2835.2	1.0326	2830.1	0.5094	2818.3
190	1.931	2854.9	1.057	2850.3	0.5219	2839.6
200	1.974	2874.7	1.080	2870.5	0.5343	2860.6
210	2.016	2894.5	1.104	2890.6	0.5466	2881.5
220	2.059	2914.3	1.128	2910.6	0.5588	2902.3
230	2.102	2934.1	1.152	2930.7	0.5710	2923.0
240	2.144	2954.0	1.175	2950.8	0.5831	2943.6
250	2.187	2973.9	1.199	2970.9	0.5952	2964.2
260	2.229	2993.8	1.222	2991.0	0.6072	2984.7
270	2.272	3013.7	1.246	3011.1	0.6191	3005.2
280	2.314	3033.7	1.269	3031.3	0.6311	3025.7

续附表 7

t /℃	$v/$ $(m^3 \cdot kg^{-1})$	$i/$ $(kJ \cdot kg^{-1})$	$v/$ $(m^3 \cdot kg^{-1})$	$i/$ $(kJ \cdot kg^{-1})$	$v/$ $(m^3 \cdot kg^{-1})$	$i/$ $(kJ \cdot kg^{-1})$
290	2.365	3053.8	1.293	3051.5	0.6430	3046.2
300	2.398	3073.9	1.316	3071.7	0.6548	3066.7
310	2.441	3094.0	1.340	3091.9	0.6667	3087.2
320	2.483	3114.2	1.363	3112.2	0.6785	3107.8
330	2.525	3134.5	1.386	3132.6	0.6903	3128.3
340	2.567	3154.8	1.410	3153.0	0.7021	3148.9
350	2.609	3175.1	1.433	3173.4	0.7139	3169.5
360	2.652	3195.5	1.456	3193.9	0.7257	3190.2
370	2.694	3216.0	1.479	3214.5	0.7374	3210.9
380	2.736	3236.6	1.503	3235.1	0.7492	3231.7
390	2.778	3257.2	1.526	3255.7	0.7609	3252.5
	$p=0.1$ MPa		$p=0.2$ MPa		$p=0.4$ MPa	
400	2.820	3277.8	1.549	3276.5	0.7726	3273.4
410	2.862	3298.5	1.572	3297.2	0.7843	3294.3
420	2.904	3319.3	1.596	3318.2	0.7960	3315.2
430	2.946	3340.2	1.619	3338.9	0.8077	3336.2
440	2.989	3361.1	1.642	3359.9	0.8193	3357.3
450	3.031	3382.0	1.665	3380.9	0.8310	3378.4
	$p=0.6$ MPa		$p=0.8$ MPa		$p=1.0$ MPa	
160	0.3166	2759.2				
170	0.3258	2782.7				
180	0.3347	2805.6	0.2471	2792.0	0.1944	2777.3
190	0.3434	2828.1	0.2540	2815.9	0.2002	2802.9
200	0.3521	2850.2	0.2608	2839.2	0.2059	2827.5
210	0.3606	2872.0	0.2675	2862.0	0.2115	2851.5
220	0.3690	2893.6	0.2740	2884.5	0.2169	2874.9
230	0.3774	2914.9	0.2805	2906.6	0.2223	2897.9
240	0.3857	2936.1	0.2869	2928.4	0.2275	2920.5
250	0.3939	2957.2	0.2932	2950.1	0.2327	2942.8
260	0.4021	2978.2	0.2995	2971.6	0.2378	2964.8
270	0.4102	2999.1	0.3057	2993.0	0.2429	2986.7
280	0.4183	3020.0	0.3119	3014.2	0.2480	3008.3
290	0.4264	3040.9	0.3180	3035.4	0.2530	3029.9

续附表 7

t /℃	v/ (m³ · kg⁻¹)	i/ (kJ · kg⁻¹)	v/ (m³ · kg⁻¹)	i/ (kJ · kg⁻¹)	v/ (m³ · kg⁻¹)	i/ (kJ · kg⁻¹)
300	0.4344	3061.7	0.3241	3056.5	0.2580	3051.3
310	0.4424	3082.4	0.3302	3077.6	0.2629	3072.7
320	0.4504	3103.2	0.3363	3098.7	0.2678	3094.0
330	0.4584	3124.0	0.3423	3119.7	0.2727	3115.3
340	0.4663	3144.8	0.3484	3140.7	0.2776	3136.5
350	0.4742	3165.6	0.3544	3161.7	0.2825	3157.7
360	0.4821	3186.4	0.3604	3182.7	0.2873	3178.9
370	0.4900	3207.4	0.3664	3203.8	0.2921	3200.2
380	0.4979	3228.4	0.3723	3225.5	0.2970	3221.5
390	0.5058	3249.3	0.3783	3241.1	0.3018	3242.8
400	0.5137	3270.3	0.3842	3267.2	0.3066	3264.0
410	0.5215	3291.3	0.3902	3288.3	0.3113	3285.3
420	0.5294	3312.4	0.3961	3309.5	0.3161	3306.0
430	0.5372	3333.5	0.4020	3330.7	0.3209	3327.9
440	0.5451	3354.6	0.4079	3352.0	0.3256	3349.3
450	0.5529	3375.8	0.4138	3373.3	0.3304	3370.7
	$p=1.35$ MPa		$p=1.4$ MPa		$p=1.45$ MPa	
200	0.1488	2805.5	0.1429	2802.1	0.1375	2798.7
	$p=1.35$ MPa		$p=1.4$ MPa		$p=1.45$ MPa	
210	0.1533	2831.9	0.1473	2828.9	0.1418	2825.9
220	0.1576	2857.3	0.1515	2854.6	0.1459	2852.0
230	0.1618	2881.9	0.1556	2879.5	0.1498	2877.1
240	0.1659	2905.9	0.1596	2903.7	0.1537	2901.5
250	0.1699	2929.4	0.1635	2927.4	0.1576	2925.4
260	0.1739	2952.5	0.1674	2950.6	0.1613	2948.8
270	0.1778	2975.2	0.1712	2973.5	0.1650	2971.9
280	0.1817	2997.7	0.1749	2996.1	0.1686	2994.6
290	0.1855	3020.0	0.1786	3018.5	0.1722	3017.0
300	0.1893	3042.0	0.1823	3040.7	0.1758	3039.3
310	0.1931	3063.9	0.1859	3062.7	0.1793	3061.4
320	0.1968	3085.7	0.1895	3084.5	0.1828	3083.3
330	0.2005	3107.4	0.1931	3106.3	0.1863	3105.2
340	0.2042	3129.0	0.1967	3128.0	0.1897	3126.9

续附表7

t /℃	v/ (m³·kg⁻¹)	i/ (kJ·kg⁻¹)	v/ (m³·kg⁻¹)	i/ (kJ·kg⁻¹)	v/ (m³·kg⁻¹)	i/ (kJ·kg⁻¹)
350	0.2079	3150.6	0.2002	3149.6	0.1932	3148.6
360	0.2115	3172.2	0.2038	3171.2	0.1966	3170.3
370	0.2152	3193.9	0.2073	3192.9	0.2000	3192.0
380	0.2188	3215.5	0.2108	3214.6	0.2034	3213.7
390	0.2224	3237.0	0.2143	3236.2	0.2068	3235.3
400	0.2260	3258.5	0.2178	3257.7	0.2101	3256.9
410	0.2296	3280.0	0.2212	3279.3	0.2135	3278.5
420	0.2331	3301.5	0.2247	3300.8	0.2168	3300.0
430	0.2367	3323.0	0.2281	3322.3	0.2201	3321.6
440	0.2403	3344.6	0.2316	3343.9	0.2235	3343.2
450	0.2438	3366.2	0.2350	3365.5	0.2268	3364.9
460	0.2474	3387.8	0.2384	3387.1	0.2301	3386.5
470	0.2509	3409.4	0.2419	3408.8	0.2334	3408.2
480	0.2545	3431.1	0.2453	3430.5	0.2367	3429.9
490	0.2580	3452.8	0.2487	3452.2	0.2400	3451.6
	p=1.5 MPa		p=1.7 MPa		p=1.75 MPa	
200	0.1324	2795.3				
210	0.1366	2822.9	0.1188	2810.3	0.1150	2807.0
220	0.1406	2849.2	0.1225	2838.1	0.1186	2835.2
230	0.1445	2874.7	0.1261	2864.7	0.1221	2862.2
240	0.1483	2899.3	0.1296	2890.4	0.1255	2888.1
250	0.1520	2923.4	0.1329	2915.2	0.1289	2913.2
260	0.1556	2947.0	0.1362	2939.5	0.1321	2937.6
270	0.1592	2970.2	0.1395	2963.3	0.1352	2961.5
280	0.1627	2993.0	0.1427	2986.7	0.1383	2985.0
	p=1.5 MPa		p=1.7 MPa		p=1.75 MPa	
290	0.1662	3015.6	0.1458	3009.7	0.1414	3008.2
300	0.1697	3037.7	0.1489	3032.4	0.1444	3031.0
310	0.1731	3060.1	0.1520	3054.9	0.1474	3053.6
320	0.1765	3082.1	0.1550	3077.2	0.1504	3076.0
330	0.1799	3104.0	0.1580	3099.4	0.1533	3098.3
340	0.1832	3125.8	0.1610	3121.5	0.1562	3120.4
350	0.1866	3147.6	0.1640	3143.5	0.1591	3142.5

续附表 7

t /℃	v/ (m³·kg⁻¹)	i/ (kJ·kg⁻¹)	v/ (m³·kg⁻¹)	i/ (kJ·kg⁻¹)	v/ (m³·kg⁻¹)	i/ (kJ·kg⁻¹)
360	0.1899	3169.3	0.1669	3165.4	0.1620	3164.5
370	0.1932	3191.1	0.1699	3187.4	0.1649	3186.5
380	0.1964	3212.8	0.1728	3209.3	0.1677	3208.4
390	0.1997	3234.5	0.1757	3231.2	0.1706	3230.3
400	0.2030	3256.1	0.1786	3253.0	0.1734	3252.1
410	0.2062	3277.7	0.1815	3274.7	0.1762	3273.9
420	0.2095	3299.3	0.1844	3296.4	0.1790	3295.7
430	0.2127	3320.9	0.1872	3318.1	0.1818	3317.4
440	0.2159	3342.6	0.1901	3339.8	0.1846	3339.2
	p=1.85 MPa		p=1.9 MPa		p=2.6 MPa	
210	0.1080	2800.4	0.1047	2797.0		
220	0.1115	2829.4	0.1082	2826.4		
230	0.1149	2857.0	0.1115	2854.3	0.07796	2814.2
240	0.1182	2883.4	0.1148	2881.1	0.08066	2845.6
250	0.1213	2909.0	0.1179	2906.8	0.08323	2875.1
260	0.1244	2933.8	0.1209	2931.8	0.08570	2903.2
270	0.1274	2958.0	0.1239	2956.3	0.08807	2930.2
280	0.1304	2981.8	0.1268	2980.2	0.09037	2956.3
290	0.1333	3005.2	0.1296	3003.7	0.09262	2981.6
300	0.1362	3028.2	0.1325	3026.8	0.09482	3006.4
310	0.1391	3051.0	0.1353	3049.7	0.09698	3030.7
320	0.1419	3073.6	0.1380	3072.3	0.09911	3054.6
330	0.1447	3095.9	0.1407	3094.8	0.10120	3078.1
340	0.1475	3118.2	0.1434	3117.1	0.10327	3101.3
350	0.1502	3140.4	0.1461	3139.3	0.1053	3124.5
360	0.1530	3162.5	0.1488	3161.5	0.1073	3147.5
370	0.1557	3184.6	0.1515	3183.7	0.1093	3170.4
380	0.1584	3206.7	0.1541	3205.8	0.1113	3193.2
390	0.1611	3228.6	0.1567	3227.8	0.1133	3215.8
400	0.1638	3250.5	0.1593	3249.7	0.1153	3238.3
410	0.1664	3272.4	0.1619	3271.6	0.1172	3260.6
420	0.1691	3294.2	0.1645	3293.4	0.1192	3283.0
	p=1.85 MPa		p=1.9 MPa		p=2.6 MPa	

续附表 7

t /℃	v/ (m³·kg⁻¹)	i/ (kJ·kg⁻¹)	v/ (m³·kg⁻¹)	i/ (kJ·kg⁻¹)	v/ (m³·kg⁻¹)	i/ (kJ·kg⁻¹)
430	0.1717	3316.0	0.1671	3315.3	0.1211	3305.2
440	0.1744	3337.8	0.1697	3337.1	0.1230	3327.5
450	0.1770	3359.6	0.1723	3359.0	0.1250	3349.7
	$p=2.7$ MPa		$p=2.8$ MPa		$p=2.9$ MPa	
230	0.07455	2808.0				
240	0.07721	2840.1	0.07399	2834.5	0.07099	2828.8
250	0.07973	2870.3	0.07647	2865.3	0.07343	2860.3
260	0.08214	2898.9	0.07883	2894.5	0.07574	2890.0
270	0.08445	2926.3	0.08110	2922.3	0.07796	2918.3
280	0.08670	2952.7	0.08329	2949.1	0.08011	2945.4
290	0.08889	2978.4	0.08542	2975.1	0.08219	2971.7
300	0.09103	3003.4	0.08751	3000.4	0.08422	2997.3
310	0.09313	3027.9	0.08955	3025.1	0.08621	3022.2
320	0.09519	3051.9	0.09155	3049.3	0.08816	3046.7
330	0.09722	3075.6	0.09353	3073.2	0.09008	3070.7
340	0.09923	3099.0	0.09547	3096.7	0.09198	3094.4
350	0.10121	3122.3	0.09740	3120.1	0.09385	3118.0
360	0.10318	3145.5	0.09930	3143.4	0.09569	3141.4
370	0.1051	3168.5	0.10118	3166.6	0.09752	3164.6
380	0.1070	3191.3	0.10305	3189.5	0.09933	3187.7
390	0.1089	3214.0	0.1049	3212.3	0.10113	3210.5
400	0.1108	3236.6	0.1067	3234.9	0.10291	3233.3
410	0.1127	3259.0	0.1086	3257.5	0.1047	3255.9
420	0.1146	3281.4	0.1104	3279.9	0.1064	3278.4
	$p=4$ MPa		$p=4.2$ MPa		$p=4.4$ MPa	
260	0.05174	2835.6	0.04867	2824.6	0.04586	2813.0
270	0.05366	2870.1	0.05056	2860.4	0.04774	2850.4
280	0.05547	2902.2	0.05234	2893.7	0.04949	2884.9
290	0.05719	2932.5	0.05403	2924.9	0.05115	2917.1
300	0.05885	2961.5	0.05564	2954.6	0.05272	2947.5
310	0.06045	2989.2	0.05720	2983.0	0.05424	2976.5
320	0.06200	3016.2	0.05870	3010.4	0.05570	3004.5
330	0.06351	3042.3	0.06017	3036.9	0.05712	3031.5

续附表 7

t /℃	$v/$ $(m^3 \cdot kg^{-1})$	$i/$ $(kJ \cdot kg^{-1})$	$v/$ $(m^3 \cdot kg^{-1})$	$i/$ $(kJ \cdot kg^{-1})$	$v/$ $(m^3 \cdot kg^{-1})$	$i/$ $(kJ \cdot kg^{-1})$
340	0.06499	3067.9	0.06160	3062.9	0.05851	3057.8
350	0.06645	3093.1	0.06300	3088.4	0.05986	3083.7
360	0.06787	3118.2	0.06437	3113.8	0.06119	3109.4
370	0.06928	3142.7	0.06573	3138.6	0.06250	3134.4
380	0.07066	3166.9	0.06706	3163.0	0.06378	3159.1
390	0.07203	3190.8	0.06838	3187.2	0.06505	3183.5
400	0.07339	3214.5	0.06968	3211.1	0.06630	3207.6
410	0.07473	3238.0	0.07097	3234.7	0.06754	3231.4
420	0.07606	3261.4	0.07224	3258.2	0.06877	3255.1
430	0.07738	3284.6	0.07351	3281.6	0.06999	3278.6
440	0.07869	3307.7	0.07476	3304.8	0.07119	3301.9
450	0.07999	3330.7	0.07601	3328.0	0.07239	3325.2
460	0.08128	3353.7	0.07725	3351.1	0.07358	3348.4
470	0.08257	3376.6	0.07848	3374.1	0.07476	3371.5
480	0.08384	3399.5	0.07970	3397.1	0.07594	3394.6
490	0.08512	3422.3	0.08092	3420.0	0.07710	3417.6
500	0.08638	3445.2	0.08213	3442.9	0.07827	3440.6
	$p=5.0$ MPa		$p=6.0$ MPa		$p=7.0$ MPa	
300	0.045301	2923.3	0.036148	2883.1	0.029457	2837.5
350	0.051932	3067.4	0.042213	3041.9	0.035225	3014.8
400	0.057804	3194.9	0.047382	3176.4	0.039917	3157.3
450	0.063291	3315.4	0.052128	3300.9	0.044143	3286.2
500	0.068552	3432.2	0.056632	3420.6	0.048110	3408.9
600	0.078675	3663.9	0.065228	3655.7	0.055617	3647.5
	$p=8.0$ MPa		$p=9.0$ MPa		$p=10.0$ MPa	
300	0.024255	2784.5				
350	0.029940	2986.1	0.025786	2955.3	0.022415	2922.1
400	0.034302	3137.5	0.029921	3177.1	0.026402	3095.8
450	0.034302	3271.3	0.033474	3256.0	0.029735	3240.5
500	0.038145	3397.0	0.036733	3385.0	0.032750	3372.8
600	0.048403	3639.2	0.042789	3630.8	0.038297	3622.5
	$p=15.0$ MPa		$p=20.0$ MPa			
350	0.011469	2691.2				

续附表 7

t /℃	v/ (m³·kg⁻¹)	i/ (kJ·kg⁻¹)	v/ (m³·kg⁻¹)	i/ (kJ·kg⁻¹)	v/ (m³·kg⁻¹)	i/ (kJ·kg⁻¹)
400	0.015652	2974.6	0.0099458	2816.8		
450	0.018449	3156.5	0.0127013	3060.7		
500	0.020797	3309.0	0.0147681	3239.3		
600	0.024882	3580.7	0.0181655	3536.3		
	$p=25.0$ MPa		$p=30.0$ MPa		$p=35.0$ MPa	
0	0.0009880	25.01	0.0009857	29.92	0.0009834	34.78
10	0.0009888	66.04	0.0009866	70.77	0.0009845	75.47
20	0.0009908	107.11	0.0009887	111.71	0.0009866	116.28
30	0.0009936	148.27	0.0009915	152.74	0.0009895	157.20
40	0.0009972	189.51	0.0009951	193.87	0.0009931	198.23
50	0.0010014	230.78	0.0009993	235.05	0.0009973	239.31
60	0.0010063	272.08	0.0010042	276.25	0.0010021	280.41
70	0.0010117	313.41	0.0010096	317.49	0.0010075	321.56
80	0.0010177	354.80	0.0010155	358.78	0.0010134	362.77
90	0.0010242	396.27	0.0010220	400.16	0.0010198	404.05
100	0.0010313	437.85	0.0010290	441.64	0.0010267	445.43
110	0.0010389	479.54	0.0010365	483.23	0.0010341	486.92
120	0.0010470	521.36	0.0010445	524.95	0.0010421	528.54
130	0.0010557	563.33	0.0010531	566.81	0.0010505	570.29
140	0.0010650	605.46	0.0010622	608.82	0.0010595	612.20
150	0.0010749	647.77	0.0010719	651.00	0.0010691	654.26
160	0.0010854	690.27	0.0010822	693.36	0.0010792	696.49
170	0.0010965	732.98	0.0010932	735.93	0.0010899	738.91
	$p=25$ MPa		$p=30$ MPa		$p=35$ MPa	
180	0.0011084	775.94	0.0011048	778.72	0.0011013	781.55
190	0.0011211	819.16	0.0011172	821.77	0.0011134	824.43
200	0.0011345	862.71	0.0011303	865.12	0.0011263	867.59
210	0.0011489	906.60	0.0011443	908.79	0.0011399	911.05
220	0.0011643	950.91	0.0011593	952.85	0.0011545	954.87
230	0.0011808	995.69	0.0011753	997.34	0.0011700	999.10
240	0.0011986	1041.0	0.0011925	1042.3	0.0011867	1043.8
250	0.0012179	1087.0	0.0012110	1087.9	0.0012046	1089.0
260	0.0012387	1133.6	0.0012311	1134.1	0.0012238	1134.8

续附表 7

t /℃	$v/$ $(\text{m}^3 \cdot \text{kg}^{-1})$	$i/$ $(\text{kJ} \cdot \text{kg}^{-1})$	$v/$ $(\text{m}^3 \cdot \text{kg}^{-1})$	$i/$ $(\text{kJ} \cdot \text{kg}^{-1})$	$v/$ $(\text{m}^3 \cdot \text{kg}^{-1})$	$i/$ $(\text{kJ} \cdot \text{kg}^{-1})$
270	0.0012615	1181.1	0.0012528	1181.1	0.0012447	1181.3
280	0.0012866	1229.6	0.0012766	1229.0	0.0012673	1228.6
290	0.0013143	1279.3	0.0013027	1277.8	0.0012921	1276.8
300	0.0013453	1330.3	0.0013317	1327.9	0.0013193	1326.1
310	0.0013804	1383.0	0.0013641	1379.4	0.0013495	1376.6
320	0.0014208	1437.9	0.0014008	1432.7	0.0013832	1428.5
330	0.0014683	1495.4	0.0014430	1488.1	0.0014215	1482.2
340	0.0015256	1556.6	0.0014925	1546.2	0.0014654	1538.1
350	0.0015981	1623.1	0.0015522	1608.0	0.0015168	1596.7
360	0.0016965	1698.0	0.0016269	1674.8	0.0015784	1658.9
370	0.0018506	1789.5	0.0017264	1749.5	0.0016547	1725.9
380	0.0022221	1936.3	0.0018728	1837.7	0.0017540	1799.9
390	0.0046120	2389.6	0.0021353	1955.3	0.0018923	1884.8
400	0.0060014	2578.0	0.0027929	2150.6	0.0021057	1988.2
410	0.0068853	2687.8	0.0039667	2392.4	0.0024735	2122.9
420	0.0075799	2770.3	0.0049195	2553.3	0.0030724	2289.1
430	0.0081700	2838.4	0.0056394	2664.2	0.0037755	2447.3
440	0.0086923	2897.6	0.0062284	2750.3	0.0044133	2573.1
450	0.0091666	2950.5	0.0067363	2822.1	0.0049596	2672.8
460	0.0096048	2998.9	0.0071888	2884.6	0.0054347	2755.2
470	0.0100147	304308	0.0076009	2940.5	0.0058575	2826.0
480	0.0104019	3085.9	0.0079822	2991.6	0.0062410	2888.6
490	0.0107703	3125.9	0.0083391	3038.9	0.0065943	2945.2
500	0.0111229	3164.1	0.0086761	3083.3	0.0069235	2997.1
510	0.0114621	3200.7	0.0089967	3125.3	0.0072333	3045.5
520	0.0117897	3236.1	0.0093033	3165.4	0.0075268	3091.0
530	0.0121071	3270.4	0.0095981	3203.8	0.0078068	3134.1
540	0.0124156	3303.8	0.0098825	3240.8	0.0080750	3175.3
550	0.0127161	3336.4	0.0101580	3276.6	0.0083332	3214.8
560	0.0130095	3368.2	0.0104254	3311.4	0.0085826	3252.9
	$p=25$ MPa		$p=30$ MPa		$p=35$ MPa	
570	0.0132965	3399.5	0.0106857	3345.4	0.0088243	3289.7
580	0.0135778	3430.2	0.0109397	3378.5	0.0090590	3325.6

续附表 7

t /℃	$v/$ $(\mathrm{m^3 \cdot kg^{-1}})$	$i/$ $(\mathrm{kJ \cdot kg^{-1}})$	$v/$ $(\mathrm{m^3 \cdot kg^{-1}})$	$i/$ $(\mathrm{kJ \cdot kg^{-1}})$	$v/$ $(\mathrm{m^3 \cdot kg^{-1}})$	$i/$ $(\mathrm{kJ \cdot kg^{-1}})$
590	0.0138537	3460.4	0.0111880	3411.0	0.0092876	3360.5
600	0.0141249	3490.2	0.0114310	3442.9	0.0095106	3394.6
620	0.0146543	3548.7	0.0119304	3505.1	0.0099420	3460.7
640	0.0151687	3606.0	0.0123597	3565.6	0.0103566	3524.6
660	0.0156702	3662.3	0.0128025	3624.7	0.0107571	3586.7
680	0.0161606	3717.8	0.0132336	3682.7	0.0111455	3647.3
700	0.0166412	3772.7	0.0136544	3739.8	0.0115234	3706.7
720	0.0171134	3827.0	0.0140663	3796.2	0.0118922	3765.2
740	0.0175780	3880.9	0.0144703	3851.9	0.0122530	3822.8
760	0.0180359	3934.5	0.0148672	3907.1	0.0126065	3879.7
780	0.0184878	3987.8	0.0152580	3962.0	0.0129537	3936.1
800	0.0189343	4040.9	0.0156431	4016.4	0.0132951	3992.0
820	0.0193759	4093.8	0.0160232	4070.6	0.0136314	4047.5
840	0.0198129	4146.6	0.0163988	4124.6	0.0139630	4102.7
860	0.0202458	4199.3	0.0167702	4178.4	0.0142905	4157.7
880	0.0206750	4252.0	0.0171379	4232.1	0.0146140	4212.4
900	0.0211006	4304.6	0.0175021	4285.7	0.0149341	4266.9
920	0.0215230	4357.2	0.0178631	4339.2	0.0152509	4321.4
940	0.0219426	4409.8	0.0182212	4392.7	0.0155648	4375.7
960	0.0223594	4462.5	0.0185766	4446.2	0.0158760	4430.0
980	0.0227737	4515.2	0.0189294	4499.6	0.0161847	4484.2
1000	0.0231858	4567.9	0.0192798	4553.1	0.0164910	4538.4

附表8　锅炉常用碳素钢及普通低合金钢板常用规格及理论质量

厚度/mm	4	6	8	10	12	14	16	18	20	22
理论质量/(kg·m⁻²)	31.4	47.1	62.8	78.5	94.2	109.4	125.6	141.3	157.0	172.7
厚度/mm	24	25	26	28	30	32	34	35	36	38
理论质量/(kg·m⁻²)	188.4	196.3	204.1	219.8	2235.5	251.2	266.9	274.8	282.6	298.3
厚度/mm	40	42	44	45	46	48	50	52	54	55
理论质量/(kg·m⁻²)	314	329.7	345.4	353.3	361.1	376.8	392.5	408.2	423.9	431.8
厚度/mm	56	58	60							
理论质量/(kg·m⁻²)	439.6	455.3	471.0							

锅炉钢板常用宽度/mm

600	650	700	710	750	800	850	900	950	1000	1100	1200
1300	1400	1500	1600	1700	1800	1900	2000	2400	2600	2800	3000

附表9　锅炉常用无缝钢管的规格及理论重量

外径 d /mm	壁厚/mm											
	2.5	3	3.5	4	4.5	5	5.5	6	7	8	9	10
	单位长度理论质量/(kg·m⁻¹)											
25	1.39	1.63	1.86	2.07	2.28	2.47	2.64	2.81				
32	1.76	2.15	2.46	2.76	3.05	3.33	3.59	3.85	4.32	4.74		
38	2.19	2.59	2.98	3.35	3.72	4.07	4.41	4.74	5.35	5.92	6.44	6.91
45	2.62	3.11	3.58	4.04	4.49	4.93	5.36	5.77	6.56	7.30	7.99	8.63
51	2.99	3.55	4.10	4.64	5.16	5.67	6.17	6.66	7.60	8.48	9.32	10.11
57	3.36	4.00	4.62	5.23	5.83	6.41	6.99	7.55	8.63	9.67	10.65	11.59
60	3.55	4.22	4.88	5.52	6.16	6.78	7.39	7.99	9.15	10.26	11.32	12.33
63.5	3.37	4.44	5.14	5.82	6.49	7.15	7.8	8.43	9.67	10.85	11.98	13.07
76	4.53	5.40	6.26	7.10	7.93	8.75	9.56	10.36	11.91	13.42	14.87	16.28
89	5.33	6.36	7.38	8.38	9.38	10.36	11.33	12.28	14.16	15.98	17.76	19.48
102	6.13	7.32	8.50	9.67	10.82	11.96	13.09	14.21	16.40	18.55	20.64	22.69
108	6.50	7.77	9.02	10.26	11.49	12.70	13.90	15.09	17.44	19.73	21.97	24.17

续附表 9

外径 d /mm	壁　厚　　mm											
	11	12	13	14	16	18	20	22	25	26	28	30
	单位长度理论重量　kg/m											
114	6.87	8.21	9.54	10.85	12.15	13.44	14.72	15.98	18.47	20.91	23.30	25.65
133	8.05	9.62	11.18	12.73	14.26	15.78	17.29	18.79	21.75	24.66	27.52	30.33
159					17.15	18.99	20.82	22.64	26.24	28.79	33.29	36.75
219								31.52	36.60	41.63	46.61	51.54
273									45.92	52.28	58.60	64.86
325										62.54	70.14	77.68
377											81.67	90.51
426											92.55	102.6
480											104.5	115.9
500											108.97	120.8
530											115.63	128.2
25												
32												
38												
45	9.22	9.77										
51	10.8	11.5										
57	12.5	13.3	14.11	14.85								
60	13.3	14.2	15.07	15.88	17.36							
63.5	14.1	15.1	16.03	16.92	18.55							
76	17.6	18.9	20.2	21.41	23.67	25.75	27.62					
89	21.2	22.8	24.36	25.89	28.8	31.52	32.8	36.35				
102	24.7	26.6	28.53	30.38	33.93	37.29	40.44	43.4	47.47	48.43	51.1	
108	26.3	28.4	30.46	32.45	36.3	39.95	43.4	46.66	51.17	52.58	55.24	57.71
114	27.9	30.2	32.38	34.52	38.67	42.61	46.36	49.91	54.87	56.42	59.38	62.15
133	33.1	35.8	38.47	41.08	46.16	51.05	55.73	60.22	66.58	68.60	72.50	76.20
159	40.2	43.5	46.8	50.06	56.42	62.59	68.55	74.33	82.61	85.27	90.45	95.43
219	56.4	61.3	66.04	70.77	80.10	89.22	98.15	106.9	119.6	123.7	131.88	139.8
273	71.1	77.2	83.35	89.42	101.4	113.2	124.8	136.2	152.9	158.4	169.2	179.8
325	85.2	92.6	100.0	107.4	121.9	136.3	150.4	164.4	185.0	191.7	205.1	218.2
377	99.3	108	116.7	125.3	142.4	159.4	176.1	192.6	217.0	225.1	241.0	256.7
426	113	126	132.4	142.2	161.8	181.1	200.2	219.2	247.2	256.5	274.8	292.9
480	127	139	149.7	160.9	183.1	205.1	226.4	248.5	280.5	291.1	312.1	332.9
500	133	145	156.1	167.8	191.0	214.0	236.7	259.3	292.8	303.9	325.9	347.9
530	141	153	165.7	178.1	202.8	227.3	251.5	275.6	311.3	323.1	346.6	369.9

附表 10　安全阀公称直径和流道直径　　　　　　　mm

安全阀公称直径 DN	安全阀流道直径（全启式）d	安全阀流道直径（微启式）d	对应公称直径的管座外径 φ
25	15	20	32
32	20	25	38
40	25	32	45
50	32	40	57
65	40	50	73
80	50	65	89
100	65	80	108
125	80	100	133
150	100	125	159
200	125	150	219
250	150	200	273
300	200	250	325

参考文献

[1] 中华人民共和国国家质量监督检验检疫总局. 锅壳锅炉受压元件强度计算 GB/T 16508—1996[S]. 北京:中国标准出版社,1997.

[2] 中华人民共和国国家质量监督检验检疫总局. 水管锅炉受压元件强度计算 GB/T 9222—2008 [S]. 北京:中国标准出版社,2008.

[3] 中华人民共和国国家质量监督检验检疫总局. 锅炉安全技术监察规程 TSG G 0001—2012 [S]. 北京:新华出版社,2012.

[4] 李之光,王铣庆. 锅炉受压元件强度分析与设计[M]. 北京:机械工业出版社,1985.

[5] 李之光. 锅炉强度计算标准应用手册(增订版)[M]. 北京:中国标准出版社,2008.

[6] 李之光,蒋智翔. 锅炉受压元件强度(标准分析)[M]. 北京:技术标准出版社,1980.

[7] 蒋智翔,杨小昭. 锅炉及压力容器受压元件强度[M]. 北京:机械工业出版社,1999.

[8] 王泽军. 锅炉结构有限元分析[M]. 北京:化学工业出版社,2005.